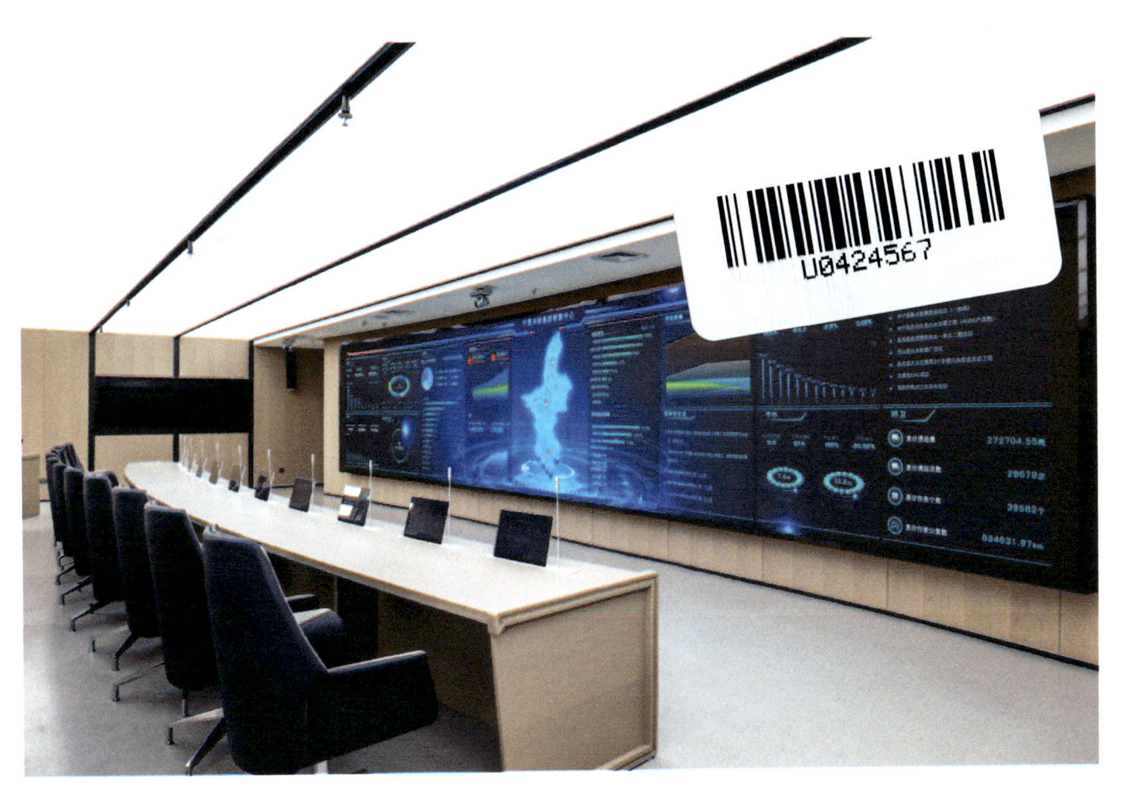

智慧中心建设

中卫第三污水厂

何家沟水库

鸭子荡水库

太阳山水库

中庄水库

龙潭水库

秦家沟水库

智慧水务

全流程自动供水系统关键技术研究与应用

宁夏水投云澜科技股份有限公司
宁夏智慧水联网研究院　编

中国建筑工业出版社

图书在版编目（CIP）数据

智慧水务全流程自动供水系统关键技术研究与应用 / 宁夏水投云澜科技股份有限公司，宁夏智慧水联网研究院编. — 北京 ：中国建筑工业出版社，2023.11（2024.12重印）
ISBN 978-7-112-29366-7

Ⅰ.①智… Ⅱ.①宁…②宁… Ⅲ.①城市用水-水资源管理-自动控制系统-研究 Ⅳ.①TU991.31

中国国家版本馆CIP数据核字（2023）第233479号

责任编辑：辛海丽
文字编辑：王　磊
责任校对：张　颖

智慧水务
全流程自动供水系统关键技术研究与应用
宁夏水投云澜科技股份有限公司
宁夏智慧水联网研究院　编

*

中国建筑工业出版社出版、发行（北京海淀三里河路9号）
各地新华书店、建筑书店经销
北京鸿文瀚海文化传媒有限公司制版
建工社（河北）印刷有限公司印刷

*

开本：787毫米×1092毫米　1/16　印张：18¾　插页：2　字数：473千字
2023年11月第一版　2024年12月第二次印刷
定价：**78.00**元

ISBN 978-7-112-29366-7
（42004）

本书编委会

主　编： 陈志灵

副主编： 侯　明　王艳萍　张兴文　彭　骞　杜多利

参　编： 黄　云　王凯翔　白治龙　孙　斌　董佳奇

贾祥瑞　康　明　张　雍　张　晨　沈　通

杨芳郑　李坎坎　李洋洋　王　科　陈立升

王浩奇　杨健锐　马川路　张智鹏　柳嘉文

马　波　柴旭东　杨　帅　张天宝　刘　伟

司伟刚　梁继宗　胡新保　李翔宇　米　佳

任永宏　郭天会　李明媛　田　旭　张天芳

杜丽娟　杨　健　马西珍　王相相　靳舒啸

李天富　徐鹏斌　王多虎　韩凯辉　赵　威

胡亚坤　张天鹏　李向秀　孙宇翔　杨　娟

金倩倩　马天行　陈嘉雯　马小凡　吴梦瑶

国　璐　刘　琦　马欣宇　田兴镭　王　凯

张　才　李　超　王君慧　海　楠　郭亚楠

张佳莉　庄　荣　张　蓉　侯雨欣　韩婷婷

魏昌明　王天宁　李丹雷　杨雪蕾　张少勇

马彩凤

前 言

本书围绕着全流程自动供水系统，主要介绍了水源取水、蓄水、供水以及水厂水处理、中水回用、高效节灌、智慧水务平台建设等关键技术，也介绍了在水务方面如何实现低碳环保、降低供水行业对环境的影响，促进城市绿色可持续发展。通过研究，总结出先进的自动化、信息化技术是推动工程智能化、管理效能化、服务社会化及节水降本的重要手段。

当前，我国城市化进程加快，城市人口增多，供水量和质量的需求不断增加。因此，实施智慧水务全流程水处理系统是解决供水问题的切实有效途径。通过系统的实践应用，可以验证其在实际环境中的效果和优势，并不断改进和完善系统设计和运行模式，进一步推动技术的发展和应用。本书通过基于物联网、云计算和人工智能等先进技术，实现对水循环处理过程中每个环节的自动化、智能化的解决方案。在推动智慧水务的同时，也可以为整个水处理行业形成专业性的指导教材，有助于推动行业的标准化和专业化。

目　录

第 1 章　水源分析

1.1　宁夏水资源分析

1.1.1　宁夏黄河水资源分析

1. 黄河流域水资源总量

黄河是中国的第二大河流，全长约 5464km，流经宁夏回族自治区。黄河流域水资源总量约为 580 亿 m^3，但受气候条件影响，水资源分布具有明显的季节性和地域性差异。

2. 黄河水资源时空分布特征

宁夏地区位于黄河中游，黄河水资源在宁夏的时空分布特征表现为：

（1）时态特征。宁夏地区的黄河水资源主要集中在雨季，尤其是 7 月至 9 月，占全年水量的 70%左右。这主要是由于该时期受季风气候影响，降水量较大导致河流径流量增加。而在冬季受气候特点的影响，降水量减少而导致河流水量较少，呈现出明显的季节性特点。此外，在春季和秋季黄河水资源的变化也较为明显，主要受气候和水文条件的影响。

（2）空间特征。黄河自西向东在宁夏境内流经，水资源分布在地理上主要沿黄河而呈现出带状分布。这是因为黄河沿线地区地势较低，水系发育较好，使得河流两侧水资源相对丰富。而远离河流的区域，由于地形地貌、气候条件和人类活动等因素影响，水资源相对较少。

3. 黄河水资源利用现状

宁夏地区对黄河水资源的利用主要集中在以下几个方面：

（1）农业灌溉。农业是宁夏地区的主要产业之一，黄河水资源在农业生产中起着关键作用。大量的农田依赖黄河水资源进行灌溉，以保证粮食和经济作物的稳定产量。然而，在农业用水过程中，由于灌溉技术和管理水平的限制，导致用水效率较低，水资源浪费严重。

（2）城市供水。随着宁夏地区城市化进程的加速，城市对水资源的需求日益增加。黄河水资源在城市供水中占有重要地位，为居民生活和城市建设提供了稳定的水源。但是，城市供水中存在水资源浪费、老旧管网漏损等问题，这些问题加大了黄河水资源的压力。

（3）工业用水。工业是宁夏经济发展的另一支柱产业，工业生产过程中需要大量的水资源，黄河水资源为工业提供了关键的用水保障。但是，部分企业在生产过程中存在用水效率低、排放水污染严重等问题，影响了黄河水资源的可持续利用。

4. 黄河水资源开发潜力

为了更好地发挥宁夏地区黄河水资源的潜力，可以采取以下具体措施：

（1）加强水资源保护，减少水污染，保障水资源的可持续利用。实施严格的水污染排放标准，加大对污染源的治理力度，提高水质监测水平，确保黄河水资源的质量和供应安全。

（2）提高农业灌溉水利用效率，推广节水灌溉技术。推广微灌、滴灌等节水灌溉技术，实施灌溉制度改革，提高灌溉管理水平，降低农业用水量。

（3）优化城市供水结构，提高城市用水效率，减少城市用水浪费。通过改善供水设施、加强水价管理、实施节水措施等方式，提高城市供水效率，鼓励居民和企业节约用水。

（4）加强水资源监测与管理，合理调配水资源，确保水资源在各领域的有效利用。建立完善的水资源监测体系，实时掌握黄河水资源状况，根据不同领域的用水需求，合理调配水资源，提高水资源利用效率。

（5）利用现代技术手段，提高水资源开发利用的科学性，实现水资源的可持续开发。利用遥感、地理信息系统（GIS）等现代技术手段，对黄河水资源进行精细化管理，提高水资源开发利用的科学性和可持续性。

1.1.2 宁夏地下水资源分析

1. 地下水资源总量

宁夏地区地下水资源总量约为29亿m^3，这一数量在该地区总水资源量中占有一定的比例。地下水资源主要分为浅层地下水和深层地下水两种类型，它们分别储存在不同的含水层中。

（1）浅层地下水。浅层地下水主要储存在地表以下几十米至上百米的地下含水层中。这类地下水通常来源于地表水、降水以及河流的渗透补给。因此，其水质和水量受地表水和降水影响较大。在宁夏地区，浅层地下水资源主要用于农业灌溉、生活用水和工业用水等方面。

（2）深层地下水。深层地下水主要储存在地表以下几百米至几千米的地下含水层中。由于深层地下水的补给途径较为复杂，其补给速度相对较慢。因此，这类地下水的更新周期较长，且易受地下水开采活动的影响。在宁夏地区，深层地下水资源主要用于城市供水和工业用水等方面。

需要注意的是，地下水资源的开采与利用需要充分考虑地下水的可持续性和生态环境保护。过度开采地下水资源可能会导致地下水位下降、地面沉降和水资源枯竭等问题。因此，在利用地下水资源时，应采取科学、合理的开采方式，确保地下水资源的可持续利用。

2. 地下水资源分布特征

宁夏地区地下水资源的分布特征具有一定的地域性差异，主要表现在以下几个方面：

（1）黄河沿岸地区。在宁夏地区，黄河沿岸地区的地下水资源较为丰富。这是因为黄河沿岸地区的降水量较高，地表水源充足，能够为地下水提供较多的补给。此外，黄河沿岸地区的地貌特征也有利于地下水的形成和储存。

（2）河谷地带。宁夏地区的河谷地带同样具有较为丰富的地下水资源。这些地区通常位于山麓与平原的过渡地带，地势较低，地下含水层发育良好。此外，河谷地带的地表水体和降水能够为地下水提供充足的补给。

（3）山麓地区。宁夏地区的山麓地区地下水资源也相对较为丰富。这些地区的地势适中，地下含水层条件较好；同时，山麓地区的降水量相对较高，有利于地下水的形成和补给。

（4）高原、山区和沙漠地带。与前述地区相比，宁夏地区的高原、山区和沙漠地带的地下水资源相对较少。这主要是因为这些地区的降水量较少，地势较高或地表覆盖层较厚，导致地下水的渗透补给能力有限。在这些地区，地下水资源开发利用面临较大的挑战。

3. 地下水资源开采现状

宁夏地区地下水资源的开采现状反映了该地区对地下水资源的需求和利用状况。以下是对宁夏地区地下水资源开采现状的具体阐述：

（1）农业领域。农业是宁夏地区地下水资源开采的主要领域。地下水主要用于农田灌溉，以保障粮食生产和农业产业的发展。然而，部分地区因灌溉技术落后、用水管理不善等导致地下水资源的过度开采和浪费。

（2）城市供水。随着城市化进程的加快，宁夏地区对城市供水的需求不断增加。地下水资源成为城市供水的重要组成部分。但在部分城市，由于缺乏有效的水资源管理措施，地下水资源开采过度，导致地下水位下降和水资源短缺等问题。

（3）工业领域。宁夏地区的工业发展对地下水资源的需求也在不断增加。地下水在工业生产过程中具有重要作用，例如用于冷却、清洗和生产等环节。然而，部分工业企业在开采地下水过程中存在管理不善、用水效率低下等问题，导致地下水资源的过度开采和污染。

（4）地下水资源压力。由于宁夏地区部分地区地下水资源开采过度，出现了地下水位下降、地面塌陷等问题。这些问题不仅影响地下水资源的可持续利用，还可能对生态环境和人类生活产生严重影响。

4. 地下水资源可持续利用措施

为确保宁夏地区地下水资源的可持续利用，以下具体措施值得关注：

（1）加强地下水资源的监测与管理。建立健全地下水资源监测网络，收集、分析地下水资源数据，确保准确地把握地下水的资源状况。通过对地下水位、地下水质等方面的监测，制定合理的地下水资源开采计划，防止地下水资源的过度开采。

（2）推广节水技术和管理措施。在农业、城市和工业等领域推广节水技术，如滴灌、喷灌等现代农业灌溉技术，以及低水耗的工业生产工艺。同时，加强水资源管理、提高水资源利用效率、减少地下水资源开采压力。

（3）城市规划与建设。在城市规划与建设中，确保地下水保护区得到有效划定和管理，限制工程建设对地下水资源的破坏。同时，合理布局城市绿化、雨水收集与利用设施，提高城市对地下水资源的保护水平。

（4）恢复和改善生态环境。加大对生态环境保护的投入，保护和修复水源地生态系统，增加降水渗透补给，提高地下水的自然补给能力。对河流、湖泊、湿地等水域进行生态修复，有助于地下水资源的保护和恢复。

（5）强化地下水污染防治措施。对地下水污染源进行严格管理，建立地下水污染防治体系。加强对工业、农业和生活污水排放的监管，防止污染物渗入地下水。同时，加大对地下水污染事故的应急处理能力，确保地下水资源的质量和供应安全。

1.1.3　宁夏其他水资源分析

1. 河流水资源

除黄河以外，宁夏地区还有一些其他河流，如贺兰河、六盘山河等，这些河流水资源的特点如下：

（1）补给来源。这些山间河流的水资源主要来源于降雨、雪水融化和地表径流。在雨季，降水量增加，河流水量也会相应增加；而在旱季，由于降水减少，河流水量会相应减少。

（2）流域特点。这些河流流经山地、丘陵和平原地带，河道曲折，水流速度较快。河流的水资源分布具有一定的地域性特征，山区河流水量较丰富，而平原地带河流水量相对较少。

（3）生态环境作用。这些河流水资源对于当地生态环境具有重要的支撑作用。河流为沿岸植被和动物提供生存所需的水分，维持了生态系统的平衡和稳定。

（4）农业灌溉支撑。这些河流水资源为农业生产提供了灌溉用水，保障了粮食作物和经济作物的正常生长。然而，河流水量受气候变化等因素影响较大，农业灌溉用水的供应稳定性相对较差。

（5）水资源利用潜力。虽然这些河流水资源相对较少，但在合理开发和利用的前提下，仍具有一定的水资源利用潜力。通过建设水库、引水工程等设施，可以在一定程度上调节和引导水资源，提高水资源利用效率。

总之，宁夏地区除黄河以外的河流水资源虽然相对较少，但在生态环境保护和农业灌溉方面具有一定的支撑作用。合理开发和利用这些水资源，有助于改善当地水资源状况，促进经济社会的可持续发展。

2. 湖泊水资源

宁夏地区的湖泊水资源主要包括天池、青铜峡水库等，这些湖泊具有以下特点：

（1）生态价值。湖泊水资源在维护生态平衡方面具有重要作用。湖泊为周边植被和动物提供水源，有助于保持生态系统的稳定和多样性。此外，湖泊还有助于调节气候，改善微气候条件，提高周边地区的生态环境质量。

（2）旅游资源价值。宁夏地区的湖泊具有优美的自然景观，如天池风光秀丽，吸引了众多游客前来观光旅游。旅游业的发展为当地经济带来了一定的收益，同时也推动了相关产业的发展。

（3）生活用水供应。湖泊水资源为当地居民提供生活用水，满足了居民日常生活的基本需求。同时，湖泊水资源也为农业灌溉、工业用水等方面提供了一定的支持。

（4）资源有限性。尽管宁夏地区的湖泊具有一定的水资源价值，但由于湖泊数量有限，湖泊水资源在总水资源中的占比较低。因此，湖泊水资源的合理开发与利用尤为重要。

（5）保护与管理。为保障湖泊水资源的可持续利用，需要加强湖泊保护与管理。例如，加强湖泊水质监测，防止污染；合理规划湖泊周边的开发建设，减少对湖泊生态环境的破坏；提高湖泊水资源利用效率，降低水资源浪费。

总之，宁夏地区的湖泊水资源在生态保护、旅游资源和生活用水供应方面具有一定的价值。尽管湖泊水资源有限，但通过合理开发与利用，仍可以为当地经济社会的发展提供支持。

3. 水库水资源

宁夏地区的水库水资源在地区水资源管理和利用方面具有以下几个重要作用：

（1）调节河流水资源。水库可以在雨季贮存多余的河水，以防河水泛滥造成洪水灾害；在干旱季节，通过逐步释放库水，有助于保障河流下游的水资源需求，缓解干旱问题。

（2）防洪减灾。水库具有调蓄洪水、减轻洪峰流量的功能，有助于降低下游地区的洪水风险，保护人民的生命财产安全和社会经济的稳定。

（3）农业灌溉。水库水资源为宁夏地区农业灌溉提供了稳定的水源，尤其是在干旱季节，水库释放的水量可以满足农田灌溉的需求，保证农业生产的顺利进行。

（4）城市供水和工业用水。水库水资源是宁夏地区城市供水和工业用水的重要补充来源。随着城市化和工业化的发展，对水资源的需求不断增加，水库水资源在满足这些需求方面发挥着关键作用。

（5）水力发电。宁夏地区的一些水库，如青铜峡水库、黄河梯级水库等，具有发展水力发电的潜力。水力发电作为一种清洁的能源，有助于减少对化石燃料的依赖，降低碳排放，推动绿色能源的发展。

（6）保护与管理。为确保水库水资源的可持续利用，需要加强对水库的保护与管理。这包括加强水库水质监测，防止水源污染；加强水库设施的维护和更新，确保水库安全运行；合理调度水库库容，优化水资源的配置。

总之，宁夏地区的水库水资源在调节河流水资源、防洪减灾、农业灌溉、城市供水、工业用水和水力发电等方面具有重要作用。通过加强保护与管理，水库水资源可以为宁夏地区的可持续发展提供有力支持。

4. 雨水资源

宁夏地区的雨水资源对于缓解水资源紧张状况具有一定的潜力，其具体应用和作用可分为以下几个方面：

（1）雨水收集与利用。通过建设雨水收集设施，如屋顶雨水收集系统、雨水收集池等，可以将雨水资源进行有效收集。收集到的雨水可以用于冲洗、灌溉、景观用水等非饮用领域，降低对地下水和地表水的依赖。

（2）生态补水。雨水资源可以用于生态补水，改善湿地生态环境、保护水源地和生态景观。这有利于维持生态平衡，提高生态系统的自净能力，为区域水资源循环提供支持。

（3）补充地下水。雨水资源可以通过人工补给、渗透池等方式补充地下水，提高地下水位。这有助于减轻地下水过度开采带来的压力，保护地下水资源的可持续利用。

（4）城市径流管理。通过设置雨水花园、绿地渗透带等措施，可以减少雨水径流，降低城市内涝风险。这些措施还有助于提高城市雨水的渗透能力，促进地下水补给。

（5）水资源利用效率提升。通过推广雨水资源利用技术，提高宁夏地区的水资源利用效率。这有助于降低对地下水和地表水的依赖，减轻水资源压力，实现水资源的可持续利用。

综上所述，宁夏地区的雨水资源在水资源管理和利用方面具有潜力。通过雨水收集与利用、生态补水、补充地下水、城市径流管理等途径，可以提高宁夏地区的水资源利用效率，保障区域水资源的可持续发展。

1.2 水资源水量监测

1.2.1 黄河水资源水量监测

1. 水位监测站布设

水位监测站布设是获取黄河水位信息的关键环节，需要综合考虑多种因素，以确保监测数据的准确性和有效性。以下是具体的布设考虑因素：

（1）地形。考虑河流地形的复杂程度，如河流的宽度、深度、河道形状等，以确定监测站的位置和设备选择。

（2）水文特征。水位监测站应布设在流量变化明显的区域，以便捕捉到水位波动的关键信息。此外，还需考虑河流的径流特性、泥沙搬运能力等因素。

（3）流域面积。考虑流域的面积大小，对于大型流域，监测站的数量应适当增加，以满足对水位信息的全面了解。

（4）监测需求。根据水资源管理、防洪减灾、生态保护等方面的具体需求，合理布设水位监测站。

（5）关键位置。水位监测站应设置在河流的关键位置，如水库、堰塞湖、大桥、梯级电站等，以监测到这些区域的水位变化情况。此外，受水文和气候影响较大的区域也应设置监测站，以捕捉异常水位波动信息。

（6）技术可行性。考虑设备安装、维护和数据采集等方面的技术可行性，选择合适的监测站位置和设备类型。

（7）经济性。合理评估监测站建设、运营和维护的成本，以实现经济、有效的水位监测。

通过以上因素的综合考虑，可以合理布设水位监测站，为黄河水资源的管理和利用提供准确、有效的水位信息。

2. 流量监测方法

流量监测是黄河水资源管理的重要环节。常用的流量监测方法包括浮标法、流速仪法、流量计法等。

（1）浮标法。浮标法是一种通过测量河流中浮标的流速来估算河流流量的方法。这种方法适用于宽度较大、流速变化较小的河流。浮标法的优点是操作简便、成本低，但准确性较低，受风、浮标形状和河道流速分布的影响较大。

（2）流速仪法。流速仪法是利用流速仪（如电磁流速仪、声学流速仪等）直接测量河流中的流速，并结合河道断面积来计算河流流量。这种方法适用于流速变化较大、河道形状较复杂的河流。流速仪法的优点是准确性较高，能够实时获取流速信息；但设备成本较高，需要专业人员进行操作和维护。

（3）流量计法。流量计法是利用流量计（如涡轮流量计、超声波流量计等）测量河流流量，这种方法适用于各种大小的河流，尤其是人工渠道和管道中的流量测量。流量计法的优点是准确性较高，适用范围广，但设备成本较高，需要定期校准和维护。

在选择合适的流量监测方法时，需综合考虑河流的特点、监测目的、设备成本和维护成本等因素。对于黄河这样的大型河流，流速仪法和流量计法可能更适用，因为它们能够提供较高的准确性和实时性。而在某些特定场景下，如初步调查或预算有限的情况下，可以考虑使用浮标法。

3. 数据采集和传输技术

实时、准确地获取水位和流量数据，对于黄河水资源的监测和管理具有重要意义。现代化的数据采集和传输技术包括遥感技术、无线通信技术、物联网技术等。利用这些技术可以实现对监测站数据的实时采集、传输和处理，为黄河水资源管理提供及时、准确的信息支持。

（1）遥感技术。遥感技术是通过遥感卫星或无人机等平台上的传感器来获取地球表面信息的一种技术。在水资源监测中，遥感技术可以用于获取河流宽度、河道形态、水位、流速等信息。遥感技术的优点是能够覆盖较大的地域范围，提供实时、连续的监测数据；然而，遥感技术受云层、大气条件等影响较大，同时需要专业人员进行数据处理和解译。

（2）无线通信技术。无线通信技术可以实现监测站数据的实时传输。通过GSM、CDMA、4G/5G等无线通信网络，将监测站的水位和流量数据传输到监测中心或移动设备上。无线通信技术的优点是传输速度快、传输距离远，但受信号覆盖范围和通信网络稳定性的影响。

（3）物联网技术。物联网技术是通过网络将各种物体连接起来，实现信息的互联互通。在水资源监测中，物联网技术可以将各个监测站的数据实时传输到监测中心，实现对整个黄河流域的水资源状况进行实时监控。物联网技术的优点是可以实现大量数据的实时处理和分析，提高水资源管理的智能化水平。

综合运用遥感技术、无线通信技术和物联网技术，可以实现对黄河水资源的实时、准确、高效监测，为黄河水资源的管理和调度提供科学依据。同时，这些技术的应用可以降低人工巡查的成本和风险，提高水资源监测工作的效率。

4. 水量监测数据分析

水量监测数据分析是黄河水资源管理的关键环节，包括数据质量控制、数据整合、数据挖掘等。通过对水量监测数据的分析，可以发现水资源的时空分布规律、流量变化趋势等信息，为水资源调度、保护和利用提供科学依据。利用现代信息技术，如大数据、云计算、人工智能等，可以提高水量监测数据分析的效率和准确性。

（1）数据质量控制。对水量监测数据进行质量控制是确保数据准确性的关键。需要对原始数据进行清洗、校正和平滑处理，消除异常值、漂移误差和噪声干扰等影响。此外，还应定期对监测设备进行校准和维护，确保数据采集的准确性。

（2）数据整合。将来自不同监测站点、不同监测方法和不同时间尺度的水量监测数据进行整合，形成统一、完整的数据库。数据整合需要解决数据格式、单位、时间尺度等方面的差异，以便进行后续的分析和挖掘。

（3）数据挖掘。通过对水量监测数据进行挖掘，可以发现水资源的时空分布规律、流量变化趋势、水文极值事件等信息。数据挖掘技术包括统计分析、时间序列分析、机器学习等。利用这些技术，可以挖掘出潜在的水资源规律，为水资源管理提供依据。

（4）现代信息技术的应用。利用大数据、云计算、人工智能等现代信息技术，可以提高水量监测数据分析的效率和准确性。例如，大数据技术可以处理海量的水文数据，云计算技术可以提供强大的计算资源和存储能力，人工智能技术可以实现对水资源规律的自动识别和预测。

1.2.2 地下水资源水量监测

1. 地下水观测井布设

地下水观测井是获取地下水水位信息的关键设施。布设观测井需考虑地下水流动规律、地层条件、人类活动影响等因素，以确保监测数据的准确性和有效性。观测井应设置在关键地下水补、排、存区域，以及受地下水开采影响较大的区域，以全面了解地下水资源的状况。

（1）充分了解区域地下水流动规律。通过研究地下水动力地质、水文地质、地下水流动方向等，确保观测井能够有效地反映地下水系统的水文特征。

（2）考虑地层条件。根据地区的地质构造、岩性、岩层厚度等特征，合理选择观测井的位置。例如，在含水层较厚或多层的地区，应在各层含水层中设置观测井，以获取完整的水位信息。

（3）人类活动影响。选择距离人类活动较远、污染源较少的地点设置观测井，以避免人为干扰导致数据失真。同时，关注地下水开采区域，了解开采对地下水资源的影响。

（4）覆盖关键地下水补、排、存区域。观测井应设置在重要的地下水补给区、排放区和蓄水区，以监测这些区域的水位变化，为评估和管理地下水资源提供有力支持。

（5）受地下水开采影响较大的区域。针对受地下水开采压力较大的区域，应增加观测井的密度，以便对地下水位变化进行密切监测，评估开采对地下水资源的影响。

综合以上因素，布设地下水观测井时，应充分考虑不同地区的地质、地理、气候等条件，结合地下水资源的实际需求，制定科学、合理的观测井布设方案。这样可以确保地下水观测井能够准确、有效地反映地下水资源的状况，为地下水资源的评估、管理和保护提供关键数据支持。

2. 水位监测技术

水位监测技术是地下水管理和利用的重要手段，主要包括人工观测法和自动监测法两种技术。人工观测法通常使用电测水深法和测深管法，自动监测法则利用水位计、压力传感器等设备进行实时、连续的水位监测。在地下水的管理和利用中，不同的水位监测技术有其各自的优缺点和适用范围。

（1）人工观测法是较为传统的水位监测方法，具有成本较低、维护方便等优点。其中，电测水深法是常用的水位监测方法之一，其基本原理是通过测量水下电极与水面电极之间的电位差，计算出水深及水位高程。该方法在实际应用中需要对水下电极和水面电极进行周期性检测及维护，且受到天气等环境因素的影响较大。另一种人工观测法是测深管法，它通过在井管内安装测深管，从而实现对地下水水位的测量。该方法的优点是测量精度较高，但需要进行定期的维护和检修，使得成本较高。

（2）自动监测法是一种相对先进的水位监测方法，可以实现水位数据的实时、连续监测。该方法主要通过水位计、压力传感器等设备进行水位测量，其优点在于监测数据的准确性和时效性较高。同时，自动监测法还可以通过数据传输和分析处理，实现水位数据的远程监控和管理，为地下水资源的科学管理提供了有力支持。

总体而言，水位监测技术的选择需要考虑多个因素，如监测目的、监测对象、监测周期等，以及监测成本和管理效益等方面。实际应用中，可以结合不同的水位监测技术，通过建立综合监测系统，提高水位监测的可靠性和效率。此外，在进行水位监测时，还需要加强数据的质量管理，包括数据的校准、传输和存储等方面，确保监测数据的准确性和可靠性。

3. 地下水开采量监测

地下水开采量监测是评估地下水资源状况的重要环节，对于合理利用和保护地下水资源具有重要的意义。地下水开采量监测可以采用间接法和直接法进行监测。

（1）间接法主要依据水井的水位变化、水文地质条件等因素估算地下水开采量。水井的水位变化是评估地下水开采量的主要指标之一，根据水井水位变化与开采量之间的关系，可以通过水井水位变化监测来估算地下水开采量。此外，水文地质条件也是评估地下水开采量的重要因素之一，通过对水文地质条件的分析，可以初步估算地下水开采量。间接法的优点是成本较低、操作简单，适用于一些较小的水井和开采量较小的情况。

（2）直接法则通过流量计、水表等设备对水井的开采量进行实时监测。流量计是一种能够测量液体、气体等流体流量的仪器，通过测量水井中水流的速度和截面积，可以计算出地下水开采量。水表是一种能够测量水的流量的设备，通过将水表与水井连接，可以实时地测量水井中的开采量。直接法的优点是监测精度高，能够实时地监测地下水开采量，适用于较大的水井和开采量较大的情况。

实际监测中，结合实际需求选择合适的监测方法非常重要。对于一些较小的水井和开采量较小的情况，采用间接法进行监测可以满足需求；而对于一些较大的水井和开采量较大的情况，则需要采用直接法进行实时监测。此外，对于一些特殊情况，可以采用间接法和直接法相结合的方法进行监测。

总之，地下水开采量监测是评估地下水资源状况的重要环节，通过选择合适的监测方法，能够更好地实现对地下水开采量的监测和管理，合理利用和保护地下水资源，促进可持续发展。

4. 水量监测数据分析

地下水水量监测数据分析是地下水资源管理和保护的重要环节，其目的是通过对水量监测数据进行分析，了解地下水资源的时空分布规律、水位变化趋势、开采压力等信息，为地下水资源的调度、保护和利用提供科学依据。首先，数据质量控制是水量监测数据分析的基础，需要对数据进行质量控制和处理。在数据采集和传输过程中，可能会出现数据漏传、误传、重复等情况，需要进行数据清洗和校验，保证数据的准确性和可靠性。其次，数据整合是水量监测数据分析的重要环节，需要将不同监测点的数据整合在一起，建立完整的地下水水位和水量监测数据体系，形成多源数据的融合和协同，为更全面地了解地下水资源提供依据。再次，数据挖掘是水量监测数据分析的核心，通过对数据进行挖掘和分析，可以发现地下水资源的时空变化规律和趋势，为决策提供科学依据。例如，可以通过时间序列分析方法研究地下水水位的变化趋势，进而预测未来地下水水位的变化趋势；通过空间插值方法分析不同区域地下水资源的分布情况，为地下水资源的合理开发和利用提供参考。最后，现代信息技术的应用为水量监测数据分析提供了新的手段和工具。大数据技术可以处理海量的监测数据，通过数据挖掘和机器学习等方法，提高数据分析的效率和准确性；云计算技术可以实现数据的实时共享和协同分析，促进地下水资源管理和保护的智能化和精细化；人工智能技术可以实现地下水水量监测数据的智能识别和处理，提高数据分析的精度和实时性。

1.2.3 其他水资源水量监测

1. 河流水量监测

河流水量监测是河流水资源利用和管理的重要手段，可以通过测流站监测和遥感监测等方法实现。其中，测流站监测是河流水量监测的传统方法，其基本原理是通过对河流横截面流量进行定量测算来获取河流水量信息。测流站一般设置在河道断面处，通过安装测流仪器、水位计等设备，实时测量河流横截面流量和水位，并进行数据记录和传输。监测频率一般为每日或每小时，可以获得比较准确的河流水量数据，但需要人员进行定期维护和校准。

与传统的测流站监测方法相比，遥感监测具有成本低、监测频率高、覆盖范围广等优点。遥感监测主要利用卫星或无人机等遥感技术对河流水面面积进行监测，并通过地形、水文、气象等数据对水量进行计算。遥感监测可以实现对河流全长的水量监测，监测频率可以达到每日或每小时，能够及时获取河流水量信息。但是，遥感监测的精度受到多种因素的影响，如天气、云层、水体颜色等，需要进行数据校准和精度评估。

2. 湖泊水量监测

湖泊是重要的水资源，湖泊水量监测是湖泊管理和水资源规划的重要环节。湖泊水量的监测方法多种多样，其中水位监测和水质监测是两种主要的监测手段。

水位监测是湖泊水量监测的重要手段之一。通过水位监测，可以掌握湖泊水位变化情况、水位高程等信息，从而了解湖泊的水文变化情况。水位监测可采用水文测站进行监测，也可以利用遥感技术对湖泊水面面积进行监测，再结合水位高程数据进行水量计算。水文测站的监测频率一般为每小时或每日，可以连续监测水位变化，还可以监测湖泊水位波动的规律，为湖泊管理和水资源规划提供重要的科学依据。遥感技术可以对湖泊水面面积进行快速、高效的监测，同时可以监测大范围的湖泊水位变化情况，为湖泊资源管理和规划提供较为全面的数据支持。

水质监测是湖泊水量监测的另一种重要手段。湖泊水质监测主要包括水质参数监测和水质化学分析。水质参数监测通常包括水温、溶解氧、pH 值等水质参数的监测，这些参数可以反映湖泊水体的状态和湖泊的水文变化情况，从而推断湖泊水量的变化情况。水质化学分析则是通过对湖泊水样的采集和化学分析，了解湖泊中各种化学物质的含量和分布情况，以推断湖泊水量的变化情况。水质监测可以全面掌握湖泊水质状况，为湖泊资源管理和规划提供科学依据。

3. 水库水量监测

水库水量监测是对水库水资源进行管理和调度的基础工作。水库水量监测需要实时、准确地获取水位、流量等信息，以便及时了解水库水文变化情况，进行科学的水资源规划和管理。水库水量监测方法包括水位监测和流量监测两种方式。水位监测主要是通过对水库水位的监测，计算出水库的储水量。水文测站是目前比较常用的水位监测方式，可进行实时、连续监测，监测频率一般为每小时或每日一次。而遥感技术则具有非接触式、广域覆盖等优势，可以大幅度降低监测成本，但其精度相对较低。

流量监测主要是通过对水库进出水口进行流量计量，从而计算水库的水量变化情况。水库流量计量有多种方式，包括静态水位法、动态水位法和浮标法等。其中，静态水位法是一种简单、实用的流量计量方法，可通过测定水库两个时刻的静态水位差来计算水流量，其缺点是受孔口位置和形状影响较大；动态水位法则是利用流速计进行流量计量，具有较高的精度，但其设备成本较高；浮标法则是在水库出水口下游设置浮标并进行追踪，通过对浮标移动距离和时间的测量计算流量。

4. 雨水资源监测

雨水资源监测是水资源管理的重要内容，通过监测降雨量和径流量等参数，可以了解雨水资源的时空分布情况和变化趋势，为雨水资源的合理利用和保护提供科学依据。以下将分别介绍降雨量监测和径流量监测的具体方法和技术。

（1）降雨量监测

降雨量监测是指对雨水降落的数量和强度进行监测。目前常见的降雨量监测方法包括地面降雨量监测和遥感降雨量监测。

地面降雨量监测主要依靠气象站点进行观测。气象站点可以通过雨量计、雨量积分计等设备进行实时监测。监测数据可以通过无线电传输等方式传输到中心站进行处理和分析。此外，还可以通过搭建自动气象站等措施，提高降雨量监测的自动化和精度。

遥感降雨量监测是利用遥感技术对降雨范围和强度进行监测。目前常用的遥感数据包括雷达回波图、卫星云图等。遥感降雨量监测具有范围广、实时性强的特点，可以为区域降雨量的监测和预测提供重要数据支持。

（2）径流量监测

径流量监测是指对雨水在流域内的流动情况进行监测。目前常见的径流量监测方法包括水文站点监测和遥感监测。

水文站点监测主要是通过对流域内河流的水位、流速等参数进行监测，从而计算出流量信息。监测设备包括水位计、流速计、流量计等。监测数据可以通过数据传输设备实现远程传输，提高监测的自动化程度和实时性。

遥感监测则是利用卫星遥感和地面遥感技术对流域内水体面积、水位等参数进行监测，从而推算出流量信息。遥感监测具有覆盖面广、监测周期长等优点，可以为区域水文信息的监测和预测提供重要数据支持。

1.3 水资源水质监测

1.3.1 黄河水资源水质监测

1. 水质监测站布设

针对黄河的水质监测，合理的监测站布设是关键。监测站的布设应该根据黄河的特点，如河道长度、流量大小、水质变化等因素进行合理规划。一般而言，可以从以下几个方面进行考虑：

（1）黄河干流及主要支流监测站布设

黄河干流及其主要支流是黄河水系的主要组成部分，同时也是黄河流域水质状况的重要指标。因此，应在黄河干流及其主要支流处布设水质监测站。在布设监测站的过程中，需要考虑河道长度、流量大小等因素，将监测站合理地分布在干流和主要支流的关键位置，以实现对黄河水质的全面、准确监测。

（2）入黄河的主要河流和污染物排放口监测站布设

除了黄河干流及其主要支流外，入黄河的主要河流和污染物排放口也是重要的监测点。这些位置水质监测站的布设，可以帮助监测黄河流域内的污染物来源及其对黄河水质的影响程度。因此，布设监测站时应该优先考虑入黄河的主要河流和排放口的位置。

（3）连续性和完整性

为了实现数据的全面、准确采集，监测站的布设需要具备一定的连续性和完整性。连续性指监测站的布设需要考虑相邻站点之间的衔接和补充，以保证监测数据的连续性；完整性指监测站布设的完整和覆盖，即需要在黄河流域内布设足够数量的监测站，以确保对黄河水质进行全面、准确地监测。

2. 水质监测指标及方法

黄河水质监测指标的选取应综合考虑流域的地理位置、水文地质特征、水体利用状况等因素。常见的水质监测指标包括 pH 值、溶解氧、氨氮、总磷、总氮等。其中，pH 值是反映水体酸碱度的指标，对水体生态环境和水生生物的生长繁殖具有重要影响；溶解氧是反映水体富氧程度的指标，也是水生生物生存所需的重要物质；氨氮、总磷和总氮是反映水体营养状况和污染程度的重要指标，对水体生态系统的稳定性和健康性有着重要的影响。

对于黄河水质监测指标的选择，需要根据具体情况进行综合考虑。例如，在黄河干流及主要支流的中下游，应优先选择反映水质富氧程度和营养状况的指标，如溶解氧、氨氮、总磷、总氮等；而在黄河上游，应重点关注反映水体酸碱度的 pH 值指标。此外，对于黄河流域内的河道和湖泊，也可以根据其特定的水文地理条件选择相应的水质监测指标和方法。

水质监测方法的选择应考虑监测指标的特性和实际监测条件。常用的水质监测方法包括分光光度法、电化学法、荧光法等。分光光度法是测定水体中特定成分含量的一种方法，可用于测定水中的溶解氧、氨氮、总磷、总氮等指标；电化学法是利用电化学反应测定水体中的某些物质，如 pH 值、溶解氧等；荧光法则是利用荧光染料对水样中有机物质发生荧光的现象进行监测，适用于对水体有机物的监测。

针对黄河水质监测的特点，可以选择多种水质监测方法相结合的方式，以提高监测数据的准确性和可靠性。例如，在水质监测站点设置多个采样口，同时采用不同的水质监测方法对水样进行分析，以获得更全面、准确的水质数据。同时，还应加强监测方法的标准化和规范化，建立完善的质量控制和质量保证体系，以确保监测数据的可比性和可信度。

3. 数据采集与处理技术

黄河水质监测的数据采集和处理应该采用现代化技术手段，以提高数据采集、处理效率和准确度。常用的技术包括无线传感器、互联网和云计算等。首先，可以利用无线传感器实现自动化的数据采集和传输，节省人力和时间成本。无线传感器可以通过测量水质指标的变化，实时获取河流的水质数据，并将其传输至数据中心进行处理和分析。同时，无线传感器可以安装在水质监测站附近，对于难以到达的监测点位也能够实现监测，大大提高了数据采集的效率和覆盖范围；其次，可以利用互联网技术实现数据的实时共享和交互。监测站采集的水质数据可以通过互联网传输至相关机构或公众，方便大家了解黄河水质状况和进行科学决策。同时，互联网技术还可以实现远程控制和管理，方便维护和监测设备的运行状态；最后，可以采用云计算技术对水质数据进行处理和分析。云计算技术具有高效、安全、可靠、灵活等特点，能够实现数据的存储、处理、分析和可视化展示。通过建立水质数据的云平台，可以方便地进行数据的共享和交互，实现对水质数据的实时监控和管理。

4. 水质监测结果评价

黄河作为宁夏重要的水资源之一，其水质监测结果的评价是保障水资源安全和生态健康的关键。水质监测结果评价主要分为两个方面：与相关标准对比评估和水质变化趋势分析。

首先，水质监测数据应与国家和地方相关标准进行对比评估。这些标准包括《地表水环境质量标准》GB 3838—2002、《城镇污水处理厂污染物排放标准》GB 18918—2002 等。通过将监测数据与这些标准进行对比，可以评估水质是否达到规定标准。若水质未达标，则需要采取相应的水环境治理措施，以提高水质水平。同时，还可根据不同行业、用途等需求制定相关的水质标准，以保障相关水资源的安全和健康。其次，对于水质变化趋势的分析，可以采用数据分析和模型推算方法。其中，数据分析可通过对监测数据进行统计分析、趋势分析、相关性分析等，揭示水质变化规律及其影响因素。同时，可结合地理信息系统等技术手段，建立水质空间分布模型，为水环境保护和治理提供科学依据。模型推算则是基于水环境模型进行预测和模拟，以预测水质变化趋势、评估水环境治理效果等，为水资源管理和规划提供决策支持。

1.3.2　地下水资源水质监测

1. 地下水水质监测站布设

地下水水质监测站的布设需要考虑多方面因素，包括地下水分布情况、地下水补给状况、地下水开采情况以及地下水污染源分布情况等。根据这些因素，可以选择适当的监测站点进行布设，以保证对地下水水质变化的全面监测和及时预警。地下水水质监测站点的布设应考虑以下几个方面：

（1）地下水分布情况。根据地下水的分布情况，应选择合适的地下水水质监测站点。一般而言，应选择地下水含量较高的地下水埋藏层进行监测，如砂砾层、河流冲积层等。

（2）地下水补给状况。地下水补给是地下水资源的重要来源之一，因此应在地下水补给区域设置水质监测站。选择监测站点时，应考虑地下水补给的来源和补给量，以及附近的地质、地形、土壤等因素，以保证监测数据的准确性和代表性。

（3）地下水开采情况。地下水开采是地下水资源的主要利用方式之一，因此应在地下水开采区设置水质监测站。选择监测站点时，应考虑地下水开采的量、深度、水质变化等因素，以及附近的地质、地形、土壤等因素，以保证监测数据的准确性和代表性。

（4）地下水污染源分布情况。地下水污染是地下水资源管理中的一个重要问题，因此应在污染源周围设置水质监测站。在选择监测站点时，应考虑污染源的类型、范围、程度等因素，以及附近的地质、地形、土壤等因素，以保证监测数据的准确性和代表性。

在实际监测过程中，需要保证监测站点的连续性和完整性，确保监测数据的时空覆盖和代表性。同时，还需要采取一些有效的措施保证监测站点的稳定性和准确性，如定期维护监测设备，保证数据的可靠性。

2. 地下水水质监测指标及方法

地下水水质监测指标的选择应根据地下水水文地理条件和监测目的进行综合考虑。常用的指标包括 pH 值、溶解氧、电导率、总硬度、氨氮、总磷、总氮、有机物等。其中，pH 值是反映地下水酸碱程度的重要指标；溶解氧是反映地下水富氧程度的关键指标；电导率和总硬度是反映地下水中溶解性盐类含量的指标；氨氮、总磷和总氮是反映地下水营养状况的重要指标；有机物则是反映地下水有机质污染的关键指标。

地下水水质监测方法的选择应考虑监测指标的特性和实际监测条件。常用的方法包括电化学法、分光光度法、荧光法等。电化学法是通过电化学反应测定水体中某些物质的浓度，如 pH 值、溶解氧等；分光光度法是测定水中特定成分含量的一种方法，可用于测定氨氮、总磷、总氮等指标；荧光法则是利用荧光染料对水样中有机物质发生荧光的现象进行监测，适用于对地下水有机物的监测。

在地下水水质监测中，可以选择多种水质监测方法相结合的方式，以提高监测数据的准确性和可靠性。同时，还应加强监测方法的标准化，确保监测数据的可比性和可重复性。

需要注意的是，地下水水质监测指标和方法的选择应根据监测目的及实际情况进行灵活调整和优化。在监测过程中，还应及时了解并采纳相关技术进展，以不断提升地下水水质监测的准确性和有效性。

3. 数据采集与处理技术

地下水水质监测数据采集和处理是保障地下水资源安全的重要环节。随着现代科技的发展，地下水水质监测的数据采集和处理技术得到了极大提升。现代化技术手段包括无线传感器、互联网和云计算等。

（1）无线传感器是一种利用传感器技术、无线通信技术采集和传输数据的设备，可用于监测地下水水质数据。传感器采集到的数据可通过无线通信方式实时传输到数据采集系统，以实现数据的实时采集和传输。

（2）互联网技术可用于地下水水质监测数据的管理和共享。建立地下水水质数据管理系统，将监测数据上传至云端，以实现数据共享和交互，方便相关机构和公众了解地下水水质状况。

（3）云计算技术可用于地下水水质监测数据的处理和分析。通过云计算平台，可实现对地下水水质监测数据的存储、计算、分析和模拟等操作，以提高数据处理的效率和准确度。

（4）数据挖掘和机器学习等技术，对地下水水质监测数据进行分析和预测。数据挖掘技术可用于数据的特征提取和模式识别，以帮助发现数据中的潜在信息。机器学习技术则可用于对地下水水质变化趋势进行预测和模拟，为地下水资源的管理和保护提供科学依据。

4. 地下水水质监测结果评价

地下水水质监测结果评价是地下水管理的重要组成部分。评价方法需要考虑地下水水质监测指标的特点、实际监测条件和监测目的，以充分反映地下水水质的变化和趋势。以下是具体阐述：

（1）对比监测数据和水质标准

将监测数据与国家和地方相关标准进行对比，评估地下水水质达标情况。水质标准可包括地下水质量标准、水源地环境质量标准、水功能区水质标准等。当地下水水质达标时，可认为地下水资源较为安全；当地下水水质不达标时，需要采取相应的治理措施，以保护地下水资源和保障人民健康。

（2）利用数据分析方法

数据分析方法可以揭示地下水水质的变化趋势及其影响因素。常用的数据分析方法包括聚类分析、主成分分析、回归分析等。聚类分析可以将不同地下水样品根据其水质指标分为若干类，以便快速准确地了解地下水水质状况；主成分分析可以找到影响地下水水质的主要因素，为制定水质治理措施提供科学依据；回归分析则可建立水质指标与污染源的相关性模型，揭示污染源对地下水水质的影响程度。

（3）利用模型推算方法

模型推算方法可以预测地下水水质的变化趋势和可能受到的影响。常用的模型推算方法包括地下水流动模型、水质传输模型等。地下水流动模型可通过数学模型和地质地貌信息预测地下水的流动方向和速度，从而推算地下水水质变化趋势；水质传输模型则可以模拟水质污染物在地下水中的传输和转化过程，预测水质污染物的扩散范围和影响程度。

1.3.3 其他水资源水质监测

1. 河流水质监测

为了有效地监测河流水质，需要制定科学、合理的监测方案，包括监测站的布设、水质监测指标和方法、数据采集和处理技术、监测结果评价等方面。

（1）河流水质监测站布设

针对河流水质监测需求，应根据河流长度、流量大小、水质变化等因素进行水质监测站的布设。一般而言，应在河流干流及其主要支流、入河的主要河流和污染源周围等处布设水质监测站。同时，还应考虑监测站布设的连续性和完整性，确保数据的全面、准确采集。具体来说，可以按照以下原则进行监测站的布设：

基于流域特征，优先选择河道上下游交汇处、重要支流汇入处和河道曲弯处等位置。根据污染源分布情况，选取距离排放口近的监测站，确保对污染物浓度变化的准确监测。布设监测站的密度应根据流域大小和水质变化情况进行合理调整，以实现对水质状况的全面覆盖。

（2）河流水质监测指标及方法

河流水质监测指标的选择应考虑河流水环境特点和监测目的。一般而言，应选取能够反映水体富氧程度和营养状况、污染物浓度和种类、水体酸碱度和浊度等方面的水质指标。具体包括：溶解氧、氨氮、总磷、总氮、COD（化学需氧量）、BOD（生化需氧量）、pH 值、浊度等。

对于水质监测方法的选择，应根据监测指标特性和实际监测条件进行综合考虑。常用的水质监测方法包括分光光度法、电化学法、荧光法等。其中，分光光度法可用于测定水中的溶解氧、氨氮、总磷、总氮等指标；电化学法则是利用电化学反应测定水体中的某些物质，如 pH 值、溶解氧等；荧光法则是利用荧光染料对水样中有机物质发生荧光的现象进行监测，适用于对水体有机物的监测。

2. 湖泊水质监测

湖泊水质监测可用于了解湖泊水文变化、水位变化等信息，为湖泊管理和水资源规划提供科学依据。针对湖泊水质监测需求，应选取适当的水质监测指标和方法，并制定科学、合理的监测方案。

（1）湖泊水质监测指标及方法

针对湖泊水质监测需求，应选取适当的水质监测指标和方法。一般而言，湖泊水质监测指标应包括水温、pH 值、溶解氧、氨氮、总磷、总氮等，以反映湖泊的水质状况。具体指标的选择应根据湖泊类型、地理位置、环境状况等因素进行综合考虑。如山地湖泊中，应重点关注溶解氧、pH 值等指标；而城市湖泊中，应重点关注氨氮、总磷等指标。同时，应选择合适的水质监测方法，如电化学法、分光光度法、荧光法等，以获得准确的水质数据。

（2）湖泊水质监测站布设

监测站的布设是湖泊水质监测方案中重要的一环。监测站应布设在湖泊周边或湖泊入口处，以保证监测数据的代表性和准确性。具体而言，应优先选择湖泊入口处、主要污染源周围、湖泊底部等位置进行监测。监测站数量和位置应根据湖泊面积、形状、水流特性等因素进行科学、合理的规划和布设。

（3）数据采集与处理技术

湖泊水质监测的数据采集和处理应采用现代化技术手段，如无线传感器、互联网和云计算等，以提高数据采集、处理效率和准确度。同时，需要建立完善的数据管理系统，实现数据共享和交互，方便相关机构和公众了解湖泊水质状况。数据处理应包括数据质量控制、数据的存储和管理、数据分析和结果评价等方面。

数据质量控制是保证监测数据准确性和可靠性的重要步骤。需要制定科学的质量控制措施，例如校正误差、标准化操作流程、质量控制样品的使用等。数据存储和管理是水质监测工作的重要组成部分。需要建立完善的数据管理系统，确保数据的安全性和完整性，并提供便捷的查询和分析功能。同时，需要及时备份数据，以防数据丢失或损坏。数据分析和结果评价是对监测数据进行科学分析和综合评价的过程。通过对监测数据进行统计分析和模型计算，揭示水质变化趋势和影响因素，并评估水质达标情况，为水环境保护和管理提供科学依据。在数据共享和交互方面，应建立统一的数据平台和信息共享机制，实现相关部门间的数据共享和交流，方便公众了解水质状况。同时，应加强对数据的开放共享和保护，保障数据的安全性和隐私性。

3. 水库水质监测

水库水质监测主要包括监测站布设、监测指标及方法、数据采集与处理技术、监测结果评价等方面。

(1) 水库水质监测站布设

水库水质监测站应布设在水库进出水口、水库入库河道和出库河道等处，监测频率应根据水库的水质变化情况进行合理调整。布设监测站的位置应选取代表性好、具有典型性和代表性的水体，以便于对水库水质的全面、准确监测。

(2) 水库水质监测指标及方法

水库水质监测指标应根据水库的水文地理条件和水质状况进行选择，常用的监测指标包括 pH 值、溶解氧、氨氮、总磷、总氮、浊度等。监测方法包括电化学法、分光光度法、荧光法等。其中，电化学法适用于测定 pH 值、溶解氧等指标；分光光度法适用于测定氨氮、总磷、总氮等指标；荧光法适用于测定水中有机物质的含量。

(3) 数据采集与处理技术

水库水质监测的数据采集和处理应采用现代化技术手段，如远程自动监测系统、互联网和云计算等，以提高数据采集、处理效率和准确度。

(4) 水库水质监测结果评价

针对水库水质监测结果，需要进行合理的评价。可以将监测数据与国家和地方相关标准进行对比，评估水质达标情况；同时，还可利用数据分析和模型推算方法，揭示水质变化趋势及其影响因素，为水库管理和水资源规划提供科学依据。

在评价水库水质时，需要注意对水库水质变化的分析和预测。对水库水质变化的分析，可采用数据分析和模型推算方法，如主成分分析法、灰色关联分析法等，以揭示水库水质变化的主要影响因素和趋势；对水库水质的预测，可采用水文模型、水质模型等方法，预测未来水库水质变化趋势，为水库管理和水资源规划提供科学依据。此外，在水库水质监测中，还应加强水质监测数据的统计和分析。通过对监测数据进行统计和分析，可以深入了解水库水质状况，把握水库水质变化趋势，及时发现和解决水库水质问题，为水库管理和水资源规划提供科学依据。

4. 雨水资源水质监测

针对雨水资源的监测，需要考虑监测指标和方法的选择。常用的雨水水质监测指标包括 pH 值、COD（化学需氧量）、BOD（生化需氧量）、SS（悬浮物）等。pH 值可以反映雨水的酸碱程度，COD、BOD 可以反映雨水中的有机物含量，SS 则可以反映雨水中的颗粒物含量。选取的指标应综合考虑雨水的特点和污染源情况，以获得准确的水质数据。

在监测方法方面，一般采用传统的物化方法或生物学方法。物化方法包括分光光度法、电化学法、滴定法等，可以测定雨水中有机物、无机物、离子等物质的含量。生物学方法则包括生化需氧量（BOD）和化学需氧量（COD）等方法，可以测定雨水中有机物的含量。同时，还可以采用自动雨量计、数据采集器等设备，实现自动化监测，提高监测的效率和准确度。

数据采集与处理技术方面，可采用现代化技术手段，如无线传感器、互联网和云计算等，以提高数据采集、处理效率和准确度。需要建立完善的数据管理系统，实现数据共享和交互，方便相关机构和公众了解雨水资源的状况。

雨水资源水质监测结果评价应包括数据分析和模型推算。对于监测数据，可以将其与国家和地方相关标准进行对比，评估雨水资源的水质达标情况。同时，还可以通过数据分析和模型推算方法，揭示雨水资源的变化趋势及其影响因素，为雨水资源的利用和管理提供科学依据。

1.4 水资源信息化平台建设

1.4.1 网络建设

1. 通信网络基础设施

水资源信息化平台建设需要一个稳定、高速、可靠的通信网络基础设施来支撑数据的传输和处理。通信网络基础设施应当包括有线网络和无线网络两个方面，其中有线网络主要指光缆、电缆、铜缆等线路，无线网络主要指移动通信网络、卫星通信网络、无线局域网等。

有线网络方面，应选取性价比高、带宽宽裕的传输介质，建立覆盖广泛、连接稳定的光缆、电缆等线路，以保证数据传输的稳定性和高效性。光缆是有线网络中带宽最高、传输速度最快的介质，应在城市和重要交通干线等区域建设光缆网络。对于城市郊区和农村等区域，可以采用电缆和铜缆等传输介质，以满足数据传输的基本需求。此外，应建立覆盖广泛、连接稳定的数据中心，以存储和处理大量的水资源信息。

无线网络方面，应考虑选取合适的技术标准和频段，建立高速、稳定的无线网络覆盖，以保证数据传输的便捷性和灵活性。移动通信网络和卫星通信网络是常用的无线网络建设方案。移动通信网络具有覆盖范围广、带宽高的优点，可以满足移动终端的数据传输需求。卫星通信网络则可以实现远距离、难以布设有线网络区域的数据传输，如山区、海岛等地区。

在通信网络建设过程中，应重视网络的可靠性、稳定性和安全性，采取相应的措施确保网络的正常运行。同时，应注意网络的可扩展性，以便未来网络的扩容和升级。为了降低建设成本，应采用模块化设计、云计算等先进技术，提高网络的灵活性和可维护性。

2. 无线通信技术应用

无线通信技术在水资源信息化平台建设中的应用是不可或缺的。这些技术的应用不仅可以提高数据传输和处理的效率，还可以扩大数据采集范围和覆盖范围，同时还能提高水资源信息化平台的智能化水平。以下是无线通信技术应用的具体内容：

（1）物联网技术

物联网技术可以实现智能设备的互联互通，实现设备数据的采集、传输和分析；同时，还可以对设备进行监控和控制，提高水资源信息化平台的智能化水平。在水资源信息化平台建设中，可以利用物联网技术对水资源的各个方面进行智能化监测和控制。例如，利用传感器监测水位、水质、水温等信息，利用智能控制器对水泵、阀门等进行控制，实现水资源的智能化管理。

（2）无线传感器技术

无线传感器技术是一种实现无线传输的传感器技术，可以实现水资源信息的实时采集和监测。无线传感器可以采集水质、水位、流量等多种水资源信息，通过无线网络传输到数据中心进行分析和处理。在水资源信息化平台建设中，可以利用无线传感器技术对水资源的各个方面进行实时监测和分析。例如，通过采集水质信息，对水质进行实时监测和分析，及时发现水质问题，提高水资源管理的科学化水平。

（3）无线通信卫星技术

利用无线通信卫星技术，可以实现遥远地区的水资源信息采集和传输。通过卫星通信技术，可以实现水资源信息的实时传输和处理，提高水资源信息化平台的覆盖范围和稳定性。在水资源信息化平台建设中，可以利用无线通信卫星技术对偏远地区、山区等难以实现有线网络覆盖的地区进行水资源信息采集和传输，提高水资源信息化平台的覆盖范围和稳定性。

3. 网络安全与稳定性措施

网络安全和稳定性是水资源信息化平台建设中必须重视的问题。在网络安全方面，应建立完善的网络安全管理体系，包括安全策略、安全控制、安全防护、安全监测等措施，确保水资源信息系统不受外部恶意攻击和内部安全事件的影响；同时，要对网络安全风险进行评估和管理，及时发现和处理安全问题，确保数据的安全和网络运行的稳定。具体而言，网络安全与稳定性措施包括如下几个方面：

（1）网络安全管理。建立网络安全管理制度和规范，对用户身份认证、访问授权、数据备份和恢复等方面进行规范和监控。

（2）安全防护措施。采取防火墙、入侵检测系统等安全技术措施，确保网络安全和数据隐私。

（3）安全监测和响应。建立安全事件监测系统和响应机制，对网络异常和安全事件进行实时监测和处理。

（4）数据备份和恢复。建立数据备份和恢复机制，确保数据的安全性和完整性。

（5）硬件设施的稳定性。建立硬件设施的监控和维护机制，对硬件故障进行及时排查和处理，确保网络的稳定运行。

4. 网络覆盖范围与扩展性

网络覆盖范围决定了平台所能监测的水资源信息的范围和精度，而网络的扩展性则决定了平台的可持续性和可发展性。

在网络覆盖范围方面，应根据实际情况选择合适的网络技术和建设方案。有线网络的覆盖范围较窄，但传输速度和带宽较高，可适用于狭窄的地区或对网络传输速度要求较高的场景。无线网络的覆盖范围较广，可适用于广阔的地区或对网络传输范围要求较高的场景。同时，还可以采用网络覆盖的组合方式，如有线和无线的混合覆盖，以实现更广泛的网络覆盖范围。

在网络扩展性方面，应考虑网络技术的升级和更新，以应对未来信息化平台的发展需求。网络技术的不断升级和更新，能够满足更高的带宽和速度需求，以及更加复杂的数据传输和处理需求。此外，还应考虑网络的可维护性和可升级性，建立稳定的网络管理体系，及时维护和更新网络设备，以保证网络的正常运行和不断发展。

1.4.2 数据采集

1. 水资源监测设备选型与配置

水资源信息化平台建设需要采用合适的水资源监测设备进行数据采集，确保监测数据的准确性和全面性，从而提高水资源信息化平台的数据分析和决策支持能力。在监测设备选型方面，应考虑以下因素：

（1）监测对象。不同的监测对象需要选用相应的监测设备。比如，对于地下水监测，需要选用电测点或压水式水位计；对于河流和湖泊监测，需要选用水文测量仪和水质监测设备；对于水库监测，需要选用水位计、流量计和水质监测设备等。

（2）监测指标。不同的监测指标需要选用相应的监测设备和传感器。比如，对于水位监测，需要选用水位计；对于流量监测，需要选用流量计；对于水质监测，需要选用水质分析仪和传感器等。

（3）监测范围。监测设备的选型还需要考虑监测范围。对于单个监测点的监测，可以选用便携式的监测设备；对于局部区域的监测，需要选择布点方案，选用多个监测设备覆盖监测区域；对于整个流域的监测，需要建立相应的监测网络，选用多个监测设备进行联网监测。

（4）监测频率。监测频率的选定应根据不同的监测需求和监测目的进行合理选择。对于需要实时监测的指标，如水位、流量等需要选用高频率的监测设备进行监测；对于需要周期性监测的指标，如水质等可以选用低频率的监测设备进行监测。

在选型的过程中，还需要考虑监测设备的质量和品牌等因素，选择质量可靠、性价比高的监测设备。同时，还需要制定相应的监测计划和管理制度，对监测设备进行定期维护和校准，对监测数据进行质量控制和管理，确保监测数据的准确性和可靠性。

2. 数据采集频率与准确性

数据采集频率和准确性是水资源信息化平台建设中需要重视的问题。为了保证数据的准确性和全面性，应根据不同的监测需求和监测对象进行合理的选择和配置，以满足数据采集的实时性和准确性。以下是具体阐述：

（1）监测对象。不同的水资源监测对象有着不同的水文特性和水资源利用情况，因此应根据这些特点选择合适的监测频率。例如，地下水的监测频率相对较低，一般为月度或季度；而河流的监测频率则需要更高，一般为小时或日。

（2）监测指标。不同的水资源监测指标有着不同的变化规律和监测要求，因此应根据这些特点选择合适的监测频率。例如，水位的监测频率需要较高，以实现水位变化的实时监测，而水质的监测频率可以适当降低，以保证数据的准确性。

（3）监测目的。不同的监测目的需要不同的数据采集要求和精度，因此应根据这些特点选择合适的监测频率和精度。例如，对于水资源管理的监测目的，需要较高的数据采集频率和精度，以便及时发现水资源问题和进行有效的管理，而对于水资源调查的监测目的，可以适当降低监测频率，以减少数据采集成本和工作量。

（4）数据质量控制。数据质量控制是确保数据采集频率和准确性的重要手段。应建立相应的质量控制和管理机制，对监测设备进行定期维护和校准，对采集数据进行及时检查和修正，确保数据的准确性和可靠性。此外，应对数据进行备份和存储，以保证数据的安全和完整性。

3. 数据传输与接收技术

数据传输与接收技术是水资源信息化平台建设中非常重要的一环。为了保证数据的及时性和准确性，应考虑选择高效、稳定、安全的数据传输和接收技术，如下所示：

（1）有线传输技术

有线传输技术包括光缆、电缆、铜缆等。相较于无线传输技术，有线传输技术具有更稳定、高速、可靠等优点，可以满足水资源监测数据的传输和接收需求。其中，光缆具有高速、高带宽、信号衰减小等优点，可以满足水资源监测数据的长距离传输需求；电缆和铜缆具有传输速度快、信号传输稳定等优点，可以满足水资源监测数据的短距离传输需求。有线传输技术的不足之处在于线缆的长度、连接性等问题。对于一些需要实时采集数据的水资源监测站点，有线传输技术可能不够灵活和适用。

（2）无线传输技术

无线传输技术包括 4G、5G、Wi-Fi 等。相较于有线传输技术，无线传输技术具有便捷、灵活、覆盖广泛等优点，可以满足水资源监测数据的实时传输和接收需求。其中，4G、5G 技术具有高速、低时延、大带宽等优点，可以满足水资源监测数据的大量实时传输需求；Wi-Fi 技术具有便捷、灵活、易于部署等优点，可以满足水资源监测数据的局部实时传输需求。无线传输技术的不足之处在于传输距离有限、信号受干扰等问题。对于一些传输距离较远、信号受干扰较大的水资源监测站点，无线传输技术可能不太适用。

（3）卫星通信技术

卫星通信技术可以实现对遥远地区水资源信息的采集和传输。卫星通信技术具有覆盖范围广、稳定可靠等优点，可以满足水资源监测数据的远程传输和接收需求。其中，卫星通信技术可以实现对一些偏远山区、沙漠地区等水资源监测站点的远程监测，为水资源信息化平台的建设提供了更多的可能性。但是，卫星通信技术也存在一些不足之处，如成本高、信号传输延迟大等问题。同时，由于卫星通信技术需要借助卫星进行数据传输，受天气、自然灾害等因素的影响较大，可能会导致数据传输的不稳定。

4. 数据质量控制与管理

数据质量控制与管理是水资源信息化平台建设中非常重要的一环，对于确保数据的准确性、可靠性、完整性具有至关重要的作用。数据质量控制与管理应包括以下方面：

（1）监测设备的维护和校准。监测设备需要定期进行维护和校准，以保证其工作状态和测量准确性。例如，针对水位计、流量计等设备，需要进行定期的清洗、润滑和校准操作，以确保其测量准确性和稳定性。

（2）数据采集过程的控制。数据采集过程需要按照规定的流程和方法进行，避免人为干扰和误操作。例如，在进行现场采集时，需要注意采集时间、采集地点、采集指标等方面的规范和标准化，以保证数据的一致性和可比性。

（3）数据处理和分析。数据处理和分析需要采用专业的软件和算法进行，避免误差和偏差。例如，在进行水质数据处理时，需要进行样本处理、数据清洗、异常值检测和数据拟合等操作，以得到准确和可靠的水质指标数据。

（4）数据存储和备份。数据存储和备份需要采用专业的数据存储和管理系统进行，避免数据丢失和损坏。例如，在进行数据存储时，需要注意数据格式、数据结构、数据安全等方面的问题，以确保数据的完整性和可靠性。

（5）数据审核和质量监控。数据审核和质量监控需要采用专业的审核和监控系统进行，以确保数据的准确性和可靠性。例如，在进行数据审核时，需要对数据进行二次确认和比对，避免误差和偏差。

1.4.3 数据存储

1. 数据存储设备与技术

数据存储设备和技术是水资源信息化平台建设中非常重要的一环。为了保证数据的安全和可靠性，应选择高效、稳定、安全的数据存储设备和技术，如下所示：

（1）硬盘阵列存储技术。硬盘阵列存储技术具有高速、稳定、可靠等优点，可以满足水资源监测数据的存储需求。同时，硬盘阵列存储技术还可以通过 RAID 技术实现数据备份和容灾，提高数据的安全性和可用性。

（2）网络存储技术。网络存储技术可以通过网络连接实现数据的集中存储和管理，方便数据的共享和利用。网络存储技术具有可扩展、高可靠性、易于管理等优点，可以满足大规模数据存储和管理的需求。

（3）云存储技术。云存储技术可以实现数据的远程存储和管理，具有数据备份和容灾的优点。云存储技术还可以实现跨地域、跨机房的数据备份和容灾，提高数据的可靠性和安全性。

选择数据存储设备和技术时，应根据具体的数据存储需求和监测数据量进行合理选择，以满足数据存储和管理的实时性、安全性和可靠性。同时，还应建立数据存储的质量控制和管理机制，对数据存储进行监测和检查，确保数据的可靠性和准确性。

2. 数据备份与容灾措施

数据备份和容灾措施是水资源信息化平台建设中必不可少的一环。为了确保数据的安全和可靠性，应建立相应的数据备份和容灾措施，以防止数据丢失和系统故障。具体而言，数据备份和容灾措施应考虑以下因素：

（1）数据备份。数据备份可以通过硬件备份、网络备份、云备份等方式实现。数据备份应定期进行，并保证备份数据的完整性和可靠性。同时，还应建立数据备份的管理机制，对备份数据进行监测和检查，以确保数据备份的有效性。

（2）容灾措施。容灾措施可以通过硬件冗余、灾备中心、云容灾等方式实现。容灾措施应建立相应的预案和应急响应机制，对系统故障进行快速响应和修复，以最大限度地减少系统故障对数据和用户的影响。具体而言，可以采取以下容灾措施：

硬件冗余。采用主备式的硬件架构，保证主机出现故障时备机能够及时切换，并对硬件设备进行定期检测和维护，确保设备的稳定运行。

灾备中心。建立灾备中心，将数据备份和系统运行环境复制到灾备中心，一旦主数据中心出现故障，能够快速切换到灾备中心，保证系统的连续性和可用性。

云容灾。将数据备份和系统运行环境部署到云端，通过云服务商的容灾机制实现数据备份和系统灾备，保证系统的连续性和可用性。

同时，数据备份和容灾措施的实施需要建立相应的管理机制，对备份数据和容灾设备进行定期检查和维护，以确保备份数据的完整性和容灾设备的稳定运行。

3. 数据安全与加密

数据安全与加密是水资源信息化平台建设中非常重要的一环。为了保证数据的机密性、完整性和可用性，应采取相应的安全措施和加密技术，确保数据不被非法获取和篡改。具体而言，数据安全与加密应考虑以下因素：

（1）身份认证与访问控制。应建立相应的身份认证和访问控制机制，对不同用户和角色进行权限管理和访问控制，以保证数据的机密性和完整性。

（2）数据加密。数据加密可以通过对传输数据进行加密、对存储数据进行加密等方式实现。应采用安全、可靠的加密算法，确保数据加密的强度和可靠性。

（3）安全监测与事件响应。应建立安全监测和事件响应机制，对系统中的安全事件进行监测和分析，及时响应和处理安全事件，以保证数据的安全性和可用性。

（4）安全培训与意识。应加强安全培训和意识教育，提高用户和管理人员的安全意识和安全能力，防范安全风险和威胁。

4. 数据存储容量规划与扩展

数据存储容量规划与扩展是水资源信息化平台建设中需要重视的问题。随着水资源监测数据的增加和业务的扩展，数据存储容量将不断增加。因此，应考虑合理规划数据存储容量，确保系统的可靠性和可扩展性。具体而言，数据存储容量规划与扩展应考虑以下因素：

（1）数据增长率。应预测数据增长率，根据数据增长趋势和业务需求，规划合适的存储容量和扩展方案。

（2）存储技术与设备。应选择高效、稳定、安全的存储技术和设备，如分布式存储、云存储、SAN、NAS等，以满足数据存储容量的需求。

（3）数据清理与归档。应定期对不必要的数据进行清理和归档，释放存储空间，优化存储资源的利用效率。

（4）扩展方案与预算。应制定相应的扩展方案和预算，根据实际需求和预算限制，选择合适的存储扩展方案和设备，以确保系统的可靠性和可扩展性。

1.4.4 数据解析

1. 数据预处理方法

进行数据解析前，需要对原始数据进行预处理，以消除数据噪声、缺失值等问题，提高数据的质量和准确性。数据预处理方法包括数据清洗、数据变换、数据归一化等。

（1）数据清洗。数据清洗是指对原始数据进行筛选、过滤、纠错、去重等操作，以确保数据的准确性和完整性。数据清洗过程中，需要注意保护数据隐私和安全。

（2）数据变换。数据变换是指对原始数据进行变换、降维、转化等操作，以提取数据的特征信息和规律。数据变换的方法包括主成分分析、因子分析、小波变换等。

（3）数据归一化。数据归一化是指将不同数据范围的数据转化为同一尺度的数据，以便于比较和分析。数据归一化的方法包括最大-最小规范化、Z-score规范化、小数定标规范化等。

2. 数据分析技术与算法

数据分析技术和算法是水资源信息化平台建设中非常重要的一环，可以帮助用户从海量的数据中提取有价值的信息和规律，辅助决策和管理。常用的数据分析技术和算法包括统计分析、机器学习、深度学习等。

（1）统计分析

统计分析是指利用统计学的方法对数据进行描述、推断和预测的过程。常用的统计分析方法包括假设检验、方差分析、回归分析等。统计分析可以从多个方面对水资源监测数据进行分析，如趋势分析、周期性分析、空间分析、差异性分析等。通过统计分析，可以更好地理解和把握水资源变化的规律和趋势，为水资源管理和决策提供支持和参考。

（2）机器学习

机器学习是指利用计算机算法和数学模型来自动化地学习数据和规律，从而预测、分类和决策的过程。常用的机器学习算法包括决策树、神经网络、支持向量机等。机器学习算法可以从多个角度对水资源监测数据进行分析，如分类、回归、聚类、关联分析等。通过机器学习，可以自动化地提取数据的特征和规律，挖掘数据中隐藏的信息和价值，为水资源管理和决策提供更多的思路和选择。

（3）深度学习

深度学习是指利用神经网络的深度结构来学习数据和规律的过程。深度学习的优点在于可以自动学习数据特征和规律，适用于大数据和复杂数据的分析。常用的深度学习算法包括卷积神经网络、循环神经网络、深度自编码器等。深度学习算法可以从多个角度对水资源监测数据进行分析，如图像识别、语音识别、时间序列预测等。通过深度学习，可以更准确地提取和分析数据中的信息和规律，为水资源管理和决策提供更有针对性的建议和方案。

3. 数据可视化展示

数据可视化展示是将数据通过图表、地图等可视化的形式呈现，以便于人们理解和分析数据。常用的数据可视化方法包括折线图、散点图、柱状图、地图等。

数据可视化展示需要考虑数据的特点和目的，以选择合适的展示方式。同时，还需要考虑数据的安全性和隐私保护，防止敏感数据泄露。具体而言，数据可视化展示应考虑以下因素：

（1）数据类型。针对不同类型的数据，如时间序列数据、空间数据、分类数据等，应选择相应的数据可视化方式。

（2）数据量。数据量较大时，应采用分层、聚合等方式进行展示，以提高展示效率和可读性。

（3）数据精度。数据精度较低时，应考虑降低可视化展示的精度，以避免数据误解和失真。

（4）用户需求。针对不同的用户需求，如管理决策、科研分析、公众宣传等，应选择合适的数据可视化方式和工具，以满足用户的需求和期望。

（5）数据安全和隐私保护。在数据可视化展示过程中，应注意数据的安全性和隐私保护，采取相应的措施防止数据泄露和滥用。

4. 数据挖掘与智能分析

数据挖掘与智能分析是指利用计算机技术和算法，从大量数据中发掘出潜在的、有价值的信息和知识的过程。在水资源信息化平台建设中，数据挖掘与智能分析可以帮助提高水资源管理、决策的效率和准确性。数据挖掘的过程包括数据预处理、特征选择、模型构建、模型评估等步骤。数据预处理和特征选择步骤与前文中提到的数据预处理方法和特征工程相似。模型构建则是选择合适的算法和模型，例如关联规则、聚类分析、分类器、回归分析等，对数据进行挖掘和分析。模型评估则是对构建的模型进行评价，以确定模型的效果和适用性。

智能分析则是利用人工智能技术和算法，对水资源监测数据进行分析和预测。常见的智能分析算法包括神经网络、模糊逻辑、遗传算法、粒子群算法等。智能分析的应用领域包括水文预测、水资源评价、水资源规划等。数据挖掘和智能分析的结果可以通过数据可视化进行展示，例如利用地图、图表等可视化工具，将数据挖掘和分析结果以直观、易懂的方式展示出来，以便于用户理解和应用。

1.5　水资源数据应用

1.5.1　水资源数据分析

1. 水资源现状分析

水资源现状分析是水资源管理和规划的基础工作之一，对于制定合理的水资源利用和管理政策具有重要意义。水资源现状分析需要从多个角度进行考虑，如水资源数量、分布、质量、利用状况、变化趋势等方面，以全面了解水资源的总体情况。

首先，水资源数量和分布是水资源现状分析的基本内容。需要通过水资源监测数据和遥感影像数据等，分析水资源的分布、总量、变化趋势等，了解水资源的分布情况和供需状况。同时，还需要结合地理位置、地形地貌、气候水文等自然因素，综合分析水资源的空间分布和地理特征；其次，水资源质量也是水资源现状分析的重要方面。水资源的质量直接关系到水资源的利用和保护。需要通过对水质监测数据进行分析和评估，了解水质状况和存在的问题。同时，还需要结合工业、农业、城市等各个领域的水污染情况，综合分析水资源的污染状况和治理需求；再次，水资源利用状况也是水资源现状分析的重要方面。需要对不同用途的水资源进行分类和分析，如生态用水、农业用水、工业用水和城市用水等，以了解不同领域的用水量、用水结构、用水效率等情况，为制定合理的水资源利用政策提供支持；最后，水资源变化趋势也是水资源现状分析的关键方面。需要通过对历史数据和趋势预测模型进行分析，了解水资源的变化趋势和预测未来发展趋势。同时，还需要结合人口增长、经济发展等因素，综合分析水资源的未来供需关系和面临的挑战，为制定水资源保护和开发规划提供科学依据。

2. 水资源利用效率分析

水资源利用效率分析是对水资源的利用效益和社会效益进行评估和分析的过程。在水资源有限的情况下，水资源利用效率的提高是关键，可以最大限度地利用水资源，提高水资源的经济效益和社会效益。水资源利用效率分析可以从以下方面进行考虑：

（1）水资源利用效益。水资源利用效益是指通过水资源利用所产生的经济收益。进行水资源利用效益评估时，可以采用成本效益分析的方法，将水资源利用所产生的经济效益与投入成本进行比较。成本效益分析是评估水资源利用效益的常用方法之一，可以评估水资源利用的经济效益和社会效益，并对不同的水资源利用方式进行比较，以制定最优的水资源利用政策。

（2）水资源经济价值。水资源是一种宝贵的自然资源，其经济价值体现在其供给和需求之间的平衡上。水资源的经济价值可以通过市场价格和投资价值等多种方式进行衡量。水资源的经济价值分析可以帮助人们了解水资源的真实价值，并制定相应的水资源管理政策。

（3）社会效益。水资源不仅具有经济价值，还具有重要的社会效益。在进行水资源利用效率分析时，应充分考虑水资源对社会的贡献，包括对环境的保护、对农业、工业和城市供水的支持等。实际应用中，可以利用生态效益评估等方法对水资源的社会效益进行量化分析。

3. 水资源开发潜力评估

水资源开发潜力评估是指对未来水资源开发利用的潜力进行评估和分析。水资源是人类赖以生存的重要资源之一，因此评估水资源开发潜力对于制定水资源开发规划和保障水资源供给至关重要。

水资源开发潜力评估需要考虑多个因素，包括水资源储量、水资源开发条件、水资源利用需求等。其中，水资源储量是水资源开发潜力评估的重要指标之一，其反映了某一地区可供开发利用的水资源总量。水资源开发条件包括气候、地形、地质等因素，对于选择合适的水资源开发方式和技术具有重要意义。水资源利用需求是指未来对水资源需求的预测，需要综合考虑经济、社会、环境等因素。

在进行水资源开发潜力评估时，可以采用遥感技术、地质勘探、水文模型等方法。其中，遥感技术可以获取水资源储量、水质情况等方面的信息；地质勘探可以探测地下水资源；水文模型可以模拟水文过程，评估水资源开发潜力和水资源利用效益。通过分析水资源开发潜力，可以为制定水资源开发规划、优化水资源配置等提供科学依据，同时也可以为水资源的合理利用和可持续发展提供支撑。

4. 水资源保护与治理对策

水资源保护与治理对策是指对水资源保护和治理的措施进行评估和分析。水资源保护与治理对策需要从水资源保护、污染防治、水资源管理等多个方面进行考虑。

进行水资源保护与治理对策的分析时，可以利用环境影响评价、生态系统服务价值评估等方法，对水资源保护与治理措施的效果进行评估。通过分析水资源保护与治理对策，可以为制定水资源保护和治理政策提供科学依据。针对水资源保护方面，可以制定以下对策：

（1）加强水资源保护区域的管控和管理，建立水资源监测和预警体系，加强水资源的保护和管理。

（2）控制水资源的过度开发，限制高污染、高水耗的产业发展，推广节水技术，提高水资源利用效率。

（3）加强水资源保护宣传教育，提高公众对水资源的认识和重视，促进公众对水资源环保意识和行为的形成。

针对水资源治理方面，可以制定以下对策：

（1）建立完善的水资源污染防治体系，加强水污染物排放标准和监测，开展水体污染治理工作。

（2）制定水资源管理规划和政策，加强水资源利用权的管理和分配，建立水资源市场化机制，提高水资源的利用效率。

（3）加强水资源管理的监督和执法，建立完善的监督和惩罚机制，对水资源违规行为进行处罚和纠正。

1.5.2　水资源数据共享

1. 数据共享平台建设

数据共享平台是指为促进水资源数据共享而建立的在线平台，通过该平台可以方便地获取、查询、下载、共享和交换水资源数据。建设数据共享平台需要考虑平台的可靠性、易用性、安全性等因素，为此需要具体做以下几个方面：

（1）用户需求。数据共享平台的建设需要根据用户需求，确定数据共享的范围、频率和方式等。为了满足用户需求，数据共享平台需要考虑用户的便捷性和使用体验，采用直观的用户界面、高效的数据检索和下载等功能。

（2）数据共享范围。数据共享平台的建设需要确定数据共享的范围，包括共享的数据类型、共享的数据格式和共享的数据范围等。为了提高数据的可靠性和实用性，共享的数据需要具备一定的标准化和规范化。

（3）数据标准化。数据共享平台的建设需要对共享数据进行标准化处理，以保证数据的可读性和可用性。数据标准化包括数据命名、数据格式、数据分类等方面。

（4）数据格式。数据共享平台的建设需要确定共享数据的格式，包括数据类型、数据结构、数据规模等。为了满足不同用户的需求，数据共享平台应该支持多种数据格式，如Excel、CSV、JSON、XML等。

（5）管理机制。数据共享平台的建设需要建立相应的管理机制，对共享数据进行分类、审核、授权和管理，确保数据的质量和安全。同时，需要建立相应的用户管理和权限管理，以保证数据的安全性和可靠性。

（6）服务机制。数据共享平台的建设需要建立相应的服务机制，包括数据检索、数据下载、数据处理等服务，以提供更加便捷和高效的数据共享服务。同时，还需要建立相应的技术支持和维护机制，确保数据共享平台的稳定性和可靠性。

2. 数据开放与访问授权

数据开放与访问授权是实现数据共享的关键环节。数据开放是指将数据开放给公众进行访问和使用，有利于促进科学研究、社会发展和公共决策等领域的发展。数据访问授权是指对数据访问的权限进行授权管理，以保证数据的安全性和隐私保护。进行数据开放和访问授权时，需要考虑以下因素：

（1）数据分类。根据数据的类型和用途，将数据进行分类，便于进行统一管理和控制。

（2）安全级别。根据数据的敏感程度和重要性，对数据进行安全级别分类，以便进行不同的授权和访问管理。

（3）访问授权。对数据访问的权限进行授权管理，确保数据只被授权的用户访问和使用。

（4）规范与监测。建立数据访问和使用规范，对数据的访问和使用进行监测和管理，确保数据的安全性和合法性。

同时，还需要采取相应的技术措施，如身份认证、访问控制、加密传输等，保证数据的安全性和隐私保护。

3. 数据交换与协同应用

数据交换和协同应用是水资源数据共享的重要应用方面。通过数据交换和协同应用，可以实现数据的互通和共享，提高数据的利用效率和降低数据管理成本。数据交换和协同应用需要考虑以下几个方面：

（1）数据格式。不同的用户可能使用不同的数据格式，因此在进行数据交换和协同应用时，需要对数据格式进行兼容和转换。此外，需要统一数据的标准和定义，确保数据的一致性和可比性。

（2）数据内容。数据内容包括数据的类型、属性、精度、时效性等。在进行数据交换和协同应用时，需要根据用户需求选择合适的数据内容，并确保数据的准确性和时效性。

（3）数据安全性。数据交换和协同应用需要考虑数据的安全性，包括数据的保密性、完整性和可用性。需要建立相应的数据安全管理机制，对数据进行加密、认证、授权等处理，确保数据的安全性。

（4）数据效率。数据交换和协同应用需要考虑数据的处理效率和响应时间。需要建立相应的数据交换和协同应用的技术和流程，提高数据处理的效率和响应速度。

（5）协同应用。数据交换和协同应用需要考虑用户的协同需求，建立相应的协同应用平台和机制，实现用户之间的协同和交流。

4. 数据共享推广与普及

数据共享推广与普及的目的是提高用户对数据共享的认识和意识，促进数据共享的普及和推广。数据共享推广与普及需要从用户需求、数据共享平台的特点、推广策略等多个方面进行考虑。

首先，需要了解用户需求，根据不同用户的需求和使用场景，推出符合用户需求的数据共享服务，提高用户使用数据共享平台的积极性。同时，还需要定期收集用户反馈和建议，不断完善数据共享平台的功能和服务，提高用户满意度。其次，需要充分利用数据共享平台的特点，通过数据的共享和交流，促进用户之间的互动和协作。建立数据共享社区，鼓励用户在社区中分享数据、交流经验、合作研究，提高数据的使用效率和价值。最后，需要制定合适的推广策略，通过多种方式推广数据共享平台，包括宣传推广、培训指导、示范案例、奖励机制等。通过宣传推广，向用户介绍数据共享的优点和重要性，提升用户对数据共享的认知和了解。通过培训指导，提供数据共享平台的使用方法和技巧，帮助用户更好地使用数据共享平台。通过示范案例，展示数据共享平台的应用效果和成果，吸引更多的用户加入数据共享。通过奖励机制，激励用户积极参与数据共享和交流，提高用户的参与度和积极性。

第2章　取水、送水系统

2.1　黄河、灌渠取水泵站自动化

2.1.1　黄河取水自动化的设计背景

自古以来，黄河就是中华民族的母亲河，孕育了中华文明的发展。然而，随着中国经济社会的快速发展，水资源管理不当、环境污染等问题逐渐凸显，导致了黄河流域生态系统遭受了严重破坏，对经济社会发展产生了不利影响。党的十八大以来，以习近平同志为核心的党中央着眼于生态文明建设全局，明确了“节水优先、空间均衡、系统治理、两手发力”的治水思路。为了保护黄河流域的生态安全，并推动经济和社会的可持续发展，国家制定了一系列相关政策和措施，并实施了多项治理工程，推动黄河流域的生态和经济可持续性发展。

2.1.2　黄河取水自动化的重大意义

黄河取水自动化方案为保持黄河流域生态和经济可持续性发展带来以下几个方面的效益：

（1）合理规划水资源。运用自动化计量技术手段，制定科学、合理的水资源规划和管理方案，根据不同需求确定用水计划和配额，确保水资源的合理分配和利用。

（2）实现节约用水。自动化工程大力推广节水技术和设备，提高用水效率，降低用水量，减轻对水资源的压力。

（3）自动加强监管。运用远程自动监控，自动化数据分析等严格水资源管理和监管，加强对违法开采、滥用、污染等行为的打击，保障公平、公正的用水环境。

（4）保护生态环境。重视生态保护，维护水生态系统的完整性和稳定性，保护水生物多样性和生态链的平衡，减少自然灾害风险，保障居民健康和生命安全。

（5）推进技术创新。加快研发和推广先进的水资源管理技术和设备，在水利自动化工程推广使用，通过科技手段提升水资源的综合利用效益，实现经济和生态的双赢。

（6）推动节能减排，促进低碳经济发展。采取环保措施和绿色技术创新有助于降低企业成本，增强竞争力，推动产业结构调整和转型升级。

总之，黄河流域取水自动化解决方案的效益是多方面的，既有直接的经济效益，也有对环境、健康和社会稳定的积极影响。

2.1.3　黄河取水自动化的内容

为了保持黄河流域生态和经济可持续性发展，黄河取水需要对其进行自动化处理。本解决方案旨在对黄河的取水过程进行自动化控制并确保其稳定性、效率和可靠性。

（1）方案概述

本方案的目标是实现黄河和灌渠取水的自动化控制，包括水位监测、流量测量、防洪处理、自动泵站控制、数据采集等功能。该自动化系统将实时监测水位变化，通过自动调整泵站控制、控制不同的水闸和门的开启与关闭等方式来确保稳定的取水过程，并在必要时优先考虑防洪措施。

（2）系统设备

① 水位监测。使用水位传感器进行水位检测，将数据传输到中央控制室。

② 流量测量。使用电子流量计或涡街流量计对黄河和灌渠流量进行精准测量。

③ 防洪处理。使用多个泵站、水闸和门进行防洪处理，以保护流域内的城市和农田。

④ 自动泵站控制。使用 PLC 控制自动泵站的启停，以确保稳定的水流进入供水系统。

⑤ 数据采集。使用传感器和监控设备对取水过程中产生的数据进行采集和记录。

（3）系统功能

① 取水控制。该系统将自动调整泵站控制，以确保稳定的水流进入供水系统。

② 防洪措施。必要时，本系统将优先考虑防洪措施，如关闭水闸、启动泵站等。

③ 数据分析。通过数据采集和记录，对黄河和灌渠的水位和流量进行实时分析和记录，以便未来更好地管理和规划。

④ 远程监控。可以远程监控取水过程，及时发现问题并进行处理。

（4）技术要求

① 数据安全性。确保数据传输的安全性和可靠性，避免数据泄露或篡改。

② 稳定性。确保系统在不同环境下的稳定性和可靠性，尤其是在恶劣天气条件下也能正常工作。

③ 智能化。应具备一定的智能化处理功能，如自动化控制、预测模型、数据分析等。

④ 易扩展性。系统应支持易于扩展和升级，以应对未来需求的变化。

（5）实施计划

需要进行系统设计、设备采购、安装调试、运行维护等一系列工作。

先实现黄河取水自动化控制，随后再逐步推广到灌渠取水。实施后需要进行定期检查和维护，保证系统的稳定运行。

（6）项目成果

该解决方案将实现以下效果：

① 实现黄河和灌渠取水过程的自动化控制，提高了取水效率和质量。

可以快速响应水位变化和防洪措施，确保黄河流域内的城市和农田的安全。

② 提高水资源利用效率。通过精准的水位监测和智能控制技术，实现对水流量、水位、水压等数据的实时监测和控制，最大限度地提高水资源的利用效率。

③ 降低灌渠损失。通过自动化技术，实现对灌渠水流的控制和调整，避免水流浪费或损失，从而降低灌溉过程中的耗水量和水流速度损失。

④ 提高操作效率。通过自动化技术和远程监控系统，实现对灌溉设备的集中控制和管理，降低人工干预的成本，提高操作效率和可靠性。

⑤ 减少人员劳动强度。自动化技术可以代替人工完成部分重复性工作，减少人员劳

动强度，保障工作安全和人员健康。

⑥ 实现数字化、智能化管理。通过数据采集、处理和分析，建立数字化平台和智能化系统，为灌区管理提供科学依据和决策支持，实现可持续发展。

2.2　地下水源取水自动化

2.2.1　地下水源取水自动化的设计背景

地下水源作为重要的饮用水水源和战略资源，在保障城乡居民生活、支撑经济社会发展和维持生态平衡等方面，具有十分重要的战略意义。地下水具有给水量稳定、污染少的优点，与人类的关系十分密切，日常使用最多的地下水就包括井水和泉水，也被作为农业、工业、生活和景观用水的重要水源，同时地下水对协调自然环境也有着非常重要的作用。因此，提供一套自动化手段的技术解决方案迫在眉睫，它能合理规划、合理使用、合理监管地下水资源。

2.2.2　地下水源取水自动化的重大意义

地下水取水自动化方案为经济社会发展带来如下影响：

(1) 助力地区调整产业结构，建立节水型社会。调整工农业生产结构，发展节水型产业。根据水资源的具体情况，种植适应水资源条件的农作物，调整产业布局，尽量发展用水量小的工业企业，同时不断淘汰耗水量大的落后产业和技术设备。

(2) 健全信息服务系统。积极推进站队结合，开展以流域为单元的水文调查，加强水质监测工作及其统一管理，加强水污染防治，提高水的质量，达到一水多用，不断改善水环境和生态环境质量，保护有限的水资源。

(3) 水资源联合运用，提高利用效率。要加强地表水和地下水的联合运用，分质供水，合理利用水资源，保证人民生活水平的提高和国民经济发展对水的需求量，实现水资源可持续利用，城市工业和生活要做到按质供水，工业的循环冷却水和生活中的冲洗用水均可利用城市中水，实现优水优用，农业灌溉尽量采用多水源联合运用，减少用水损失，提高水资源利用效率。

(4) 管理方式的转变。促进水资源管理从粗放型管理向数据化、精细化管理的转变，既增强了企业节约用水的意识，助力企业降本增效，更加有效地节约水资源、保护水资源。

地下水源取水自动化解决方案的实施，既能更好地保障城乡居民生活，也能更好地促进经济社会发展和维持生态平衡。

2.2.3　地下水源取水自动化的内容

为了保持地下水资源，其取水运用自动化手段处理。本解决方案旨在对地下水资源的取水过程进行自动化控制并确保其足够环保、智能、可靠与安全。

(1) 方案概述

为了建立地下水源深井泵房与水源值班室之间无线遥控、遥测系统，实现水源值班室对地下水源深井取水泵房水泵机组远程自动控制与运行参数自动采集、传输、处理、存储、显示等功能，同时将数据信息接入客户公司调度室的数据监测系统，实现客户公司调度室对水源运行参数的自动监测，达到全公司各水源和管网的优化运行，提高水源运行效率，提高整体经济效益的目的。根据水源井分布的地域特点与无线通信技术发展的水平，水源井远程监控系统采用以上位计算机作为控制监测主机、无线数传设备 GPRS 通信单元作为数据交换通道、远程 RTU 作为现场控制、数据采集设备的遥控、遥测系统，实现水源值班室对深井的控制与监测。

（2）系统组成

本系统主要由以下几部分组成：

① 监控中心。中心服务器、外网固定 IP、水源井远程监控系统软件。

② 通信网络。4G/NB-Iot/LoRa/北斗。

③ 遥测终端 RTU。水文水资源遥测终端 RTU。

④ 测量仪表。水位计、水泵控制柜、压力变送器、流量计、电动阀门、摄像头、报警设备。

（3）系统功能

① 实时采集数据，将水源井数据采集到数据服务器。

② 能显示整个水源井监测系统的地理分布图（及水源井参数信息）。

③ 集中显示水源井监控点重要参数（如水泵工作状态、水源井的水位高低、报警状态、通信状态等）。

④ 能远程控制水泵起停。

⑤ 能自动生成各水源井数据的并行历史曲线，并可查询任意用户、任意参数、任意时段的历史数据，历史数据和曲线应便于转存和打印。

⑥ 能生成各水源井的用水量日报表、月报表及年报表，且可生成分时等特殊报表的功能。任意组合用户测量趋势、测量参数累计、故障时段等趋势记录通过打印机打印输出。

⑦ 实时显示并记录各水源井点的各种报警信息，如水位的超限、仪表工作电源不正常、不间断电源的电池欠压、交流市电消失、非法闯入、通信故障等报警信息。

⑧ 根据不同部门和不同人员，可设置不同的操作权限，防止不同级别的操作人员越权操作。

⑨ 上位机系统软件及数据库软件应采用正式授权版本，保证其稳定可靠。该数据库应具备查询功能强、完整，能兼容不同通信协议的功能。

⑩ 用菜单驱动显示，保证用户指定一般技术人员就能编制，而不需要掌握机器语言和特殊编程语言，在系统中增加或改变一个点不应再编译系统。

⑪ 具有数据的存储功能，要求可以将所有的实时参数保留 3 年以上（数据每一分钟记录一次），所存储的数据能够以标准的方式获取存储的数据。

2.3 送水管线自动化信息化

2.3.1 送水管线系统的现状

随着近年来我国发展建设速度的加快，送水管线系统越来越庞大、分散。送水管线系统是地域极为重要的基础设施和经济与社会发展的源泉，自来水的生产过程通常是由地表水或者水源井取水送到水厂，在水厂经过消毒、沉淀、过滤等过程后送入送水管线系统，提供给城市居民或者工业用户使用。

目前，许多城市的送水管线系统是以地下水为主要水源，多水厂处理的环状管网的送水管线系统，并且存在多个独立供水板块，系统分布区域范围大，供水公司的全局性管理和实时监控相对困难，大部分城市已建立的供水监控系统主要存在以下几个问题：

（1）一般采取人工抄表、电话报数、现场手动操作的原始调度方法。收集信息数量少、处理慢、传递迟，调度处于低级阶段，以保证不缺水和维持正常运行为主，谈不上优化调度。遇上爆漏及其他事故，反应迟钝，损失扩大。

（2）缺少全面的参数测量手段，无法对运行工况进行系统的分析判断；系统运行工况失调难以消除，造成用户供水不均；供水参数未能在最佳工况下运行，供水量与需水量不匹配；运行数据不全，难以实现量化管理。

（3）供水管网压力不稳定，通信方式落后，系统相对封闭，没有建立有效的企业信息共享系统，大多数水厂的供水系统采用传统的相对独立的 c/s 模式，远程站点采用电台穿的供水管网的相关数据和指令不利于供水公司的集中管理和优化调度以及水厂质检的信息共享。

（4）部分水厂的供水监控系统的冗余性不高，操作模式过于单一，经常由于一套设备的故障，而导致整个水厂供水监控系统瘫痪，造成严重的经济损失。

（5）系统依靠调度人员人工发出的指令来实现优化调度，浪费了大量的人力、物力、财力，调度人员则完全依靠个人经验进行调度。因此当系统出现故障时，调度人员很难及时发现并处理。

2.3.2　送水管线自动化信息化的应用背景

送水管线系统调度与辅助决策问题，成为保障供水管网经济、可靠运行关键所在。加强对送水管线系统调度的信息化建设具有相当重要意义。随着知识经济和信息时代的到来，以及全面小康建设的启动，我国城市化进程不断加快，城市供水量日益增加、供水管道规模不断扩大。为满足城市发展的需要，满足城市用水的需要，适应社会高速发展的步伐，建立起高效、合理、实用、优秀的管网信息系统已经十分必要。利用 GIS（地理信息系统）技术，建立一套供水管网管理、管网离线编辑、管网运行分析、营业收费管理、水表业务管理、水价管理等功能全面的信息平台，来综合管理日益庞大的供水管网，为水司的决策提供支持，实现水司经济利益和社会利益的双丰收，已经越来越成为广大自来水公司的共识。

送水管线系统需要对各个自来水厂进行管理，包括自来水公司控制中心、水厂分控中心、管网加压站和水源监控站等。供水调度系统一般包括：总调中心、多个水厂分控中心、多个水厂监控分站、多个水源井监控站、多个管网加压站和多个管网测压站。

送水管线系统必须具备以下条件：

（1）基于 WEB 的 B/S 模式的供水远程监控系统，将供水总公司作为工程节点，各个二级水厂作为监控节点，实现供水公司对各个水厂的集中管理和远程监控。

（2）远程站点利用新的通信方式，将供水管网的相关数据实时地传输到供水公司的一级监控中心。

（3）计算机的远程监控系统融入各个水厂，建立高可靠性的水厂水处理监控系统，满足各个水厂的生产需求，并且可以将生产数据实时上传到供水公司。

（4）应具有优化调度功能，根据管网监测系统反馈的运行数据，运用数学上的最优化技术，确定各个水厂的最佳供水量，进而确定供水泵站内最优工作水泵台数和组合，完成供水泵站的效率优化，从而解决供水不均、耗电大等问题。

2.3.3 送水管线自动化的内容

1. 送水管线自动化的定义

送水管线监控中心以组态软件为监控平台，采用无线方式实现数据通信，将实时数据上传到二级监控节点，各个水厂配备 PLC 作为硬件控制系统，对包括取水加药滤池送水等流程进行控制，采集液位压力流量温度水质水泵等相关实时数据，并通过光缆将数据上传到公司调度中心。供水总公司调度管理中心，汇总各个水厂上传的数据，供水总公司于水厂分控中心之间通过 ADSL 拨号方式实现数据交互，同时系统远程客户可以通过认证方式访问、调度管理中心的数据，调度中心在保证安全、可靠、保质、保量地满足用户用水要求的前提下，根据供水监测系统采集的管网运行数据，运用科学的预测手段确定用水量及分布情况，运用数学上的最优化技术，从所有的各种调度方案中，确定一个使系统总运行费用最省、可靠性最高的优化调度方案。

2. 送水管线自动化的系统组成

供水一般包括供水总公司、水厂监控站、水源井监控站、水网加压站。供水管网集中监控管理系统由总调中心和各个监测点组成。

（1）各监测点为送水管线自动化监控系统的子系统

由监测中心、通信平台采集终端组成。各个水源监测点的数据采集终端（RTU 或 PLC）可监视和采集水位、压力、流量、浊度、余氯、泵频等各种数据。

（2）总调管理中心

以实时数据库为数据平台对采集的大量实时数据进行分析和处理，是一套全集成、开放、综合自动化的信息平台。由两套配有上位机监控系统的 PC 及 GPRS 光纤专线和 GPRS 模块拨号组成双机备份系统，平时由主系统工作，主系统故障时起用备用系统，主备系统设置于公司调度中心，通过网络与公司内部网连接，调度中心 PC 驱动 GPRS 通信模块向 RTU 下发配置信息、控制信息，以及接收下位机上报的数据和告警信息，定时巡测、手动巡测、随机抽测、分组巡测数据；同时，对采集的数据进行管理，具有查询、统计、报表等功能。

调度中心、各职能部门之间数据通信在局域网内完成，管网测点与水司调度中心之间采用 GPRS 无线通信。

3. 送水管线自动化的系统功能特点

（1）各监测点监控中心

① 可在线实时 24h 连续的采集和记录监测点位的压力、流量、水表读数等各项参数情况，以数字、图形和图像等多种方式进行实时显示和记录存储监测信息，监测点位可扩充多达上千个点。

② 可设定各监控点位的压力、流量、水表读数等报警限值，当出现被监控点位数据异常时可自动发出报警信号，报警方式包括：现场多媒体声光报警、网络客户端报警、电话语音报警、手机短信息报警等。上传报警信息并进行本地及远程监测，系统可在不同的时刻通知不同的值班人员。

③ 计量装置监测。远程监测流量计运行信息，分析计量故障、窃水等信息，及时发现用户用水异常；负荷监控：动态监测用户负荷，为用水政策执行管理提供准确、及时的负荷数据。

④ 强大的数据处理与通信能力，采用计算机网络通信技术，局域网内的任何一台电脑都可以访问监控电脑，在线查看监控点位的温、湿度变化情况，实现远程监测。系统不但能够在值班室监测，领导在自己办公室和智能手机都可以非常方便地观看和监控。管理人员可以通过手机发送短信或GPRS上网，查询测量点的实时信息。

⑤ 系统可扩充多种记录数据分析处理软件，能进行绘制棒图、饼图，进行曲线拟合等处理，可按TEXT格式输出，也能进入Excel电子表格等Office的软件进行数据处理。现场可存储、显示、查询压力、流量等数据及工作参数。存储数据≥1万条，数据存储间隔、数据上报间隔可以设置。

⑥ 系统设计时预留有接口，可随时增减硬软件设备，系统只要做少量的改动即可，可以在很短的时间内完成。可根据政策和法规的改变随时增加新的内容。可以进行系统或模块的无限扩展，便于长期的升级和维护，延长系统的寿命，通过更新部件，能让系统一直存在下去，而不至于整个系统瘫痪，造成大量的投资损失。

⑦ 支持多种供电方式。电池供电、太阳能供电、市电供电。大容量可充电电池供电、太阳能供电、市电供电条件下支持调度中心随时问询。防止因供电中断导致系统终止，导致供水故障，保障供水的稳定运行。

⑧ 采用GPRS、短消息无线通信方式。无线GPRS网络中的DTU模块可以直接访问到水务集团内部的主机。使用APN专线通信稳定，不会有拨号时经常出现的断线及假在线情况；通信带宽大，可以允许同时采集多个DTU数据；通信更快，节省采集时间。

⑨ 支持远程升级设备程序、设定参数。

（2）总调度中心功能

工作人员可以在调度中心远程监测整个送水管线系统的压力及流量情况，为供水调度工作提供数据依据，保障供水压力平衡、流量稳定；监测整个管网测点的压力、流量、流向、水质信息。

① 监测各水厂出厂流量、出厂压力、清水池水位、加压泵工作状态。

② 监测加压泵站的水池水位、进口压力、水泵工作状态、出口压力；远程控制加压泵的启停；监测直供水泵工作状态、出口流量、出口压力；远程控制水泵的启停。

③ 监测城市备用调节水池的水位。

④ 生成每个测点的压力、流量数据曲线；生成每条管线压力分布曲线。

⑤ 生成各种工作报表。

⑥ 辅助预测、发现爆管事故；提供辅助决策建议。

⑦ 存储、查询、对比历史数据。

⑧ 远程维护监测设备。辅助管理管网管道、阀门、变送器、流量计等设备。

2.3.4 送水管线信息化的内容

1. 地形图库管理

地形图库管理实现了城市地形地貌数据，包括绿地、等高线、水系、道路、建筑物等数据的综合管理，它管理基础地形图和各种专业地图。各种图形要素可分类、分层管理。数据容量可达数十千兆，系统提供对输入的地图数据进行正确性检查，根据用户的要求及图幅的质量，实现图幅配准、图幅校正和图幅接边，形成无缝地形图库。

2. 地形与管网数据维护更新

该模块的主要功能是对各类管网数据及地形图数据进行输入、分类和入库，对已入库的数据系统提供方便、快捷、可靠、完备的数据维护手段。系统提供以下功能：

（1）数据导入工具

系统提供数据导入工具，将管网测量数据及全球定位系统（GPS）测量的数据自动导入系统，装入数据库，生成数字地图。

（2）数据转换

系统提供各种格式数据的导入导出工具，自动导入 AutoCAD 及其他 GIS 平台格式的数据。例如，DWG、DXF、ArcInfo、MapInfo 等格式的电子地图、管网数据均可自动导入。同时，可将本系统的矢量数据转换成其他 GIS 平台可以使用的数据格式。

（3）解析录入工具

提供解析输入，可以在已有管网中进行添加、修改、删除等操作，实现管网及其设备的数据更新。构造网络拓扑关系，建立与管网元素相关的属性数据库和提供供水管网的图形属性编辑工具。

3. 管网数据管理

（1）管网类型管理

系统提供给用户时，已设置了常见的管网节点类型。如果有需要可以通过设置程序添加新的管点类型，或者对已有管节点类型进行修改。

（2）管网输入编辑

管网设备属性结构的修改，增添或删除属性项；灵活多样的属性编辑，包括列表编辑，按条件检索编辑，根据实体参数统赋属性；图形与坐标属性的联动修改；按条件及根据属性统赋实体参数、建立拓扑关系。提供输入编辑工具（鼠标和键盘方式），可以在已有管网中进行添加、修改、删除等操作，达到管网及其设备的输入目的。提供对已经建库的管网的图形、属性的编辑和修改工具；系统提供管网属性自动分层功能，如按照管径的大小、安装时间等分层。分层字段是任何已经进入系统的数据。

（3）管网变焦分层显示管理

由于城市管网的错综复杂，为了使管网显示更加有层次感，可根据管段的管材或者管径等属性进行分类，将不同属性的管网分在不同的图层中，可用不同的颜色或粗细进行显示，并能设置层显示比例，在不同的显示比例下显示不同的管网。

4. 管网管理

（1）管网查询

系统可实现图数互动的联动查询功能，提供图形检索属性和属性检索图形的双向查询功能。能够方便地对阀门及其他管网设备的定位图、操作图等所有信息进行搜索查询，提供从空间位置和文字（地名、阀门编号等）为信息的交互式查询。能够按照所给区域范围浏览查询设备属性，可以是鼠标指定区域、图幅区域、矩形，坐标确定范围等。提供更新任务的查询，包括已经竣工和未竣工的更新任务的任务人、任务时间以及任务范围等信息。

（2）管网统计

① 属性统计：对用户业务上需要的，并且数据库中已有的数据，可按用户指定的条件进行统计分析、并将结果以直观的表格或统计图打印出来。

② 区域统计：系统应具备空间统计功能，可对指定范围内的管网设备进行统计，如对整个管网的材质、管径等进行分类统计，统计结果能够输出，统计图形能以直方图、饼图等方式保存输出。

③ 条件统计：可按任意条件进行查询，查询后的数据都能进行统计，统计数据能以直方图、饼图等方式保存输出。

④ 管网资料统计：如管网长度、各种管件数量等。

⑤ 专项统计：对某种设备的某个字段进行统计。

5. 管网附属数据管理

（1）用户数据管理

为了保证与营业收费系统的连接以及方便管网管理，系统应对管网用户资料进行专门管理，具有以下功能：

① 可以直接读取收费系统的小用户信息，也可以通过开放的数据接口，获取收费系统的用户资料，实现用户数据的定时（实时）更新；

② 对小用户可进行添加、删除、修改，对用户属性项可进行补充；

③ 对用户进行分类查询管理；

④ 生成用户分类统计报表。

（2）管道、阀门维修管理

① 维修记录资料管理：设立维修记录卡片，详细记录阀门、管道的维修日期、人员；

② 维修记录资料查询统计：对维修记录进行查询统计；

③ 能够将维修、施工资料与图形设备绑定。

（3）多媒体数据的管理

系统在管理多媒体数据时，提供统一管理方式。将管件的多媒体数据进行统一存放，然后根据管件类型将对应的管件多媒体数据与管件实体进行挂接。

6. 辅助功能

（1）权限控制

系统提供完备的安全机制。除了利用操作系统和数据库自身的权限控制，防止对数据的非法访问之外，系统自身也应提供对使用者操作权限的控制机制。系统管理员可以根据用户所属的部门以及在实际工作中承担的工作内容，分配相应的权限。

（2）部门管理

根据用户单位已有职能部门，划分相应的部门。

（3）员工管理

管理员工的基本资料，包括姓名、年龄、所属部门和职务。

(4) 职务管理

根据系统每一项功能，包括具体的菜单项，定义不动的职务，并将该职务分配给相应的员工，严格控制系统权限。

(5) 数据加密

客户端实现在线打开图形，不在本地机器上存临时文件，保证了地形数据不会外流。

(6) 网络监控

能够监控到客户端登录的人员，可以对其进行删除操作。

(7) 操作日志管理

系统能够记录每个操作人员对管网数据的操作时间和操作内容，并提供便利的操作日志查询工具。任何对管网的修改都将产生日志记录，该记录包含修改内容、操作人、操作时间、修改的实体号和实体 ID 码等信息。在“管网日志管理器”中，以系统管理员身份打开管网，可以查看管网操作日志。

(8) 备份管理

对数据库定期进行备份，避免灾难事故的发生。

7. 管网维护

(1) 管网数据维护

管网维护子系统负责挂接外部数据库，维护管网的拓扑完整性和数据一致性。

(2) 管网管件预警维护

分析爆管、维修、检漏的历史记录和问题管件相应的属性信息，根据管网的维修次数、埋设年限设置预警条件，系统可提供设备更新、检修预警。以预防管道由于没有得到及时维护而破裂漏水，给人们生活造成生活不便，给水司造成经济的损失。

(3) 管网数据导出

实现与综合管网或其他专业管网信息系统间的数据交换。还可实现管网图形和属性数据转换成明码 TXT 格式文档，以及转换成外业探测数据表格。

8. 运行调度子系统

运行调度子系统对根据测压点的实时压力数据实施节点平差，绘制等水压线；根据管网平差模型进行水力计算，分析主要节点的压力、流量，管段流量，流速、水流方向、水头损失，水资源的供水量、水压；根据测压点的压力突变进行爆管预警；并且找到最优的水源调度方案，以报表的形式输出，供调度使用。

9. 系统接口

(1) 与客户服务系统数据联网接口

系统能够与客户服务系统实现数据联网，能够将客户信息与管网进行关联，实现在客户服务系统中，通过客户提供信息查询到管网系统中的客户相关信息，实现信息交换。或者通过客户来报爆管信息，在管网系统中搜索出可能的停水区域和影响范围等信息，并能及时向用户反馈。同时，根据管网系统中分析得到的漏损率信息，向各维修所发送暗漏通知单，便于相关部门及时抢修。

(2) 与调度系统 (SCADA) 的联网接口

系统能够与调度系统实现数据联网，能够实时地显示管网中测压点或者流量计的动态检测数据，同时可以根据实时数据绘制全区等水压线；系统提供工具读取调度系统中压力数据，与 GIS 管网测压点进行关联，实现与调度系统的挂接。

压力数据的读取：由调度系统实时导出压力数据，存于一张表中，该表的数据根据时间字段递增，注意时间字段值不能重复。系统根据测压点编号字段，将压力数据连接到 GIS 测压点上。

实时压力数据和历史压力数据：系统将最新时间的压力数据实时添加到 GIS 管网“测压点”设备的“管点压力”属性字段中，供用户实时查看；从调度系统中导出的压力数据存储的那张表作为管点的历史数据表，根据测压点“编号”字段作为测压点的附属数据挂接到 GIS 中，供用户进行查询。

2.4　梯级泵站送水

2.4.1　梯级泵站送水的内容

梯级泵站输水综合自动化系统由通信系统、泵站计算机监控系统、视频监控系统、变电站综合自动化系统等组成。系统采用开放式分布式实时控制系统结构，调度主机、操作员站及现地 LCU 采用双机冗余配置，骨干网络采用 SDH 环型二纤通道保护网络，控制局域网采用 100M 工业级光纤环形以太网，采用 64 位计算机系统。

1. 通信系统

以 SDH 传输技术为主，结合 PBX 及以太网交换技术，为用户提供丰富的多种业务通信平台，满足当前和今后业务的需求。以各级泵站（中心）为节点，组成骨干网络，各节点间隔接入，形成环形二纤通道保护网络。采用 155M（622M 或更高）MSTP 传输平台，支持 TDM 业务和 IP 数据业务传送。骨干网可以在一个机架上提供 2～155M 的各种 TDM 接口，同时也提供 10/100M 接口用于构架 IP 数据网络。

（1）语音解决方案

语音采用 PBX 方式，调度中心安装 128 门（或更多）程控数字交换机，通过综合数字复用终端利用 SDH 2M 接口将各级泵站电话接入调度中心交换机；同时，还可以为各级泵站提供低速数据接口，交换机统一从调度中心接入公网，采用一号信令系统，SDH 传输网络提供互联链路。

（2）数据传送解决方案

低速的测控数据，可以占用 TDM 的 64kb/s 双向通道传送。对外接口可以是 RS-232、RS-422、V35、G703、模拟音频接口（使用 Modem）。中高速数据可以占用 TDM 的 N×64kb/s 至 N×2Mb/s 通道传送。测控数据一部分经接入网到（分）中心落地，经（分）中心对应的信息处理系统筛选和处理后，向调度中心上报。

（3）以太网组网方案

MSTP 155M SDH 传输平台提供 10/100M 以太网接口，使骨干节点间以高速连接，将各（分）中心局域网互联起来，组成完整的信息系统。各（分）中心配置以太网交换机，支持 VLAN 划分。

（4）视频传输方案

在调度中心、各级泵站的重要地点设置摄像机、云台等，经矩阵切换、数字压缩后通过通信网传输至调度中心。通常图像远距离传输采用编解码的传输方式，在分辨率为720×576时每路图像占用带宽为2M。

2. 计算机监控系统

由基于计算机控制的调度中心监控系统和各级泵站监控系统组成。每个计算机监控系统由网络交换机、服务器、各应用系统工作站和PC机组成局域网，通过155M MSTP传输平台的10/100M以太网接口构架的IP数据主干通信网进行整个输水系统信息交换，构成梯级泵站输水系统计算机通信网，实现信息共享。

3. 调度中心监控系统

由双机冗余的调度管理主计算机、双机冗余的调度员工作站、通信服务器、工程师/编程员站、仿真培训终端、模拟屏和DLP大屏幕投影系统、电话告警计算机系统、数据备份与存储系统、办公自动化网络系统等组成。

4. 泵站监控系统

采用开放式分布式实时控制系统结构，在不同处理器上具有支持应用程序和联合数据库的能力。监控系统由站控级（集中控制级）和现地控制单元（LCU）组成，采用100M工业级光纤环形以太网。站控级设置双机冗余的操作员站、通信服务器、模拟屏、GPS对时等设备；现地控制单元包括机组LCU（每台机组一套）、泵站公用LCU、变电站LCU，采用双机冗余的PLC为核心控制器，并设置LCD触摸屏、SOE专用模块以及智能I/O装置，支持多种通信协议。

2.4.2 梯级泵站送水的功能

（1）在泵站控制级和调度中心远方监视和操作整个输水系统；
（2）全线输水的最优化调度；
（3）全线输水量控制；
（4）全线输水流量平衡控制；
（5）全线输水经济运行；
（6）对包括事故在内的特殊情况的分析和处理；
（7）输水系统的开机控制；
（8）输水系统的停机控制；
（9）单泵站APC（自动抽水控制）和单泵组APC功能；
（10）自动水质监测（泥沙含量自动在线监测）；
（11）收集系统运行统计资料并提供相应报告；
（12）接收工程观测的有关信息以便输水调度采取相应的措施；
（13）供水过程在线和离线仿真、测试，并提供完善的培训功能；
（14）梯级泵站视频监控；
（15）梯级泵站语音通信与生产调度；
（16）与消防系统通信；
（17）与水资源调度系统的通信；
（18）与水情预报系统通信；
（19）与管理中心MIS系统通信；

（20）运行管理。

2.4.3 梯级泵站送水的创新点和效益

梯级泵站送水解决方案应用了国际上最先进的自动化技术，充分体现出我国引水工程自动化的较高水准。在考虑采用先进技术的同时还要考虑技术的成熟性，系统的配置与选型，网络的形式与网络的结构，符合计算机发展的趋势并是当前的主流产品。配置高档次产品，以保证在今后相当长时间内不需要更新换代。在较长时间内，保持系统的技术先进性，保护工程的一次性投资，并在以下方面取得了创新性重要成果：

（1）64位计算机集群控制技术

计算机系统均采用64位计算机，组成四个64位计算机集群，实现供水全线的自动控制、运行监视、优化调度和生产管理。

（2）基于SDH的MSTP（多业务传输平台）技术

以往的梯级输水工程中较多的采用传统的SDH传输设备，提供单一的TDM业务。本项目中采用基于SDH的多业务传送平台（MSTP）（Multi-Service Transport Platform），支持TDM业务和IP数据业务传送，并提供统一网管，组建骨干通信网络，实现语音、图像、数据的实时传输。

语音采用PBX方式，调度中心安装128门程控数字交换机，通过综合数字复用终端利用SDH E1通道将各泵站电话接入调度中心交换机，交换机统一从调度中心接入公网，采用一号信令系统，SDH传输网络提供互联链路。

视频图像信号采用数字压缩技术通过SDH E1通道实时传输，图像分辨率为720×576。视频控制信号采用RS422协议，通过SDH设备低速数据接口，由SDH传输网络提供互联链路，组成星形网络。

MSTP传输平台提供10/100M以太网接口，使骨干节点间得以高速连接，将各（分）中心局域网互联起来，组成完整的信息系统。采用多业务平台MSTP的技术，保证了通信系统的先进性。

（3）光纤自愈环网技术

为了减少运行环境相对恶劣的泵站（水库）计算机监控系统局域网线路破损造成的网络通信中断故障，计算机监控系统局域网采用工业级交换机组成100M光纤自愈以太环网。工业级交换机采用内部冗余24VDC电源设计，无风扇工业级结构设计，MTBF＞171000h，可以实现容错冗余环，发生故障时反应时间（切换时间）＜500ms。环网自愈技术，大大提高了现场级局域网的可靠性。

（4）热备、冗余技术

为了确保关键环节的可靠性，采用热备、冗余设计以防止随机失效，主要涉及调度管理主计算机、调度员/操作员工作站、泵站机组LCU、控制电源、骨干通信网络、计算机监控系统局域网。

所有调度管理主计算机、调度员/操作员工作站均采用双机热备，一台设为主机，一台设为从机。监控软件通过不断地监测主、从机的工作状态来保证系统高可靠运行。当故障发生时，相应的备份单元瞬间即可完成自动切换，因此保证了监控数据和状态的连贯性，实现无扰动切换。

泵站机组 LCU 的热备冗余设计包括 CPU 热备冗余和输出通道冗余，当主处理器失效时，热备处理器能进行无扰切换，后备机将在 48ms 之内接替主控机的功能，管理远程 I/O，用户不需任何维护即可继续系统运行。输出通道冗余保证了水泵电机主断路器的可靠分闸。

AC220V、DC220V 双路冗余供电方式确保系统不因控制电源消失而失控。骨干通信网络利用基于 SDH 的 MSTP 传输技术，采用二纤单向通道保护倒换环，局域网采用光纤自愈以太环网设计，确保系统不因通信线路破损造成的网络通信中断故障。

热备、冗余技术在综合自动化系统中的应用，使关键环节保证任务不中断，电源薄弱环节得以加固，安全环节得以多重保护，大大提高了系统的可靠性。

(5) 远距离图像传输与控制技术

供水工程视频监控系统是一个远程监控系统，各（分）中心具有本地视频监控功能，同时在调度中心具有远程监控能力，采用数字多媒体监控系统能有效地解决模拟监控系统在视频远程传输上的难题。

采用网络编解码器对图像进行数字压缩解压，在 SDH 通信网上进行图像传输，网络编解码器由编码器、解码器两部分组成，经矩阵切换后的模拟视频信号通过编码器实时转换成数字视频流，经 SDH E1 接口传输到调度中心，调度中心由解码器接收数据将其还原成模拟视频信号。采用数字压缩技术图像分辨率达到 720×576，可实现高品质的图像在 2M 线路的实时传输。

对工程视频监控的图像、声音、数据、控制信号采用数字化处理，使其在一条通信线路上即可实现多种信息的远程传输，同时保证了系统对图像的清晰度和传输实时性要求。

2.4.4 梯级泵站优化调度

在目前的水利工程项目建设中，大型梯级泵站的应用范围十分广泛，其能够有效缓解区域水资源的分布不均，缓解城市缺水等问题。由于该类型工程项目的管线相对较长，流量较大，运行的时间也比较长，能耗相对较大等，使得优化器运行成为业界人士重点关注的问题之一。

1. 泵站优化调度的意义

今年来，泵站工程已在机电排灌、跨流域调水、城乡给水排水、电厂供水和灰渣输送、油田注水及矿井排水等农业、水利和工业部门得到了广泛应用，为促进工农业生产水平的快速发展和人民生活的不断提高发挥了重要的作用。但是，泵站在为国民经济的发展提供服务的同时也消耗着大量的能源，泵站工程存在着能源消耗大、输水成本高等问题，致使泵站工程效益较低，这就要求在安全、可靠地完成给排水任务的前提下，对泵站进行合理的优化调度，根据实际工作条件的改变对泵站的运行方式做适当的调整，以最小的费用支出，获得最大的经济效益。

2. 梯级泵站输水系统概述

大型串、并联梯级泵站输水工程通过泵站提水，渠道、管道输水，由泵站（拦污栅、水泵装置、电机、其他辅助装置等）、节制闸和渠道等设备、设施组成的复杂的输水系统（以下称梯级泵站输水系统）。其中，各级泵站是系统主要控制单元，泵站间存在密切的水力（水位、流量）联系。由于系统在输水、供水的同时还承担了航运、防洪排涝等多种功能，因而导致运行工况多变。总之，由于梯级泵站输水系统自身的复杂性及运行工况的动态性，其在运行及控制过程中将面临多项难题，且涉及水资源、控制工程、水力学、泵站工程等多个学科。以往，由于国内泵站自动化水平和工程水力量测设备落后，多采用宏观、分散、粗放式调度模式，往往为保证安全而牺牲经济效益，制定的宏观优化运行方案无法实现。近年来，随着我国泵站自动化水平的提高，单级泵站内部已实现自动化运行，为精细化、经济调度创造了条件。

3. 梯级泵站优化运行及控制实现理论体系

泵站优化运行的主要目的是在一定的约束条件下，通过优化调度，使泵站在最高效经济的状态下运行。使整个泵站系统内所有设备在共同合作的前提下整体运行状态最优，而不是个体最优。即在一定时期内，使整个泵站系统在满足机组开启状态、调水流量、水位等各种约束下，按照一定的最优准则，使整体的运行状态达到最优。

（1）梯级泵站输水系统优化运行研究

由于梯级泵站输水系统组成的复杂性及各部分的紧密关联性，若不从整体角度统一进行协调，往往顾此失彼，造成某设备、设施运行效率较高，而系统整体运行效率偏低，因此需要开展多设备、设施协调优化运行研究。主要研究内容包括：①泵站站内机组的优化调度。在满足抽水量和扬程的前提下，以泵站运行效率最优为目标，优选机组组合和确定机组的运行工况。②梯级泵站输水系统整体运行系统效率优化。以泵站站内优化为基础，考虑梯级间水位关系、泵站机组流量等约束，建立整体运行效率优化模型，以运行效率最优为目标，分别对梯级水位和流量两个参数进行优化。③梯级输水系统日、中长期经济运行优化。以梯级泵站输水系统运行效率优化为基础，考虑时间维度和流量约束，根据设定的输水任务，对时段内梯级水位、流量分别进行优化，获得日、中长期经济运行方案。

（2）梯级泵站输水控制研究

实际运行中，由于输水工况的动态变化和其他因素的扰动，系统内部往往处于动态变化中。因此，需要开展梯级泵站输水控制研究，对梯级间水位流量进行主动控制，为优化运行提供边界条件。主要研究内容包括：①开发梯级泵站输水水力学仿真模型，对各类输水工况进行仿真模拟，分析不同工况下系统水力学特征。②提出梯级泵站输水控制模式，开发控制算法，实现梯级间流量平衡控制及梯级间水位、流量的精确控制。

（3）优化运行及控制耦合研究

静态优化运行环节的任务是制定时段内经济最优的运行方案，但无法预见实际的控制操作过程；输水控制的任务是制定控制方案实现控制目标，避免频繁操作，力求高效、稳定控制，但无法对优化运行方案进行反馈。因此，为保证优化运行和控制方案的合理性及可行性，以水力学仿真为手段，建立运行及控制全过程仿真模型，对两者进行耦合与协调。

4. 梯级泵站优化运行体系未来的发展方向

梯级泵站输水系统是一个复杂的水资源调度系统，且涉及水资源、控制工程、水力学、泵站工程等多个学科。目前，我国梯级泵站优化运行和控制研究尚未形成完整的理论体系，下一步应加强以下方面的研究：①梯级泵站输水系统优化运行建模及求解方面。随着最优化理论和方法的日益成熟，模糊理论、灰色理论、神经网络、粒子群算法等智能计算方法将越来越多地应用于梯级泵站输水系统优化运行中，用于求解泵站内各机组流量分配及叶片角度、频率，梯级间水位、流量分配，以及考虑分时电价因素的各时段内系统优化运行方案。②梯级泵站输水控制方面。随着泵站内部自动化水平的提高和计算机监控系统的完善，为梯级间水位流量控制提供了前提条件。PID、模糊、预测控制等先进的控制方法将逐步应用于对梯级泵站输水控制，可大大提高控制精度，为梯级泵站优化运行的实现提供了有效途径。③梯级泵站优化运行及控制理论体系及实践方面。进一步完善现有梯级泵站优化运行及控制实现理论和方法，结合水力学仿真技术，开发运行及控制全过程仿真模型，形成输水任务—运行优化—控制方案—水力仿真—方案评估—参数反馈—最终决策的模型求解模式。结合实际运行效果，对理论模型中的参数不断进行修正，对建立的优化运行及控制实现仿真模型进行验证和完善，最终形成一套完善的梯级泵站优化运行和控制实现理论及应用系统。④梯级泵站输水系统与复杂水资源系统衔接方面。梯级泵站输水系统是复杂水资源系统中的重要环节和控制节点，在对该系统内部进行优化运行及控制研究基础上，尚需与外围复杂水资源系统进行衔接。

总之，兴建水利工程项目是缓解水资源时空分布不均的重要途径，例如我国的南水北调工程、东深工程等，上述工程项目均采用的是梯级泵站来实现调水功能。由于梯级泵站的运行管理难度较大，一旦决策失误就会造成大量资源的浪费。因此，通过梯级泵站优化调度和控制方法，并展望了梯级泵站优化运行的未来发展方向，期望能对梯级泵站运行的安全性和经济性起到一定的指导作用。

2.5 明渠、灌渠水系统自动化

2.5.1 明渠、灌渠水系统的现状

（1）降雨规律变化和干旱使得水资源稀缺。

（2）工业、城镇和环境之间的用水竞争日益严峻，夏季达到顶峰。

（3）耗电成本上升很快（如需水泵扬水）。

（4）人工操作容易受人为因素影响严重。

（5）老旧的结构导致漏水不易发现。

（6）手动控制很粗糙，因此控制效果差。

（7）控制问题不断积累到下游末级渠道，导致很多供水服务方面的不公平。

（8）传统管理方式通常采用弃水，避免下游供水的问题积累。

（9）对于水管理的决策参考信息不足。

（10）管理技巧不足。

（11）输水计量不准导致农民生产力下降。

2.5.2 明渠、灌渠水系统自动化的定义

明渠、灌渠智能自动控制系统，是针对一条工程基础设施比较完善的渠道，在所有进、出水口闸门实现远程控制。通过全渠道闭环控制软件，减少末端弃水，最终实现高效

用水和水资源的智能调配。全渠道控制系统通过对水位、流量等信息的采集，运用系统软件对整个或部分灌溉区域的输配水进行调度模拟计算；并根据模拟计算的结果，通过一体化闸门的多级联动控制，最终实现对渠系网络的智能控制和水量调度，优化灌溉水资源调配，提高渠道的灌溉效率。

控制的目标是能够通过调整最上游闸门供水流量使得每一段渠道的水位总是保持稳定，甚至在每段渠道上的农民开启或者停止灌溉的情况下也可以实现。

灌溉季节时，每段渠道可视为一个“调度控制区间”。当下游用户取水时，引起渠道水位的下降，闸门自动调节开度补充水量，直到水位达到设定值为止。依次往上类推，使渠道上的每扇闸门自动调节，通过计算机和通信网络对整个灌区或部分灌溉区域的输配水自动化，实现整个渠系网络的全局控制，逐步将灌溉供水提升到“按需供水”的要求，从而为用水户提供安全、公平、可靠、灵活的供水服务。

2.5.3 明渠、灌渠水系统自动化的实施效果

明渠、灌渠水控制系统可实时采集闸门的开启高干渠度、上下游水位和运行状态，支持多种通信组网方式（有线或无线传输），通过远程数据通信方式发送到控制中心，由控制中心统一调度全部闸门。

（1）通过渠道上下游闸门的联动控制，实现水资源的优化配置与调度，从而实现按需供水。

（2）实现对渠道水情（如闸门前后水位、闸门开度和流量）的实时、精确测量。

（3）通过下游控制、优化调度、削减灌溉用水，最终实现节水目的。

（4）实现渠道调水自动化和信息化。

2.5.4 明渠、灌渠水系统自动化的关键设备

（1）一体化测控闸门概念

一体化测控闸门是集精确的流量计量、高精度闸门控制、全太阳能驱动和无线通信功能于一体。是通过对瞬时流量和总流量的记录，提供精准的用水记录，按照所设定的闸位或者按灌溉需求，通过改变闸门开度来自动控制流量。

（2）一体化测控闸门组成部分

① 闸门门框：为预制铝合金结构，安装固定在混凝土渠道的墙壁上，为其他各部分的安装提供基础。

② 水位传感器：采用超声波原理监测水面高度。

③ 开度传感器：依靠弧形闸门边缘上的参考点，监测计算闸门开启状况。

④ 闸门：预制的轻型铝合金结构，由三块铝合金板组成。由于采用顶面溢流，两侧的铝合金板发挥了渠道边墙的作用，而传统的闸门只需要一块闸门板，但需要借助渠道边墙才能实现水量的控制。

⑤ 驱动装置：包含直流电动机和减速装置。

⑥ 控制器：接受监测信息、上传下达调度指令、处理有关数据。

⑦ 太阳能板：提供整个系统的能源支持。

⑧ 通信系统：支持多种通信方式，连接调度中心和现场测控点。

（3）一体化测控闸门功能简介

① 采用多种分水计量控制模式，满足不同调水方式的需求

② 无线远程控制，自动化程度高

本测控闸门将无线物联网技术应用于闸门调水设备，实现了手机APP、Web等对闸门的无线远程控制，提高灌区自动化水平。

③ 适应太阳能控制，自动控制与手动操作一体化

本测控闸门除了可市电驱动外，还可使用太阳能驱动，并采用手自一体方式对闸门进行控制。

④ 主体结构轻量化，密封性好

本测控闸门采用模块化、组合式设计制造技术，采用铝制材料使闸门质轻、驱动功率小、能耗低、耐腐蚀性好、密封性更好等特点。

⑤ 安装方式简单方便

本测控闸门采用U形高强度铝合金门框。只需在土建时将门框嵌入混凝土中，将闸门吊入门框固定即可，对闸门安装的基础设施要求低。

⑥ 测流系统和分水控制系统高度集成，精确度高

本测控闸门集成了高精度的水位传感器，能精确计算过流量，计算误差不超过5%。

（4）一体化测控闸门使用优势

① 能源、水源更充足

如果能杜绝渠道运行中普遍存在的溢流和弃水，河系或水库中的水源会更多，可用于日后的灌溉。

② 能源成本更低

如果水不是从水库中直接提取而是通过泵站提取到渠道中，消除溢流和弃水，可大大减少能源。

③ 灵活性更大

和轮流灌溉计划的死板不同，水源可以在农户需要时供给。因为水是从农户所在的渠段上游自动输送到农田的，而不是从遥远的渠系源头输送。

④ 公平性更佳

所有农户都能得到高品质服务，无论农田所处位置是渠系的开端还是末端，高位水的均衡流量都是按农户的要求供给。

⑤ 渗流更少

有了精确的实时水位数据，渠系上若有渗漏就较容易的监测到。因此，有目标地修缮渠道可大大减少维修成本，当渠系在高于设计水位情况下运行时，渠道上出现渗漏的可能性也因有实时水位监测数据而降低。

⑥ 生产力更高

水位高且均衡，意味着灌溉短，浸润造成的养分浸出较少。由于灌水造成的农作物停止生长现象更少，这意味着更容易确定灌溉时间长短，从而避免过多水源的流失。

第3章　蓄水工程

3.1　水雨情监测

3.1.1　应用场景

（1）水库水位、视频（图像）、雨量监测
（2）河道水位、视频、雨量、流量监测
（3）湖泊水位、视频、雨量监测
（4）水池水位监测
（5）其他

3.1.2　需求分析

目前，国家提出建设“数字水利”的目标。全面实施水雨情远程实时监测系统建设。防汛工作逐步从被动抗洪向主动防汛转变。为进一步提高防汛抗洪决策的有效性和可靠性，实施水雨情监测系统建设，可及时对可能或正在发生的汛情、险情、灾情进行动态监视。随时了解现场情况，以便采取相应的预防和补救措施设备安全运行，对领导决策和减少洪水灾害，缓解城市的防洪压力、保障人民生命财产的安全具有重要作用。

雨水情监测系统还可以实现测站点水位高程、降雨量、库容及视频基本数据的自动采集、远程传输、处理和入库，满足水情报防汛要求。

监测站基于本水文数据本地固态存储、远程和现场批量调取，满足水文资料整编要求。

3.1.3　系统组成

1）系统拓扑图

水雨情监测系统拓扑图如图 3-1 所示。

2）硬件系统（传感器、供电、避雷等）

（1）库水位监测

常用的水位计包括浮子式水位计、压力式水位计、超声波水位计及雷达水位计四种。

① 浮子式水位计

浮子式水位计利用浮子跟踪水位升降，以机械方式直接传动记录，其具有简单可靠、精度高、易于维护等特点。使用浮子式水位计时，必须建设水位测井。有些场合建水位井较为困难或造价很高，使其在使用上受到一定限制，适合岸坡稳定、河床冲淤不大的低含沙河段，适用于长期测量水库、河流、湖泊、坝体测压管等的水位。浮子式水位计如图 3-2 所示。

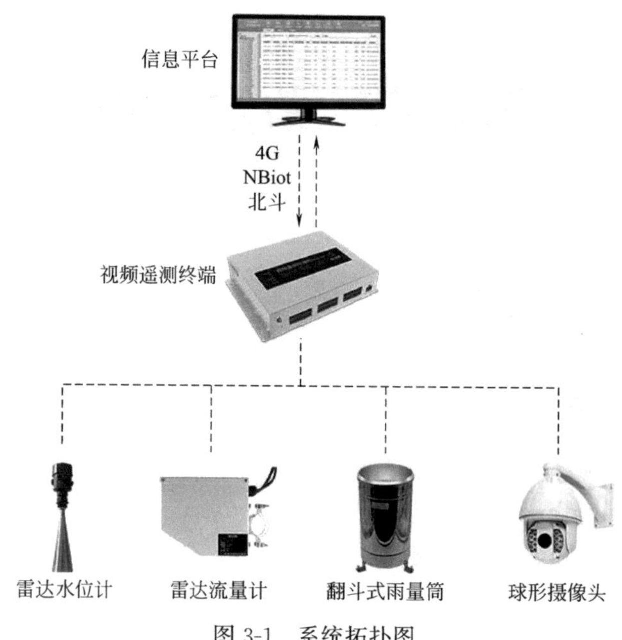

图 3-1　系统拓扑图

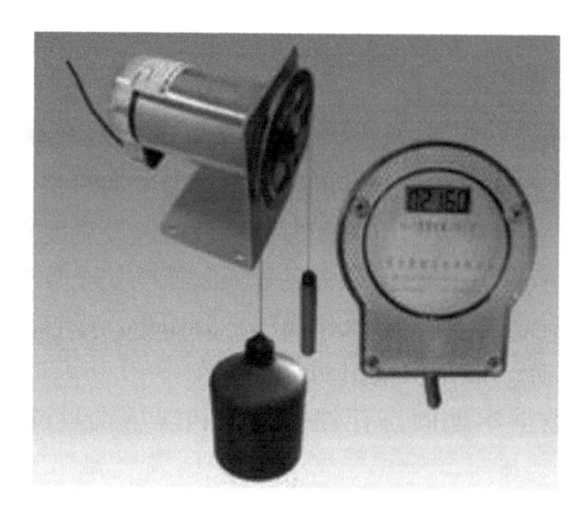

图 3-2　浮子式水位计

② 压力式水位计

压力式水位计为自动观测仪器，按压力传递方式，分为投入式和气泡水位计。投入式水位计将压力传感器直接安装于水下，通过通信电缆将信号引至测量仪表；气泡式水位计时通过一根气管向水下的固定测点吹气，使吹气管内的气体压力和测点的静水压力平衡，通过量测吹气管内压力实现水位的测量，传感器置于水面以上。压力式水位计如图 3-3 所示。

压力式水位计的优点是安装方便，无需建造水位测井。考虑水位传感器与监测水体接触，易受水流直接冲击，设备正常运行易受影响，寿命较短。

③ 超声波水位计

应用声波反射的原理来测量水位，分为水介式和气介式两类。声波在介质中以一定速

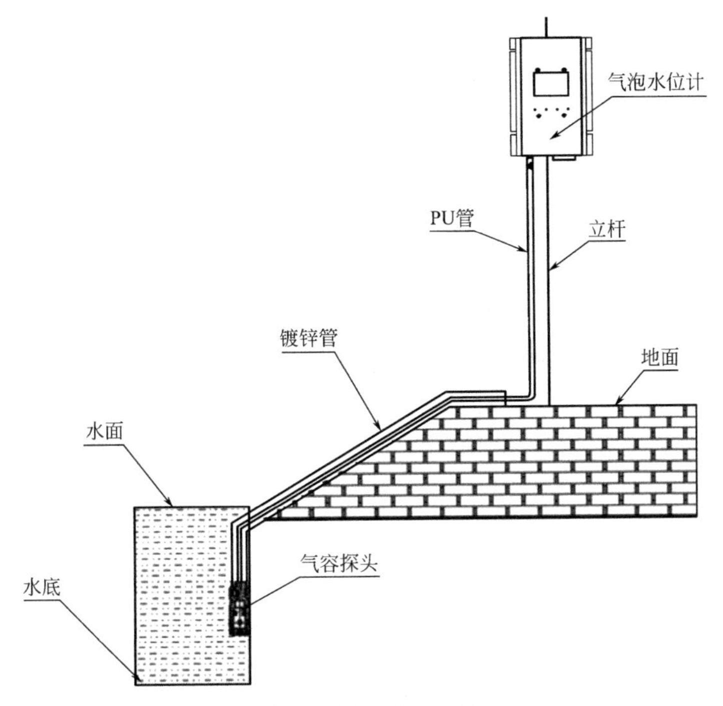

图 3-3　压力式水位计

度传播。当遇到不同密度的介质分界面时，声波立即发生反射。水介式是将换能器安装在河底，垂直向水面发射超声波。水介式水位计的安装基墩应设在基岩或不会发生沉降处，换能器应牢固安装在基墩上，换能器不能安装在有旋涡、水草或淤积的地方；气介式是将换能器安装在预置的支架、桥墩或坝体上，应避免安装在水面漂浮物多的地方，且换能器下方一定范围内不应有其他物体。超声波水位计如图 3-4 所示。

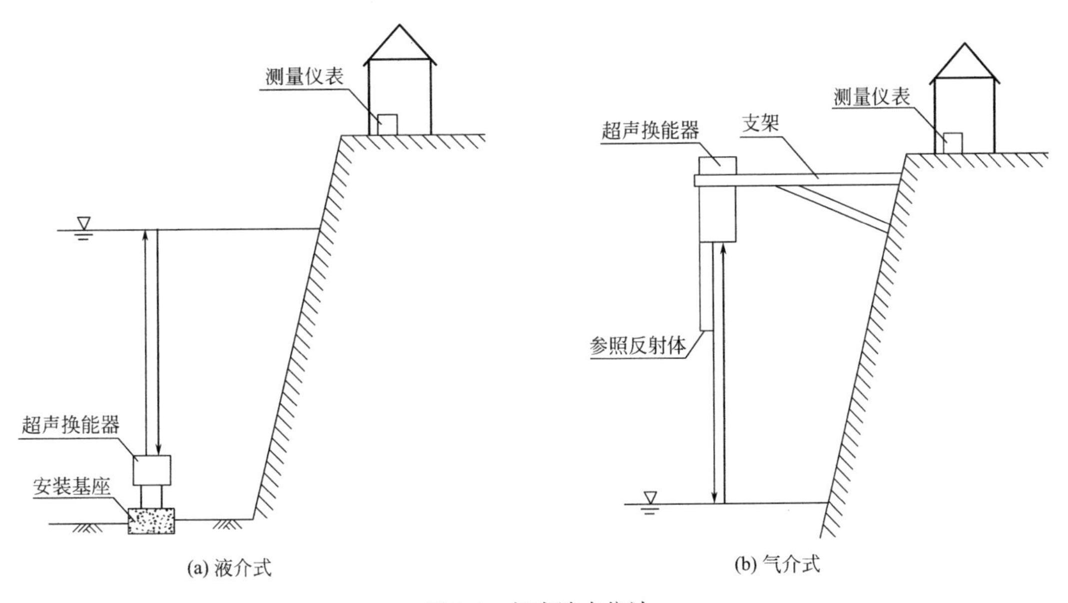

图 3-4　超声波水位计

④ 雷达式水位计

雷达水位计是利用声学和电子技术进行测距的非接触式水位测量仪器，为自动化设备。雷达水位计相对于浮子式水位计，无需建测井，相对压力式水位计来说，不受水体影响。雷达水位计适用于所有液体液位测量且监测精度达到相关规范要求，技术成熟。但是雷达水位计安装有些要求，考虑雷达液位计测量正确性依赖于反射波的信号，选择安装位置时需注意测量河段最好不要有大的波浪和跌坎，水位起伏不是很大。适用于湖泊、河道、水库、明渠、潮汐水位等水位监测。雷达水位计如图 3-5 所示。

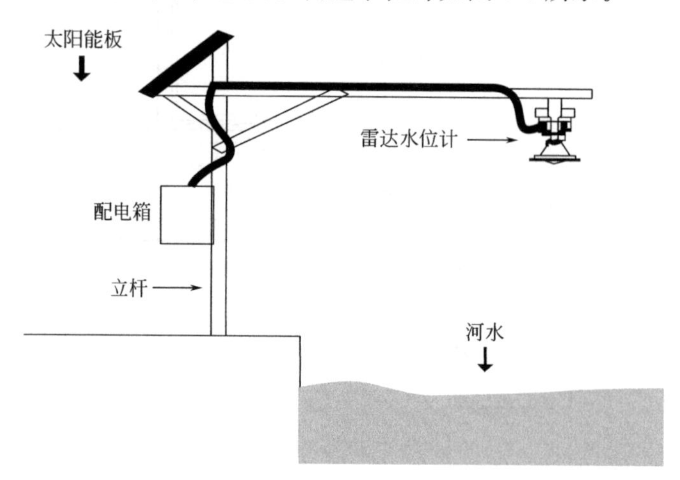

图 3-5　雷达水位计

四种常用水位计性能比较如表 3-1 所示。

四种水位计性能比较　　**表 3-1**

项目	压力式	浮子式	超声波式	雷达式
最小分辨率	1mm	1～10mm	1～5mm	5mm
满量程精度	＞0.25%	＞0.3%	＞0.25%	＞0.1%
零点稳定性	易漂移	易漂移	不易漂移（需温度补偿）	不易漂移（无需温度补偿）
机械磨损与故障	无	有	无	无
受水的比重影响	有	有	无	无
是否与水体接触	接触。易受微生物和泥沙影响	接触式	非接触	非接触
辅助建筑物	需水位井获得静水压强	需要防浪桶	需水面上有支架	需水面上有支架
维护周期	1 年以内	1 年	2 年以上或免维护	5 年以上或免维护
防止人为作弊	差	差	良	良
传感器探头造价	低	低	高	高
维护成本	高	高	低	低
防护性能	差	差	良	优
安装与调试	复杂	复杂	简单	简单

综合上述各种水位计优缺点，结合本次共和县切吉水库和恰让水库工程特征及现状，恰让水位监测采用雷达水位计，切吉水库采用投入式压力式水位计。设备参数如下：

投入式压力式水位计

a. 量程：0～5m、10m、15m、20m、25m、30m或定制

b. 精度等级：0.1%FS；0.5%FS（可选）

c. 稳定性能：±0.05%FS/年；±0.1%FS/年

d. 过载能力：150%FS

e. 零点温度系数：±0.01%FS/℃

f. 满度温度系数：±0.02%FS/℃

g. 防护等级：IP68

h. 输出信号：RS485、4～20mA（可选）

i. 供电电源：9～36VDC

j. 环境温度：－10～80℃

k. 存储温度：－40～85℃

l. 结构材料：外壳不锈钢

m. 膜片：不锈钢316L

雷达水位计

a. 量程：0～30m

b. 精度：±3mm

c. 工作温度：－40～80℃

d. 工作电压：四线制6～28VDC，推荐12VDC；两线制8～18VDC

e. 接线：四线屏蔽电缆，防水端子M20×1.5，适合电缆外径9～13mm

f. 功耗：<0.15W

g. 输出信号：RS485标准MODBUS RTU协议；RS232 4～20mA/HART协议

h. 外壳：铸铝，IP67

i. 喇叭天线：不锈钢304，口径76～120mm

（2）雨量监测

常用的雨量计包括虹吸式雨量计、称重式雨量计、翻斗式雨量计。

虹吸式雨量计能连续记录液体降水量和降水时数，从降水记录上还可以了解降水强度。可用来测定降水强度和降水起止时间，适用于气象台（站）、水文站、农业、林业等有关单位。

称重式雨雪量计采用高精度大量程称重传感器，配合其坚固耐用的整体结构，可长期、稳定、高精度地测量液态、固态或固液混合降水而无需维护保养。其采用标准件设计，模块化的零部件/形状/铸造部件使其具有精良的机械结构及精确的配件。

翻斗式雨量传感器适用于气象台（站）、水文站、农林、国防等有关部门用来遥测液体降水量、降水强度、降水起止时间。用于防洪、供水调度、电站水库水情管理为目的的水文自动测报系统、自动野外测报站，为降水测量传感器。

结合本次共和县切吉水库和恰让水库工程特征及现状，雨量监测采用翻斗式雨量计，其设备参数如下：

翻斗式雨量计

a. 承雨口径：200±0.6mm

b. 刃口角：40°～50°

c. 分辨率：0.5mm

d. 测量精度：≤±3%

e. 降雨强度测量范围：0～4mm/min（允许通过最大雨强 8mm/min）

f. 误码率：$<10^{-4}$

g. 满足仪器正常维护条件下，MTBF≥40000h

h. 信号输出：磁钢干簧管式接点通断信号（单信号或双信号），接点工作寿命在50000 次以上

i. 工作环境温度：−10～50℃，空气相对湿度≤95%（40℃）

j. 防堵塞：传感器具有防堵、防虫、防尘措施

k. 304 不锈钢材质

l. 内置水平调平装置

（3）遥测终端

① 工作电源：12～24VDC

② 模拟量输入：≥4 路

③ 精度：0.2 级（2‰）

④ 下行通信接口：2 路 RS485，2 路 RS232，通信速率≥1200BPS，带 MOUDBUS 通信协议

⑤ 上行通信接口：支持 TCPIP，支持 GPRS/4G

⑥ 工作温度：−25～70℃

⑦ 防护等级≥IP54

（4）超声波流量计

① 测量精度：1%

② 重复性：优于 0.2%

③ 电源：8～36VDC 或 85～264VAC

④ 功耗：工作电流 50mA

⑤ 可选输入：三路 4～20mA 模拟输入回路

⑥ 显示：4×8 汉字背光显示器

⑦ 操作：4 按键

⑧ 防护等级：主机 IP65、传感器 IP68

⑨ 可选输出：1 路标准隔离 RS485 输出；1 路隔离 4～20mA；双路隔离 OCT 输出；1 路双向串行外设通用接口

⑩ 可以直接通过串联的形式连接多个诸如 4～20mA 模拟输出板、频率信号输出板、数据记录仪等外部设备。

3）软件平台

软件平台同时支持 4G、短消息、光纤网络等方式同现场终端设备进行通信，平台还具备电子地图可视化界面显示，支持浏览器、客户端软件登录网络（因特网、局域网）访

问系统。

系统软件包含系统信息管理、测点信息管理、实时在线监测、历史记录查询、报表曲线分析、日志管理等多功能模块。

“监测平台”作为水库管理智慧平台，遵循国家水库管理的相关法律法规。以水库为主体，以省、市、县、镇等多级行政区域水库联网统一监测管理为特征的水库综合管理服务平台。通过运用物联网、云计算、大数据、移动互联和人工智能等现代信息技术，集成卫星数据、专网视讯、三维 GIS 和专业水文模型，打造智慧水库管家平台，提供库区水雨情测报、库区视频监控、水库安全预警、水库保养维护、智能统计等一体化服务和全方位解决方案，协助水库主管部门与“三个责任人”对水库进行有效监管，保障水库安全运行，为水库防洪兴利保驾护航。

（1）系统框架

监测平台是围绕水库管理的业务流程而建立的大型工作平台，采用 .NET 架构，主要由数据层、应用支撑层、应用层、用户认证层四个部分组成。

• 数据层

数据层是系统数据存储和管理的中心，由类库文件及基础信息数据库、业务信息数据库、视频储存数据库等子数据库组成，负责对数据库中的数据进行添加、删除、修改、查询、存储等操作，并将数据传递给上层的业务逻辑层进行处理。

• 应用支撑层

应用支撑层提供了应用中间件，数据同步平台等应用支撑软件。这些支撑软件为水库安全卫士的开发、部署、应用提供了各项支撑，简化了系统实施的过程。

• 应用层

应用层及监测平台，该平台借助应用支撑层提供的应用服务，建立组织业务所需的水情监测、雨情监测、表面形变监测、渗流压力监测、渗流量监测、视频监控、运行维护、监测数据统计等功能模块，实现水库的精细化管理。

• 用户认证层

用户认证层提供统一登录和身份认证服务，为系统用户提供统一的系统入口，能够有效区分合法用户和非法用户。系统采用口令技术，对用户登录要求进行身份验证。用户登录系统时，必须输入用户名和密码，系统验证成功后，方能进入。身份验证包括主机操作系统验证、网络验证、数据库验证等多种验证。系统管理员可以对不同的用户设立不同的权限，以确定系统和数据的安全。

（2）功能设计

监测平台功能主要包含用户信息、监测信息、统计分析、信息查询、设备管理、参数配置、公共信息、权限管理、系统管理等功能。

• 主界面

包括主菜单、标题栏、工具栏、状态栏、数据图层窗口、行业新闻、通知公告等，可根据用户需求设置主界面展示内容及排版，支持数据统计，并通过条形图、饼状图等形式对数据进行可视化展现。主界面如图 3-6 所示。

• 状态栏

状态栏有告警、离线、正常图标，并显示截至当前指标数，点击下图左侧任一图标，

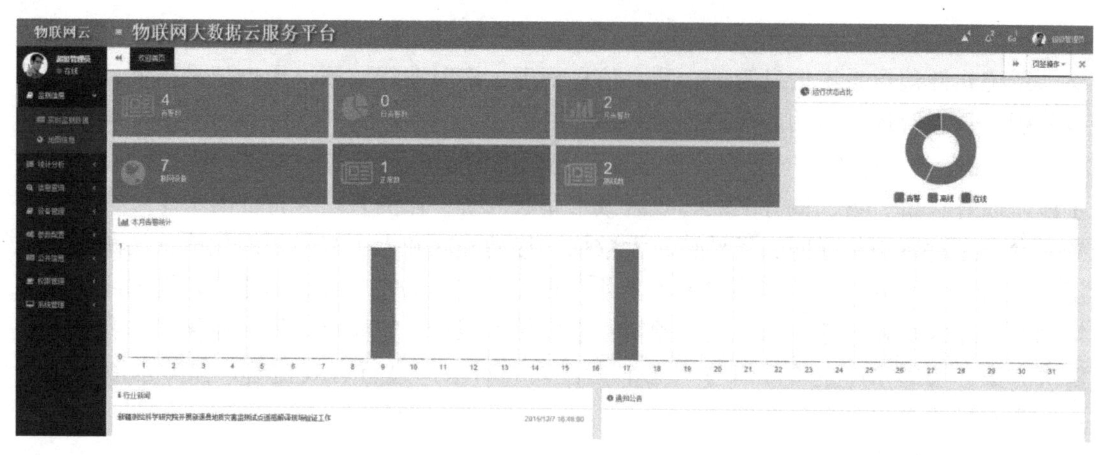

图 3-6　主界面

可切换至相应界面查看详细信息。支持个人信息、清空缓存、安全退出操作。状态栏如图 3-7 所示。

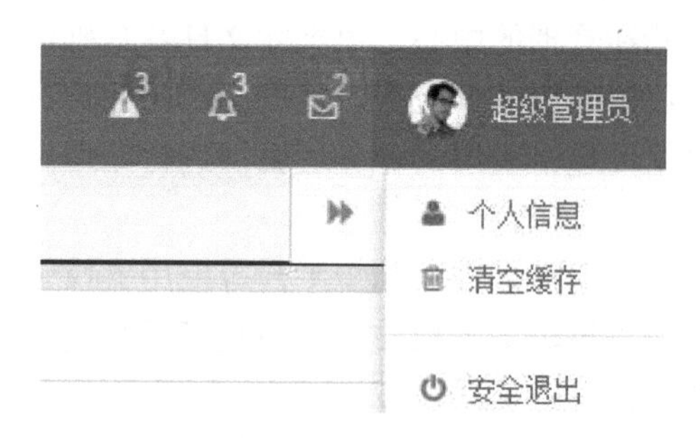

图 3-7　状态栏

• 个人信息

点击“右上用户 ID→个人信息”菜单，系统弹出“个人信息”对话框，如图 3-8 所示。

基本信息
联系方式
我的头像
修改密码
系统日志

基本信息

账户	System
工号	System
姓名	超级管理员
性别	◉男　○女
公司	
部门	
主管	
岗位	
职位	
角色	
自我介绍	系统自带账户，不能删除

图 3-8　个人信息界面

信息界面可以进行个人信息的修改。有如下功能：基本信息、联系方式、我的头像、修改密码和系统日志。

• 安全退出

点击“右上用户 ID→个人信息”菜单，系统弹出“确认退出”对话框。安全退出界面如图 3-9 所示。

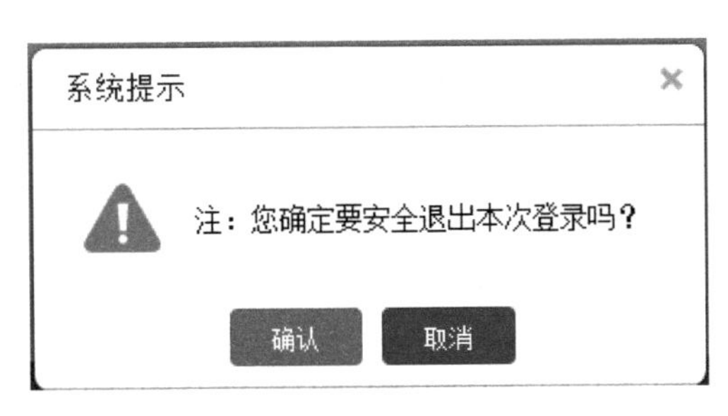

图 3-9　安全退出界面

本功能用于当前用户的安全退出，弹出窗口后可进行确认或取消。

• 工具栏

工具栏包括：上下首图标、页签操作、全屏图标等。

• 页签操作

支持刷新当前页、关闭当前页、关闭全部页面、除此之外页面全部关闭操作，实现用户的便捷操作，提升用户体验感。

• 全屏图标

：点击此图标可将页面调至全屏，再次点击恢复，实现界面缩放功能。

• 数据图层窗口

本月告警统计

通过柱形图的形式，对本月告警数据进行实时更新统计，支持告警数查看。本月告警统计界面如图 3-10 所示。

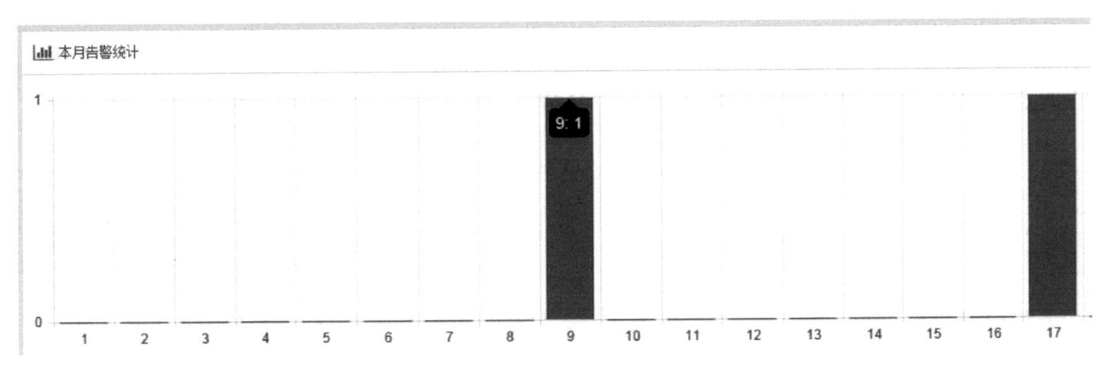

图 3-10　本月告警统计界面

• 运行状态占比

以红、灰、绿三色依次表示告警、离线、在线三种状态，并实时更新运行状态占比数据，可通过点击相应颜色，展示实际状态数。运行状态占比如图 3-11 所示。

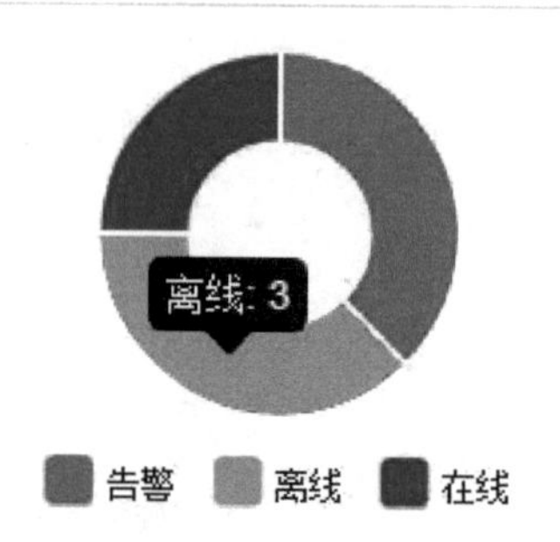

图 3-11　运行状态占比

• 各运行状态数

支持告警数、日告警数、月告警数、联网设备、正常数、离线数统计，可根据业主喜好调换统计布局、点击相应内容展示详细数据。各运行状态数界面如图 3-12 所示。

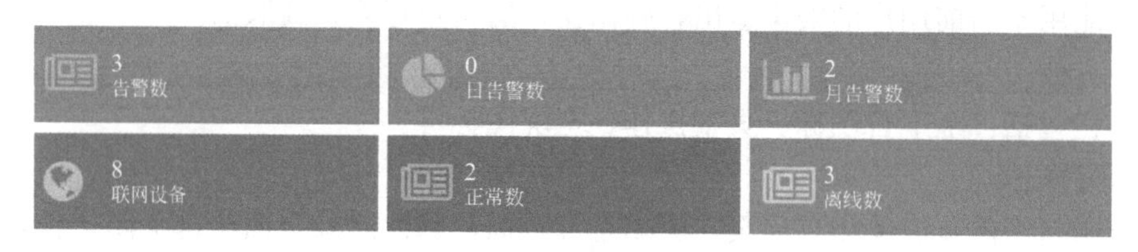

图 3-12　各运行状态数界面

• 监测信息

包含实时监测、地图信息、管网信息三个功能模块。

• 实时监测

实时监测数据提供了单位、设备、地址码、安装位置、状态等相关信息。可以查看任意站点当前的一些数据信息，方便监测是否出现故障。支持自动更新、关键字搜索。点选任意设备信息，可查看设备的详细信息值。实时监测数据界面，如图 3-13 所示。

设备信息【双击记录查看详细信息】

	单位	设备	地址码	安装位置	状态	数据记录时间	最后通信时间	排序
1	浙江省	叶长埭测试点	201612290001		正常	2018-03-26 15:45	2018-03-26 16:00	0
2	杭州黑驰马自动化科技有限公	政新花园51#	201803210001	古墩路政新花园	正常	2018-03-26 17:26	2018-03-26 17:26	1
3	Sub001-001	公司测试点	201601210001		告警	2017-09-12 10:48	2018-01-05 19:00	2
4	Sub001-001	Mongo	212321111222	3dsfds	告警	2017-09-14 19:31	2018-01-18 15:06	2
5	Sub001-001	生产测试点	201711110001		告警	2018-03-26 17:25	2018-03-26 17:26	3
6	上海比诺信息科技有限公司	SmartONE水质分析仪	201801190001	深圳盐田水务所监测点	离线	2018-02-28 23:57	2018-03-01 00:00	4
7	厦门宇聪科技有限公司	YN4212演示柜	000000000002		离线	2018-03-13 15:53	2018-03-13 15:54	5
8	Sub001-001	MAT001	223434233332		离线	2018-03-01 00:00		5

图 3-13　实时监测数据

可查看实时字段数据详细值，实时字段数据界面如图 3-14 所示。

• 地图信息

可通过 GIS 等地图系统，在地图上进行设备点位所在地展示。点击地图上任意设备点

实时字段数据

	告警	字段	名称	单位	值	分析	操作	排序
1		F1	电压	V	223.5			1
2		F2	电流	A	0			2
3		F3	有功功率	KW	0			3
4		F4	功率因素		0.6			4
5		F6	频率	Hz	50			6
6		F7	总有功电量	kW·h	0			7
7		F8	温度	℃	26.75			8
8		F9	湿度		46.8125			9
9		B2	声光报警输出					10
10		B1	门磁开关					11

通讯日志数据

	日志类型	日志名称	记录时间	日志信息
1	发送	请求历史数据	2018-03-26 14:35	添加读取历史数据命令（从【2018-03-21 14:35:03】以来【4】条历史数据）
2	发送	请求读取参数	2018-03-26 14:35	添加命令到待发送列表（）
3	发送	请求读取参数	2018-03-26 14:35	添加命令到待发送列表（）
4	发送	读取实时数据	2018-03-26 14:34	添加读取实时数据命令
5	发送	读取实时数据	2018-03-26 14:34	添加读取实时数据命令

图 3-14　实时字段数据

位，将详细展示设备参数信息、设备状态信息。地图支持关键字搜索，在地图上展示搜索内容的准确信息。另输入关键字，可搜索地图的准确信息。

• 管网信息

如用户配有 GIS 地图功能，可根据用户现有管线地图绘制管网 GIS 地图，以图层形式进行数据展示，让用户快速掌握现有管网信息及各节点状态。

• 统计分析

包含数据曲线分析和运行状态统计两个功能模块。

数据曲线分析

点击左列表的设备，可选择该设备的相关字段进行本日/本周/本月/本年的图表生成。支持辅助线开关、删除辅助线、清空辅助线、数据视图、折线图切换、柱形图切换、还原、保存按钮等操作，方便用户使用。数据曲线分析界面如图 3-15 所示。

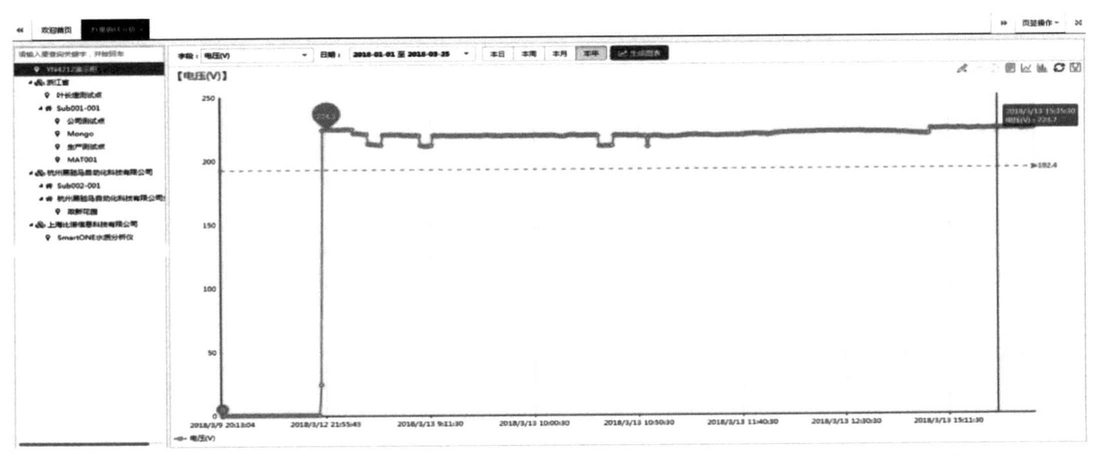

图 3-15　数据曲线分析

• 运行状态统计

包括运行状态统计图和运行状态占比图，支持本日、本周、本月、本年的设备运行状态统计，并以柱状图和饼状图的形式展现告警、离线、正常三种状态数量及占比。运行状态统计界面如图 3-16 所示。

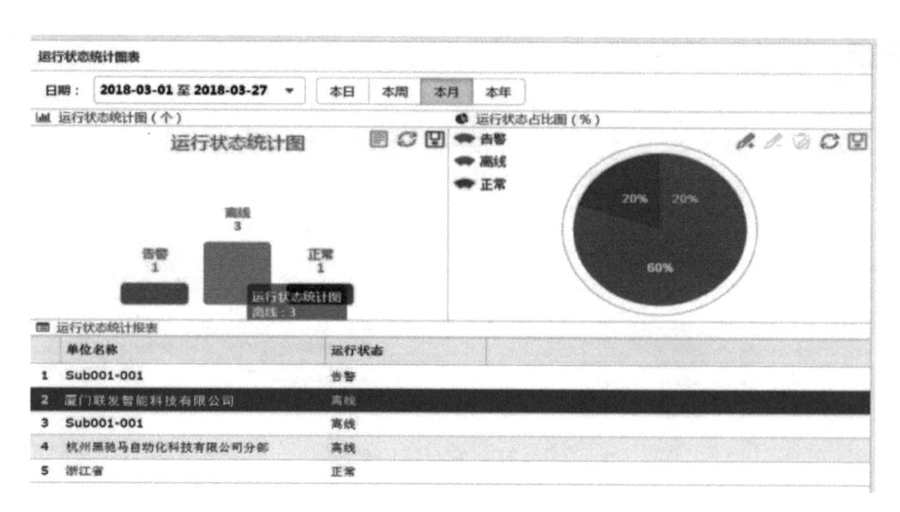

图 3-16　运行状态统计界面

（3）信息查询

包含历史数据查询、通信日志查询、告警信息查询及调试日志查询四个功能模块。

• 历史数据查询

点击左侧任一设备，可查看不同采集时间下该设备不同的值，且每隔一分钟更新一次。历史数据查询如图 3-17 所示。

请输入要查询关键字，并按回车
YN4212演示柜
浙江省
叶长煙测试点
Sub001-001
公司测试点
Mongo
生产测试点
MAT001
杭州黑驰马自动化科技有限公司
Sub002-001
杭州黑驰马自动化科技有限公司
政新花园51#
上海比诺信息科技有限公司
SmartONE水质分析仪

日期：2018-01-01 至 2018-03-27　本日　本周　本月　本年

	名称	采集时间	电压(V)	电流(A)	有功功率(KW)	功率因素()	频率(Hz)
1	YN4212演示柜	2018-03-13 15:53	223.5	0	0	0.6	50
2	YN4212演示柜	2018-03-13 15:52	223.6	0	0	0.6	50
3	YN4212演示柜	2018-03-13 15:51	223.3	0	0	0.6	50
4	YN4212演示柜	2018-03-13 15:50	223	0	0	0.6	50
5	YN4212演示柜	2018-03-13 15:49	223	0	0	0.5	50
6	YN4212演示柜	2018-03-13 15:48	223	0	0	0.6	50
7	YN4212演示柜	2018-03-13 15:47	222.6	0	0	0.6	50
8	YN4212演示柜	2018-03-13 15:46	223.3	0	0	0.6	50
9	YN4212演示柜	2018-03-13 15:45	223.5	0	0	0.6	50
10	YN4212演示柜	2018-03-13 15:44	223.7	0	0	0.6	50
11	YN4212演示柜	2018-03-13 15:43	223.4	0	0	0.6	50
12	YN4212演示柜	2018-03-13 15:42	223.4	0	0	0.5	50
13	YN4212演示柜	2018-03-13 15:41	223.7	0	0	0.6	50
14	YN4212演示柜	2018-03-13 15:40	223.4	0	0	0.6	50
15	YN4212演示柜	2018-03-13 15:39	223.3	0	0	0.6	50
16	YN4212演示柜	2018-03-13 15:38	223.7	0	0	0.6	50

图 3-17　历史数据查询

• 通信日志查询

包括日志类型、设备名称、日志名称、记录时间及日志信息等，可对本日、本周、本月、本年进行检索。通信日志查询如图 3-18 所示。

• 告警信息查询

告警信息查询列表包括：设备名称、地址码、告警类型、告警时间、告警内容等。通过本日、本周、本月、本年查询可快速了解设备的告警详细信息。告警信息查询如图 3-19 所示。

欢迎首页　通信日志查询　页签操作

请输入要查询关键字，并按回车

YN4212演示柜
浙江省
叶长煌测试点
Sub001-001
公司测试点
Mongo
生产测试点
MAT001
杭州黑驰马自动化科技有限公司
Sub002-001
杭州黑驰马自动化科技有限公司
政新花园51#
上海比诺信息科技有限公司
SmartONE水质分析仪

日期：2018-03-27 至 2018-03-27　本日　本周　本月　本年

	日志类型	设备名称	日志名称	记录时间	日志信息
1	接收	叶长煌测试点	主动上报历史或触发数据	2018-03-27 00:00	采集时间：【2018年03月26日22时00分】，A相电流：0MPa，瞬时流量：5888m3/h，正向流量：259
2	接收	叶长煌测试点	主动上报历史或触发数据	2018-03-27 00:00	采集时间：【2018年03月26日22时15分】，A相电流：0MPa，瞬时流量：5888m3/h，正向流量：212
3	接收	叶长煌测试点	主动上报历史或触发数据	2018-03-27 00:00	采集时间：【2018年03月26日22时30分】，A相电流：0MPa，瞬时流量：5888m3/h，正向流量：259
4	接收	叶长煌测试点	主动上报历史或触发数据	2018-03-27 00:00	采集时间：【2018年03月26日22时45分】，A相电流：0MPa，瞬时流量：5888m3/h，正向流量：212
5	接收	叶长煌测试点	主动上报历史或触发数据	2018-03-27 00:00	采集时间：【2018年03月26日23时00分】，A相电流：0MPa，瞬时流量：5888m3/h，正向流量：259
6	接收	叶长煌测试点	主动上报历史或触发数据	2018-03-27 00:00	采集时间：【2018年03月26日23时15分】，A相电流：0MPa，瞬时流量：5888m3/h，正向流量：259
7	接收	叶长煌测试点	主动上报历史或触发数据	2018-03-27 00:00	采集时间：【2018年03月26日23时30分】，A相电流：0MPa，瞬时流量：5888m3/h，正向流量：212
8	接收	叶长煌测试点	主动上报历史或触发数据	2018-03-27 00:00	采集时间：【2018年03月26日23时45分】，A相电流：0MPa，瞬时流量：5888m3/h，正向流量：259
9	接收	叶长煌测试点	主动上报历史或触发数据	2018-03-27 02:00	采集时间：【2018年03月27日00时00分】，A相电流：0MPa，瞬时流量：5888m3/h，正向流量：259
10	接收	叶长煌测试点	主动上报历史或触发数据	2018-03-27 02:00	采集时间：【2018年03月27日00时15分】，A相电流：0MPa，瞬时流量：5888m3/h，正向流量：363
11	接收	叶长煌测试点	主动上报历史或触发数据	2018-03-27 02:00	采集时间：【2018年03月27日00时30分】，A相电流：0MPa，瞬时流量：5888m3/h，正向流量：212
12	接收	叶长煌测试点	主动上报历史或触发数据	2018-03-27 02:00	采集时间：【2018年03月27日00时45分】，A相电流：0MPa，瞬时流量：5888m3/h，正向流量：212
13	接收	叶长煌测试点	主动上报历史或触发数据	2018-03-27 02:00	采集时间：【2018年03月27日01时00分】，A相电流：0MPa，瞬时流量：5888m3/h，正向流量：212

图 3-18　通信日志查询

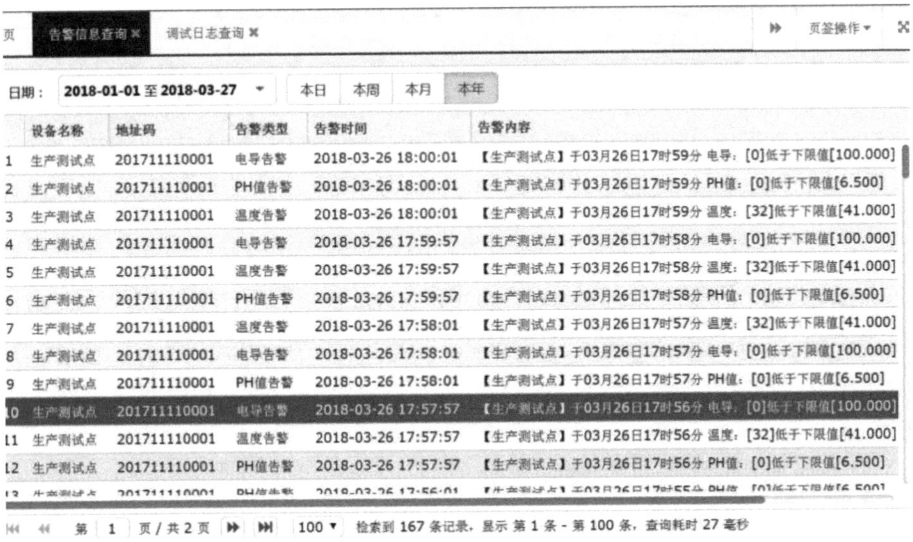

页　告警信息查询　调试日志查询　页签操作

日期：2018-01-01 至 2018-03-27　本日　本周　本月　本年

	设备名称	地址码	告警类型	告警时间	告警内容
1	生产测试点	201711110001	电导告警	2018-03-26 18:00:01	【生产测试点】于03月26日17时59分 电导：[0]低于下限值[100.000]
2	生产测试点	201711110001	PH值告警	2018-03-26 18:00:01	【生产测试点】于03月26日17时59分 PH值：[0]低于下限值[6.500]
3	生产测试点	201711110001	温度告警	2018-03-26 18:00:01	【生产测试点】于03月26日17时59分 温度：[32]低于下限值[41.000]
4	生产测试点	201711110001	电导告警	2018-03-26 17:59:57	【生产测试点】于03月26日17时58分 电导：[0]低于下限值[100.000]
5	生产测试点	201711110001	温度告警	2018-03-26 17:59:57	【生产测试点】于03月26日17时58分 温度：[32]低于下限值[41.000]
6	生产测试点	201711110001	PH值告警	2018-03-26 17:59:57	【生产测试点】于03月26日17时58分 PH值：[0]低于下限值[6.500]
7	生产测试点	201711110001	温度告警	2018-03-26 17:58:01	【生产测试点】于03月26日17时57分 温度：[32]低于下限值[41.000]
8	生产测试点	201711110001	电导告警	2018-03-26 17:58:01	【生产测试点】于03月26日17时57分 电导：[0]低于下限值[100.000]
9	生产测试点	201711110001	PH值告警	2018-03-26 17:58:01	【生产测试点】于03月26日17时57分 PH值：[0]低于下限值[6.500]
10	生产测试点	201711110001	电导告警	2018-03-26 17:57:57	【生产测试点】于03月26日17时56分 电导：[0]低于下限值[100.000]
11	生产测试点	201711110001	温度告警	2018-03-26 17:57:57	【生产测试点】于03月26日17时56分 温度：[32]低于下限值[41.000]
12	生产测试点	201711110001	PH值告警	2018-03-26 17:57:57	【生产测试点】于03月26日17时56分 PH值：[0]低于下限值[6.500]

第 1 页 / 共 2 页　100　检索到 167 条记录，显示 第 1 条 - 第 100 条，查询耗时 27 毫秒

图 3-19　告警信息查询

• 调试日志查询

支持以本日、本周、本月、本年为时间周期进行调试日志查询。调试日志查询界面如图 3-20 所示。

调试日志查询包括：日志类型、IP 地址、记录时间、命令内容。同一时间会有发送、接收的调试日志内容。

（4）设备管理

包括设备信息管理、设备字段管理、字段模板管理。

• 设备信息管理

设备信息管理包括单位、地址码、名称、OPC 标识名、安装位置、安装日期、联系人、联系电话、排序列。通过选择条件：名称/地址编码关键字，可获取相关设备信息。设备信息管理如图 3-21 所示。

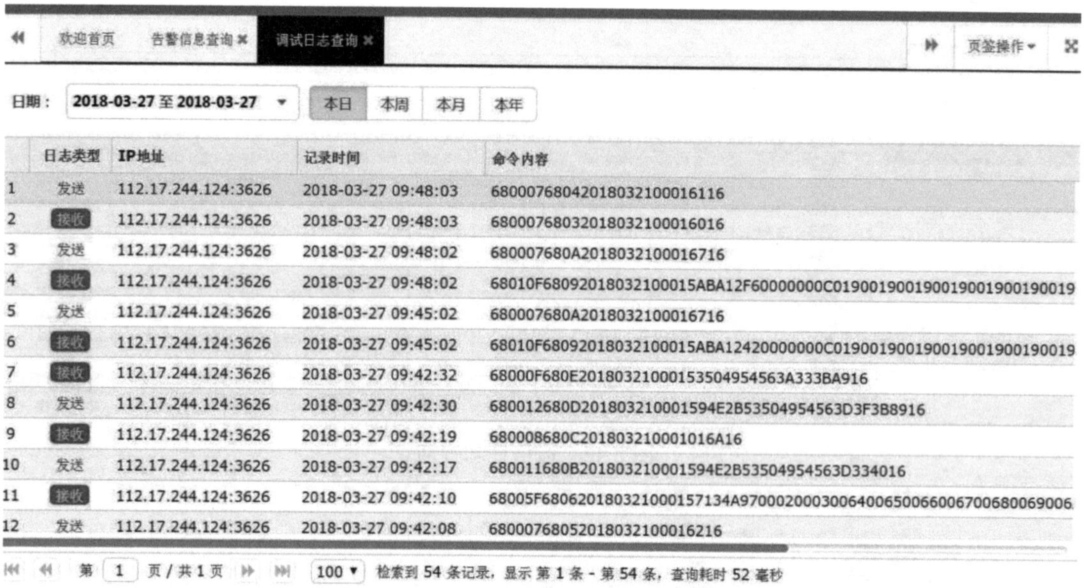

欢迎首页　告警信息查询　调试日志查询　页签操作

日期：2018-03-27 至 2018-03-27　本日　本周　本月　本年

	日志类型	IP地址	记录时间	命令内容
1	发送	112.17.244.124:3626	2018-03-27 09:48:03	68000768042018032100016116
2	接收	112.17.244.124:3626	2018-03-27 09:48:03	68000768032018032100016016
3	发送	112.17.244.124:3626	2018-03-27 09:48:02	680007680A2018032100016716
4	接收	112.17.244.124:3626	2018-03-27 09:48:02	68010F68092018032100015ABA12F60000000C019001900190019001900190019
5	发送	112.17.244.124:3626	2018-03-27 09:45:02	680007680A2018032100016716
6	接收	112.17.244.124:3626	2018-03-27 09:45:02	68010F68092018032100015ABA12420000000C019001900190019001900190019
7	接收	112.17.244.124:3626	2018-03-27 09:42:32	68000F680E20180321000153504954563A333BA916
8	发送	112.17.244.124:3626	2018-03-27 09:42:30	680012680D201803210001594E2B53504954563D3F3B8916
9	接收	112.17.244.124:3626	2018-03-27 09:42:19	680008680C201803210001016A16
10	发送	112.17.244.124:3626	2018-03-27 09:42:17	680011680B201803210001594E2B53504954563D334016
11	接收	112.17.244.124:3626	2018-03-27 09:42:10	68005F680620180321000157134A9700020003006400650066006700680069006
12	发送	112.17.244.124:3626	2018-03-27 09:42:08	68000768052018032100016216

第 1 页 / 共 1 页　100　检索到 54 条记录，显示 第 1 条 - 第 54 条，查询耗时 52 毫秒

图 3-20　调试日志查询

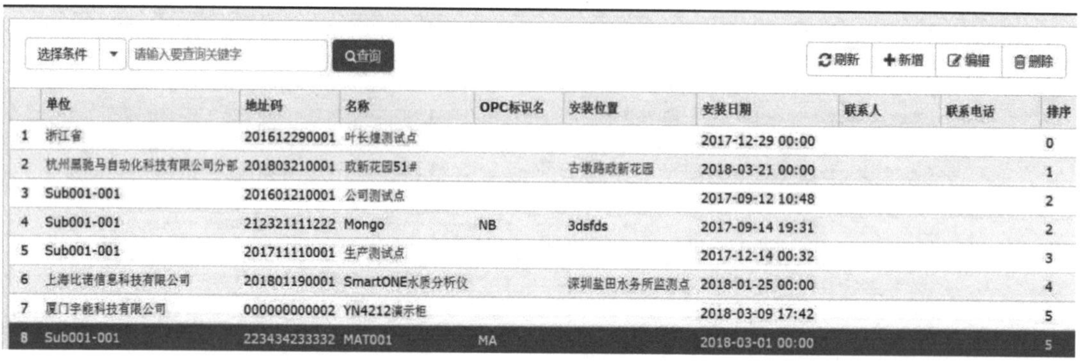

选择条件　请输入要查询关键字　查询　刷新　新增　编辑　删除

	单位	地址码	名称	OPC标识名	安装位置	安装日期	联系人	联系电话	排序
1	浙江省	201612290001	叶长煌测试点			2017-12-29 00:00			0
2	杭州黑驰马自动化科技有限公司分部	201803210001	政新花园51#		古墩路政新花园	2018-03-21 00:00			1
3	Sub001-001	201601210001	公司测试点			2017-09-12 10:48			2
4	Sub001-001	212321111222	Mongo	NB	3dsfds	2017-09-14 19:31			2
5	Sub001-001	201711110001	生产测试点			2017-12-14 00:32			3
6	上海比诺信息科技有限公司	201801190001	SmartONE水质分析仪		深圳盐田水务所监测点	2018-01-25 00:00			4
7	厦门宇能科技有限公司	000000000002	YN4212演示柜			2018-03-09 17:42			5
8	Sub001-001	223434233332	MAT001	MA		2018-03-01 00:00			5

图 3-21　设备信息管理

• 设备字段管理

包括字段名、OPC 标识名、字段描述、单位、表达式、告警、上限值、下限值、排序。详细列出字段信息，且实时显示告警状态。输入关键字可查询相关信息，支持刷新、新增、编辑、删除、全部删除、另存模板、导入模板功能，方便用户操作。

设备字段管理支持时段告警配置列表。包括星期、开始时间、结束时间、告警上限值、告警下限值及排序，用于描述一段时间的告警情况。支持新增时段告警、编辑时段告警、删除时段告警按钮，方便用户操作。设备字段管理界面如图 3-22 所示。

• 字段模板管理

支持对各设备字段模板进行管理（如流量计 2017、蓝典水质分析仪、000、YUL、MA001、MA002），字段包括字段名、OPC 标识名、字段描述、单位、表达式、告警、上限值、下限值、排序。支持新增、编辑、删除、删除模板按键，方便用户修改操作。字段模板管理界面如图 3-23 所示。

	字段名	OPC标识名	字段描述	单位	表达式	告警	上限值	下限值	排序
1	F1		电压	V	HexToDouble4(E2+E1)		280	160	1
2	F2		电流	A	HexToDouble4(E4+E3)		2	0	2
3	F3		有功功率	KW	HexToDouble4(E6+E5)		1	0	3
4	F4		功率因素		HexToDouble4(E8+E7)		1	0	4
5	F6		频率	Hz	HexToDouble4(E10+E9)		60	40	6
6	F7		总有功电量	kW·h	HexToDouble4(E12+E11)		10000	0	7
7	F8		温度	℃	((HexToInt2(M7)-400)/16.0)-20		35	0	8

图 3-22　设备字段管理界面

请输入要查询关键字，并按回车
流量计2017
蓝典水质分析仪
000
YUL
MA001
MA002

新增　编辑　删除　删除模板

	字段名	OPC标识名	字段描述	单位	表达式	告警	上限值	下限值	排序
1	F1		余氯		HexToInt2(E1)/1000.0		2	0	1
2	F2		总氯		HexToInt2(E2)/1000.0		2	0	2
3	F3		PH值		HexToInt2(E4)/1000.0		8.5	6.5	3
4	F4	ER	温度		HexToInt2(E6)/100.0*9/5+32		95	41	4
5	F5		浊度		HexToInt2(E7)/1000.0		1	0	5
6	I1	NB9	电导		HexToInt2(E8)		1000	100	6
7	F6		压力		HexToInt2(E9)/1000.0		10	0	7
8	I2		流量		HexToInt2(E10)		14416	0	8
9	F7		NTC电导		HexToInt2(E12)/10.0		0	0	9

图 3-23　字段模板管理界面

（5）参数配置

包括远程参数配置、远程透传命令、设备参数配置、参数模板管理。

• 远程参数配置

远程参数配置列表包括：设备名称、日志类型、日志名称、记录时间、日志信息，详细列出远程参数配置的相关信息。远程配置管理还包括：读取实时数据、读取终端参数、读取模拟量参数、读取寄存器参数、自动刷新、读取历史数据、配置终端参数、配置模拟量参数、配置寄存器参数、清除日志信息按钮，便于用户远程配置管理。远程参数配置如图 3-24 所示。

• 远程透传命令

输入透传数据，支持 ASCII 码及 16 进制数据两种模式进行发送。

• 设备参数配置

点击左侧任一设备，显示该设备的详细参数配置信息。列表内容包括：设备、类别、代码、名称、值、单位、排序等信息。支持查询、设备参数值、另存模板、导入模板功能选项。设备参数配置如图 3-25 所示。

远程配置管理

读取实时数据　读取终端参数　读取模拟量参数　读取寄存器参数　自动刷新

读取历史数据　配置终端参数　配置模拟量参数　配置寄存器参数　清除日志信息

	设备名称	日志类型	日志名称	记录时间	日志信息
1	YN4212演示柜	接收	主动上报历史或触发数据	2018-03-13 08:42:19	采集时间：【2018年03月13日08时36分】；电压：221；电流：0；有功功率：0；
2	YN4212演示柜	接收	主动上报历史或触发数据	2018-03-13 08:42:22	采集时间：【2018年03月13日08时37分】；电压：220.9；电流：0；有功功率：0
3	YN4212演示柜	接收	主动上报历史或触发数据	2018-03-13 08:42:25	采集时间：【2018年03月13日08时41分】；电压：220.3；电流：0；有功功率：0
4	YN4212演示柜	接收	主动上报历史或触发数据	2018-03-13 08:44:07	采集时间：【2018年03月13日08时42分】；电压：220.3；电流：0；有功功率：0
5	YN4212演示柜	接收	应答请求的实时数据	2018-03-13 08:42:20	采集时间：【2018年03月13日08时42分】；电压：220.3；电流：0；有功功率：0
6	YN4212演示柜	接收	主动上报历史或触发数据	2018-03-13 08:44:10	采集时间：【2018年03月13日08时43分】；电压：212.5；电流：0；有功功率：0
7	YN4212演示柜	接收	主动上报历史或触发数据	2018-03-13 08:46:08	采集时间：【2018年03月13日08时44分】；电压：212.5；电流：0；有功功率：0
8	YN4212演示柜	接收	主动上报历史或触发数据	2018-03-13 08:46:10	采集时间：【2018年03月13日08时45分】；电压：212.3；电流：0；有功功率：0
9	YN4212演示柜	接收	主动上报历史或触发数据	2018-03-13 08:48:08	采集时间：【2018年03月13日08时46分】；电压：212.3；电流：0；有功功率：0
10	YN4212演示柜	接收	主动上报历史或触发数据	2018-03-13 08:48:10	采集时间：【2018年03月13日08时47分】；电压：211.8；电流：0；有功功率：0
11	YN4212演示柜	接收	主动上报历史或触发数据	2018-03-13 08:50:20	采集时间：【2018年03月13日08时48分】；电压：211.6；电流：0；有功功率：0
12	YN4212演示柜	接收	主动上报历史或触发数据	2018-03-13 08:50:22	采集时间：【2018年03月13日08时49分】；电压：211.6；电流：0；有功功率：0
13	YN4212演示柜	接收	主动上报历史或触发数据	2018-03-13 08:52:09	采集时间：【2018年03月13日08时50分】；电压：219.8；电流：0；有功功率：0

第 1 页 / 共 19 页　50　检索到 942 条记录，显示 第 1 条 - 第 50 条，查询耗时 23 毫秒

图 3-24　远程参数配置

请输入要查询关键字，并按回车

YN4212演示柜
浙江省
叶长煌测试点
Sub001-001
公司测试点
Mongo
生产测试点
MAT001
杭州黑驰马自动化科技有限公司
Sub002-001
杭州黑驰马自动化科技有限公司
政新花园51#
上海比诺信息科技有限公司
SmartONE水质分析仪

查询　设置参数值　另存模板　导入模板

	设备	类别	代码	名称	值
1	YN4212演示柜	RTU终端配置参数	IP	IP地址	114.115.136.216
2	YN4212演示柜	RTU终端配置参数	PORT	端口	6688
3	YN4212演示柜	RTU终端配置参数	TIME	时间	2018-03-12 22:18:52
4	YN4212演示柜	RTU终端配置参数	SPITV	上报周期（分）	2
5	YN4212演示柜	RTU终端配置参数	TPITV	采集周期（分）	1
6	YN4212演示柜	RTU终端配置参数	OHRT	心跳周期（秒）	60
7	YN4212演示柜	RTU终端配置参数	COM1	串口1参数	9600,N,8,1
8	YN4212演示柜	RTU终端配置参数	COM2	串口2参数	9600,N,8,1
9	YN4212演示柜	RTU终端配置参数	DI	开关量参数	0
10	YN4212演示柜	RTU终端配置参数	RELAY	继电器控制	00
11	YN4212演示柜	RTU终端配置参数	RST	复位	RST
12	YN4212演示柜	模拟量参数	AI1	模拟量1参数	400,2000,500,1800
13	YN4212演示柜	模拟量参数	AI2	模拟量2参数	400,2000,500,1800
14	YN4212演示柜	模拟量参数	AI3	模拟量3参数	400,2000,500,1800
15	YN4212演示柜	模拟量参数	AI4	模拟量4参数	400,2000,500,1800
16	YN4212演示柜	模拟量参数	AI5	模拟量5参数	400,2000,500,1800

图 3-25　设备参数配置

• 参数模板管理

支持关键字搜索，展示该设备的参数模板管理的类别、代码、名称、参数值等相关列表信息。参数模板管理如图 3-26 所示。

（6）公共信息

公共信息包括行业新闻、通知公告。

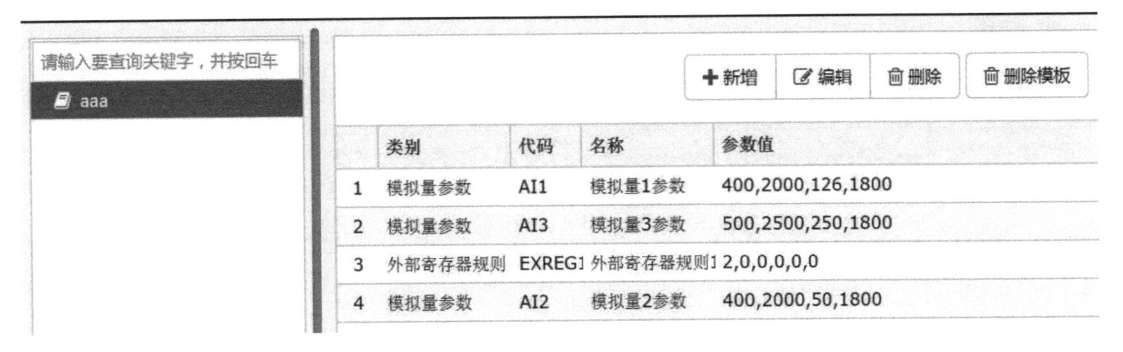

图 3-26　参数模板管理

• 行业新闻

支持行业新闻进行编辑、新增、删除、刷新等操作。编辑好的文章将会在主页左下角显示，点击对应标题即可查看新闻内容。当新增的内容多时，可支持关键字搜索。

（7）权限管理

包括单位管理、用户管理。

• 单位管理

可选择单位名称/外文名称/中文名称/负责人等进行关键字检索，获取相关信息。列表内容包括：单位名称、单位分类、单位性质、负责人、经营范围及备注等信息，可详细查看单位的相关内容。支持刷新、新增、编辑、删除项，方便用户对信息进行修改。单位管理界面如图 3-27 所示。

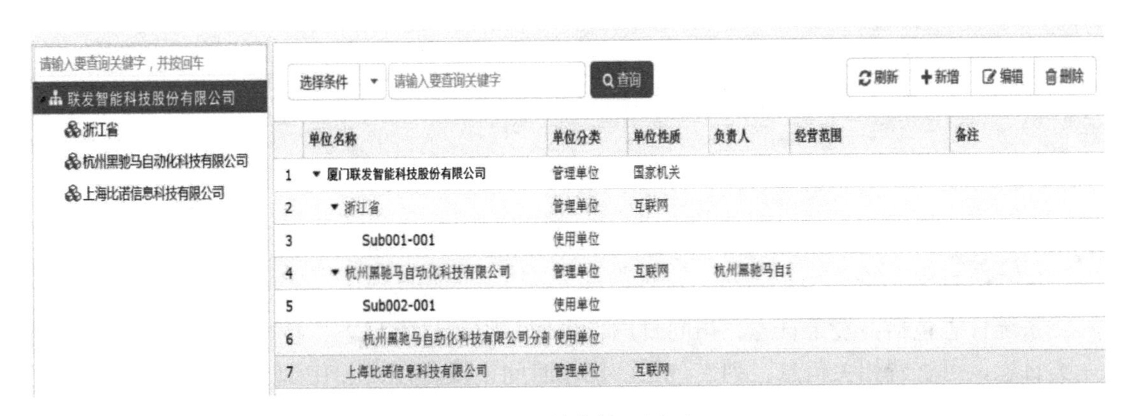

图 3-27　单位管理界面

• 用户管理

用户管理即登录用户的信息管理。可查询到账户、姓名、性别、手机、单位、状态、备注等信息。另外，通过选择条件：账户、姓名、手机等，输入相关关键字，可获取到相应信息。支持刷新、新增、编辑、删除、重置密码、用户权限设置、访问过滤（IP 过滤、时段过滤）以及更多（导出 Excel、禁用账户、启用账户）等操作。用户管理界面如图 3-28 所示。

（8）系统管理

包括通用字典、系统日志、系统功能、快速开发。

图 3-28　用户管理界面

• 通用字典

字典分类包括：信息管理、地图管理、系统管理、客户关系、流程管理。点击其中一个下拉列表的字典数据，即可查看列表信息：项目名、项目值、简拼、排序、默认、有效、备注等。支持刷新、新增、编辑、删除、详细、字典分类，可对列表进行编辑修改等操作。通用字典如图 3-29 所示。

图 3-29　通用字典

• 系统日志

系统日志包括：登录日志、访问日志、操作日志、异常日志、授权日志。点击其中的一类日志，可查看相关信息。列表包括：操作时间、操作用户、IP 地址、IP 地址所属地、系统功能、操作类型、执行结果、执行结果描述，可清晰获取到日志信息。

左上角还设置了查询功能，可点击本日/本周/本月/本年查看指定时段信息。右上角的刷新、清空、导出功能按键可提供操作，很方便。系统日志如图 3-30 所示。

• 系统功能

对系统模块进行模块化管理。包括监测信息、统计分析、信息查询、设备管理、参数配置、公共信息、权限管理、系统管理。

通过输入查询关键字，即可查询相关数据。通过刷新、新增、编辑、删除等按钮对列表进行操作。系统功能如图 3-31 所示。

• 通知公告

与行业新闻功能类似，通知公告可点击右上角进行编辑、新增、删除、刷新等。编辑

登录日志

访问日志

操作日志

异常日志

授权日志

查询条件 2018-03-01 至 2018-03-27 本日 本周 本月 本年 刷新 清空 导出

	操作时间	操作用户	IP地址	IP地址所属地	系统功能	操作类型	执行结果	执行结果描述
1	2018-03-27 09:25:23	hzhc	115.204.164.207	浙江省杭州市 电信	物联网云服务平台	登录	成功	登录成功
2	2018-03-27 08:56:42	System	192.168.56.1	本地局域网	四联物联网云服务平台	登录	成功	登录成功
3	2018-03-27 08:41:30	System	110.87.106.27	福建省厦门市思明区 电信	物联网云服务平台	登录	成功	登录成功
4	2018-03-26 17:35:26	System	110.87.106.27		物联网云服务平台	退出	成功	退出系统
5	2018-03-26 15:35:54	System	110.87.106.27	福建省厦门市思明区 电信	物联网云服务平台	登录	成功	登录成功
6	2018-03-26 15:35:52	System	110.87.106.27		物联网云服务平台	退出	成功	退出系统
7	2018-03-26 15:26:00	System	110.87.106.27	福建省厦门市思明区 电信	物联网云服务平台	登录	成功	登录成功
8	2018-03-26 15:14:32	hzhc	115.204.164.207	浙江省杭州市 电信	物联网云服务平台	登录	成功	登录成功
9	2018-03-26 14:56:08	bn	117.136.52.215	湖北省武汉市 移动	物联网云服务平台	登录	成功	登录成功
10	2018-03-26 14:48:09	hzhc	115.204.164.207	浙江省杭州市 电信	物联网云服务平台	登录	成功	登录成功
11	2018-03-26 13:24:38	hzhc	115.204.164.207	浙江省杭州市 电信	物联网云服务平台	登录	成功	登录成功
12	2018-03-26 11:38:55	System	110.87.106.27	福建省厦门市思明区 电信	物联网云服务平台	登录	成功	登录成功
13	2018-03-26 11:28:58	System	110.87.107.58	福建省厦门市思明区 电信	物联网云服务平台	登录	成功	登录成功
14	2018-03-26 11:22:58	System	110.87.107.58	福建省厦门市思明区 电信	物联网云服务平台	登录	成功	登录成功
15	2018-03-26 10:52:39	hzhc	110.87.107.58	福建省厦门市思明区 电信	物联网云服务平台	登录	成功	登录成功

图 3-30 系统日志

	编号	名称	地址	目标	菜单	展开	公共	有效	描述
1	HistoryDataQuery	历史数据查询	/LeakageQuery/HistoryData/Index	iframe					
2	CommLogQuery	通信日志查询	/LeakageQuery/CommLog/Index	iframe					
3	WarnLogQuery	告警信息查询	/LeakageQuery/WarnLog/Index	iframe					
4	HexLog	调试日志查询	/LeakageQuery/HexLog/Index	iframe					

图 3-31 系统功能

好的内容将会在主页右下角显示，点击标题即可查看通知公告内容。当新增的内容多时，支持关键字快速搜索。通知公告如图 3-32 所示。

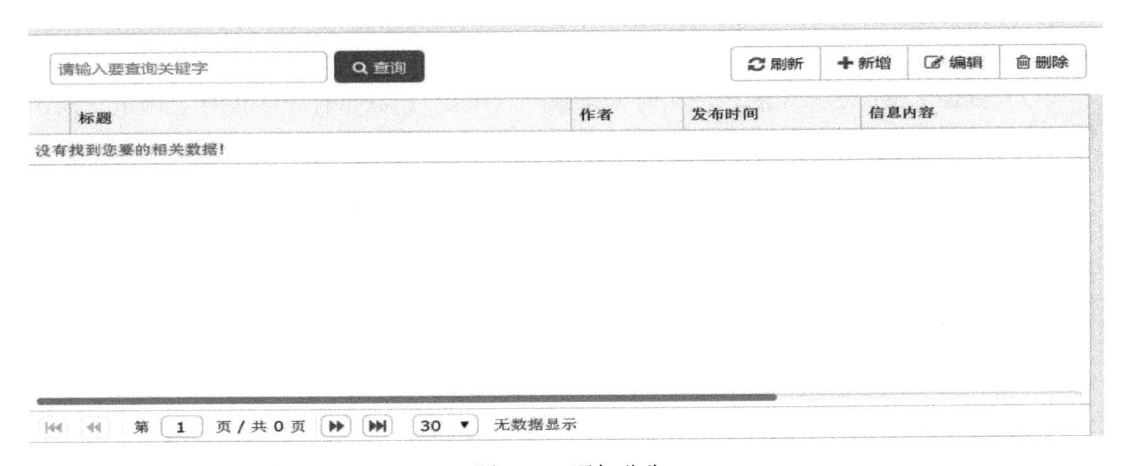

图 3-32 通知公告

• 快速开发

快速开发包括：单表开发模板（A）和主从表开发模板（B），点击开发按钮，可通过在线代码生成器自动创建代码。快速开发如图 3-33 所示。

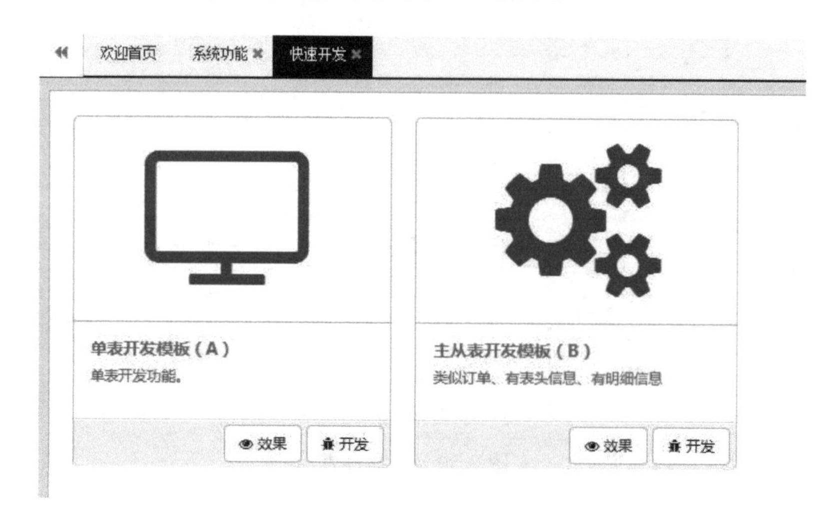

图 3-33 快速开发

3.1.4 系统特点

（1）系统采用 B/S 和 C/S 相结合模式设计；

（2）系统支持定时主动上报、事件告警主动上报、定时问询、即时召测；

（3）支持远程设置现场测点水位警戒线值、雨强等级报警，并支持接收水位报警信息，弹出报警信息提示、声音提示，并向相关部门指定人员发出报警通知；

（4）系统软件支持 SQL 数据库，可存储不少于三年的各种历史数据，数据存储时间可调；

（5）软件具备良好扩展性、兼容性和开放性，可为系统后期扩展升级、向其他相关平台系统提供数据共享服务提供规范性接口；

（6）数据感知：视频（图像）、流量计、水位计、雨量筒实时监控现场水位、降雨量、流速、流量视频等数据；

（7）数据上报：水文遥测终端实时采集视频（图像）、流量计、水位计、雨量筒输出信号，并遵循水文通信规约将监测数据上报；

（8）数据传输：监测数据通过 GPRS、CDMA、4G、NB-IoT 或者北斗卫星传送给“省/市水文监测预警平台”；

（9）数据应用：监测软件平台实时显示、存储各监测点数据，并及时分析、发布预警信息。

3.1.5 应用效果

应用效果如图 3-34 所示。

图 3-34　应用效果

3.2　大坝安全监测系统

3.2.1　应用场景

水库作为我国工程体系的重要组成部分，具有防洪、供水、蓄电、灌溉、生态等综合功能，是调控水资源时空分布、优化水资源配置、防治水害以及保护生态环境等重要工程措施之一，是江河防洪体系不可替代的重要组成部分。

3.2.2　需求分析

20 世纪 50～70 年代，我国水利工程建设快速发展，成为世界上水库数量最多的国家，现有的 9.3 万座水库，大部分建于该时期。但限于当时的技术水平和经济条件，许多水库的质量和建设水平都不是太高，大部分是小型坝，基本上都已是超期服役。且在此后几十年的运行中，由于缺少必需的维护经费，水库病险的数量过半，达 4 万多座。从 1954 年有溃坝记录以来，全国共发生溃坝水库 3515 座，其中小型水库占 98.8%。而且大多数水库管理人员缺乏现代水库管理知识，技术素质不够高，远不适应在市场经济下对水库管理的经营管理需求。水库安全管理观念落后，缺少战略研究，没有一套完整的技术和规范，缺少对中、小型水库管理和安全进行指导，也没有建立起相应流域的水库安全管理系统，中小水库安全监测水平还比较低。

鉴于这些小水库数量多、地处偏远，管理人员缺乏现代水库管理知识。若是单靠人员定时巡检，一方面需要大量的人力和资金的投入；另一方面，时效性低，很难有效地掌握到水库的安全状况。因此，需要有一种具有远程自动监测的系统来协助高效工作。

3.2.3 系统组成

1. 站点布置

1）布置示意图

站点布置示意图如图 3-35 所示。

(a)

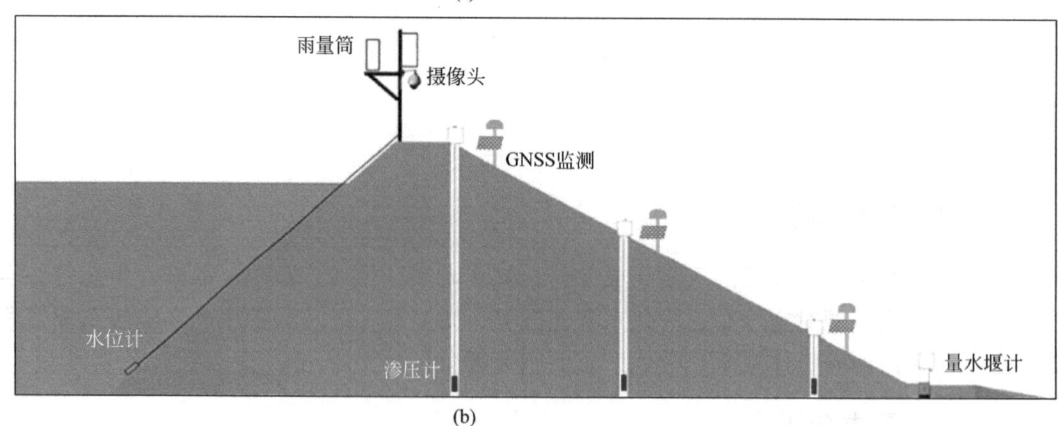

(b)

图 3-35 站点布置示意图

2）布点原则

（1）变形监测

表面变形监测点宜采用断面形式布置。断面分为垂直坝轴线方向的监测横断面和平行坝轴线方向的监测纵断面。

对坝高超过30m且下游影响较大的土石坝，或坝高超过50m且下游影响大的混凝土坝、砌石坝，应设置表面变形观测设施。其他小型水库，根据规范要求，结合本地实际，积极推进落实大坝变形观测设施设置。

土石坝以表面垂直位移观测为主，混凝土坝、砌石坝以表面水平位移观测为主。宜在坝顶下游侧设置一个变形观测纵断面，对土石坝必要时可增设一个横断面。

监测横断面间距，当坝轴线长度小于300m时，宜取20～50m；坝轴线长度大于300m时，宜取50～100m。

应在纵横监测断面交点部位布设监测点，对V形河谷中的高坝和坝基地形变化陡峻坝段，靠近两岸部位的纵向测点应适当加密。

基准点布设因避开以下位置：

① 站址应选在基础坚实稳定，易于长期保存，并有利于安全作业的地方，年平均下沉和位移小于3mm；

② 站址与周围大功率无线电发射源（如电视台、电台、微波站、通信基站、变电所等）的距离应大于200m；与高压输电线、微波通道的距离应大于100m；

③ 相关基准点相对稳定区域，底面以下基准以基岩为主；

④ 站址视场内高度角大于10°的障碍物遮挡角累积不应超过30°；

⑤ 站址应避开地质构造不稳定区域，如断层破碎带，易于发生滑坡、沉陷等局部变形的地点（如采矿区、油气开采区、地下水漏斗沉降区等），地下水位变化较大的地点。通过全区域的选择，基准点设置在左岸边坡基岩处。

（2）坝体渗流压力监测

渗流压力监测横断面根据工程规模、坝型坝高、下游影响等情况设置，一般要求如下：

① 小（1）型水库大坝应设置1～3个横断面，一般设置在最大坝高和渗流隐患坝段，对坝长超过500m的根据需要增加监测断面；

② 小（2）型水库坝高15m以上的应设置1个监测横断面，坝高15m以下影响较大的根据需要设置监测断面。

③ 渗流压力监测点设置一般要求如下：

a. 每个横断面一般设置2～3个监测点；

b. 土石坝中均质坝、心墙坝、斜墙坝监测点一般设置在坝顶下游侧或心（斜）墙下游侧、坝脚或排水体前缘，必要时在下游坝坡增设1个监测点；

c. 混凝土坝及砌石坝根据廊道、帷幕和渗流情况设置扬压力监测点；

d. 面板堆石坝如需设置应根据情况确定；

e. 下游水位或近坝地下水位监测点根据需要设置；

f. 存在明显绕坝渗漏的，根据需要设置绕坝渗流量或渗流压力监测点；

g. 渗流压力宜采用在测压管中安装渗压计的方式进行监测；

h. 监测仪器安装前应进行检验测试，并符合《大坝安全监测仪器检验测试规程》SL 530—2012；安装埋设应符合《大坝安全监测仪器安装标准》SL 531—2012，做好测点标识、安装位置、仪器参数、初始读数等记录，及时填写考证表。

坝体渗流压力测点布置：

坝体监测横断面宜选在最大坝高处、合龙段、地形地质条件复杂坝段、坝体与穿坝建筑物接触部位、已建大坝渗流异常部位等，一般不应少于3个监测断面。

监测横断面上的测线布置，应根据坝型结构、断面大小和渗流场特征布设，不宜少于3条监测线。

均质坝的上游坝体、下游排水体前缘各1条，其间部位至少1条。

斜墙（或面板）坝的斜墙下游侧底部、排水体前缘和其间部位各1条。

宽塑性心墙坝，心墙体内可设1～2条，心墙下游侧和排水体前缘各1条。窄塑性、刚性心墙坝或防渗墙，心墙体外上下游侧各1条，排水体前缘1条，必要时可在心墙体轴线处设1条。

监测线上的测点布置，应根据坝高、填筑材料、防渗结构、渗流场特征，并考虑能通过流网分析确定浸润线位置，沿不同高程布点。

坝基渗流压力测点布置：

监测横断面布置，应根据坝基岩土特性、地质结构及其渗透性确定，断面不宜少于3个，应与坝体渗流压力监测断面结合布置。坝基若有防渗体，可在横断面之间防渗体前后增设测点。

监测横断面上的测点布置，应根据建筑物地下轮廓形状、坝基地质结构、防渗和排水形式等确定，每个断面不宜少于3个测点。

均质透水坝基，除渗流出口内侧应设1个测点外，其余视坝型而定。有铺盖的均质坝、斜墙坝和心墙坝，应在铺盖末端底部设1个测点，其余部位适当布设测点。有截渗墙（槽）的心墙坝、斜墙坝，应在墙（槽）的上下游侧各设1个测点；当墙（槽）偏上游坝踵时，可仅在下游侧设点。有刚性防渗墙与塑性心（斜）墙相接时，可在结合部适当增设测点。

层状透水坝基，宜在强透水层中布置测点，位置宜在横断面的中下游段和渗流出口附近。当有减压井（或减压沟）等坝基排水设施时，还需在其上下游侧和井间布设适量测点。

岩石坝基，当有贯穿上下游的断层、破碎带或其他透水带时，应沿其走向，在与坝体的接触面、截渗墙（槽）的上下游侧，或深层所需监视的部位布置2～3个测点。

绕坝渗流压力测点布置：

应根据左右两坝肩结构、水文地质条件布设，宜沿流线方向或渗流较集中的透水层（带）布设1～2个监测断面，每个断面上布设3～4条监测线（含渗流出口）。

坝体与刚性建筑物接合部的绕渗监测，应在接触轮廓线的控制处设置监测线，沿接触面不同高程布设测点。

在岸坡防渗齿槽和灌浆帷幕的上、下游侧应各设1个测点。

（3）渗流量监测

当下游有渗漏水出逸时，应在下游坝趾附近设导渗沟（可分区、分段设置），在导渗沟出口或排水沟内设量水堰测其出逸（明流）流量。

由于乔及沟水库没有渗出明流，所以本次建设不包括渗流量监测点。

3）系统组成（系统功能）

根据《土石坝安全监测技术规范》SL 551—2012中总则1.0.4可知，大坝安全监测方法包括巡视检查和用仪器进行监测，仪器监测应与巡视检查相结合。

从除险加固施工期到运行期，大坝及其附属建筑物均应定期进行巡视检查。

根据本项目小型水库实际情况，本系统采用分层分布开放式结构，运行方式为分散控制方式。整个系统由采集层（包括渗压计、GNSS监测站、雨量计、水位计、摄像机）、传输层（集线设备和通信设备等）和应用层（主要由平台软件组成），平台可将采集存储的数据按协议和频次要求推送至省级平台和相关业务平台。

4）总体框架（系统构成）

大坝安全监测设施总体架构分为3层：

水库感知层。水库现地建设的安全监测，主要由信息采集设备、各类传感器、供电设备及通信设备组成。小型水库现地采集内容包括坝体渗流压力、大坝变形、库区雨量、库水位、视频监控等。

数据传输。安全监测数据测控单元通过数据专线把安全监测数据传到大通县水利局云平台。

大坝安全监测数据接入。进行数据接入、整编。

总体架构图如图3-36所示。

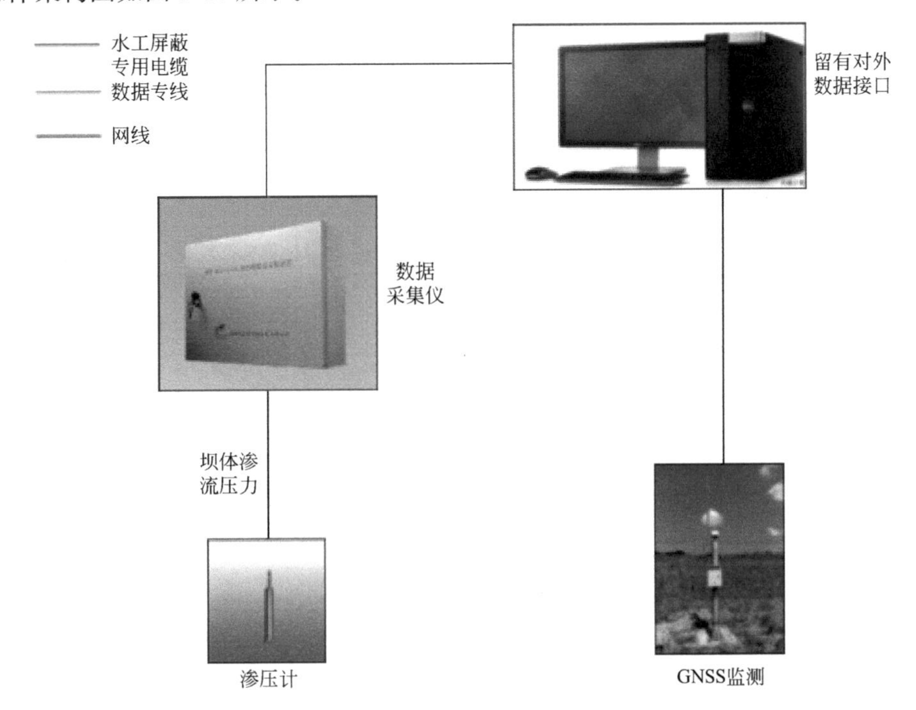

图3-36　总体架构图

5）安全监测设计

（1）GNSS变形监测

变形监测系统由数据采集单元、数据通信单元、数据处理与分析单元、辅助单元四部分组成。

数据采集单元：即位移监测单元。

数据通信单元：串口服务器。

数据处理与分析单元：包含数据自动化采集模块、精密解算模块，实现自动接收并处理工作站系统采集的数据。

辅助单元：包括供电、避雷、综合布线等。

(2) 坝体渗流压力监测

坝体渗流压力自动监测站由渗压计、数据采集单元、供电系统、防雷设施、通信模块等组成。坝体渗流压力自动监测系统结构图如图 3-37 所示。

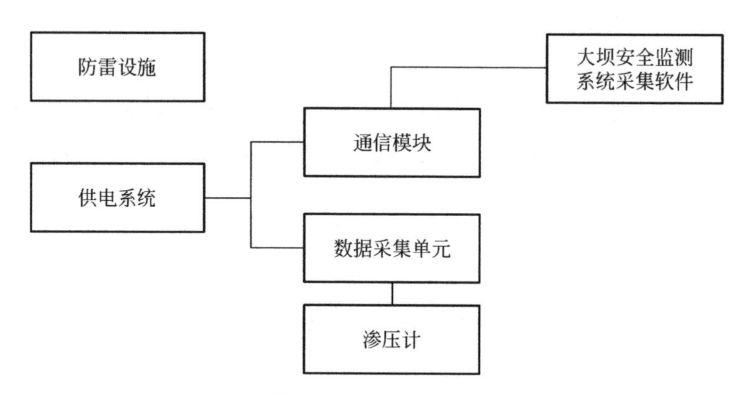

图 3-37 坝体渗流压力自动监测系统结构图

2. 系统拓扑图

大坝安全监测系统分层图如图 3-38 所示。

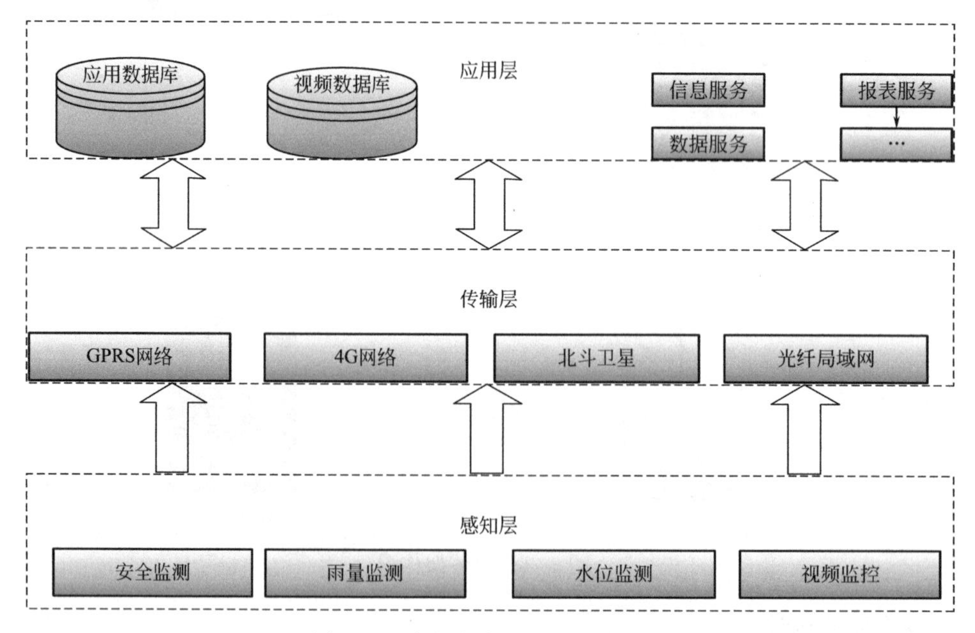

图 3-38 大坝安全监测系统分层图

3. 硬件系统

1) 设备选型及参数要求

(1) 变形监测

目前变形监测设备有 3 种方式：

① 针对直线混凝土坝型，电容感应式引张线法（自动化法）；

② 坝后安装全自动全站仪，定时扫描基准点，精度可达1mm，阴雨天无法观测；

③ 基于通信卫星的自动GPS位移监测。

在大坝安全监测系统中，通常采用GNSS变形监测系统实现水库位移自动化监测。地表位移监测GNSS监测仪是高精度3频段七星GNSS在线监测仪，用于常规野外自动化监测。地表位移监测GNSS监测仪接收机为7频段高精度的RTK系统，采用北斗导航、GPS、GLONASS，三大卫星导航系统定位，可以提供毫米级的位移量。系统采用模块化设计，可根据用户的需求或者使用环境，来选择相应的配置（电台、Wi-Fi、差分传输方式，3G、4G通信模块等）。

GNSS变形监测系统具有以下优势：全天候、不间断的三维高精度测量；无需通视、量程大，可进行大范围监测；全系统实时、自动化，实现无人值守；产品寿命长，工作地域广；可利用太阳能等供电方式；成本相对较低等优势。

GNSS变形监测设备主要技术参数如下：

a. 操作系统：采用Linux系统。

b. 网络：4G全网通。

c. BT：双模蓝牙模块，BT2.1＋EDR，BT3.0，BT4.1；内置天线，典型距离，Q/NFDH2-20175.5。

d. Wi-Fi：支持热点和客户端，2.4GHz，IEEE802.11b/g/n；内置天线。

e. 电台：传输距离8km。

f. GNSS：440通道；未经滤波、未平滑的伪距测量数据，用于低噪声、低多路径误差、低时域相关性和高动态响应；噪声极低的GNSS载波相位测量，1Hz带宽内的精度＜1mm。

g. BDS（北斗）：同步B1、B2、B3；GPS，同步L1C/A、L2C、L2E、L5。

h. GLONASS：同步L1C/A、L1P、L2C/A（仅限GLONASSM）、L2P。

i. GALILEO：同步E5a/E5b/Eb/E2-L1-E1频率；SBAS，同步L1C/A、L5应用成熟的低仰角跟踪技术，支持多种卫星导航系统；智能动态灵敏度定位技术，适应各种环境的变幻，适应更加恶劣、更远距离的定位环境；稳定的长距离RTK解算能力，支持数据流传输加密，保障数据的安全；采用Linux操作系统，支持二次开发，可直接接收主板的原始数据，增加自定义功能；支持远程网页进行参数设置、接收机、接收机主板重新启动，支持远程升级。

j. 初始化时间小于10s。

k. 可靠性＞77.7％。

l. 定位精度：单点定位；平面，3.0m；高程，5.0m（1σ，PDOP$\leqslant$3）。

m. 静态精度测量：平面，±2.5mm＋0.5ppm；高程，±5mm＋0.5ppm。

n. 动态精度测量：平面，±8mm＋1ppm；高程，±15mm＋1ppm。

o. 数据格式：通过RJ45、串口、4G、Wi-Fi、蓝牙通信方式选择输出的数据类型和数据格式，数据格式满足星历数据、NMEA0183、RTCMSC104、SIC、OPENSIC数据流，且输出间隔可以更改；支持输出原始观测数据、SIC观测数据、差分修正数据、RINEX2.0\3.X、RTCM3.X输出方式可用过网口、串口、4G，并自定义每条数据流输出间隔，输出间隔应包括 1s \ 5s \ 10s \ 15s \ 30s。

p. 内存：8G 高速内存（最大支持 64G），采用 eMMC 存储，稳定可靠。

q. 定位输出：1Hz、2Hz、5Hz。

（2）坝体渗流压力监测

渗流压力监测设备包括测压管和渗压计，目前主流渗压计为差阻式渗压计和振弦式渗压计。本次水库主要采用自动化监测设备，故对两种渗压计进行比选分析。

① 差阻式渗压计

差阻式渗压计的优点：a. 仪器长期稳定性、耐久性好；b. 仪器核心元件为钢丝，输出（基本）信号为电阻；c. 产品已系列化，相对价格较低，具备实现自动化监测的条件。

差阻式渗压计的不足之处：a. 灵敏度低；b. 输出信号为电阻，易受接长电缆影响；c. 差阻式传感器及其接线绝缘电阻要求高。传感器在制造中不仅要求其具有 50MΩ 以上的绝缘性，接线质量（芯线焊接）及其绝缘要求也高，一旦绝缘失效极易造成传感器失效。

② 振弦式渗压计

振弦式渗压计的优点：a. 仪器长期稳定性、耐久性好；b. 仪器灵敏度高；c. 输出信号为频率，抗干扰能力强，基本不受接长电缆影响，且绝缘性要求相对较低；d. 产品已系列化，相对价格较低，且国内外均具备实现自动化监测的条件，仅国内可供选择的较成熟的自动化数据采集设备生产厂家就有近十家。

振弦式渗压计的不足之处：a. 地线采用浮空结构形式的传感器，抗雷击性能较低；b. 相对而言，抗冲击性能差，尤其是相对高灵敏度仪器。

振弦式渗压计主要技术指标要求如下：

测量范围，0～0.7MPa；

分辨率，≤0.05%FS；

精度，直线≤0.5%FS；

精度，0.1%FS；

温度测量范围，－20～60℃；

温度测量精度，±0.5℃；

绝缘电阻，≥50MΩ。

综合差阻式渗压计和振弦式渗压计优缺点，振弦式渗压计相对而言监测稳定、灵敏度高且技术成熟，本次水库渗流压力监测建议采用振弦式渗压计。

2）设备配置清单

变形监测系统主要由 GNSS 接收机、天线保护罩、外场机柜、强制对中器、数据传输模块、GNSS 观测墩、供电系统、防雷系统等设备组成。

坝体渗流压力监测系统主要由渗压计、测压管钻孔、测压管、自动化数据采集仪 MCU、防雷系统、辅材等设备组成。

3）设备安装方案

（1）变形监测

GNSS 施工方案如下：

a. 选定点位，协调场地，土建基础开挖尺寸为 1800mm×1800mm×1500mm，基础埋深在水库所在地区最大冻深之下，地面上露出200mm制模浇筑水泥平台，使用水平尺保证基础水平，混凝土强度等级为C20以上。

b. 基础内预制钢筋地笼，钢筋地笼主筋为直径16mm的镀锌螺纹杆，辅筋为直径12mm的螺纹杆焊接而成。

c. 立杆采用法兰盘式的镀锌钢管，立杆是直径165mm、壁厚3.5mm、高3000mm的镀锌钢管，立杆、法兰盘均反复多次喷塑白色油漆，焊处需做好防锈处理，从立杆伸出支臂内走线。GNSS安装效果图如图3-39所示。

图3-39　GNSS安装效果图

（2）渗流压力监测

渗压计安装工艺为：钻孔直径宜采用直径110mm，在50m深度内的钻孔倾斜度不应大于3°，不允许泥浆护壁。应测记初见水位及温度水位，描述各土（岩）层岩性，提出钻孔岩芯柱状图。

应先在孔底填约20cm厚的反滤料，然后将测压管逐根对接下孔内。待测压管全部下入孔内后，应在测压管与孔壁间回填反滤料至设计高程。对黏质壤土或砂质壤土可用细砂作反滤料；对砂砾石层可用细砂-粗砂的混合料。反滤层以上用膨胀土泥球封孔，泥球应由直径5～10mm的不同粒径组成，应风干，不宜日晒或烘烤，封孔厚度不宜小于4.0m。

在岩体内钻孔埋设测压管，花管周围宜用粗砂或细砾料作反滤料，导管段宜用水泥砂浆或水泥膨润土浆封孔回填，反滤料与封孔料之间可用20cm厚细砂过渡。

测压管封孔回填完成后，应向孔内注水进行灵敏度试验，应在地下水位较为稳定时进行。试验前先测定管中水位，然后向管内注水。若进水段周围为壤土料，注水量相当于每米测压管容积的3～5倍；若为砂砾料，则为5～10倍。注入后不断观测水位，直至恢复到或接近注水前的水位。对于黏质壤土，注入水位在120h内降至原水位为合格；对于砂质壤土，24h内降至原水位为合格；对于砂砾土，1～2h降至原水位或注水后升高不到3～5m为合格。检验合格后，安装管口保护装置。渗压计管口保护装置效果图如图3-40所示。

图3-40　渗压计管口保护装置效果图

(3) 监测系统供电

乔及沟水库大坝安全监测设施从大坝安全监测自动化测控单元敷设电源线到水库管理房，接出交流电，进行交流转换直流给测控单元和GNSS供电。

(4) 防雷与接地

① 防雷地网接地电阻要求小于10Ω，全部新建接地体，防止感应雷；

② 防雷地网的埋设按查勘选定位置确定，埋设时尽量选择低洼、潮湿的地方；

③ 防雷地网所有连接点必须用电焊机焊接牢固，并在焊接处刷沥青漆或银粉漆，以达到防腐效果；

④ 地网埋设时应在基础处预留一节扁铁，用作立杆与地网连接使用。

(5) 电缆线焊接接长

焊接前用万用表测量传感器芯线间电阻数值并记录。其中红黑芯线电阻通常为180±10Ω；绿白芯线电阻在室温25℃时应为3kΩ左右；红黑线对绿白线以及对屏蔽线（裸线）间绝缘电阻应>50MΩ（测量绝缘电阻应使用100V直流兆欧表，万用表测量电阻时应为∞）。

焊接前将电缆端部剥除外皮，长度约8cm，露出芯线，在剩余电缆外皮部位用砂布或砂纸打毛，长度约为3cm。电缆外面套ϕ12mm热缩套管（长度约14cm）。用剥线钳将芯线剥除0.5～0.8cm芯线外皮，芯线上套ϕ2mm热缩套管。芯线对应颜色对接并拧在一起后，用电烙铁焊锡。焊锡过程应避免虚焊并去除毛刺。5根芯线均需焊接，焊接时注意：①将各个芯线接头错开；②保证各芯线长度一致，以保证电缆受拉时，各芯线能均匀受力。焊接结束后，裸露芯线长度大约为7cm。将ϕ2mm热缩套管推至芯线接头部位，用热风枪将热缩套管热缩于接头部位。最后将ϕ12mm热缩套管推至电缆接头部位，用热风枪将热缩套管热缩于接头部位。ϕ12mm热缩套管每端均应压在传感器电缆外皮3cm左右。使用热风枪吹热缩套管时应控制温度，必须使热缩套管内部的热熔胶融化呈透明、流动状态，完全充满接头内部。温度过高，会使芯线外皮融化，造成芯线短路，也会造成热缩套管碳化变脆。芯线焊接工作结束后，必须用读数仪进行读数测量检查，并使用万用表测量各芯线间电缆电阻情况，避免因焊接工作造成接头部位芯线短路、断路情况。电缆焊接图如图3-41所示。

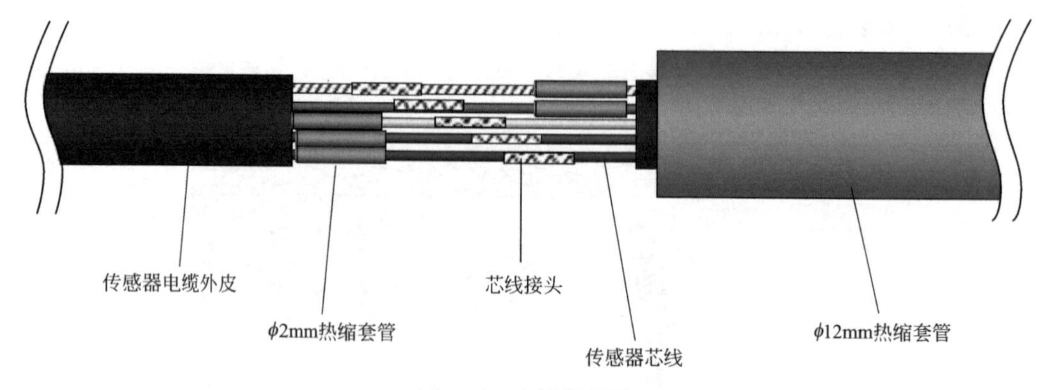

图3-41 电缆焊接图

(6) MCU箱安装

根据水库现场情况，乔及沟水库采取挂壁式安装。MCU箱采用喷塑轧钢，IP55防水。

4. 软件系统

（1）通信与采集

① 可以灵活设置各种测量方式、测量参数，方便获得各种测量数据、进行模块故障诊断。如通过快捷采集窗口进行数据采集、通过数据采集向导进行数据采集、通过定制任务进行数据采集、通过布置图使用部分采集功能等。

② 支持多通信路径的路由通信方式。支持多个通信路径到达测量模块的连接方式，系统会自动找到可以连通模块的通信线路，为进行高可靠测量提供解决方案。

③ 多协议模块组网。新老测量模块采用的通信协议不同，但可以共存在一个测量系统中，便于系统的扩充。

④ 轻松配置和添加系统中使用的测量仪器和测量模块，轻松扩充系统，支持分布式远程采集控制。通过简单的设置就可以构造多个采集计算机的复杂分布式测量系统。单个系统可以容纳最多254个采集计算机，系统中的其他计算机可以自动找到提供采集服务的计算机进行远程采集。

⑤ 采用通用远程数据采集协议，可以集成支持此协议的大坝及工程监测系统。

⑥ 支持IEC104电力远动通信控制协议，可实现大坝系统和电力自动化系统的通信。

⑦ 数据采集过程中，可以及时进行数据检验，并对越限数据进行报警。发生报警情况时，可以按用户定制的报警方案进行报警。可定制的报警方式有闪现、鸣叫、语音、手机短信、电子邮件等。

（2）数据管理

① 人工录入监测数据。

② 将其他监测数据导入本系统数据库，包括从数据库、Excel、文本文件导入数据。

③ 监测成果计算，包括固定换算公式、自定义公式（用户为某成果选择自定义算法，自行输入计算表达式）、查表计算、相关点计算、应变计组计算。

④ 监测成果检验评判，及时发现异常结果。

⑤ 监测数据和成果的查阅、保存、编辑、删除、备份和还原；监测成果的误差处理和整编。

⑥ 监测数据转换成Excel等通用格式。

（3）报表制作

① 可以定制各种复杂报表（整编规范报表、用户自定义报表、通用报表等）；可制作年、季、月、旬、周、日报表，支持定制的同时提供多种水工规范报表模板，快速生成各种规范报表。

② 可以输出单点测值、多点测值和相对取值，取值方式丰富，提供数百种取值方式。

③ 表格输出功能可提供测点测值数据记录、测点测值输出为列等灵活多变的输出格式，快速输出表格数据。

④ 通用报表能够方便输出固定格式报表，满足日常工作需要。

（4）图形制作

① 监测数据分析图形的绘制：包括过程线图、布置图、分布图、等值线图、相关图等，各种图形都可随意定制。例如，通过定制布置图功能模块操作，可设置布置图背景，

可在布置图上放置测点和采集模块的热点对象，可在布置图上直接创建测点、采集模块或DAU箱，可修改热点对象图标，可为图中的测点对象添加标签提示等。

② 设置和生成简便快捷，可供选用的外观风格丰富。

③ 图形模板输出显示，有多种方式可供选择，如自动适应页面、设定比例、设定尺寸、页面方式等。

④ 图形坐标的范围、比例可根据绘图数据自动确定，也可手动设定和更改。

⑤ 支持图形无级缩放和拖拽操作。

⑥ 具有多种可供选用的线条线型、数据点标记，字体、颜色等可设置。

（5）文档管理

① 大坝安全册管理。

② 人工巡查记录及评判结果管理。

③ 设计、施工、运行的文件、图纸、报告及其他图文声像资料管理。

（6）系统维护

① 快速检查浏览系统问题。快速发现系统安全报警、测量通信等问题。创建自动化任务。把日常许多重复的事务组织在一起，定制成自动任务交付执行，减轻日常工作负担。测量数据备份、恢复系统数据，备份、恢复系统架构信息。能及时将系统恢复到正确的设置状态，还能轻松实现系统的功能添加、扩充。

② 查阅和维护系统运行日志。

③ 具有用户管理功能，拒绝非法使用者，用户操作权限的划分丰富、细致。

（7）多工程集中管理

① 工程管理。系统提供工程管理设置界面，可简单、快捷地添加、修改或删除所属的多个子工程系统。

② 单点登录。用户只需登录一次，即可访问各子工程应用系统，无需重新登录各子工程应用系统。

③ 流域导航地图。使用导航图可快速定位、导航至各子工程系统或子工程系统的布置图，可在导航图中显示各子工程系统的关键监测点的数据信息。

④ 综合报表。将子工程系统的监测数据综合输出一张报表中，可制作年、月、日报表，制作简便、快捷。

⑤ 综合监控输出。综合输出各子工程的集成告警信息（测值异常告警、模块异常告警、测值缺失告警等），综合实时监视各多个子工程系统的重点测值信息。

（8）Web应用

DSIMS5.0系统Web应用可同时支持单工程和多工程应用。

基于.Net平台的DSIMS4.0大坝安全信息管理网络系统的Web应用与Windows应用具备功能上的一致性，除通信和采集、图形和报表的定制（但Web应用可以展示由windows版定制的任何图形和报表）外，其余上述功能都能出现在DSIMS4.0的Web应用中。其主要功能如下：

① 测点管理。各种分类目录浏览、基本信息查看、最新测值、历史测值、测点过程线。

② 图形报表。过程线、布置图、等值线、分布图（年、月、日、季、周、旬）、相关

图、表格输出、报表（年、月、日、季、周、旬）、通用报表的实施展示。

③ 系统信息。测点报警信息、NDA 通信异常信息、人工巡查记录、测值过滤设置、系统设置信息。

④ 工程管理。工程资料、公告通知、工程介绍、友情链接。

⑤ 用户管理。用户管理、用户信息、班组与管理。

⑥ 多工程综合导航。流域导航、热点导航、工程导航。

⑦ 多工程综合报表。年报表、月报表、日报表。

⑧ 多工程综合文档。文档管理、文档上传下载、文档目录管理。

3.2.4　系统特点

（1）系统采用 B/S 和 C/S 相结合模式设计；

（2）视频支持多要素数据叠加，实时更新功能；

（3）系统支持 4G/光纤传输，支持北斗卫星对接传输，多种通信方式；

（4）系统支持浏览器访问系统、电子地图可视化界面显示；

（5）系统支持定时主动上报＋事件告警主动上报；

（6）软件模块化设计，主要包括工程概况、实时在线监测、综合监测、视频监测、数据采集、统计分析及系统管理等模块；

（7）系统软件支持 SQL 数据库，可存储不少于十年的各种历史数据，数据存储间隔可设置。

3.2.5　应用效果

大坝安全监测效果图如图 3-42 所示。

图 3-42　大坝安全监测效果图

3.3 库区视频监控

3.3.1 布设原则

（1）采取就近监控的原则，视频监视点的空间位置应尽量与水雨情监测设备合并统一建站，方便施工、供电和后期维护；

（2）视频监视点建设应尽量兼顾监控水库大坝、大坝上游、大坝下游、上游入库流量站附件、溢洪道（泄洪洞、闸门）、输水洞、水尺、管理站房等位置；

（3）水库视频监视点通常设置在大坝两端以及靠近溢洪道（泄洪洞）等水工建筑物附近。

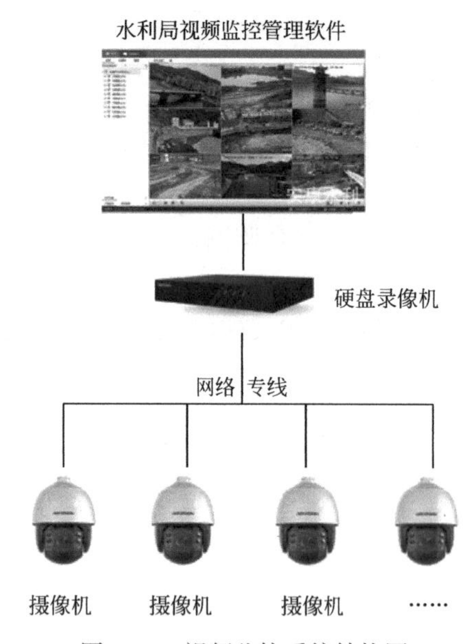

图 3-43 视频监控系统结构图

3.3.2 系统结构

采用一台智能球机监控整个大坝，摄像机可同时观看蓄水区、背水坡、溢洪道的全景，也可通过球机查看坝体的细节。

视频监视系统由三个部分组成：前端监控设备、网络传输和软件应用。

（1）前端监控设备：主要功能是对影像信号的采集，包括摄像机、云台、防护罩、视频编码器、避雷设施、安装支架和基础设施等。

（2）网络传输：网线、无线网桥、租用专线。

（3）软件应用：是整个系统的控制、图像显示、图像录像中心，包括监视显示器、流媒体服务器、存储设备等。视频监控系统结构图如图 3-43 所示。

3.3.3 系统功能

基于人工智能图像识别技术，通过深度学习算法，通过对视频监视中出现的特定场景、行为进行自动提取、定位和分析，自动识别前端视频流数据中的场景和违法违章内容，如人员非法侵入、非法游泳等。及时进行智能化预警、整治指令自动外呼发送，提高人工监管效率及成本。对水边滞留人员特征、滞留事件、行为特性进行智能判断、历史案件自动匹配调取。

（1）人员预警

人员预警是指针对重要监测设备、危险水域安全进行的监控。当人员穿越安全警戒线时，智能摄像机实现主动报警；同时，系统可以通过前端喇叭实现语音报警。

（2）违法游泳监控

在游泳高发区沿岸布置智能分析摄像机，当有人员穿越虚拟警戒线即可主动报警，同时系统可以通过前端喇叭实现语音报警，进行提前规劝离开，防止发生意外事故。

（3）非法垂钓

在禁止垂钓区域布置智能球机，根据人员垂钓特征：对于特定区域内逗留、徘徊的人进行分析，当目标超过设定的时间，系统会对疑似垂钓行为进行报警。

（4）库区内工程车识别

识别半拖车、吊车、货柜车、搅拌车、密斗货车、平板货车、全拖车、砂石车、推土机、挖掘机、压路机、一般货车、装载机等工程车和货车，车辆进入水库管理范围内，自动识别并发出警报。识别示意图如图 3-44 所示。

图 3-44　识别示意图

（5）人员非法闯入识别

指定管理范围区域，监控范围内的外部人员，自动识别人体。一旦发现有人跨过指定区域，就实时发出预警，现场发出语音警报。

3.3.4　视频监控软件功能

（1）远程图像传输：系统采用标准的 TCP/IP 协议，可应用在局域网、广域网和无线网络之上。提供 RJ-45 以太网接口，可直接接入无线网络、局域网交换机或者 Hub 上；同时，设备可任意设置网关，完全支持跨网段、有路由器的远程视频监控环境。监控中心的授权用户可通过 IE 浏览器监控远程现场。

（2）多画面监视：系统具有在同一客户终端上同时监视四路、八路或者十六路前端图像的功能。用户点击某一路图像时，可放大实时监控。

（3）多画面轮巡：监控用户可将监控现场在特定的时间间隔内按顺序轮流切换，也可在一个图像框内轮巡显示全部的摄像机画面。画面切换间隔时间可灵活设置，画面间隔时间可调节。

（4）录像与回放：采用分布式存储管理技术，实现存储的层次化、网络化，具有计划、联动、手动等多种录像方式，录像检索和回放方便快捷。

（5）并发视频直播：支持单播/组播/多播，多画面远程实时监控，具有分组轮跳功能。

（6）可扩展性：系统设计可以根据需要扩展视频监控点。

3.3.5　设备选型及参数要求

1）智能球形摄像机

（1）传感器类型，1/2.8″CMOS；

（2）像素，400万；最大分辨率，2560×1440；

（3）最低照度：彩色，0.005lux@F1.6；黑白，0.0005lux@F1.6；最大补光距离，100m（白外）；

（4）镜头焦距，4.8～154mm；

（5）光学变倍，32倍；可视域功能，支持；

（6）周界防范：支持绊线入侵、支持区域入侵、支持滞留检测、支持人车分类报警；

（7）水利监测：支持水位标尺识别、支持水位超出上下限报警、支持水位数据定时推送、支持水面漂浮物检测，统计规则区域内堆积的漂浮物面积，超过阀值报警；

（8）防抖功能，电子防抖；

（9）透雾功能，电子透雾；

（10）音频输入：1路（LINE IN；3.5mmJACK头）；1路（LINE IN；裸线）；

（11）音频输出：1路（LINE OUT；3.5mmJACK头）；1路（LINE OUT；裸线）；

（12）报警接口，2进1出；

（13）语音对讲，支持；

（14）报警输入：2路，开关量输入（0～5VDC）；

（15）供电方式，DC12V/3A±10%；

（16）接口类型，RJ45接口。

2）硬盘录像机

（1）接入路数，16路；

（2）分辨率，12MP、8MP、6MP、5MP、4MP、3MP、1080P、1.3MP、720P、D1；

（3）多路回放，1、4、9、16分割；

（4）解码能力，16个1080P（30fps）；

（5）硬盘接口：4个，SATA3.0，单盘最大10T；

（6）支持IPv4、IPv6、HTTP、UPnP、NTP、SADP、SNMP、PPPoE、DNS、FTP、ONVIF（支持2.4版本）网络协议；

（7）支持VGA1/HDMI1同源输出、VGA2/HDMI2同源输出、VGA1/HDMI1和VGA2/HDMI2两组之间支持异源输出；

（8）支持IPC复合音频1路输入，支持语音对讲2路输出，支持PC通过NVR与网络摄像机进行语音对讲；

（9）支持3个USB接口1个前置USB2.0接口、2个后置USB3.0接口；

（10）支持2个千兆以太网口，支持2个不同段IP地址的IPC设备接入，支持将双网口设置同一个IP地址，实现数据链路冗余；

（11）支持按时间、按事件等多种方式进行录像的检索、回放、备份，支持图片本地回放与查询；

（12）支持SmartIPC接入、绊线入侵、区域入侵、场景变化、移动侦测、人脸检测、物品遗留和物品搬移时，可给出报警/联动/上传；

（13）支持人脸检测、人脸识别，系统将检测到的人脸与联动人脸库中的人脸图片进行匹配，当匹配相似度达到时，可给出报警提示。

3）无线网桥

（1）电源模块接口，1×POE RJ45（IN：220V，OUT：24V/0.5A）、1×LAN RJ45（100Mbps）；

（2）无线标准，IEEE802.11a/n；

（3）网络协议：TCP；ARP；ICMP；DHCP；NTP；UDP；HTTP；

（4）可传输视频路数，不小于4路200万像素；

（5）空口速率，300Mbps；

（6）工作频率：5.1G，5180～5320MHz；5.8G，5745～5825MHz；

（7）传输距离，小于3km；

（8）工作温度，－30～70℃；

（9）防护等级，室外防水。

3.3.6　设备安装方案

1）安装工艺

（1）所有配管（包括金属软管）、线槽、接线盒、底盒、连接头等一切配件及材料符合现行国家标准的规定；

（2）所有管道安装必须保持整齐，在一个相同的基准内施工，应与墙身及相邻的管道保持平行或垂直；在同一平面之相同区间内，所有管道必须保持高度一致；

（3）从接线盒、线槽等处引到设备端子的线路均应加金属软管保护；

（4）摄像机安装要牢固，不得侵入限界；

（5）钢管沿墙或顶棚安装时采用金属码固定，固定间距为1.5m，在转弯的地方弯头的两边要加金属码固定；在进箱、盒也要加金属码固定；

（6）配电箱到低压配电箱采用BV10mm电源线缆，配电箱到摄像机采用3×1.5电源电缆；

（7）电缆敷设后留一定的余留便于以后的维修。

2）安装方案

（1）采集设备安装

① 摄像机选择安装监测目标附近不易受外界损伤的地方，安装位置不影响现场设备运行和人员正常活动。安装的高度根据现场环境要求确定，室内宜距地面3.5～5m；室外应距地面6.5～10m。

② 摄像机镜头应避免强光直射，保证摄像管靶面不受损伤；镜头视场内，不得有遮挡监视目标的物体。

③ 摄像机镜头应从光源方向对准监视目标，并应避免逆光安装；当需要逆光安装时，应降低监视区域的对比度。

（2）视频安装杆体

采用L形安装杆体，杆体采用圆锥形，活动式，内焊接地以及防盗链，杆体整体采用热镀锌，灰色喷塑，并需在每个杆体上打上铭牌（铭牌内容由业主单位确定）。

（3）布线说明

可采用IPC作为前端采集，原则上杆体上不挂载机柜，考虑到传输距离对视频信号的衰减影响，铺设线路超过200m，需添加信号放大器或者直接选用杆体挂载机柜，采用光纤布设到杆体机柜。线路布设原则采用信号传输线和云台控制线与视频电源线单独布设，电源线缆在监控室设置总开关，通过 UPS 电源，以对整个监控系统直接控制。一般情况下，电源线按交流 220V 布线，在摄像机端再经适配器转换成直流 12V。云台控制线采用 2 芯屏蔽通信电缆（RVVP）或 3 类双绞线，UTP 线芯截面积为 0.3～0.5mm^2。机房布线原则符合《数据中心设计规范》GB 50174—2017 和《音视频、信息技术和通信技术设备 第 1 部分：安全要求》GB 4943.1—2022。

（4）其他说明

对于其他实施，按《安全防范工程技术标准》GB 50348—2018、《民用闭路监视电视系统工程技术规范》GB 50198—2011、《视频安防监控系统技术要求》GA/T 367—2001 的相关规定严格施工，软硬件设备的功能、性能、接口、结构符合国家的相关标准。

3）防雷与接地

监控系统的防雷措施主要有加装避雷器（或避雷针）和接地两种。

对于安装于室外的传感器，一般通过加装光电隔离设备来防止雷电感应对监控系统造成的伤害。对于直击雷和感应雷（从信号线、电源线等感应雷电，以及由于直击雷引起的地线间的跨步电压），需采取以下防雷措施：

（1）装设避雷器（或避雷针）。

避雷针要安装于水泥杆上。避雷针须对设备有足够的保护范围，且其接地电阻不大于 4Ω；下引线接头需采用焊接方式以保证连接可靠。

① 避雷针采用直径为 25～40mm 的铜棒或镀锌圆钢制作，长度大于 200mm，一端修磨成尖端，镀上导电性能良好的合金，如锡等。

② 对雷击区和易遭受雷击的山区、丘陵地带，应对电源线、馈线、控制线等部分采取适当的防雷措施，如装设小型真空避雷器、充放电管等，以防止由于雷电诱导故障对设备的损坏。

（2）设备机房敷设接地母线，各设备接地端以最短距离与接地母线连接。

（3）监控系统的交流电源输入端采取滤波、隔离、浪涌吸收等消雷措施。

（4）严格强电和弱电分开敷设的原则，而且较长的信号线应采用屏蔽电缆，同时两端采用滤波、隔离等避雷措施。

4）视频存储

视频资料要求至少保存 30d。在管理所配置网络硬盘录像机 NVR 对数据进行存储。

存储容量：按照 1080P 图像每路 4Mbps 码流计算，图像压缩格式采用 H.265，1080P 格式码流为 4M/s。按实际使用中硬盘的利用率一般为 95%。

具体存储容量计算如下：（汇总计算）

按照每个摄像头每秒存储 4M 计算，3 路，存储 30d 计算。3 路×4Mb/s×3600s×24h×30d/8/1024/1024/0.95≈3.9TB。可配置 1 块容量为 8T 的企业级硬盘。

5）网络传输

根据系统对通信需求进行了分析，拟定了通信体系的设计原则：

（1）稳定性。通信体系主体技术要使用稳定、成熟的通信方式。

（2）抗灾性。部分重要站点，在灾害发生时也需要能保证数据的采集及传输，要求通信网络有一定的抗灾性。

第4章　净水厂水处理系统

4.1　配水井

4.1.1　配水井的作用

配水井在市政给水中的作用是分配原水，在污水处理中通常设置在沉砂池之后。生物处理系统前。其作用是收集污水，减少流量变化给处理系统带来冲击。污水经过沉砂池后，首先流到配水井，达到一定容量后，将污水均匀分配给下一级构筑物进行处理。配水井现场图如图4-1所示。

图4-1　配水井现场图

4.1.2　配水井的设计原则

（1）确定水力停留时间，一般按照10min考虑；

（2）按照流量公式计算体积，一般多5%的加无效面积；

（3）再根据厂高程布置和配水管的规格及进水水位、出水水位；

（4）溢流一般按照100%的进水量设计，如果水厂分两期建设，配水井也要按照两期的土建量计算；

（5）配水井常规流程运行时，原水不经过两侧的接触池，需要投加粉末活性炭或远期投加臭氧时，则原水经由两侧的接触池走预处理流程。原水发生微污染（COD_{Mn}>5mg/L

或NH_4>1mg/L，TN<1mg/L）或原水藻密度>1×10^7个/L时，投加高锰酸钾和粉末活性炭。

4.1.3 配水井的自动化设计

（1）本单体设置1套浊度计检测原水度，1套pH计检测原水pH值，4套液计分别检测前后液位，1套电磁流量计检测原水的流量，1套电磁流量计检测回用水的流量，仪表信号引至配水井PLC。

（2）本单体设备设置就地手动及远程控制，电动蝶阀采用一体式，可由本体上按钮操作开关网，同时控制及状态信号上传至PLC，实现PLC对其的返程监控；回转式格栅除污机可由现场控制箱手动按钮操作，同时可通过PLC根据格栅前后的液位差或设定时间周期控制其自动运行及实现与输送机的联动。

（3）本单体设置一面PLC箱及UPS，PLC箱内设PLC、彩色触摸屏及交换机，采集和显示本单体设备的运行状态和有关仪表信号同时控制有关设备的自动运行。本单体PLC控制系统作为一个现场控制站，通过光纤交换机及光纤接入厂区计算机控制管理系统实现数据通信及远程监控。

（4）流量计、电力仪表等通过MODBUS通信的设备，通过MODBUS总线接入PLC，读取累积流量等数据。

4.1.4 配水井实施应用

（1）家庭供水：可以将配水井安装在家庭院内，根据家庭用水需求选定合适的配水井容量和加药方式，确保家庭用水的稳定、安全和卫生。

（2）学校和企事业单位供水：可以将配水井安装在学校、医院、企事业单位等场所，根据用水量和水质要求选定合适的设备规格和工艺流程，满足供水要求。

（3）城市供水：可以将多个配水井组合成一个配水系统，通过集中控制管理，向城市居民供应清洁饮用水。

（4）工业用水：可以将配水井作为工业生产用水的前置处理设备，通过设置不同级别的过滤装置、混凝沉淀池等工艺单元，降低水中悬浮物和微生物的含量，提高水质。

以上就是配水井的应用范围。在实际应用中，还需要根据当地的水质特点、用水需求、环境保护要求等综合因素进行选择和设计。

4.2 沉淀池

4.2.1 折板絮凝沉淀池

1. 折板絮凝沉淀池的作用

折板絮凝池是运用折板缩放或转弯造成的边界层分离现象所产生的附壁紊流耗能方式，水流在絮凝池内沿程保持横向均匀，纵向分散地输入微量而足够的能量，有效提高了絮凝体沉降性能。这种池型对原水水量和水质变化的适应性较强，停留时间较短，并可相应节约絮凝剂剂量。折板絮凝沉淀池现场图如图4-2所示。

图 4-2　折板絮凝沉淀池现场图

2. 折板絮凝沉淀池的设计

（1）絮凝时间为 12～20min。

（2）絮凝过程中的速度应逐段降低，分段数不宜少于三段，各段的流速可分别为：

第一段：0.25～0.35m/s；

第二段：0.15～0.25m/s；

第三段：0.10～0.15m/s。

（3）折板夹角采用 90°～120°。

（4）第三段宜采用直板。

（5）絮凝沉淀池首次进水时，必须严格控制絮凝区进水流量，保持水位缓慢上升，防止折板前后水位差大于 0.2m。

（6）混合池停留时间约 38s，用于投加絮凝剂。

3. 折板絮凝沉淀池的工艺

折板絮凝沉淀池的工艺流程具有结构简单、操作方便、处理效果稳定等优点，广泛应用于工业废水和生活污水的处理中。

（1）水进入折板区：水首先进入折板区，在这里通过折板的作用使水流速度减慢。由于惯性作用，水中的较大颗粒物开始受到沉积力的影响向底部沉降。

（2）加入絮凝剂：将适量的絮凝剂加入水中，通过化学反应使得水中的悬浮颗粒物和可溶性有机物聚集在一起形成絮凝体，增加其质量并使其向底部沉降。

（3）沉淀池区：水进入宽敞的沉淀池区，继续沉淀，越来越多的悬浮颗粒物和絮凝体会沉淀到底部。

（4）出水口：清澈的水从沉淀池的上层流出，经过过滤或消毒等后再次使用或排放到环境中。

4. 折板絮凝沉淀池的自动化设计

（1）本单体设置一套 PLC 控制系统，实现对本单体内电气设备的监测与控制，并采集有关仪表信号，PLC 控制系统通过以太网接入厂区计算机控制管理系统。

（2）本单体在设置 2 套浊度仪、用于检测沉后水浊度；设置 2 套流动电流仪，用于检测 SCD 信号，仪表信号引至 PLC 控制柜。

（3）本单体设置 2 套水下刮泥机，水下刮泥机自成一套独立控制系统，由工艺设备生产厂家配套提供。控制系统应满足工艺专业要求，系统控制柜及控制柜至动力设备和仪表等电缆及保护钢管、仪表均由厂家配套供应；控制柜内设 PLC 控制系统及彩色触摸屏，PLC 应配置以太网通信接口，通过以太网接入 PLC 控制柜内光纤交换机，实现对水下刮泥机所有设备的监控。

（4）本单体设置 4 套设备现场控制箱，分别负责控制 4 套潜水搅拌器，设备控制均设置就地手动及自动控制两种控制方式；设备的监控信号引至 PLC 控制柜，可于控制柜手动按钮操作及 PLC 远程控制。

（5）本单体设置一套采暖设备，采暖设备为成套设备，自成一套独立的系统；系统控制柜、系统内所有仪表、控制柜至现场设备和仪表等电缆及保护钢管均由厂家配套供应并安装；本设计仅考虑其传电电源及通信网络；采暖设备采用空气源热泵，每组空气源热泵机组均集成独立控制系统，通过现场总线接入主控柜系统，主控柜设于反沉池，主控柜内设主控制系统，并应配置以太网通信接口，通过以太网接入反沉池 PLC 控制柜内光纤交换机，实现对采暖装置所有设备的自动监控及仪表信号采集。

5. 折板絮凝沉淀池实施应用

工业废水处理：可将折板絮凝沉淀池作为工业废水处理系统的前置处理设备，对废水先进行初步的筛选、去除杂质和颗粒物等工艺，提高后续处理效果。

生活污水处理：可以将折板絮凝沉淀池安装在生活污水处理厂中，对生活污水进行预处理，去除悬浮颗粒物、分离固液等工艺，减轻后续处理负担。

污水回用：通过适当加药等处理措施，可将经过折板絮凝沉淀池处理后的污水再次利用，例如用于灌溉、冷却循环水等。

农业用水：折板絮凝沉淀池还可以应用于畜牧养殖和农田灌溉等场景，通过去除水中大颗粒物和悬浮物，保护农田和水源的安全和健康。

生活用水：在自来水厂的水质净化过程中，絮凝反应是一个十分重要的环节，它的完善程度直接影响沉淀和过滤的效果。絮凝反应设备主要有水力搅拌式和机械搅拌式两大类。折板絮凝池是水力搅拌式高效絮凝装置的一种，能较好地适应原水浊度变化和低温低浊的条件。

以上就是折板絮凝沉淀池的应用范围。在实际应用中，还需要根据不同水源的水质、用途和要求等综合因素进行选择和设计，以达到最佳的处理效果。

4.2.2 平流式沉淀池

1. 平流式沉淀池的作用

平流式沉淀池由进（出）水口、水流部分和污泥斗四个部分组成。池体平面为矩形，进出口分别设在池子的两端，进口一般采用淹没进水孔，水由进水渠通过均匀分布的进水孔流入池体，进水孔后设有挡板，使水流均匀地分布在整个池宽的横断面；出口多采用溢流堰，以保证沉淀后的澄清水可沿池宽均匀地流入出水渠。堰前设浮渣槽和挡板以截留水面浮渣；水流部分是池的主体，池宽和池深要保证水流沿池的过水断面布水均匀，依设计流速缓慢而稳定地流过；污泥斗用来积聚沉淀下来的污泥，多设在池前部的池底以下，斗底有排泥管，定期排泥。平流式沉淀池现场图如图4-3所示。

图4-3　平流式沉淀池现场图

2. 平流式沉淀池的设计

（1）长宽比以4～5为宜；

（2）长与有效水深比一般采用8～12；

（3）池底纵坡一般采用0.01～0.02，机械刮泥时不小于0.005；

（4）初次沉淀池最大水平流速为7mm/s，二次沉淀池为5mm/s；

（5）非机械刮泥时，缓冲层高度0.5m，机械刮泥时，缓冲层上缘宜高出刮泥板0.3m；

（6）刮泥机行进速度一般为0.6～0.9m/min；

（7）排泥管直径为＞200mm；

（8）入口整流墙的开孔总面积为过水断面的6％～20％；

（9）出水锯齿形三角堰，水面宜位于齿高的1/2处。

3. 平流式沉淀池的工艺

进水口：水通过进水管道进入平流式沉淀池。

混合区：在混合区中，加入适量的絮凝剂和药剂，通过化学反应使得水中的悬浮颗粒物和可溶性有机物聚集在一起形成絮凝体，增加其质量，并使其向下沉降。

沉淀区：水经过混合区后进入宽敞的沉淀区，继续沉淀，越来越多的悬浮颗粒物和絮凝体会沉淀到底部。

出水口：清澈的水从平流式沉淀池的上层流出，经过过滤或消毒等后再次使用或排放到环境中。

与传统的折板沉淀池不同，平流式沉淀池采用了不同的水流动方式，即让水在整个沉淀池中保持相对均匀的流速和方向，这可以有效地提高污水的处理效果和处理能力。

以上就是平流式沉淀池的工艺流程，其结构简单，处理效果稳定，在生活污水和工业废水处理领域中被广泛应用。

4. 平流式沉淀池的自动化设计

（1）本单体设置一套PLC控制系统，实现对本单体内电气设备的监测与控制，并采集有关仪表信号，PLC控制系统通过以太网接入厂区计算机控制管理系统。

（2）本单体在设置2套浊度仪、用于检测沉后水浊度；设置2套流动电流仪，用于检测SCD信号，仪表信号引至PLC控制柜。

（3）本单体设置2套水下刮泥机，水下刮泥机自成一套独立控制系统，由工艺设备生产厂家配套提供。控制系统应满足工艺专业要求，系统控制柜及控制柜至动力设备和仪表等电缆及保护钢管、仪表均由厂家配套供应；控制柜内设PLC控制系统及彩色触摸屏，PLC应配置以太网通信接口，通过以太网接入PLC控制柜内光纤交换机，实现对水下刮泥机所有设备的监控。

（4）本单体设置4套设备现场控制箱，分别负责控制4套潜水搅拌器，设备控制均设置就地手动及自动控制两种控制方式；设备的监控信号引至PLC控制柜，可于控制柜手动按钮操作及PLC远程控制。

5. 平流式沉淀池实施应用

生活污水处理：可以将平流式沉淀池作为生活污水处理系统的核心设备之一，对废水进行预处理、初步去除悬浮颗粒物和有机物等。

工业废水处理：平流式沉淀池也可以被应用于工业废水处理领域，作为预处理设备，通过加入适量的化学药剂，有效地去除水中的悬浮颗粒物和有机物等污染物，提高后续处理效果。

污水回用：通过对经过平流式沉淀池处理的污水进一步过滤、消毒等处理，可以将其再次利用，例如用于灌溉、冷却循环水等。

农业用水：平流式沉淀池还可以被应用于畜牧养殖和农田灌溉等场景，去除较大颗粒物和悬浮物，保护农田和水源的安全与健康。

生活用水：沉淀池应用颗粒或絮体的重方沉淀作用去除水中悬浮物的一种传统水处理构筑物，广泛应用于给水及污水处理工艺流程中。有时作为原水水质较好的单独水处理构筑物，其出水水质即可满足设计要求。

雨水收集：在城市雨水收集系统中，平流式沉淀池可以作为雨水的储存和处理设备，去除水中的污染物，使雨水符合再利用的要求。

以上就是平流式沉淀池的应用范围。在实际应用中，还需要根据不同水源的水质、用途和要求等综合因素进行选择和设计，以达到最佳的处理效果。

4.3 滤池

4.3.1 翻板滤池

1. 翻板滤池的作用

翻板滤池是一种常见的水处理设备，主要用于去除水中的悬浮颗粒物和沉淀物。其作用如下：

过滤在水处理技术中一般是指以石英砂等粒状材料组成的滤料层截留水中的悬浮杂质，从而使水获得澄清的工艺过程。过滤过程主要包含阻力截留筛滤、重力沉降、接触絮凝。其中，最主要的过程是在滤料表面发生的阻力截留过程，通过这一过程截留了水体中绝大部分的悬浮颗粒，通常称为表面过滤。对于细微悬浮物，以发生在滤料深层的重力沉降和接触絮凝为主，称为深层过滤。关于过滤工艺的发展和改善主要围绕的是滤料（包含承托层）的选择，配水系统的改进来进行的。滤池能有效地去除水中细小悬浮物及依附于悬浮物上的病毒、细菌，经过过滤后水浑浊度一般可以降至≤1NTU。因此，滤池在处理饮用水工艺中是较为重要的一个关键环节。翻板滤池工艺原理如图4-4所示。

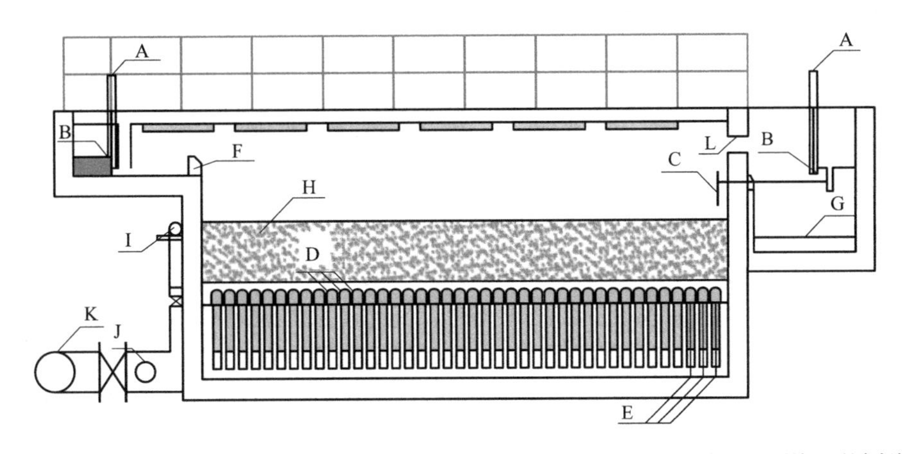

A—翻板阀驱动气缸；B—翻板阀驱动连杆机构；C—翻板阀阀板；D—配气、配水横管；E—配气、配水竖管；F—进水堰；G—排水廊道；H—滤料；I—反冲气管；J—滤后水出水管；K—反冲水管；L—溢流口

图4-4　翻板滤池工艺原理

2. 翻板滤池的设计

（1）过滤：自脉冲澄清池来水通过进水闸后，经配水堰进入滤池，继续向下穿过石英砂滤层、承托层和集水系统进入清水出水渠，最后进入清水池。过滤时，关闭反冲洗排水管、放空管（常闭）、反冲洗进水管和反冲洗进气管上的阀门，开启进水管及出水管上的阀门、滤池进入工作状态。每组滤池在恒定液位下连续工作，滤池中液位计的信号与设定值的比较，出水调节阀可自动调整其开启程度，使滤池整套系统水头损失恒定，从而保持滤池中的水位恒定。

（2）反冲洗：正常的滤池反冲洗是根据时间或滤床堵塞状态自动进行。主控室的操作人员通过计算机也可发出指令进行自动反冲洗。另外在滤池现场控制台通过远程控制阀门的气动执行器也可进行分步操作。滤池冲洗步骤如下：①关闭进水闸门滤池水位降低，当水位降到滤料层上300mm位置时，关闭出水阀门；②二台鼓风机开机，开启反冲洗空气管道上的阀门，气冲约4min；③一台反冲洗水泵开机，开启反冲洗进水阀、变频控制反冲洗水泵出水流量1040m^3/h（根据滤池的大小决定），气水冲约3min；④鼓风机关机，停止气冲，关闭气冲管道上的阀门，再开机二台反冲洗水泵（此时共三台水泵同时工作），进行高速水冲洗约1.75min后，停泵、关闭反冲洗进水阀，闲置20～30s后打开翻板阀排水；⑤排水结束后，关闭翻板阀，三台水泵同时开机，开启反冲洗进水阀，进行第二次水冲洗，高速水冲洗约2.3min，停泵、关闭反冲洗进水阀、闲置约20～30s后打开翻板阀排水；⑥排水结束后，关闭翻板阀，一台反冲洗水泵开机，开启反冲洗进水阀、直至滤池水位达到设定值、停泵、关闭反冲洗进水阀，打开进水闸门及出水阀、过滤重新开始。各步骤的时间可在滤池运行一段时间后根据经验作适当调整，滤池整个反冲洗时间约10～15min。

3. 翻板滤池的工艺

翻板滤池的工作原理与其他类型气水反冲滤池相似，原水通过进水渠经溢流堰均匀流入滤池，水以重力渗透穿过滤料层，并以恒水头过滤后汇入集水室。滤池反冲洗时，先关进水阀门，然后按气冲、气水冲、水冲3个阶段开关相应的阀门。一般重复两次后关闭排水阀，开进水阀门，恢复到正常过滤工况。

根据滤池进水水质与对出水水质要求的不同，可选择单层均质滤料或双层、多层滤料。一般单层均质滤料是采用石英砂（或陶粒）；双层滤料为无烟煤与石英砂或陶粒与石英砂。当滤池进水水质差，原水受到有机微污染。含TOC较高时，可用颗粒活性炭置换无烟煤等滤料。

滤池在进行正常过滤作业时，待滤水穿过滤料层经过面包管顶部和侧面小孔以及底部的大孔进入面包管，然后通过竖向配水连通管流入池底纵向配水配气渠（此时充当出水汇水渠）并流出池外。滤池在进行反冲洗作业时，反冲洗水自池底纵向配水配气渠、竖向配水连通管进入面包管然后通过面包管上各个孔洞散布到滤池的各个角落；滤池在进行空气反洗作业时，压缩空气先进入池底纵向配水配气渠在水渠上部形成气垫层（下气垫层），当气垫层形成到一定厚度时，空气从竖向配气连通管进入面包管，并在面包管上部形成另一个气垫层（上气垫层），当面包管上部气垫层形成到一定厚度时压缩空气就会从面包管两侧的小孔里大量释放到滤料层中，行成气体反冲洗。由于翻板滤池的配气系统有上下两个气垫层，这对缓解气流对配水室的脉动作用造成的液面不平和气量不均，提高布水布气的均匀性有很大好处，从而大大提高反冲洗效率。

4. 翻板滤池的自动化设计

（1）本单体控制室内设置1套公共PLC，监控范围为本单体、废水调节池及清水池；废水调节池控制及反馈信号通过硬接线接入PLC，实现远程监控。采暖设备主控柜控制系统通过以太网接入PLC相内交换机，实现远程监控。

（2）翻板滤池每格滤池上各设1个现场控制单元站，各现场控制单元PLC制作原理完全相同。各现场控制单元通过以太网接入公共PLC控制柜内光纤交换机，PLC控制系统通过以太网接入厂区计算机控制管理系统。

（3）各PLC现场控制单元站均配置一个现场操作终端。

（4）现场单元控制站主要功能：

① 单格滤池控制单元根据滤池的水头损失、时间周期、滤池液位控制滤池的气动进水闸板阀、气动排水阀、反冲洗进气阀、反冲洗进水阀、余气排放阀、池壁冲洗气动阀、初滤水气动阀、出水调节阀的开关完成滤池的过滤过程和反冲洗过程两个阶段；检测每格滤池液位、滤池的运行状态、阀门的全开、全关状态等信号。

② 单格滤池上电后，打开进水闸门，关闭其他所有阀门滤池开始进水，当滤池的液位达到设定液位时，逐步打开出水调节阀；滤池进入过滤阶段，单格滤池控制单元根据滤

池水位，通过 PLC 程序的 PID 指令，调节滤池出水阀的开度以保证滤池恒水位恒速过滤；当滤池运行到设置的反冲洗时间周期、出水浊度偏高、液位超高等状况时，单格滤池将发出申请冲洗的要求，在允许冲洗后滤池进入冲洗阶段；冲洗过程结束后，进行初滤，初滤结束后滤池再次进入过滤阶段。

③ 滤池气水反冲洗阶段由每格滤池控制单元和滤池公共 PLC 站联合完成。滤池要进行反冲洗，一般应满足以下条件之一：滤池的阻塞值达到设定值（可调），过滤周期达到设定值（时间可任意设定）根据需要由操作人员强制启动。当申请冲洗被允许后，该格滤池进入反冲洗阶段。

（5）所有滤池子站，同时只允许一个滤池进行反冲洗。

（6）现场可控设备除了可由操作人员通过就地箱控制外，也可交给 PLC 进行自动控制。现场操作终端作为现场人机接口，操作人员通过对操作终端的按钮的操作，由 PLC 可完成对相关可控设备的控制。操作人员也通过在操作终端上的操作，修改相关参数的设定。

（7）仪表配置：每格滤池设置 1 台超声波液位计、1 台压力变送器滤后水池设置 1 台超声波液位计反冲洗出水总管、鼓风机出气总管及空压机出气总管各设置 1 台压力变送器，反冲洗出水总管及鼓风机出气总管各设置 1 台流量计，滤后水各设置 1 套余氯分析仪、浊度分析仪及电磁流量计；单格滤池 PLC 实现相应液位及压力信号采集；公共 PLC 实现对反冲洗压力及流量信号，鼓风机压力及流量信号，空压机气体压力信号，滤后水池液位信号，滤后水余氯及流量信号采集滤后水采用取样泵进行取样。

5. 翻板滤池实施应用

目前，国内使用的虹吸滤池、普通快滤池及 V 形滤池在反冲洗的水冲洗和漂洗阶段，反冲洗水均通过排水槽溢流堰排走，且为防止滤料的流失反冲强度也限制的较低，这样既不可能把滤池冲洗的很干净又浪费了大量的水、电资源。

由于采用了先进的反冲洗工艺和技术先进的翻板阀，翻板滤池在气冲、气水混合冲、水冲 3 个阶段中翻板阀始终是关闭的，我们可以提高反冲强度，加大滤料的碰撞和反冲水的清洗强度，这样既提高了滤池的反冲效率又避免了滤料的流失同时又使反冲水得到了重复利用减少了反冲水的用量。由于翻板排水阀是在反冲洗结束 20s 后才逐步开启，而且第一排水时段中翻板阀只开启 45°，所以积聚在滤池内的反冲水和悬浮物仅上部的可以排出，而池内的滤料由于相对密度大、沉降速度快，不会流失。所以，翻板滤池是一种节能型滤池。

翻板滤池是目前常规水处理工艺中较先进的过滤工艺，在反冲洗、排水系统、滤料选择等方面具有独特性、灵活性，是今后滤池发展的新方向。其与目前普遍应用的滤池相比，具有构造简单、布置紧凑、施工方便、反冲洗彻底且不流失滤料、处理效果稳定等优点，值得广泛推广运用至各种规模的新建和改扩建净水处理工程项目中。

4.3.2　V 形滤池

1. V 形滤池的作用

V 形滤池是快滤池的一种形式，因为其进水槽形状呈 V 形而得名，也叫均粒滤料滤池（其滤料采用均质滤料，即均粒径滤料）、六阀滤池（各种管路上有六个主要阀门），它是我国于20世纪80年代末从法国Degremont公司引进的技术，V形滤池的主要作用在于过滤自来水，使得水质更好，符合居民生活饮用水标准。V形滤池现场图如图4-5所示。

图4-5 V形滤池现场图

2. V形滤池的工艺

(1) 过滤：待滤水通过气动闸阀经滤池两侧的侧孔进入V形槽，再经槽底部的扫洗孔和V形堰进入滤池。待滤水进入滤池后通过均匀滤料再经长柄滤头流入滤池底部，后经清水出水阀流入清水池。过滤过程中通过清水出水阀的自动调节，完成滤池水位的恒定，保证滤池的等速过滤。

(2) 反冲洗：反冲洗过程除了手动设定滤池的设定液位外，其余步骤全部自动完成。反冲洗过程采用"气冲—气水冲—水冲"的3个步骤。反冲洗前，关闭进水阀，全开清水出水阀，使滤池的水位下降到反冲洗设定的水位。达到设定的水位后关闭清水出水阀，开启反冲排水阀和关闭排气阀。

气冲：打开气冲阀，开启鼓风机，空气通过配气管道进入滤池底部，后经长柄滤头进入滤池滤料，将滤料表面的杂质冲洗下来并悬浮于水中。

气水冲：开启一台反冲洗泵的同时打开反冲进水阀和部分进水阀（大概40%），开始气水冲和扫洗。进一步地剥离滤料表面上的杂质，同时将杂质和滤层分离，用扫洗功能，加强水的横向流动，及时地将带有杂质的污水通过排水槽排出。

水冲：关闭鼓风机和气冲阀，再开一台反冲洗泵，增加反冲洗水量，彻底的将杂质排入排水槽，加强置换污水。

等到水冲时间到，关闭反冲洗泵和反冲进水阀，并排水阀关闭，排气阀开启，进水阀完全开启。当滤池水位上升到设定值时在开启清水出水阀，回到正常的过滤程序。

3. V形滤池的设计

(1) 滤速可达7～20m/h，一般为12.5～15.0m/h。

(2) 采用单层加厚均粒滤料，粒径一般为0.95～1.35mm，允许扩大到0.7～2.0mm，不均匀系数1.2～1.6或1.8之间。

(3) 对于滤速在7～20m/h之间的滤池，其滤层高度在0.95～1.5m之间选用，对于更高的滤速还可相应增加。

(4) 底部采用带长柄滤头底板的排水系统，不设砾石承托层。滤头采用网状布置，约55个/m^2。

（5）反冲洗一般采用气冲、气水同时反冲和水冲三个过程，反冲洗效果好，大大节省反冲洗水量和电耗，气冲强度为50～60m/(h・m)［13～16L/(s・m)］，清水冲洗强度为13～15m/(h・m)［3.6～4.1L/(s・m)］，表面扫洗用原水，一般为5～8m/(h・m)［1.4～2.2L/(s・m)］。

（6）整个滤料层在深度方向的粒径分布基本均匀。在反冲洗过程中滤料层不膨胀，不发生水力分级现象，保证深层截污，滤层含污能力高。

（7）滤层以上的水深一般大于1.2m，反冲洗时水位下降到排水槽顶，水深只有0.5m。

4. V形滤池的自动化设计

（1）V形滤池控制室内设置1套公共PLC，监控范围为V形滤池子站、V形滤池主站及清水池；空压机等设备反馈信号通过硬接线接入PLC，实现远程监控。

（2）V形滤池每格滤池上各设1个PLC控制子站，各现PLC控制子站配置及原理完全相同。各现场PLC控制子站通过以太网接入公共PLC控制柜内光纤交换机，PLC控制系统通过以太网接入厂区计算机控制管理系统。

（3）各PLC现场控制单元站均配置一个现场操作终端（触摸屏HMI）。

（4）现场单元控制站主要功能：

① 单格滤池控制单元根据滤池的水头损失、时间周期、滤池液位控制滤池的气动进水闸板阀、气动排水阀、反冲洗进气阀、反冲洗进水阀、余气排放阀、初滤水气动阀、出水调节阀的开关完成滤池的过滤过程和反冲洗过程两个阶段检测每格滤池液位、滤池的运行状态、阀门的全开、全关状态等信号。

② 单格滤池上电后，打开进水闸门，关闭其他所有阀门滤池开始进水，当滤池的液位达到设定液位时，逐步打开出水调节阀；滤池进入过滤阶段，单格滤池控制单元根据滤池水位，通过PLC程序的PID指令，调节滤池出水阀的开度以保证滤池恒水位恒速过滤；当滤池运行一段时间后，单格滤池将发出申请冲洗的要求，在允许冲洗后滤池进入冲洗阶段；冲洗过程结束后，进行初滤，初滤结束后滤池再次进入过滤阶段。

③ 滤池气水反冲洗阶段由每格滤池控制单元和滤池公共PLC站联合完成。滤池要进行反冲洗，一般应满足以下条件之一：滤池的阻塞值达到设定值（可调），过滤周期达到设定值（时间可任意设定）根据需要由操作人员强制启动。当申请冲洗被允许后，该格滤池进入反冲洗阶段。

（5）所有滤池子站，同时只允许一个滤池进行反冲洗。

（6）现场可控设备除了可由操作人员通过就地箱控制外，也可交给PLC进行自动控制。现场操作终端作为现场人机接口，操作人员通过对操作终端的按钮的操作，由PLC可完成对相关可控设备的控制。操作人员也通过在操作终端上的操作，修改相关参数的设定。

（7）仪表配置：每格滤池设置1台超声波液位计、1台压力变送器滤后水池设置1台超声波液位计反冲洗出水总管、鼓风机出气总管及空压机出气总管各设置1台压力变送器，反冲洗出水总管及鼓风机出气总管各设置1台流量计，滤后水各设置1套余氯分析仪、浊度分析仪及电磁流量计；单格滤池PLC实现相应液位及压力信号采集；公共PLC实现对反冲洗压力及流量信号，鼓风机压力及流量信号，空压机气体压力信号，滤后水池液位信号，滤后水余氯及流量信号采集滤后水采用取样泵进行取样。

5. V形滤池实施应用

V形滤池可以广泛应用于生活、工业污水处理、生活饮用水处理等多个领域。在实际运用中，通常需要遵循以下几项原则：

（1）滤池的选择和设计应根据不同水质、水量和处理要求等因素进行合理搭配。

（2）滤层的厚度和材料的使用要根据具体情况进行调整，滤层太薄会导致过滤效率低下，太厚则会增加阻力并降低处理效果。

（3）进水口设置合理，预处理设备的选择也需要考虑水质的特征、要求和处理效率等因素。

（4）滤池的运行关键在于滤层的定期清洗和维护，通常需要定期清理滤层内的污染物和沉淀物，以保证滤层的过滤效果。

4.4 反渗透膜处理

4.4.1 反渗透膜处理的概念

反渗透膜是一种模拟生物半透膜制成的具有一定特性的人工半透膜，是反渗透技术的核心构件。反渗透技术原理是在高于溶液渗透压的作用下，依据其他物质不能透过半透膜而将这些物质和水分离开来。反渗透膜的膜孔径非常小，因此能够有效地去除水中的溶解盐类、胶体、微生物、有机物等。系统具有水质好、耗能低、无污染、工艺简单、操作简便等优点。

反渗透膜是实现反渗透的核心元件，是一种模拟生物半透膜制成的具有一定特性的人工半透膜。一般用高分子材料制成，如醋酸纤维素膜、芳香族聚酰肼膜、芳香族聚酰胺膜。表面微孔的直径一般在0.5～10nm之间，透过性的大小与膜本身的化学结构有关。有的高分子材料对盐的排斥性好，而水的透过速度并不好。有的高分子材料化学结构具有较多亲水基团，因而水的透过速度相对较快。因此一种满意的反渗透膜应具有适当的渗透量或脱盐率。

4.4.2 反渗透膜处理的原理

对透过的物质具有选择性的薄膜称为半透膜，一般将只能透过溶剂而不能透过溶质的薄膜称之为理想半透膜。当把相同体积的稀溶液（例如淡水）和浓溶液（例如盐水）分别置于半透膜的两侧时，稀溶液中的溶剂将自然穿过半透膜而自发地向浓溶液一侧流动，这一现象称为渗透。当渗透达到平衡时，浓溶液侧的液面会比稀溶液的液面高出一定高度，即形成一个压差，此压差即为渗透压。渗透压的大小取决于溶液的固有性质，即与浓溶液的种类、浓度和温度有关而与半透膜的性质无关。若在浓溶液一侧施加一个大于渗透压的压力时，溶剂的流动方向将与原来的渗透方向相反，开始从浓溶液向稀溶液一侧流动，这一过程称为反渗透。反渗透是渗透的一种反向迁移运动，是在压力驱动下，借助于半透膜的选择截留作用将溶液中的溶质与溶剂分开的分离方法，它已广泛应用于各种液体的提纯与浓缩，其中最普遍的应用实例便是在水处理工艺中，用反渗透技术将原水中的无机离子、细菌、病毒、有机物及胶体等杂质去除，以获得高质量的纯净水。反渗透膜水处理设备现场图如图4-6所示。

图4-6　反渗透膜水处理设备

4.4.3　反渗透膜的设计选型

（1）RO反渗透膜的脱盐率和透盐率

RO反渗透膜元件的脱盐率在其制造成形时就已确定，脱盐率的高低取决于反渗透RO膜元件表面超薄脱盐层的致密度，脱盐层越致密脱盐率越高，同时产水量越低。反渗透膜对不同物质的脱盐率主要由物质的结构和分子量决定，对高价离子及复杂单价离子的脱盐率可以超过99%，对单价离子如：钠离子、钾离子、氯离子的脱盐率稍低，但也可超过了98%（反渗透膜使用时间越长，化学清洗次数越多，反渗透膜脱盐率越低）对分子量大于100的有机物脱除率也可达到98%，但对分子量小于100的有机物脱除率较低。

反渗透膜的脱盐率和透盐率计算方法：

RO膜的盐透过率＝RO膜产水浓度/进水浓度×100%

RO膜的脱盐率＝（1－RO膜的产水含盐量/进水含盐量）×100%

RO膜的透盐率＝100%－脱盐率

（2）RO反渗透膜的产水量和渗透流率

RO膜的产水量指反渗透系统的产水能力，即单位时间内透过RO膜的水量，通常用t/h或加仑/d来表示。

RO膜的渗透流率是表示反渗透膜元件产水量的重要指标。指单位膜面积上透过液的流率，通常用加仑每平方英尺每天（GFD）表示。过高的渗透流率将导致垂直于RO膜表面的水流速加快，加剧膜污染。

（3）RO反渗透膜的回收率

RO膜的回收率指反渗透膜系统中给水转化成为产水或透过液的百分比。依据反渗透系统中预处理的进水水质及用水要求而定的。RO膜系统的回收率在设计时就已经确定。

RO膜的回收率＝（RO膜的产水流量/进水流量）×100%

反渗透（纳滤）膜组件的回收率、盐透过率、脱盐率计算公式如下：

反渗透膜组件的回收率＝RO 膜组件产水量/进水量×100%

反渗透膜组件的盐分透过率＝RO 膜组件产水浓度/进水浓度×100%

4.4.4 反渗透膜处理清洗

清洗 RO 膜元件的一般步骤：

第一步，用泵将干净、无游离氯的反渗透产品水从清洗箱（或相应水源）打入压力容器中并排放几分钟。

第二步，用干净的产品水在清洗箱中配制清洗液（不同的膜需不同的清洗液）。

第三步，将清洗液在压力容器中循环 1h 或预先设定的时间。

第四步，清洗完成以后，排净清洗箱并进行冲洗，然后向清洗箱中充满干净的产品水以备下一步冲洗。

第五步，用泵将干净、无游离氯的产品水从清洗箱（或相应水源）打入压力容器中并排放几分钟。

第六步，在冲洗反渗透系统后，在产品水排放阀打开状态下运行反渗透系统，直到产品水清洁、无泡沫或无清洗剂（通常 15～30min）

4.4.5 反渗透膜处理实施应用

RO 膜民用方面最多是用于纯水机方面，作为纯水机净化的过滤装置之一，在自来水到净水的过滤中起了最核心的作用。RO 膜能够有效的去除水中钙、镁、细菌、有机物、无机物、金属离子和放射性物质等，经过该装置净化出的水晶莹清澈、甜美甘醇。该装置适用于家庭和宾馆、酒店、医院等企事业单位饮用净水使用。

4.5 清水池

4.5.1 清水池的概念

清水池，为贮存水厂中净化后的清水，以调节水厂制水量与供水量之间的差额，并为满足加氯接触时间而设置的水池。清水池是给水系统中调节水厂均匀供水和满足用户不均匀用水的调蓄构筑物。清水池作用是让过滤后的洁净澄清的滤后水沿着管道流往其内部进行贮存，并在清水中再次投加入液氯进行一段时间消毒，对水体的大肠杆菌等病菌进行杀灭以达到灭菌的效果。清水池的有效容积包括调节容积、消防用水量和水厂自用水和安全储量。水厂的调节容积可凭运转经验，按照最高日用水量的估算。清水池现场图如图 4-7 所示。

4.5.2 清水池的作用

（1）为了实现以销定产，按需定压，以压调水，在供水不足的情况下，把有限的、宝贵的水资源充分得到开发和利用，实行“高峰多送，低峰多贮”的三峰供水原则，所谓三峰就是存用水最大时段叫用水高峰，用水最低段叫用水低峰，处于高低峰之间的时段叫用

图 4-7　清水池现场图

水中峰—用水高峰时间发挥现有设备的最大生产能力也满足不了外部用水需要，而在低峰时间生产能力大于用水需要，因此要在低峰时间在满足用水需要的情况下，把多余的水量，用水库（清水池）的调节能力贮存起来，这就是清水池的流量调节作用。

（2）水厂调度的原则是产供平衡，其含义就是需要多少，生产多少。外部用水需要是动态的，即使在同一用水峰时，其用水量也是在时刻变化的，也就是说，供水量是动态的，要达到产供平衡，就要求生产量是动态，但对生产工艺来说，则要求是稳定的。清水池不但具有流量的调节作用，在一定的时间内，也起到了稳定生产的作用。

（3）水库（清水池）设置的地理位置不同，也有不同的作用。如：净水厂的清水池，由于水在清水池内的滞留，使加入的消毒剂更加发挥作用；市区内设置的水塔、楼房顶的水箱及高位清水池在起流量调节作用的同时，更主要起到了稳定服务压力的作用。

（4）当净水厂的取水、净水（生产井）等工艺发生故障时，在短时间内清水池的水量可保证外部的连续用水。

4.5.3　清水池的自动化设计

清水池设置 1 台超声波液位计、1 台投入式液位计、2 套浮球开关，模拟量及数字量信号接入就近滤池 PLC 控制系统内。

4.5.4　清水池实施应用

储存清水：清水池可以储存大量的清水，以便在需要时进行进一步处理或供应给用户使用。

平衡水压：清水池还可以平衡水压，使得水流更加稳定，从而减少管道破裂和水泵损坏的风险。

缓解负荷：清水池可以缓解水厂处理清水的负荷，使得水厂能够更好地应对高峰期的需求。

应急备用：清水池还可以作为应急备用水源，在供水中断或紧急情况下提供水源。

4.6 排水排泥池

4.6.1 排水排泥池的作用

排水排泥池是用于处理和清除含有固体颗粒的废水或污泥的设备。其主要作用包括：

分离固液：排水排泥池可以利用重力分离原理，将含有悬浮物或泥沙的废水或污泥中的固体颗粒与水分离。

贮存废水或污泥：排水排泥池可以暂时贮存含有固体颗粒的废水或污泥，并通过控制出水口和进水口的高度，实现对水位的控制和调节。

减少下游污染：通过去除废水或污泥中的固体颗粒，排水排泥池可以减少废水或污泥对下游环境的影响和污染。

保护后续处理设施：排水排泥池可以减少废水或污泥中的杂质对后续处理设施的损坏和阻塞，从而延长设施的使用寿命。排水排泥池现场图如图 4-8 所示。

图 4-8 排水排泥池现场图

4.6.2 排水排泥池的工艺

废水或污泥进入排水排泥池，将含有固体颗粒的废水或污泥通过管道引入排水排泥池。

固液分离：废水或污泥经过一段时间的沉淀，其中的固体颗粒会逐渐下沉到底部，而水则从出水口流出，实现固液分离。

排放固体废物：当排水排泥池内的污泥或固体废物积累到一定程度时，需要清除并进行回收或安全处置。

调节水位和流量：通过控制入口和出口的高度，可以调节水位和水流量，以便满足不同的处理要求。

4.6.3　排水排泥池实施应用

工业废水处理：在许多工业生产过程中，会产生大量污水和含有固体颗粒的废水，通过排水排泥池进行初步处理，可以减少对环境的污染和对后续处理设施的负荷。

农业废水处理：在农业生产中，养殖场和农田灌溉等过程也会产生大量含有固体颗粒的废水，通过排水排泥池进行处理，可以减少废水对土壤和地下水污染。

市政道路雨水收集：城市道路和广场等公共场所的雨水会带来很多杂质，通过排水排泥池进行初步处理，可以确保雨水排放不受阻碍，并减少对下游排水系统的损坏。

污泥处理：在污泥处理过程中，需要将污泥中的固体颗粒分离出来，通过排水排泥池进行初步处理，可以有效地去除污泥中的固体颗粒，并减轻后续处理设备的负荷。

污水处理站：在污水处理站中，排水排泥池通常作为预处理设备，用于去除进入后续处理设施的固体颗粒，保护设施不受损坏。

4.7　污泥浓缩池

4.7.1　污泥浓缩池的作用

浓缩池是污泥浓缩的发生场所，料浆中的污泥在自身重力的作用下在浓缩池的内部发生自由沉降，沉淀到浓缩池底部的污泥上下之间发生挤压，使其进一步脱水，最终在锥形浓缩池的底部得到浓度较高的污泥层。在传动部件的带动下耙架将污泥刮集到浓缩池的中心并从排料管排出成为底流。另外，浓缩池上部的清水则从四周排出成为溢流，通过处理后这部分水可以回收利用或者排放到自然界中去。污泥浓缩池现场图如图 4-9 所示。

图 4-9　污泥浓缩池现场图

4.7.2 污泥浓缩池的工艺

污泥浓缩池是污水处理过程中的一个重要环节，主要用于将污泥中的水分去除，使其达到更高的干度，便于后续处理和利用。以下是污泥浓缩池的工艺流程：

污泥进入浓缩池：经过初步处理后的污泥通过输送设备进入浓缩池。

污泥混合：将不同来源、不同性质的污泥混合在一起，以达到更好的浓缩效果。

搅拌均匀：通过搅拌设备将混合后的污泥进行均匀搅拌，以保证浓缩效果。

气体通入：向浓缩池内通入气体（空气、氧气等），促进微生物代谢活动，加速水分蒸发和挥发。

污泥沉降：经过一段时间的搅拌和气体通入后，重力作用下较为干燥的固体颗粒开始沉降到底部形成压滤层。

压滤层压实：利用压滤机对压滤层进行压实处理，使其更紧密，从而提高浓缩效果。

滤液排放：经过浓缩后的污泥产生的滤液通过管道排出，进入污水处理系统进行进一步处理。

污泥收集：经过浓缩后的污泥在底部形成泥饼，通过输送设备将其收集起来进行后续处理或处置。

4.7.3 污泥浓缩池实施应用

市政污水、工业污水厂中，污水处理完产生的下层浑浊液，存放在污泥浓缩池中。

净水厂中，反冲洗结束排放的反冲洗污水，存至废水调节池内，废水调节池下层浑浊液存入污泥浓缩池内。

4.8 次氯酸钠加药

4.8.1 次氯酸钠加药的介绍

自来水行业传统采用液氯或者氯气作为消毒剂，液氯和氯气因其本身的剧毒等危险特点，国家对其生产、储存、运输、装卸和使用等方面均作了严格的规定。在大中城市因为人口密集高、液氯或氯气使用量大，自来水厂随着城市化发展已经越来越接近居民区等因素，如果出现液氯或氯气泄漏事故势必会对人民生命安全及环境造成重大的危害和损失。

巨大的安全风险促使大多数水厂放弃使用液氯或者氯气消毒的方式，进而使用更为安全的次氯酸钠消毒剂。次氯酸钠溶液，作为含氯消毒剂，因其使用安全、工艺简单、消毒效果好、价格合理等优点成为液氯很好的替代品。

次氯酸钠是一种高效、安全的消毒剂，在净水厂已经广泛运用，次氯酸钠一般含有10%有效氯。10%次氯酸钠溶液具有腐蚀性强，渗透能力强，高浓度易衰减，容易汽化及挥发以及易结晶等特性，在采用计量泵作为投加系统的关键设备使用过程中，如果选型设计不当，会在实际应用中遇到很多问题。

常规处理工艺中，净水厂次氯酸钠加注点有两个，一个在沉淀池前，一个在滤池后。次氯酸钠加注系统，一般采用计量泵，调节计量的冲程和频率可以改变加量。加注系统主要设备包括：储液罐、计量泵、流量仪、背压阀、安全阀、脉动阻尼器、加注点。次氯酸钠加药装置现场图如图 4-10 所示。

图 4-10　次氯酸钠加药装置现场图

4.8.2　次氯酸钠加药的作用

次氯酸钠是一种常用的消毒剂，加药后可以起到以下作用：

杀灭细菌：次氯酸钠能够杀灭水中的各种细菌、病毒和其他微生物，从而有效消除水中的致病因子。

去除异味：次氯酸钠能够去除水中的异味，使得水更加清新、干净。

氧化污染物：次氯酸钠具有良好的氧化性，可以将水中的有机物质进行氧化分解，从而减少对环境造成的污染。

防止管道堵塞：在给水管道或循环冷却系统中加入适量的次氯酸钠能够防止管道内壁产生沉积和结垢，从而减少管道堵塞问题。

提高水质稳定性：适量添加次氯酸钠能够提高水质稳定性，并且可以保持长期有效杀菌效果。

4.8.3　次氯酸钠消毒的原理

次氯酸钠投入水中会迅速水解并发生分解，其中的次氯酸根会与水中氢离子结合形成次氯酸，钠离子与氢氧离子结合成为氢氧化钠。

$$NaClO + H_2O \longrightarrow HClO + NaOH$$

其中次氯酸也会进一步分解，从而形成盐酸和新鲜的氧原子。

$$HClO \longrightarrow HCl + O$$

次氯酸本身具有一定的杀菌功效，会吸附在细菌或病毒的表面，通过渗透细胞壁进入细胞内部，通过强烈的氧化作用改变细菌或病毒内部的蛋白质，从而起到杀菌和消毒作用。

4.8.4 次氯酸钠加药的工艺

测定水质：首先需要测定水质，确定所需加药量和加药时间。

加药设备：根据实际需要选择合适的加药设备，例如溶液箱、计量泵、管道等。

配制溶液：将次氯酸钠粉末或液体按照一定比例与水混合，配制成次氯酸钠溶液。通常情况下，次氯酸钠的浓度在100～200mg/L之间。

加药操作：将配制好的次氯酸钠溶液通过计量泵等设备控制加入到水中，并根据需要进行搅拌和均匀分布。

反应时间：让次氯酸钠与水中的污染物反应一段时间，通常情况下反应时间为30min左右。

中和处理：在消毒结束后，需要对残留的次氯酸钠进行中和处理。可以使用亚硫酸钠等还原剂对其进行还原分解，使其不再对环境造成影响。

检测水质：最后需要对处理后的水质进行检测，确保达到了消毒和处理的要求。

4.8.5 次氯酸钠加药实施应用

次氯酸钠用于自来水行业饮用水消毒已有一百余年的历史，由于使用氯气消毒存在着高风险性，目前氯气消毒已有不断减少的趋势，1998年美国自来水行业协会水质分会下的消毒系统委员会对美国大中型自来水的消毒状况进行的调查显示使用氯气消毒的水厂已从1978年的91%至1998年的83.8%，在对小型水厂的消毒状况的调查也显示在以地下水为水源的小型水厂中使用氯气的水厂也只占所调查水厂的61%。随着饮用水法规的越来越严格和氯气消毒成本的不断上涨，再加上次氯酸钠发生器已被证明是一种行之有效的消毒方法，从而在美国得到了越来越广泛的使用。到2002年为止，在美国已有超过1500家的自来水厂从使用氯气消毒转为使用次氯酸钠现场发生装置用于水厂消毒。国内对次氯酸钠消毒的认可度也越来越高，上海、北京和广州均有新建及改建水厂采用次氯酸钠消毒，以次氯酸钠代替液氯消毒是未来饮用水消毒的重要发展方向。

饮用水消毒：次氯酸钠可以杀灭自来水中的细菌、病毒等微生物，保障饮用水安全。

工业废水处理：次氯酸钠可以氧化有机物和硫化物等有害物质，从工业废水中去除污染物。

污水处理厂消毒：次氯酸钠可用于污水处理厂对废水进行消毒处理，杀灭废水中的微生物，并控制废水中的氨氮、硝酸盐等指标。

农业养殖场消毒：次氯酸钠可以用于畜禽养殖场的消毒处理，有效杀灭细菌、病毒等，防止疾病传播。

4.9 PAC加药

4.9.1 PAC的介绍

聚合氯化铝（PAC）是一种无机物，一种新兴净水材料、无机高分子混凝剂，简称聚铝。它是介于 $AlCl_3$ 和 $Al(OH)_3$ 之间的一种水溶性无机高分子聚合物，化学通式为 $[Al_2(OH)_nCl_{6-n}]_m$，其中 m 代表聚合程度，n 表示 PAC 产品的中性程度。n=1～5 为具有 Keggin 结构的高电荷聚合环链体，对水中胶体和颗粒物具有高度电中和及桥联作用，并可强力去除微有毒物及重金属离子，性状稳定。检验方法可按国标《水处理剂 聚氯化铝》GB 15892—2009 标准检验。由于氢氧根离子的架桥作用和多价阴离子的聚合作用，生产出来的聚合氯化铝是相对分子质量较大、电荷较高的无机高分子水处理药剂。PAC 加药装置现场图如图 4-11 所示。

图 4-11 PAC 加药装置现场图

4.9.2 PAC 加药的作用

PAC 是一种常用的水处理药剂。PAC 加药主要具有以下几个作用：

混凝作用：PAC 能够使浑浊物凝聚成较大的颗粒，便于沉淀和过滤，从而实现水的澄清。

去除色度：PAC 可以有效地去除水中的色度，尤其对于含有高浓度有机物的水源有很好的去色效果。

去除难降解有机物和微污染物：PAC 可以与水中的难降解有机物和微污染物发生吸附和沉淀作用，从而达到去除的效果。

除臭：PAC 可以消除水中的异味，尤其对于含有硫化氢等有害气体的水源，具有很好的除臭效果。

调节 pH 值：PAC 具有中性或酸性，可以在一定程度上调节水的 pH 值，达到适宜的范围。

4.9.3 PAC 加药净水的原理

聚合氯化铝的净水原理主要有四个：吸附电中和、吸附架桥作用、压缩双电层、沉淀物网捕。

（1）吸附电中和：吸附电中和作用指粒表面对异号离子，异号胶粒或链状离分子带异号电荷的部位有强烈的吸附作用，由于这种吸附作用中和了它的部分电荷，减少了静电斥力，因而容易与其他颗粒接近而互相吸附。此时静电引力常是这些作用的主要方面，但在不少的情况下，其他的作用超过了静电引力。

（2）吸附架桥作用：吸附架桥作用机理主要是指高分子物质与胶粒的吸附与桥连，还可以理解成两个大的同号胶粒中间由于有一个异号胶粒而连接在一起。高分子絮凝剂具有线性结构，它们具有能与胶粒表面某些部位起作用的化学基团，当高聚合物与胶粒接触时，基团能与胶粒表面产生特殊的反应而相互吸附，而高聚物分子的其余部分则伸展在溶液中，可以与另一个表面有空位的胶粒吸附，这样聚合物就起了架桥连接的作用。假如胶粒少，上述聚合物伸展部分粘连不着第二个胶粒，则这个伸展部分迟早还会被原先的胶粒吸附在其他部位上，这个聚合物就不能起架桥作用了，而胶粒又处于稳定状态。高分子絮凝剂投加量过大时，会使胶粒表面饱和产生再稳现象。已经架桥絮凝的胶粒，如受到剧烈的长时间搅拌，架桥聚合物可能从另一胶粒表面脱开，重又卷回原所在胶粒表面，造成再稳定状态。

聚合物在胶粒表面的吸附来源于各种物理化学作用，如范德华引力、静电引力、氢键、配位键等，取决于聚合物同胶粒表面二者化学结构的特点。这个机理可解释非离子型或带同电号的离子型高分子絮凝剂能得到好的絮凝效果的现象。

（3）压缩双电层：胶团双电层的构造决定了在胶粒表面处反离子的浓度最大，随着胶粒表面向外的距离越大则反离子浓度越低，最终与溶液中离子浓度相等。当向溶液中投加电解质，使溶液中离子浓度增高，则扩散层的厚度减小。

当两个胶粒互相接近时，由于扩散层厚度减小，ξ 电位降低，因此它们互相排斥的力就减小了，也就是溶液中离子浓度高的胶间斥力比离子浓度低的要小。胶粒间的吸力不受水相组成的影响，但由于扩散减薄，它们相撞时的距离就减小了，这样相互间的吸力就大了。可见，其排斥与吸引的合力由斥力为主变成以吸力为主（排斥势能消失了），胶粒得以迅速凝聚。这个机理能较好地解释港湾处的沉积现象，因淡水进入海水时，盐类增加，离子浓度增高，淡水挟带胶粒的稳定性降低，所以在港湾处黏土和其他胶体颗粒易沉积。

根据这个机理，当溶液中外加电解质超过发生凝聚的临界凝聚浓度很多时，也不会有更多超额的反离子进入扩散层，不可能出现胶粒改变符号而使胶粒重新稳定的情况。这样的机理是借单纯静电现象来说明电解质对胶粒脱稳的作用，但它没有考虑脱稳过程中其他性质的作用（如吸附），因此不能解释复杂的其他一些脱稳现象，例如三价铝盐与铁盐作混凝剂投量过多，凝聚效果反而下降，甚至重新稳定；又如与胶粒带同电号的聚合物或高分子有机物可能有好的凝聚效果，等电状态应有最好的凝聚效果，但往往在生产实践中 ξ 电位大于零时混凝效果却最少等。

（4）沉淀物网捕：当金属盐（如硫酸铝或氯化铁）或金属氧化物和氢氧化物（如石灰）作凝聚剂时，当投加量大得足以迅速沉淀金属氢氧化物［如 $Al(OH)_3$、$Fe(OH)_3$、$Mg(OH)_2$］或金属碳酸盐（如 $CaCO_3$）时，水中的胶粒可被这些沉淀物在形成时所网捕。当沉淀物是带正电荷［$Al(OH)_3$ 及 $Fe(OH)_3$ 在中性和酸性 pH 值范围内］时，沉淀速度可因溶液中存在阴离子而加快，例如硫酸根离子。此外水中胶粒本身可作为这些金属氧化物沉淀物形成的核心，所以凝聚剂最佳投加量与被除去物质的浓度成反比，即胶粒越多，金属凝聚剂投加量越少。

4.9.4　PAC加药的工作阶段

聚合氯化铝的工作阶段主要分：絮凝阶段、沉降阶段。

（1）聚合氯化铝絮凝阶段：它是矾花生长变粗的进程，要求适当的湍流水平和足够的停留时间（10～15min），至后期可观察到很多矾花堆积慢慢下沉，构成外表明晰层。烧杯先以150r/min搅拌约6min，再以60r/min搅拌约4min至悬浮态。

（2）聚合氯化铝沉降阶段：它是沉降池中进行的絮凝物沉降过程，要求水流迟缓，为提高效率普通采用斜管（板式）沉降池（采用气浮法分离絮凝物），很多的粗大矾花被斜管（板）壁阻挠而堆积于池底，上层水为清亮水，剩下的粒径小、密度小的矾花一边慢慢下降，一边持续互相碰撞变大，至后期余浊根本不变。烧杯以20～30r/min搅拌5min，再静沉10min测余浊。

4.9.5　PAC加药的工艺

确定加药点：根据实际情况，选择合适的加药点。一般来说，PAC应该在水流速度较慢的位置加入，以便充分混合。

配制药液：将PAC粉末或液体按比例配制成所需浓度的药液。在配制过程中，需要注意安全防护，避免接触皮肤和呼吸道。

加药操作：将配制好的药液通过药剂泵等设备加入水中。在加药过程中，需要保证药液均匀地混合到水中，并控制加药量和速度，以避免超标。

搅拌混合：将加药点周围的水进行搅拌混合，以确保药液充分混合到水中，并发挥最佳的混凝效果。

沉淀分离：待混凝后的水经过沉淀池或滤池等设备进行沉淀和分离，从而使浑浊物质沉淀下来。

清洗维护：对加药设备和沉淀池等设备进行定期的清洗和维护，以保证水处理效果和设备正常运行。

4.9.6　PAC加药实施应用

自来水厂：PAC可以作为混凝剂，用于自来水的澄清和去除浑浊物质，提高自来水的水质。

工业废水处理：PAC可用于工业废水的混凝、色度去除和难降解有机物的去除等方面，达到减少污染物排放和环境保护的目的。

污水处理厂：PAC可以作为混凝剂，用于污水处理厂污水的混凝、去除色度和沉淀难降解有机物等过程。

农业养殖场：PAC可用于养殖场饮用水的处理，去除水中的浑浊物和异味，保证养殖环境的卫生。

4.10 PAM 加药

4.10.1 PAM 的介绍

聚丙烯酰胺（PAM）是一种线型高分子聚合物，化学式为（C_3H_5NO）$_n$。在常温下为坚硬的玻璃态固体，产品有胶液、胶乳和白色粉粒、半透明珠粒和薄片等。热稳定性良好。能以任意比例溶于水，水溶液为均匀透明的液体。长期存放后会因聚合物缓慢的降解而使溶液黏度下降，特别是在贮运条件较差时更为明显。由于聚丙烯酰胺结构单元中含有酰胺基、易形成氢键、使其具有良好的水溶性和很高的化学活性，易通过接枝或交联得到支链或网状结构的多种改性物，在石油开采、水处理、纺织、造纸、选矿、医药、农业等行业中具有广泛的应用，有“百业助剂”之称。PAM 加药装置现场图如图 4-12 所示。

图 4-12　PAM 加药装置

4.10.2 PAM 加药的作用

絮凝性：PAM 能使悬浮物质通过电中和、架桥吸附作用，起絮凝作用。

黏合性：能通过机械、物理、化学的作用，起黏合作用。

降阻性：PAM 能有效地降低流体的摩擦阻力，水中加入微量 PAM 就能降阻 50%～80%。

增稠性：PAM 在中性和酸条件下均有增稠作用，当 pH 值在 10 以上 PAM 易水解。

呈半网状结构时，增稠将更明显。

4.10.3　PAM絮凝的原理

絮凝作用原理：PAM用于絮凝时，与被絮凝物种类表面性质，特别是动电位、黏度、浊度及悬浮液的pH值有关，颗粒表面的动电位，是颗粒阻聚的原因加入表面电荷相反的PAM，能使动电位降低而凝聚。

吸附架桥：PAM分子链固定在不同的颗粒表面上，各颗粒之间形成聚合物的桥，使颗粒形成聚集体而沉降。

表面吸附：PAM分子上的极性基团颗粒的各种吸附。

增强作用：PAM分子链与分散相通过各种机械、物理、化学等作用，将分散相牵连在一起形成网状，从而起增强作用。

4.10.4　次氯酸钠加药的工艺设计

加氯采用投加成品次氯酸钠溶液，本设计考虑设2个投加点，前加氯点共有3处，分别位于一期反沉池进水总管和二期两组反沉池的两根进水管上最大加氯量为2mg/L；中间加氯点共有3处，分别一期反沉池出水总管和二期两组反沉池的两个出水管上，最大加氯量为2mg/L；前加氯与中间加氯可根据水厂运行情况选择一处投加；后加氯设在滤池出水总渠上，最大加氯量为3mg/L。

次氯酸钠成品溶液浓度10%，存放于3座储液池中，单座储液池有效容积为120m^3满足水厂15d加量的需求。加氯间内设置加氯计量泵7台，4用3备：其中一期前加氯（中间加氯）共2台1用备单合计量泵参数：Q=100L/h，H=3bar；二期前加氯（中间加氯）共3台2用备，单台计量泵参数：Q=150L/h，H=3bar；后加氯计量泵2台，1用备，单合计量泵参数Q=600L/h，H=3bar。

4.10.5　PAM加药实施应用

水处理包括原水处理、污水处理和工业水处理等。在原水处理中与活性炭等配合使用，可用于生活水中悬浮颗粒的凝聚、澄清。用有机絮凝剂丙烯酰胺代替无机絮凝剂，即使不改造沉降池，净水能力也可提高20%以上；在污水处理中，采用聚丙烯酰胺可以增加水回用循环的使用率，还可用作污泥脱水；工业水处理中用作一种重要的配方药剂。聚丙烯酰胺在国外应用最大的领域是水处理，国内在此领域的应用正在推广。聚丙烯酰胺在水处理中的主要作用：

① 减少絮凝剂的用量。在达到同等水质的前提下，聚丙烯酰胺作为助凝剂与其他絮凝剂配合使用，可以大大降低絮凝剂的使用量。

② 改善水质。在饮用水处理与工业废水处理中，聚丙烯酰胺与无机絮凝剂配合使用，可明显改善水质。

③ 提高絮体强度与沉降速度。聚丙烯酰胺形成的絮体强度高，沉降性能好，从而提高固液分离速度，有利于污泥脱水。

④ 循环冷却系统的防腐与防垢。聚丙烯酰胺的使用可大大减少无机絮凝剂的用量，从而避免无机物质在设备表面的沉积，减缓设备的腐蚀与结垢。

4.11 高锰酸钾加药

4.11.1 高锰酸钾的介绍

高锰酸钾（Potassium permanganate）是一种强氧化剂，化学式为 $KMnO_4$，为黑紫色结晶，带蓝色的金属光泽，无臭，与某些有机物或易氧化物接触，易发生爆炸，溶于水、碱液，微溶于甲醇、丙酮、硫酸。

4.11.2 高锰酸钾加药的作用

（1）除铁除锰：高锰酸钾（$KMnO_4$）是锰的七价化合物。分子量为 158.034，密度为 2.073g/cm^3。外观为深紫色晶体，常温下稳定，易溶于水，其溶液显紫红色。如果饮用水中的氧气含量低，铁和锰可能会残留在溶液中。两种金属都会在饮用水中产生深色，可能对卫生洁具和衣物有害，高锰酸钾通常用于去除它们。高锰酸钾将铁和锰氧化，使金属从溶液中沉淀出来。铁从二价铁转变为三价铁，而锰从二价转变为四价态。在 pH 值为 7 或更高的饮用水中，该反应需要 5～10min。

（2）气味控制：有机物会引起饮用水产生难闻的气味。尤其是从湖泊或井中取出来的水，存在异味的情况更多。高锰酸钾可用于中和这些气味，并同时对饮用水进行消毒。

（3）减少消毒副产物：高锰酸钾作为饮用水消毒剂非常有价值。不幸的是，它不像其他更广泛使用的消毒剂（如氯化物）那样具有成本效益。这些氯化物消毒剂产生的副产物可能对人体有害。对于饮用水处理而言，使这些副产物产量最小化是至关重要的。

当用于第一个处理步骤时，高锰酸钾会氧化有机化合物，这些有机化合物在此过程的后期往往会产生有害的副产物。这是水处理厂可以有效地使用高锰酸盐和氯化试剂的一种方式。高锰酸钾加药装置现场图如图 4-13 所示。

图 4-13 高锰酸钾加药装置现场图

4.12　送水泵房

4.12.1　送水泵房的作用

送水泵房又称配水泵房。自清水池或者水库中抽取净化水或者原水，将水送入配水管网并至用户的构筑物。一般为适应送水量一日之间变化较大的情况，往往设有不同性能的水泵，有时水泵数量较多。送水泵房现场图如图 4-14 所示。

图 4-14　送水泵房现场图

4.12.2　送水泵房的自动化设计

送水泵房控制室内设置 1 套公共 PLC，监控范围：送水泵房所有公共电气设备、检测仪表及变配电系统。

10kV 高压泵组各设 1 个 PLC 控制单元站，共 4 个 PLC 控制单元，PLC 制作原理完全相同。各控制单元通过以太网接入公共 PLC 控制柜内光纤交换机 PLC 控制系统通过以太网接入厂区计算机控制管理系统。

配电系统微机综合电力继保，智能电力仪表，变压器温度显示控制器，通过 RS485 接口（采用 Modbus 通信协议）将上述仪表信号接入 PLC 控制柜中，中控室上位机通过以太网实现对高低压配电系统的监控。

所有电动阀门均采用一体式，I/O 硬接点通过控制电缆接入对应 PLC 进行自动监控，I/O 点应含阀门手自动选择、开启、关闭、开到位、关到位及过力矩等信号。

仪表配置：各台泵组泵后均设置 1 套压力变送器及 1 套超声波流量计，分别检测单泵压力及流量；泵后出水母管设置 1 套压力变送器，检测母管压力；2 格吸水井各设置 1 套超声波液位计，分别检测吸水井液位；2 座清水池各设置 1 套超声波液位计，分别监测清水池液位设置出厂水检测仪表；浊度检测仪、余氯检测仪、pH 检测仪及电磁流量计各 1

套，分别监测出水水质及流量以上各检测仪表均通过硬接线接入对应PLC，实现远程仪表信号自动采集。

4.12.3 送水泵房实施应用

（1）生活、生产给水泵房：是专门设置在生活、生产给水系统，压力容器用于增加水压并提供所需水量，从而满足用户对水压、水量的需要。从水泵机组的选择和设置形式，又可分为几种类型：一种是直接从室外给水管网抽水，只需设置管道泵即可，此种设置最为简单，但无储备水量，供水可靠性差，并对抽水口下方的管网输水压力影响较大，同时需向主管部门中办手续；另一种则是从贮水池抽水，送至高位水箱，由管网再分送至配水点，此种设置较复杂，但供水可靠性高；还有一种是从贮水池抽水，但无高位水箱，可直接供给用户，或者设减压措施减压后供给用户，此种设置节省建筑面积，减少投资，但要求用户的用水量比较均匀，且供水可靠性略差一些，并且能耗较大。

（2）消防给水泵房：是专门设置在建筑内消防给水系统中，火灾一旦发生后，该类水泵机组负责提供建筑内足够的消防水量和水压。按水泵供水对象不同，消防泵又可分为自动喷水给水系统水泵机组、自动喷水灭火系统水泵机组等。消防系统水泵机组要求启动迅速，输水通畅、安全可靠。

4.12.4 高锰酸钾加药实施应用

（1）高锰酸钾在工业废水处理中的使用：用高锰酸钾作为氧化剂，对工业废水中铁、铬、锰重金属离子严峻超支的酸性洗漂废水进行了处理，总铬、锰、总铁及浊度的去除率均到达99%以上，出水COD_{Cr}、pH值均到达国家排放标准要求。

（2）高锰酸钾在微污染水处理中的使用：排洪时期高锰酸钾预氧化强化混凝对水处理的作用，TOC去除率>56.08%，COD_{Mn}去除率>49.67%，TOC、COD_{Mn}去除率随高锰酸钾投加量的增大缓慢升高。高锰酸钾也可作为消毒剂抑制细菌生长，细菌总数的去除率>92.11%。高锰酸钾预氧化可使排洪时期水中的臭味去除率到达85%以上，投加量越大，去除率越高。

（3）高锰酸钾在城市污水回收处理中的使用：高锰酸钾单独预处理工艺以及高锰酸钾与氯或氯胺联用预处理工艺的消毒效能及对三卤甲烷（THMs）构成的控制作用。关于污染严峻，尤其是耗氯物质含量较高的污水二级出水，高锰酸钾单独预处理工艺和高锰酸钾与氯或氯胺联用预处理工艺的消毒性能显著优于单独氯或氯胺工艺，并且高锰酸钾与氯或氯胺联用能够进一步降低THMs的生成量。高锰酸钾作为管道预氧化剂，对有机污染物、浊度的去除作用优异，其最佳投加质量浓度为4～4.5mg/L，在此条件下有机污染物去除率约为60%，浊度去除率接近100%。

（4）使用高锰酸钾降解地下水中的硝基苯：使用高锰酸钾氧化法对三氯乙烯（TCE）污染的地下水进行了处理。在TCE浓度相同但n（$KMnO_4$）：n（TCE）不同的条件下，随着n（$KMnO_4$）：n（TCE）的添加，TCE氧化去除功率加快；对体积分数为1×10^{-4}的TCE，当n（$KMnO_4$）：n（TCE）=5，反应时间为210min时，TCE的去除率能够到达99%以上。

4.13　脱泥房

4.13.1　脱泥房的作用

脱泥房的作用是去除污水中的泥沙和其他固体颗粒。在污水处理过程中，污水首先通过网格除去大颗粒物，然后进入污水脱泥房。在污水脱泥房中，污水会在一定时间内缓慢流动，使重力作用下的泥沙和固体颗粒沉淀到底部形成泥层。随着时间的推移，泥层逐渐增厚，最终需要清除。污水脱泥房去除了污水中的沉淀物，减少了设备堵塞的风险，保护后续处理设备的正常运行，提高了处理效率和水质。脱泥房现场图如图 4-15 所示。

图 4-15　脱泥房现场图

4.13.2　脱泥房的工艺

污水脱泥房是处理污水的一个重要工艺环节，其主要作用是去除污水中的悬浮物和泥沙等固体颗粒。具体工艺如下：

（1）污水经过机械筛选去除较大的固体颗粒。

（2）将经过筛选后的污水送入沉淀池，经过静置，固体颗粒会沉淀至池底，形成泥层。

（3）将沉淀池底的泥层抽出并送入泥浆脱水机进行脱水处理，将水分从泥层中去除。

（4）经过脱水处理的泥层被送入脱泥机进行破碎和粒度调整。

（5）处理后的泥层被送入焚烧炉进行干燥和燃烧处理，将其转化为灰渣，进一步减少对环境的影响。

（6）处理后的污水经过继续处理，可以用于农业灌溉或者工业用水。

4.13.3 拖泥机房的自动化设计

污泥脱水机房设置一面 PLC 控制柜及 1 套 UPS 电源，PLC 控制柜内设 PLC、彩色触摸屏 HMI 及光纤交换机：负责监控污泥脱水机房、平衡池等各主要设备的运行及采集相关在线检测仪表。污泥脱水机房 PLC 控制系统作为一个现场控制站，通过光纤交换机及光纤接入厂区计算机控制管理系统、实现数据通信及远程监控。

压滤机机旁控制柜配置可编程控制 PLC，压滤机系统所有设备（含配套进泥螺杆泵隔膜压榨泵、电磁气动球阀等）及仪表的监控信号都接入对应机旁控制柜内 PLC，压滤机控制系统通过以太网接入 PLC 控制柜内光纤交换机，实现对压机控制系统所有设备的监控。

PAM 制备装置控制系统自成一套独立控制系统，由工艺设备生产厂家配套提供 PAM 制备装置控制系统通过以太网接入 PLC 控制柜内光纤交换机实现对 PAM 制备装置控制系统所有设备的监控。

仪表配置：本单体设置 2 台电磁流量计、用于监测进泥及加药流量；设置 2 台硫化氢在线检测仪，用于检测硫化氢浓度设置 2 套浮球水位开关，用于冲洗水罐及压榨水罐低水位报警进泥电磁流量计、加药电磁流量计、储水罐浮球水位开关（低液位停泵保护）及压滤机配套仪表等信号均通过硬接线上传到相应的 PLC，实现各仪表信号采集；脱水机房配置 1 台便携式硫化氢气体检测仪。

流量计及电力仪表通过 MODBUS 总线接入 PLC，读取累积流量等数据。

4.13.4 脱泥房实施应用

污水脱泥房是一种用于净化废水的设备，主要用于去除污水中的悬浮物和颗粒物，使其达到排放标准，并能为后续处理提供更好的水质。污水脱泥房的实施应用主要有以下几个方面：

城市污水处理：在城市污水处理厂中，污水脱泥房通常作为前置处理程序，以去除废水中的泥土、小石子和其他悬浮物等物质，以便在后续处理步骤中更好地去除污水的有机物、肥料和其他污染物。

工业废水处理：在某些工业过程中，会产生大量污水，其中包含各种化学物质和废料。污水脱泥房可将这些废水中的颗粒和其他杂质去除，以便更好地处理。

污水再利用：在某些情况下，废水可以通过一些处理步骤变成可再利用的水源。污水脱泥房可参与去除污染物和防止其他杂质进入处理过程，为水的再利用提供更好的条件。

第5章 城乡供水管网系统

5.1 技术背景

2016年，我国城镇用水量810亿m^3，占全国用水量的13%，支撑了53%的人口用水和约70%的国内生产总值。然而我国城镇供水管网漏损控制与世界先进水平仍有较大差距。供水管网漏损不仅导致水资源的浪费，也易引起路面塌陷等次生灾害，是影响供水安全和公共安全的重要因素。国务院颁布的《水污染防治行动计划》（简称“水十条”）提出到2020年，全国公共供水管网漏损率控制在10%以内。《国民经济和社会发展第十三个五年规划纲要》（简称《纲要》）明确，要选择100个城市开展供水管网分区计量管理试点。由于供水管网漏损成因复杂、影响因素多，控漏降漏任务十分艰巨。

在国家印发的《“十四五”节水型社会建设规划》中讲到，实施城镇供水管网漏损治理工程。老城区结合更新改造，抓紧补齐供水管网短板，新城区高起点规划、高标准建设供水管网。按需选择分区计量实施路线，建设分区计量工程，逐步实现供水管网的网格化、精细化管理，积极推进管网改造、供水管网压力调控工程。公共供水管网漏损率达到一级评定标准的城市要进一步降低漏损率，未达到一级评定标准的城市要将公共供水管网漏损率控制到一级评定标准以内。

我国现阶段城镇供水设施得到了一定程度的改善，管网铺设长度与规模进一步增幅，供水系统运行的安全系数增大，供水质量相比以往更有保障，但仍存在一些问题亟待改进。

树枝状管网的存在，影响市政供水的可靠性及水质部分城乡供水管网未做全面升级改造，由于建设时间较早，当时未做全面规划，仍存在树枝状管网，树枝状管网中任意管段损坏，在该管段以后的所有管线就会断水；另外，在树枝状管网的末端，因用水量已经很小，管中水流缓慢，容易形成死水，水质易变坏，出现浑水和红水的可能。

管网系统年龄长、管道老化严重，漏损率高，水质水量难以保证。由于经济快速发展，供水管材也发生了大的改进，建设初期建设基础薄弱大多使用混凝土、灰铸铁等管材。灰铸铁以往使用最广，此管材抗震能力较差、质量大，且经常发生接口漏水，水管断裂和爆管事故，给生产带来很大的损失。同时，旧管网系统年龄长，部分管道已达使用年限，管道老化严重，“黄水”现象时有发生；漏损率不断攀升，有些城镇供水企业回收率甚至不到50%，增加供水成本，影响当地居民的用水质量，成为制约城乡供水企业发展的瓶颈问题。

供水管网基础资料不全，维护管理不到位城镇管网多埋于地下，错综复杂，由于管网建设周期长，跨度广，以及当时技术人员素质有限，供水管网资料遗漏现象时有发生，维护管理无证可依，工作相对盲目，难以到位。

供水系统工艺陈旧，设备老化，高位居民区供水不足随着城乡居民区的不断扩建与改造，楼房层数的不断加高，原有的自来水管网供水系统由于工艺陈旧，设备老化等原因，供水压力不足问题比较突出，一次供水的方式已经无法满足需求。

城乡供水管网具有保障公共服务、企业生产、居民生活等功能，是城镇基础设施的重要组成部分，是城市赖以生存的血脉，呈现出规模宏大、结构复杂、不断扩张的特点。因此，供水企业实现“优质供水，服务社会”，提高水质维持与安全运行水平，做好供水管网的优化与维护工作责无旁贷。基于供水管网的复杂性、重要性和综合性，有必要对其优化与维护、有效方法作深入探讨，为我国提高城乡供水管网的安全运行管理水平提供参考。

以海原县为例，海原县城乡管网工程自水源至用户可分为连通工程管网和配水工程管网。连通工程管网分为连通总管、片区连通干管、分干管、支管，其中总管总长51.907km、干管总长153.359km、分干管总长150.462km、支管总长67.000km；配水工程管网分为配水干管、支管、入村管、串巷管道、入户管道，其中配水干管总长610.430km、支管总长385.960km、入村管总长1120.530km、串巷管道总长4653.000km、入户管道总长7755.000km。

（1）连通总管

海原县受水区连通总管工程从海兴水厂取水供水至海原县城2万m^3蓄水池，在通过城市连接段一、二连通至县城新老水厂，连通总管设计流量0.241m^3/s，设计年引水量615万m^3，连通总管总长51.907km，直径500～450mm，城市连接段一、二总长2.216km，直径350～300mm，管材为球墨铸铁管道和钢管。

（2）片区连通管道

据统计，海原县现状连通管网总长度为368.605km，其中城东片区50.818km，城西片区89.500km，李俊片区162.511km，扬黄片区65.776km，管径在50～300mm，管材有球墨铸铁管道、钢丝网骨架PE管道和PVC管道等。

（3）配水管道

据统计，海原县现状配水管网总长度为2116.92km，其中城西片区570.92km，李俊片区256.63km，城东片区434.97km，扬黄片区754.41km，管径在32～315mm，管材有PVC管道、球墨铸铁管道、钢丝网骨架PE管道和PE管道等。

（4）串巷入户管道

据统计，海原县现状串巷管道总长度为4653.00km，其中城西片区1523.94km，李俊片区830.82km，城东片区783.18km，扬黄片区1515.06km。管径在32～40mm，管材有PVC管道和PE管道等。

（5）入户管道

据统计，海原县现状入户管道总长度为7755.0km，其中城西片区2539.9km，李俊片区1384.7km，城东片区1305.3km，扬黄片区2525.1km。管径20mm，管材有PVC管道和PPR管道等，入户率现已达到98%以上。

对于海原县现有的城乡管网工程已经过2014年至2020年的连通工程、配水工程、人饮提升改造工程等一系列改造，目前已经先后解决了水源连通问题、末端空白点延伸问题，老旧管网改造问题和串巷入户问题，目前入户率已达到98%以上，已基本满足现状供水需求，由于“十四五”期间供水定额提高导致部分管网供水能力不足。

5.2　问题及需求

5.2.1　存在问题

随着经济的发展和城市化进程的加快，供水企业水资源合理利用已经成为城市发展不可回避的重大问题。在城市发展进程中，水务公司感受到了越来越大的挑战。宏观问题如下：

（1）管网资料管理未数字化、规范化

由于管理方式落后、人员变动、意外事故以及地表环境的变化（如地面建筑的拆建、道路的改建、其他市政管线的敷设）等，水务公司现有的供水管网设计、施工、竣工等图档和维修记录、管网设备更换信息等资料都出现不同程度的丢失、缺省和现势性差等问题。水务公司缺少管网基础数据管理平台，对管网资料进行动态更新、管理以及图形化等，不能满足现代管网数据的管理模式，同时对管网资料进行数字化、规范化是水务公司管网漏损控制建设的必要基础，故普查后资料需要建立管网 GIS 进行信息化管理维护。

（2）生活供水漏损率有待降低

根据相关数据统计，水务公司供水近年来的漏损率逐年增加，漏损问题正在加剧，这与国务院在“水十条”中提出的“到 2017 年全国公共供水管网漏损率控制在 12%以内，到 2020 年控制在 10%以内”的目标有一定的差距。目前未设置 DMA 分区计量管理系统，因而对于每个区块的产销差情况并不了解，对于管网情况无法进行综合性、集成性的分析工作，无法准确量化漏损水量的区域分布，也无法有针对性地开展漏损控制和漏损分析。对于用水量异常的地区，无收益水量无法计算，也无法做到及时预警，导致数据失准、数据空白，以至于造成了偷水、渗漏水乃至爆管等一系列的问题隐患，更严重的情况下会造成极大水量消耗，为供水单位造成水费损失。

（3）巡查工作有待提升

管网巡查工作是保障城乡供水安全的保障性工作，同时也是发现偷盗水及管网渗漏问题的第一道工作，巡查工作到位与否直接影响到水务企业是否能正常保供水，供好水。水务公司目前的巡查工作每月都在执行，但都是巡查人员根据经验进行管网巡查工作，这样的巡查往往全面性无法得到保障，容易出现巡查到位率低的情况，而且对于巡查人员的位置和工作情况无法形成有效的监管，不规范的巡查工作对于管道爆管、渗漏水的排查周期也会变长，从而影响水务企业的漏损率，会造成大量的经济损失，并且引发社会的负面舆论。

（4）未进行管网的系统物探、不具备相关物探能力

DMA 分区漏损控制的前提，就是需要有精准全面的地下管网数据，目前对于漏损控制做的比较好的南方城市，前期在管网的普查物探方面，都投入了较大的财力与物力，只有依靠精准全面的管网数据及 GIS 的支撑，才能科学地进行 DMA 分区漏损控制。目前，水务公司缺少管网的相关信息。已有的管网示意图也缺乏相应的高程、埋深、口径等属性

信息，建立分区管理困难很大，管控管网漏损率也无从谈起。部分管线数据为难以物探的非金属管，同时部分地区存在新、旧管线混装现象，使用情况无法确认。

主要危害是，自来水生产和水培过程错综复杂，往往耗费大量精力，管理大量的资料数据，这在人员短缺和信息化能力不足的情况下是巨大的问题。经验表明，供水基础资料的欠缺会导致供水量极易受随机因素影响，对管道的维护养修也造成了人力成本和物力成本极大损失，往往由漏损率和管道维修保养所造成的损失，就已经造成数倍于信息化建设本身的投入，并且管网数据空白的问题会进而影响并危及饮水安全、市政建设，这对城市的规划发展是很不利的。

（5）未进行大用户水表的相关普查工作

用水大户对于一个城市的经济影响重大，若企业无法正常用水就会导致生产受到影响，最终影响整个城市的GDP。

目前，水务公司对于用水大户并未全部建立远传水表，同时对于大户用表尚未进行水表普查，容易造成大用户偷盗水、抄表人员估抄等情况，且由于户表与管网并未建立有效的拓扑关系，因此在发生爆管关阀时，往往无法立刻分析出受影响的停水大用户，这样容易影响大用户的正常生产。

同时，全面的水表普查工作，也能够将全区的问题水表找出来，比如销户继续使用的水表、私接水表等，这些都是大大影响漏损率的关键因素。正是因为这些问题的存在，才会造成大量的经济损失。

5.2.2 主要需求

（1）综合管理需求

水务公司的组织结构包括综合管理部、发展规划部、生产技术部、安全生产监督管理部以及水厂、维修服务公司和等职能部门和生产单位。

各部门通过分区计量的建设和管理、优化管理流程、明确管理职责、建立绩效考核机制，实现供水管网漏损控制的长效化、绩效化管理。

（2）完善的管网数据需求

数据是管网管理的核心和灵魂，管网GIS能否发挥应有的价值和效益，漏损能否得到有效控制，很大程度上取决于管网数据的完整性、准确性和现时性。

水务公司需要通过外业地理物探，对前期管网数据中存在错误或改造过的管网进行信息上报，再由相应人员进行现场确认和GIS数据修改或复测，最终录入GIS管理系统，为管网数据的完善形成了较好的动态更新机制。

（3）管网分区计量管理需求

分区计量管理是提高供水管网漏损控制效率的先进技术与管理手段，通过建成覆盖全部管网的流量计量传递体系，进行水平衡分析，评估各区域内管网漏损状况，有效识别管网漏损严重区域和漏损构成，科学指导开展漏损控制作业，实现精准控漏，提高漏损控制效率。

水务公司现状的管网基础数据、管网拓扑结构、管理需求和经济发展水平，科学制定分区方案，分阶段建设多层级计量传递体系，推进供水管网区域化、层级化和精细化管理，有效地控制管网漏损。

（4）信息化管控需求

建立水务信息化管控平台，充分利用物联网、大数据分析等技术，以供水管网分区计量管理为抓手，统筹水量计量与水压调控、水质安全与设施管理，构建起管网智能化运行分析决策平台，实现对管网运行情况的综合分析和智能管控。

（5）信息安全需求

供水地下管线属于保密数据，作为管网数据的载体，供水地下管网数据库必须具有高度的安全性。水务公司信息化系统安全包括两个方面：物理安全和逻辑安全。

物理安全指系统设备及相关设施受到物理保护，免于破坏、丢失等。逻辑安全包括信息完整性、保密性和可用性。完整性指信息不会被非授权修改及信息保持一致性等；保密性指高级别信息在授权情况下流向低级别的客体与主体；可用性指合法用户的正常请求能及时、准确、安全地得到服务或回应。

结合国家涉密网建设和系统安全的相关法规和文件，本着可实施性、可管理性、安全完备性、可扩展性和专业性原则，参考目前国内、国际有关网络安全的专业规范和相关的安全标准，针对“多层次、多方面、立体的系统安全”架构要求，建立智慧供水安全控制体系。

5.3　城乡供水管网关键问题工作目标及原则

5.3.1　工作目标

实施城乡供水管网分区计量管理，建立管网漏损管控体系，实现供水管网精准控漏，降低城镇供水管网漏损，提升供水管理水平，保障供水安全。《“十四五”节水型社会建设规划》，到2025年基本补齐节约用水基础设施短板和监管能力弱项，水资源利用效率和效益大幅提高，节水型社会建设取得显著成效，城市公共供水管网漏损率＜9.0％。

5.3.2　基本原则

（1）规划引领，分步实施。

发挥城镇供水设施建设相关规划的引领作用，合理规划管网分区和设施布局，科学分解管网漏损管控目标，指导管网分区计量项目建设。系统推进，分步实施，逐步实现供水管网区域化、层级化和精细化管理。

（2）因地制宜，构建体系。

结合旧城改造、老旧小区改造、棚户区改造和二次供水设施改造等，因地制宜，科学制定管网分区计量管理实施方案，与管网建设和改造同步设计、同步实施。统筹水量计量与水压调控、水质安全与设施管理、管网运行与营业收费管理，构建管网漏损管控体系。

（3）落实责任，强化监管。

国务院“水十条”明确要求，地方各级人民政府是落实管网漏损控制目标的责任主体，应加强对漏损控制的指导和监管，积极推行管网分区计量管理，强化部门协作，建立激励机制，鼓励多渠道融资，强化监督考核。

（4）长效管理，注重实效。

供水单位作为具体实施责任主体，应建立精准、高效、安全的管网控漏长效管理机制，将管网分区计量与收费管理相结合，实行供水管网分级分区管理，科学分析漏损构成和空间分布，合理采取检漏控漏措施，有效降低管网漏损。

5.4　供水管网分区计量管理内涵与实施路线

5.4.1　关于分区计量

（1）分区计量管理

分区计量管理是指将整个城镇公共供水管网划分成若干个供水区域，进行流量、压力、水质和漏点监测，实现供水管网漏损分区量化及有效控制的精细化管理模式。

分区计量管理将供水管网划分为逐级嵌套的多级分区，形成涵盖出厂计量-各级分区计量-用户计量的管网流量计量传递体系。通过监测和分析各分区的流量变化规律，评价管网漏损并及时作出反馈，将管网漏损监测、控制工作及其管理责任分解到各分区，实现供水的网格化、精细化管理。

（2）分区划分

分区划分应综合考虑行政区划、自然条件、管网运行特征、供水管理需求等多方面因素，并尽量降低对管网正常运行的干扰。其中，自然条件包括：河道、铁路、湖泊等物理边界、地形地势等；管网运行特征包括：水厂分布及其供水范围、压力分布、用户用水特征等；供水管理需求包括：营销管理、二次供水管理、老旧管网改造等。

（3）分区级别

分区级别应根据供水单位的管理层级及范围确定。分区级别越多，管网管理越精细，但成本也越高。一般情况下，最高一级分区宜为各供水营业或管网分公司管理区域，中间级分区宜为营业管理区内分区，一级和中间级分区为区域计量区，最低一级分区宜为独立计量区（DMA）。独立计量区一般以住宅小区、工业园区或自然村等区域为单元建立，用户数一般不超过5000户，进水口数量不宜超过2个，DMA内的大用户和二次供水设施应装表计量，鼓励在二次供水设施加装水质监测设备。管网分区计量管理示意图如图5-1所示。

该管网采用了三级分区计量管理模式，包含2个一级分区、5个二级分区、若干个三级分区，其中三级分区为DMA。

5.4.2　分区计量管理实施路线

分区计量管理有两种基本实施路线：

（1）由最高一级分区到最低一级分区（或DMA）逐级细化的实施路线，即自上而下的分区路线；

（2）由最低一级分区（或DMA）到最高一级分区逐级外扩的实施路线，即自下而上的分区路线。自上而下和自下而上的分区路线各有优势，互为补充。供水单位可根据供水格局、供水管网特征、运行状态、漏损控制现状、管理机制等实际情况合理选择，也可以

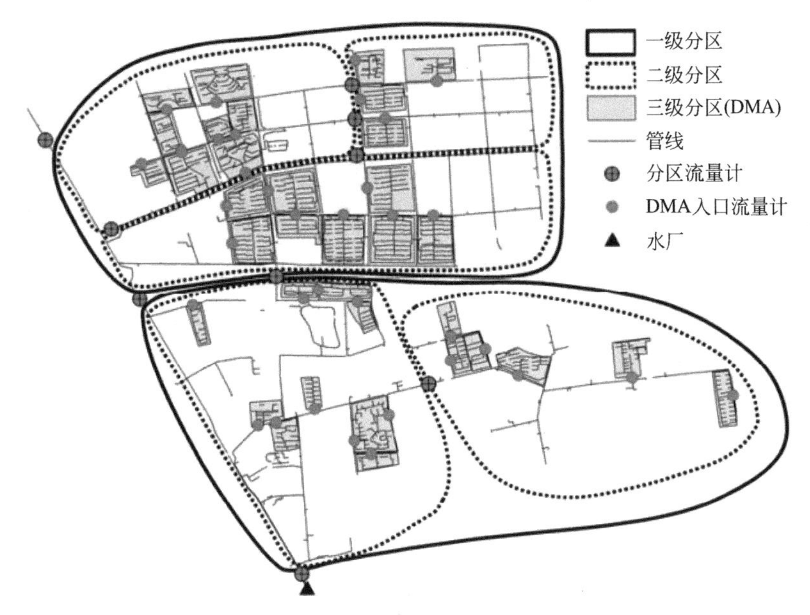

图 5-1　管网分区计量管理示意图

根据具体情况采用两者相结合的路线。

5.4.3　分区计量管理与漏损管控

分区计量管理是提高供水管网漏损控制效率的先进技术与管理手段。通过分区计量管理，建成覆盖全部管网的流量计量传递体系，进行水平衡分析，评估各区域内管网漏损状况，有效识别管网漏损严重区域和漏损构成，科学指导开展管网漏损控制作业，实现精准控漏，提高漏损控制效率。在推进分区计量管理的同时，常规管网漏水检测、管网维护更新等漏损控制措施，也应同步开展。

5.5　监测点及设备比选

5.5.1　监测点比选

管网监测系统主要是通过现地监测、控制等自动化设施建设，实现压力的快速采集传输，实现对重要分水节点的水情在线监测，管网的跑冒爆管等状态进行正确预估和分析，遇到异常情况或者需要人为干预时对电动阀门进行控制，超计划引水得到有效监控，管网漏损得到及时处置，依法履行水资源管理与调度的职责。

管网水量平衡如下：

第一级水量平衡分析：通过主管流量与主管上分水口流量之和的水量平衡。

第二级水量平衡分析：通过干管流量与干管上分水口流量之和的水量平衡。

第三级水量平衡分析：通过分干管流量与分干管上分水口流量之和的水量平衡。

根据系统水量平衡分析的计算内容，管网监测系统的监测点布置可考虑两种方案。

方案一：管网分水口按照含入单个自然村的一定数量计数，在管网各级分水口，配水管网干管-支管，重要的干管-入村管，支管-入村管节点布设监控点，配置自动化监控设备（农村考虑40%～60%的监控率）；其中管网各级分水口布设多控点，配水管网重要干管-支管布设单控点，重要的干管-入村管，支管-入村管节点布设多控点。

方案二：管网分水口按照含入单个自然村的一定数量计数，在管网及配水管网各级分水口，干管-支管，干管-入村管，支管-入村管布设监控点。其中管网各级分水口布设多控点，配水管网重要干管-支管布设多控点，干管-入村管，支管-入村管节点布设多控点。

上述两种方案均可满足“十四五”期间互联网＋城乡供水的管理运行需求，方案一仅对供水管网的重要节点，投资成本低；方案二点多线长、受项目区环境影响干扰因素大；考虑到“十四五”期间工程管理协调性、投资，方案一更具备合理性。

5.5.2 管网监测设备比选

（1）分水口双控设备比选

分水口监测点作为供水管网的重要建设内容，需对其监测设备进行比选。根据常用监测设备比较，确定分水口监测设备建设方案包括以下两种：

方案一：采用流量压力一体式监测设备；

方案二：采用流量压力分体式监测设备。

从传输方式、传输稳定性、采集频率、对供电的要求、安装方式、投资费用等方面对以上两种方案进行比选。

方案一：采用流量压力一体式监测设备

流量压力一体式监测设备采用超声波水表及压力传感器集成的方式，通过数据监控仪设备进行连接，网络传输方式采用无线4G公网，可采用锂电池＋太阳能供电系统为数据监控仪及流量压力采集设备供电。

但此类测压型流量计目前在市场上成品设备数量较少，实例应用缺乏大范围的使用，同时，由于大多数超声波流量计，管径在DN300以上的多为插入式，不具备与测压装置集成为一体的管段式结构，其运用和发展较为受限。

方案二：采用流量压力分体式监测设备

流量压力分体式监测设备采用独立的超声波水表及压力传感器对管网供水流量及供水压力进行监测，单独配置无线采集传输设备进行连接，网络传输方式采用无线4G公网，采用太阳能供电系统为无线采集传输设备及流量压力采集设备供电。

方案一及方案二分析比选如表5-1所示。

分水口双控设备形式分析比选 **表5-1**

比选项	方案一： 流量压力一体式监测设备	方案二： 流量压力分体式监测设备
传输方式	通过数据监控仪设备进行连接，采用4G无线公网进行传输	需单独配置无线采集传输设备进行连接，通过无线4G公网进行传输

续表

传输稳定性		受项目区网络信号覆盖度及用户数量影响较大。项目区网络信号强度满足本项目数据传输稳定性需求	受项目区网络信号覆盖度及用户数量影响较大。项目区网络信号强度满足本项目数据传输稳定性需求
采集频率		默认 2h 上报一次，可根据需要进行设置。为保证管网运行安全，提高供水保障率，本次设计采集频率为 15min 一次	默认 2h 上报一次，可根据需要进行设置。为保证管网运行安全，提高供水保障率，本次设计采集频率为 15min 一次
对阀井尺寸的要求		实时在线	实时在线
对供电的要求		采用自带锂电池供电，按默认采集频率可使用 6 年，也可使用太阳能供电。为保证管网运行安全，提高供水保障率，本次设计采用太阳能供电，可根据采集频率按需配置，以满足使用需求	采用太阳能供电，可根据采集频率按需配置，以满足使用需求
适用范围		DN32～DN300	可自由搭配
安装方式及施工		一次安装	两次安装
投资费用	建设费用	约 16000 元/块(以 DN100 口径水表为例)	约 16600 元/块(以 DN100 口径水表为例)
	维护费用	传输网络由运营商进行维护，无维护费用；监测设备由项目公司进行维护，维护费用 500 元/(表·年)；根据太阳能供电系统参考使用 5 年的年限，建设后 5 年内无维护费用	传输网络由运营商进行维护，无维护费用；监测设备由项目公司进行维护，维护费用 500 元/(表·年)；根据太阳能供电系统参考使用 5 年的年限，建设后 5 年内无维护费用

另外对于流量、压力采集设备的结构形式，两种方案的设备均能够满足本项目的应用需求，其中一体式的测压流量计虽然在设备投资上略低于两种设备组合的方案，但是在特殊情况下，需要短时传输时，将会大量耗电，缩短电池使用寿命。而且由于测压流量计在实际应用中缺乏大范围使用的成熟经验，设备厂家对此类产品的备货需要一定的时间，分体式的两类设备组合虽然投资成本上稍高于一体式的测压流量计，但此类方案在诸多同类型的项目中有大量成功的运用经验，技术较为成熟，因此推荐采用流量计量和压力测量两种设备的组合搭配的方案二。

(2) 独立压力监测设备比选

在输配水管网上设置监控点，根据各级水量、压力的平衡分析，结合云计算能够快速查找漏损点，判断漏损原因。为达到此目的，需要在输配水管网上安装压力监测设备，另外根据压力监测设备和测控终端可采用一体集成式设备和两种设备的搭配组合，对此类压力、测控终端集成式的方案和两种设备组合的方案进行比选。

方案一：采用压力采集传输一体式监测设备。

方案二：采用压力和测控终端测量两种设备的组合搭配。压力变送器选型可灵活搭配，设备间独立安装，互不干扰，设备采集数据值更加精确，是目前应用较为广泛的压力监测方式。

从传输方式、传输稳定性、采集频率、供电可靠性、投资费用五个方面对以上两种方案进行比选。

方案一：采用压力采集传输一体式监测设备

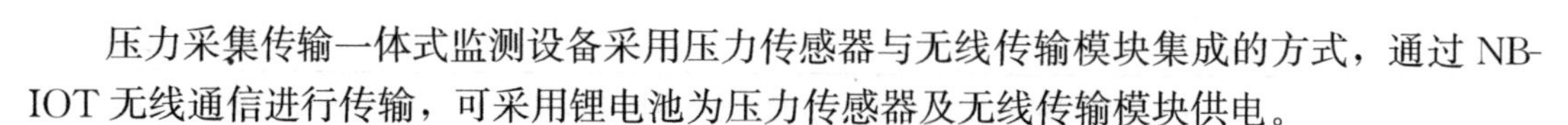

压力采集传输一体式监测设备采用压力传感器与无线传输模块集成的方式，通过 NB-IOT 无线通信进行传输，可采用锂电池为压力传感器及无线传输模块供电。

方案二：采用压力采集传输分体式监测设备

压力采集传输分体式监测设备采用独立的压力传感器对管网供水压力进行监测，单独配置无线采集传输设备进行连接，网络传输方式采用无线 4G 公网，采用太阳能供电系统为无线采集传输设备及压力传感器供电。

方案一及方案二分析比选如表 5-2 所示。

压力监测设备分析比选 **表 5-2**

比选项		方案一： 压力采集传输一体式监测设备	方案二： 压力采集传输分体式监测设备
传输方式		通过无限传输模块进行连接，采用 NB-IOT 无线通信进行传输	需单独配置无线采集传输设备进行连接，通过无线 4G 公网进行传输
传输稳定性		受项目区网络信号覆盖度及用户数量影响较大	受项目区网络信号覆盖度及用户数量影响较大。项目区网络信号强度满足本项目数据传输稳定性需求
采集频率		默认 30min 发一次数，不适合实时传输	默认 2h 上报一次，可根据需要进行设置。为保证管网运行安全，提高供水保障率，本次设计采集频率为 1min 一次
供电可靠性		采用自带锂电池供电，按默认采集频率可使用 3 年	采用太阳能供电，可根据采集频率按需配置，以满足使用需求
投资费用	建设费用	约 6500 元/块	约 9070 元/块
	维护费用	传输网络由运营商进行维护，无维护费用；监测设备由项目公司进行维护，维护费用 500 元/(表·年)；电池参考使用 3 年的年限，建设后 3 年内无维护费用	传输网络由运营商进行维护，无维护费用；监测设备由项目公司进行维护，维护费用 500 元/(表·年)；根据太阳能供电系统参考使用 5 年的年限，建设后 5 年内无维护费用

一体式监测设备通过 NB-IOT 无线通信进行传输，分体式监测设备通过 4G 公网进行传输，一体式传输设备与设备集成一体安装于监测井下，通信信号受铸铁井盖影响较大，分体式传输设备 RTU 测控终端安装于地面上，通信信号不受井盖影响；采集频率一体式检测设备 30min 采集上传一次，电池可用 3 年，若实时采集传输，电池使用寿命无法保证，分体式采用太阳能供电可保证用电，同时可满足实时采集传输要求；传输网络维护费用上一体式与分体式均无需付费，监测设备维护上均是 500 元/（表·年），电池维护上一体式为 3 年内无费用，分体式为 5 年内无费用；建设费用上一体式低于分体式设备。从以上分析结果可知，虽然一体式监测设备建设费用较低，但综合考虑采用压力和测控终端测量两种设备的组合搭配较为经济合理。

5.5.3 用户端水表选型方案比选

远传水表通常是以普通水表作为基表，在加装远传输出模块后，实现数据远传、在线抄表功能，远传输出模块可以安置在水表本体内或指示装置内，也可以配置在外部；对基表的改造，还可以在加装阀门，实现远程控制，在用户水费欠缴的情况下能够远程关闭阀门，停止供水。因此，针对远传水表的基表数据采集方式、有无阀门控制、数据转换方式、多点传输方式、远传水表结构、通信方式、安装口径选择和针对大口径用水户计量方案等方面进行方案比选。

1）基表类型比选

目前市面上使用较为广泛的远传水表基表大多采用机械表和超声波水表。

（1）机械水表

机械水表采用机械原理进行计量，利用叶轮、表头等机械转动部件来计量，叶轮是一个动能转换装置，表头由一组传动齿轮构成。水表安装在封闭管道中，当水流通过叶轮，水流速度可为叶轮提供动能，推动表头的齿轮旋转，叶轮驱动后，带动表头转动，从而指示水表的度数。因此在水流长时间的冲刷下，叶轮经常磨损，因此机械水表使用时间越长，测量精度将会有所下降。机械水表实物图如图 5-2 所示。

图 5-2　机械水表实物图

（2）超声波水表

超声波水表采取时差法对流量进行测量，通过在管段上下游分别安装的超声波换能器，发射和接收超声波信号，利用计算器通过处理传感器采集的温差及声波通过流体的时间差，实现对流量的计量，超声波水表在整个生命周期内都可以保证计量的准确度，不因时间而改变；超声波水表测量部分内部没有任何的活动部件，因此不会出现磨损情况。但是超声波水表价格高，同时设备耗电量较大。需要结合不同通信方式可定时抄表。

超声波水表对被测介质几乎无要求，具有极宽的量程比，测量精确更高，灵敏度高，可检测到流量、流速的微小变化。还可进行管道空管报警、水温测量，通过设置报警参数，对管道空管、漏损、设备状态及时报警。

但由于超声波水表的测量原理，测量环境要求必须满管测量，非满管状态下测量准确度将大幅降低，安装条件要求更加严格，安装必须满足“前五后三”的安装条件，维修养护难度大，稳定性较低。丰富的功能导致超声波水表价格较高，设备耗电量较大。超声波水表实物图如图 5-3 所示。

对于远传水表的基表，主要是在机械水表和超声波水表两者进行比选。远传水表基表比选如表 5-3 所示。

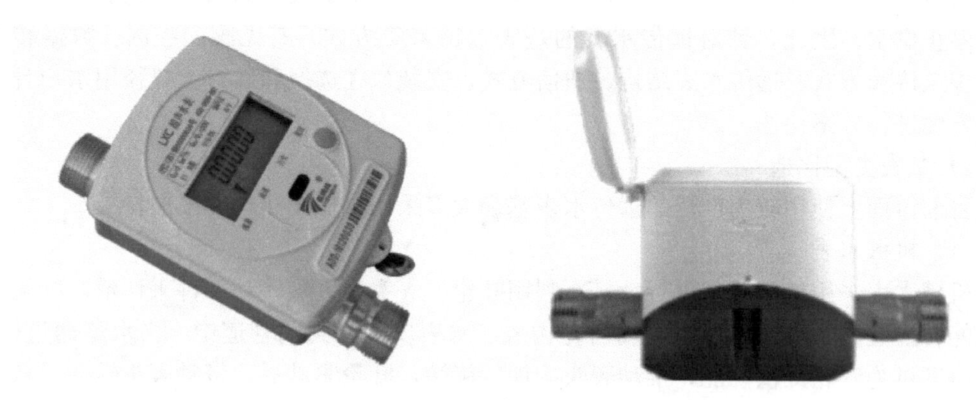

图 5-3　超声波水表实物图

远传水表基表比选　　　　**表 5-3**

对比内容	机械水表	超声波水表
管径要求	DN15～DN25	DN15～DN25
功能要求	满足	满足
测量精度	±2%～±5%，满足要求	0.5%～1%，满足要求
与测控终端的协调性（数据转换）	需转换	一致
供电需求	机械计量，无需供电	电子计量，需供电
使用寿命	≥6 年	≥6 年
安装环境	宽泛	有限条件
运行维护	无特殊要求	无特殊要求
设备单价	210～270	310～370

超声波水表计量数据相对较为准确，适用与测量准确度要求较高的场合，因此超声波水表对管道满管流要求较高，安装条件高。同时，超声波水表更多的功能导致水表造价更高。

机械水表成本低廉、功耗更低、抗干扰能力强、分辨率高、计量准确度能够满足城乡用水计量，机械水表在实践中得到了广泛的推广与运用。

结论：通过上述水表的工作原理和优缺点的比选，上述两种水表均能够满足用户端水量计量应用场景，因此机械水表和超声波水表均可作为本项目远传水表的基表。

2）有无阀控比选

农村用水户，在以前的生活中，用水难以得到保障，从机井或泉水中取水往往不需要缴费，导致用水缴费的意识淡薄，用水缴费习惯尚未养成，加之部分村民可能长期在外务工，水管员仅在固定的时间进行水费收缴，农村用水户又较为分散，水管员一旦错过，很难再对未缴费的用水户进行水费收缴，因此农村的水费收缴率历来偏低，仅能收取 40%左右。另外，对于部分农村用水户，在享受自来水带来的便利的同时，不懂得珍惜、节约宝贵的水资源，经常利用自来水进行农业生产、灌溉等其他用途，或是不关水龙头，任由自来水白白浪费。有无阀控比选如表 5-4 所示。

有无阀控比选　　表 5-4

比选内容	有阀控	无阀控
收费模式	预缴费，欠费停水	按月出用水账单，用水户自觉缴费
材质要求	铜质	铸铁或不锈钢
供电要求	电池容量大	电池容量小
定期操作要求	30～40d 左右启闭一次	无要求
阀控电机要求	需考虑防水、功耗、工程电压	无要求
方便管理	利于水费收缴与调度管理	可满足一般运行要求
适用环境	节约用水和用水缴费意识淡薄的农村地区	已养成良好缴费习惯的城市
作用	有助于提高水费收缴率	节省投资，促进社会和谐

针对本项目用水户的用水缴费习惯，结合后期投建管服一体化的经营管理，为增强城乡用水户的用水缴费和节约用水意识，对用水行为进行制约限制，同时提高农村水费收缴率，采用预付费模式，需要采用欠费关阀，缴费开阀、实行阶梯水价等功能来保证水费收缴，当用水户水费欠缴的时候，自动停水进行催收。

结论：有阀控和无阀控的水表均可满足本项目的设计功能要求，按照本项目用水户的用水缴费习惯，城乡用水户安装的水表均需要具有阀控的功能。

3）数据转换方式比选

目前市面上通常使用的以机械表为基表的远传水表主要包括脉冲式远传水表和光电直读式远传水表，上述两种远传水表的差异主要体现在数据信号转换方式上，脉冲式远传水表将流量信息转换为实时流量的开关量信号、脉冲信号、数字信号等，传感器一般选用干簧管或霍尔元件；光电直读式远传水表将流量信息转换为数字信号和编码的光电信号，传感器为光电子器件。

（1）脉冲式远传水表

脉冲式远传水表是一种以机械式水表为计量基表，在水表指针上加装磁钢，配置干簧管或霍尔元件等发讯装置，依据基表指针旋转输出计数脉冲或开关信号，实时产生机电转换信号，再由电子装置实时累计转换水量的一种电子远传水表。开关脉冲式远传水表独特的原理使得其电子元器件需实时采集脉冲信号，设备需要长时间低功耗运行，大部分水表在周期维护时都不需要跟换电子元器件部分，仅需对基表进行维修，使用成本也更加低廉。

开关脉冲式远传水表经过近十年的大规模应用，已经得到了各地普遍认可，成为当前小口径远传水表的主流技术，目前，市场上常见的 NB-IoT 远传水表，实际为脉冲式远传水表，产品应用较为广泛。开关时脉冲水表具有以下特点：

① 脉冲计量读数范围更广，基表指示装置的数字为 5 位，其余为模拟指针指示，读数范围为：0.0001～99999.9999m^3，可对小的漏损及时监测；

② 采集精度高，数据采集精度≤0.01m^3；

③ 脉冲远传水表对基表改动小，不影响原有的结构和计量，维护方便；

④ 成本相对较低；

⑤ 脉冲采集技术比较成熟；

⑥ 脉冲式远传水表输出脉冲依靠基表指针的转动，采集脉冲个数进行累计计量，脉冲累计形式易造成一二次仪表数据不同步。

由于原理的限制，以此方法获取或传送的数据会由于各种形式的干扰或振动而引起错误脉冲、电源故障或者断线引起丢脉冲、管网水回流及临界点抖动引起多脉冲，从而导致表的原始读数与传输回来的数据有偏差，造成数据不同步。开关脉冲水表实物图如图 5-4 所示。

图 5-4 开关脉冲水表实物图

（2）光电直读远传水表

光电直读远传水表也是一种以机械式水表为计量基表，在水表字轮上增加码道（对射式是在字轮端面分布一些镂空的码道，反射式是在字轮的侧面贴上反光条，常用的为对射式），在抄表时光电管发光照射码道，根据通过会反射的光的不同情况来判断字轮所处的位置。因此，这类远传水表也被称为非接触式编码读数。同时，该类水表由于平时工作无需供电，通常也称为无源直读式。光电直读式水表独特的原理使得其电子元器件在平时处于不工作状态，仅在抄表瞬间进行工作。光电直读远传水表实物图如图 5-5 所示。

图 5-5 光电直读远传水表实物图

它具有如下特点：

① 远传数据准确性高。

② 该类远传水表没有脉冲输出，在抄表时直接通过光电编码来判别字轮的位置。同

时，该编码器的工作只在抄表时进行，因此平时各种外部环境的干扰与远传系统的正常计数都无直接关系，也不受磁场或水中杂质的干扰，抗干扰能力强。

③ 平时无需电源供电。

④ 编码器不需要电源供电，在两次读表间隔时间内无需供电，只要在抄表时有读数设备直接供电即可，但一次供电功耗较大。

⑤ 在字轮处于进位状态时，有读数盲区，这时读到的将是乱数。

对于远传水表选择，主要是在脉冲式远传水表和光电直读远传水表两者进行比选，如表5-5所示。

远传水表比选　　**表5-5**

对比内容	脉冲式远传水表	光电直读远传水表
测量精度	低区误差≤±5.0%； 高区误差≤±2.0%。	±2%～±3%
管径要求	DN15～DN25	DN15～DN25
压力等级	1.0MPa	1.0MPa
通信方式	RS485、GPRS、NB-IoT	RS485、GPRS、NB-IoT
工作电源	工作电压≤5.5V，工作电流：0.025～250mA	工作电压≤5.5V，工作电流：4～250mA
供电问题	须保持不间断供电，但功耗极低	抄表时瞬间供电，瞬时耗电量大，须外部供电
远传误差	机械字轮与抄回读数差值不超过0.1m^3	有读数盲区，所以表数据与计算机会有误差
市场造价	210～270元	240～310元

光电直读远传水表成本造价略高，但在测量精度上略由于脉冲远传水表；目前市场上常见的远传水表，基表大部分为脉冲式远传水表，能够实时监视用户的非正常用水状态，随着近几年的产品升级、技术更新，脉冲水表的优势也越来越明显：成本低廉、功耗更低、抗磁干扰能力更强、分辨率更高、计量更准的脉冲式远传水表在实践中得到了广泛的推广与运用。

结论：通过上述远传水表的工作原理和优缺点的比选，上述两种水表均能够满足用户用水量计量应用场景。

4）通信方式比选

目前，远传水表大多在基表上安装LoRa通信模块、NB-IoT通信模块或者4G模块以实现远传功能，针对以上3种不同的网络通信方式进行比选。

（1）LoRa通信模块

在原有水表的基础上，增加LoRa模块，使原有的水表实现无线传输。水表数据通过LoRa水表传输到LoRa集中器，LoRa集中器采用无线方式（GPRS/4G）传输到中心数据服务器。

LoRa通信模块可以实现远程自动报警，支持外部磁信号强制触发唤醒功能，无缝对接水表设备云及自来水厂管理平台，保证数据安全性。

Lora水表为计量基础，通过微功率免申请计量频段（470～510MHz）与采集器集中器进行通信，数据上传到集中器上，由集中器统一报送数据至云平台，实现水表使用水量的自动远程抄表，支持双向通信，可实时开关阀，实时点抄，表端正常处于低功耗模式，当集中器下发抄表命令后，指定地址的水表唤醒，进行抄表，完毕后继续进入低功耗，有效地降低了表端功耗。阀门控制功能方便管理部门对水表的用水情况进行控制，使得远程抄表及控制变得更便捷、可靠，在节约人力、物力和财力的同时，有效地提高生产效益。

（2）NB-IoT 通信模块

NB-IoT 通信模块采用了目前世界上最先进的窄带蜂窝通信技术，具有网络深覆盖、广链接、低功耗等优势，通信稳定、可靠、安全。

NB-IoT 通信模块不需要与集中器链接，上位机通过网络将指令直接传送到 NB-IoT 水表，水表接收到指令后，执行相应的动作，动作完成后，将执行的结果或数据原路返回给上位机。水表数据直接上传到云服务器，化繁为简，没有采集设备等中间环节，安装调试简单、方便。

（3）4G 传输

4G 网络网络覆盖广、广链接、低功耗通信稳定，通过 RTU 测控终端以 4G 的通信方式传输到中心数据服务器，中心应用服务器对数据进行分析处理，最终得到管理人员需要的信息，相关部门如需要用户水表流量信息可通过访问中心服务器获取。所有用户水表监测信息由采集系统采集，并按使用频度和时效性要求分成定期和不定期采集两类。为充分利用各种信息采集资源，便于信息的交流与整合，降低信息采集的成本，同时建立满足各种业务需求的信息采集系统。

该通信网络方式适用于物联网网络条件不好的区域，该类方式供电可采用太阳能供电，故而可以实现实时抄表和阀门控制功能，满足特殊管理要求。

LoRa 通信模块、NB-IoT 通信模块或者 4G 模块比选，如表 5-6 所示。

远传水表通信比选 **表 5-6**

对比内容	Lora 通信模块	NB-IoT 通信模块	4G 模块
系统特点	自组网络，灵活便捷	低功耗，通信稳定	网络覆盖广、广链接、通信稳定
建设费用	覆盖范围内自组网络、初期投资大	按月缴费，成本低	按月或流量缴费，成本低
通信距离	可灵活配置	受环境限制	受环境限制
安全可靠性	抗干扰强、可靠性高、保密性强	抗干扰强、可靠性高、保密性强	可靠性一般，保密性一般
日常维护	需专业维护	运营商维护，维护较少	运营商维护，维护较少
扩展性	方便灵活	受运营商限制	受运营商限制
结论	对站点集中，数量较多但现场网络覆盖不佳的场景采用	对信号覆盖良好的场景适用	对信号覆盖良好的场景适用

结论：经过调查，项目区内网络信号覆盖良好，运用运营商搭建的网络站点，具有成本低、网络稳定的优点。因此，不考虑成本投入较大的 LoRa 自组网。NB-IoT 通信的水表相比采用 4G 通信的水表，具有功耗低、费用低等优势。

5）多点传输方式比选

对于远传水表的传输终端，目前，市面上水表传输终端与水表的连接方式主要有 2 种，分别是“一表一传”和“多表一传”。

（1）一表一传

“一表一传”的传输方式即 RTU 传输终端与水表有线连接，1 个 RTU 传输终端可带 1 块水表。“一表一传”传输方式如图 5-6 所示。

图 5-6　“一表一传”传输方式

（2）多表一传

“多表一传”的传输方式即集中器与水表有线连接，一个集中器可带 8～12 块水表。“多表一传”传输方式如图 5-7 所示。

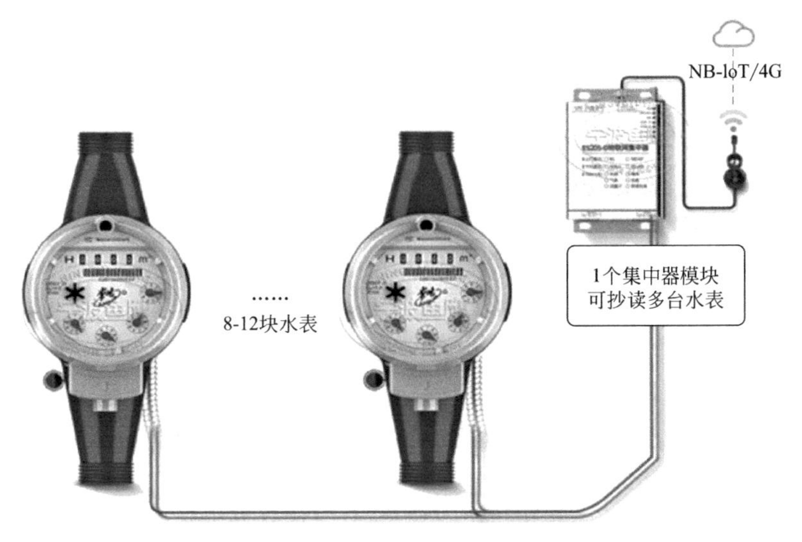

图 5-7　“多表一传”传输方式

多点传输方式常用的“一表一传”和“多表一传”比选，如表 5-7 所示。

多点传输方式比选　　表 5-7

比选项		一表一传	多表一传
数据	数据安全性	加密上传，安全可靠	加密上传，安全可靠
	传输实时性	可按定时上传数据、主动实时报警和智能按需上传定制	一天一次
	数据上传	主动上报云平台	主动上报云平台
	通信模块	NB-IOT	NB-IOT/4G
功能	阀控功能	可以	可以
	模组升级	支持远程升级	无
	智能交互	支持人工触发恢复用水	无
	双模通信	适应不同的网络环境，在有 NB-IOT/CAT1 等窄带物联网网络覆盖的地方，通过运营商网络直接接入指定平台，不需要其他网关设备	无
	数据采集	直接读取窗口值，0.5h 一次	5min 一次
	数据上报	可按定时上传数据、主动实时报警和智能按需上传定制	5min 一次
	实时用水	支持实时用水，欠费充值后，一键启动用水或平均半小时恢复正常用水	不支持
维护	电池使用寿命	6 年	太阳能供电/市电
	维护费用	5 元/(表·年)	10 元/(表·年)
	难易程度	简单	简单
	运营模式	运营商负责网络	运营商负责网络
设备单价		480 元/套	1300 元/套

根据以上比选内容可知，“一表一传”和“多表一传”的水表传输终端均采用 NB-IOT/4G 通信技术传递数据，传输距离远，超低功耗，抗干扰，数据安全传输，性能可靠。但“一表一传”的水表传输终端设备供电采用 3.6V 高性能锂电池，电池使用寿命长，无需额外配置电源，大大降低了设备的综合单价，同时具备便捷式插拔接口，便于安装，维护方便。而“多表一传”的水表传输终端需要搭配太阳能和蓄电池进行独立供电，设备的增加提高了综合单价，另外电池等设备的维护也增加了运行维护费用。

综合“一表一传”和“多表一传”两种水表传输终端的功能、技术、稳定性及运行维护的便捷性考虑，“一表一传”的水表传输终端的功能符合甚至优于“多表一传”的水表传输终端的功能，并且由于供电系统的简化，大大降低了设备单价及维护费用。

6）国内成熟的远传水表与新型“物联网水表”的比选

国内成熟的远传水表与新型“物联网”水表的比选主要集中在远程升级、国密加密、边缘计算、用水特征分析、实时用水、分体式设计、通信等方面。物联网水表与市面上同类型的远传水表功能对比如表 5-8 所示。

“新型物联网”水表采用 NB-IOT/CAT1 等窄带物联网通信技术传递数据，充值缴费后，短时恢复用水；抗磁干扰，数据安全传输，性能可靠；采用授权频谱，极大降低了信号的干扰，保证了水表传输的可靠性和安全性。推荐采用“新型物联网”水表，即《宁夏“互联网＋城乡供水数据规范”》中的，拥有计量与采算传功能的水表。

物联网水表与市面上同类型的远传水表功能对比　　表 5-8

比选项	"新型物联网"水表	成熟的远传水表
远程升级	支持，可以保持水表永久不被淘汰	支持，可以保持水表永久不被淘汰
国密加密	支持	支持
边缘计算	支持，用水计量与结算可以在水表中完成，避免网络不稳定的情况下，未能及时控制	不支持
用水特征分析	对用水情况进行分析，杜绝偷水、漏水事件发生	无法对用水情况进行分析
实时用水	欠费充值后，一键启动用水或平均 0.5h 恢复正常用水	欠费充值后，自动恢复供水周期为 24h
电池电量检测	能够实时监测水表电池电量，低电自动报警	能够实时监测水表电池电量，低电自动报警
双层防护等级	内部全面防水处理、外部壳体 IP68 防护等级	内部全面防水处理、外部壳体 IP68 防护等级
抗干扰	抗磁干扰	无
分体式设计	即可分体、也可以一体，方便农村环境部署	即可分体、也可以一体，方便农村环境部署
通信方式	支持 CAT1/NB-IOT 两种通信模式	一般支持单一通信模式

7）水表结构比选

市场上通常使用的远传水表结构主要分为两类：一是分体式远传水表；二是一体式远传水表。

（1）分体式远传水表

分体式远传水表将基表、传输终端分离，此类型的水表传输终端将通信控制模块、电池、通信天线整合为一体，通过 M-BUS 数据线与水表基表进行有线连接。

（2）一体式远传水表

一体式远传水表即基表、通信控制模块与电池为一整体结构不可分离的水表。一体式远传水表包括外置天线水表和内置天线水表两类。

分体式远传水表和一体式远传水表比选如表 5-9 所示。

远传水表结构形式比选　　表 5-9

比选内容	分体式	一体式
通信方面	井下安装时，井口信号强度优于井底，略差于井上，通信良好、稳定	井下安装时，信号强度差，会影响水表的正常通信
维修方面	分体式的结构设计，某一个模块的故障无需更换整表，维护及检测成本低	一体式的结构设计，某一个模块的故障需更换整表，维修不方便，费用较高
安装环境	电子模块和机械模块分开，机械模块即使受到长时间水淹也不会影响测控终端等电子器件的正常运行	一体式智能水表电子模块和机械模块一体，受到长时间水淹会影响电子模块的正常运行
市场造价	480 元（含阀控）	390 元（含阀控）
适用场景	通信条件良好的井下安装环境，也能较好适应通信条件较差的偏远农村区域	非表井安装的环境，如：入户、表间安装

城乡大部分水表均安装在联户水表井或单户水表井内。通信方面：对于水表井，井下的信号随着井深度增加信号强度减弱，无法保证数据稳定传输，通过实地测量试验对比，井口信号强度大大优于井底；维修方面：测控终端相较于基表更易损坏，智能水表安装在水表井内，需要测控终端维修方便。安装环境方面：部分联户水表井可能存在积水，极容易造成水表因进水而发生电池漏电短路或电路板的损坏等故障，因此在设备满足防水要求的同时，需尽量保证测控终端等电子器件有良好的运行环境。

结论：综合以上通信、维修及安装环境因素，本项目农村水表井采用计量与采算传分体的水表设备。

8）用水大户智能水表类型比选

用水大户如企事业单位、学校、工厂、商铺等，由于其用水需求量较大，入户管径较大，普通的智能水表难以满足对用水大户的用水计量。因此单独对用水大户的计量智能水表进行比选。

根据常用企事业单位智能水表类型及通信条件调查，可供企事业单位选用的智能水表主要包括以下两类型：

方案一：选用大口径智能水表；

方案二：选用电动阀门、超声波水表、控制器的设备搭配进行用水计量和用水管控。

从传输方式、传输稳定性、安装便捷性、供电方式、投资费用 5 个方面对以上两种方案进行比选。

（1）方案一：选用大口径智能水表

大口径智能水表将智能水表、通信部分组合集成为一体式设备，设备间采用 RS232/485 接口进行连接并高度集成，通信采用 NB-IoT 与云平台进行数据传输。按照市场上现有的产品设备大口径智能水表设备成套、技术成熟、功能稳定，设备供电采用锂电池供电，无需外接电源，使用寿命可达 6 年以上。大口径智能水表实物图如图 5-8 所示。

图 5-8　大口径智能水表实物图

（2）方案二：选用电动阀门、超声波水表、RTU控制器的组合搭配

电动阀门、超声波水表、RTU控制器的组合搭配能够准确监测用水大户的用水量，并能远程控制电动阀门的启闭，结合太阳能供电系统，可为DN25～DN300管径的用水大户进行水量的计量与用水控制。该方案在已建工程案例中有广泛的应用，技术成熟、设备稳定、计量精准、控制到位，但多种设备的组合搭配也提高了该方案的投资造价。测控设备组合搭配图如图5-9所示。

图5-9　测控设备组合搭配

方案一与方案二具体比选分析如表5-10所示。

方案一与方案二具体比选分析　　表5-10

比选项		大口径智能水表	多种设备组合搭配
传输方式		通过集成在智能水表上的控制器，采用NB-IoT进行传输	需单独配置RTU控制器，通过无线4G公网进行传输
管径范围		DN32～DN500	DN32～DN500
传输稳定性		受项目区网络信号覆盖度及用户数量影响较大。项目区网络NB-IoT信号强度满足本项目数据传输稳定性需求	项目区4G网络信号覆盖良好，传输稳定可靠
安装便捷性		设备出厂时超声波水表及通信部分高度集成，便于现场安装	电动阀、超声波水表及RTU均需单独安装，安装过程较为繁琐
供电方式		锂电池供电	采用太阳能＋蓄电池供电
适用场景		行政单位、企事业单位、公共场所、公益单位、宗教场所	水费缴纳不及时、用水诚信度低、经常处于欠费状态的用水户
投资费用	建设费用	1500～15000元/套	9600～19900元/套
	维护费用	传输网络由运营商进行维护，无维护费用；水表由项目公司进行维护，维护费用5元/(表·年)	传输网络由运营商进行维护，无维护费用；水表由项目公司进行维护，维护费用5元/(表·年)

结论：根据对以上内容的比选，在传输方式、传输稳定性均满足使用需求的条件下，

大口径智能水表在安装便捷性、供电方案上均优于多种设备组合搭配，且投资费用更低。用水大户为行政单位、企事业单位、公共场所、公益单位、宗教场所，用水量大、缴费及时，用水诚信度高，采用方案一大口径智能水表进行用水计量即可。

5.6 地理物探技术

5.6.1 探测背景

地下管线是城市的“血管和神经”，是现代化城市高效、高速运转的基本保证，它与工业生产、城市建设和管理、人民生活都有极为密切的联系。为了获取准确、完整的城市地下管线信息数据，同时利用基础地理信息平台为城市规划、设计、施工、建设和科学管理提供重要决策，为规划、消防、供水、环保、水利、交通等部门的办公自动化提供全面、精确的基础地理信息数据，从而整体提高水务公司信息化建设和应用水平，更好地为城市建设服务。

在传统的管理中，大量的供水管网资料是以各种纸介质的图纸、档案的形式存贮的，资料的查找非常不便而且需要花费大量的人力和物力，效率低下，甚至许多资料保存在个人的脑袋中，一旦个人离开工作岗位，这些资料就无从查找。而水务公司目前的管网资料虽有管线CAD图纸，但现有的管线资料信息不全面，缺少关键的高程、埋深等属性信息；该CAD资料为2016的设计图纸，数据的及时性及铺设后的准确性都无法得到保障；同时缺少管网数据维护的部门及人员，无法合理维护管网数据。为了全面地了解城市地下的各种自来水管网设施的分布，需要进行管网地理普查物探，普查后资料需要建立管网GIS进行信息化管理维护。

5.6.2 探测内容

管网信息化探测任务主要从以下四个方面展开。

（1）管线：类型、走向、管径、材质、所在道路、营业片区、埋设方式；

（2）阀门：类型、坐标、地面标高、埋深、口径、状态、详细地址；

（3）消火栓、总表、三通、排气阀、排污阀、在线监测点：类型、坐标、地面标高、埋深、口径、状态、所在道路、营业片区、构筑物。

（4）其他方面：

现有管线资料的收集：对水务公司现有管线设计图纸、施工图纸、竣工图纸等工程资料进行收集。

地下供水管线探查：具体应探测查明地下供水管线的埋深、管径、高程、坐标、附属物属性、材质、用途、地址等。

根据有关测区管线的工程竣工资料，录入管线和管点的竣工日期、埋设方式、工程名称、生产厂家等信息。

质量检查：对探测和入库成果进行抽样检查。

地下供水管线探测成果表的编制及管线图的编绘。

管线探测工程工作总结报告。

5.6.3　探测要素

水厂、泵站、水池、流量计、测压点、在线监测点、排放口。

管线（管径、材质、所在道路、埋设方式、类型）。

阀门（类型、口径、坐标、高程、地址）。

弯头、三通、变径、变材、堵头（名称、坐标、高程、口径）。

消火栓（规格、坐标、高程）。

各类管线的管径或断面均以 mm 为单位，标高（或埋深）以 m 为单位，取至 cm。

制作满足供水管网 GIS 信息系统数据格式要求的探测点表和线表。

5.6.4　地下管线探查方法

1）物探方法有效性分析

给水管线一般分为金属给水管线的探查和非金属给水管线的探查；金属给水管线的探查可以采用感应法和直接法进行探查，非金属管线探查可以利用地质雷达进行探查，或者利用钎探、开挖方法直接取定管线位置和深度。

（1）感应法的应用

利用明显给水管线点（如阀门井等）确定给水管线的大致走向。沿管线大致走向，放置管线探测仪的发射机，发射机的放置方向应与管线走向一致。选择适当频率（针对给水管线，一般利用小于 16K 频率进行追踪，确定方位；利用大于 30K 频率进行详细探查，确定其平面位置和深度）进行发射信号。

利用接收仪器接收有效信号。有效信号应确定为给水管线受发射机发出信号而产生二次感应磁场信号，在发射机与接收机相距较近的情况下（根据发射机发射频率决定间距），接收机接收到的是发射机发射的一次磁场信号，此时不能将该信号做为确定管线的有效信号。根据接收到的有效信号进行分析，确定管线平面位置和深度。

（2）直接法的应用

直接法就是将发射机与裸露的给水管线点直接连接起来，对金属给水管线直接加载电流，使管线和发射机地线形成一个电流回路，产生电磁场，使金属给水管线感应电流后产生二次磁场。同感应法一样，利用接收机接收信号而分析确定管线的平面位置和深度。

由于目前的地下管线探测仪是利用金属管线对电磁波产生感应从而生成二次电磁场的物理特性来获取信号异常的办法确定管线的位置和深度的。因此，对于非金属（混凝土、UPVC、PE 等）管线没有该物性的现象，是目前地下管线探测过程中存在的一个重点难点。而解决这个问题目前比较有效的探测方法就是利用地质雷达进行管线探查。

探地雷达（Ground Penetrating Radar，简称 GPR）是利用超高频短脉冲电磁波在介质中传播时其路径、电磁场强度与波形随通过介质的电性质和几何形态的不同而变化的特点，根据接收到波的旅行时间（双程走时）、幅度与波形资料来判断管线的深度、位置和估算管线直径等。

当管线方向已知时，测线垂直管线长轴。探地雷达系统会自动把不同水平位置采集到的电磁波信号（每一信号亦称一道）从时间域转换成空间域，不同水平位置采集的道信号组合起来，最终得到雷达剖面图上的波形反应，其典型特征为黑、白相间的抛物线。雷达剖面图上抛物线顶点横向坐标值是管线中心轴线至测量起始点的水平距离，抛物线顶点竖向坐标值为管线上表面距测量表面的深度值。地质雷达工作原理探查流程图如图 5-10 所示。

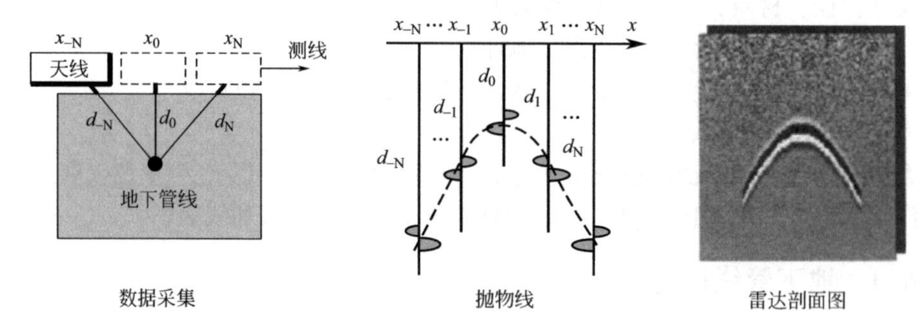

图 5-10　地质雷达工作原理探查流程图

地下管线物探是一项复杂的系统工程，为确保各环节的顺利衔接及便于质量监控，在施工中采用如图 5-11 所示的地下管线物探工作流程。

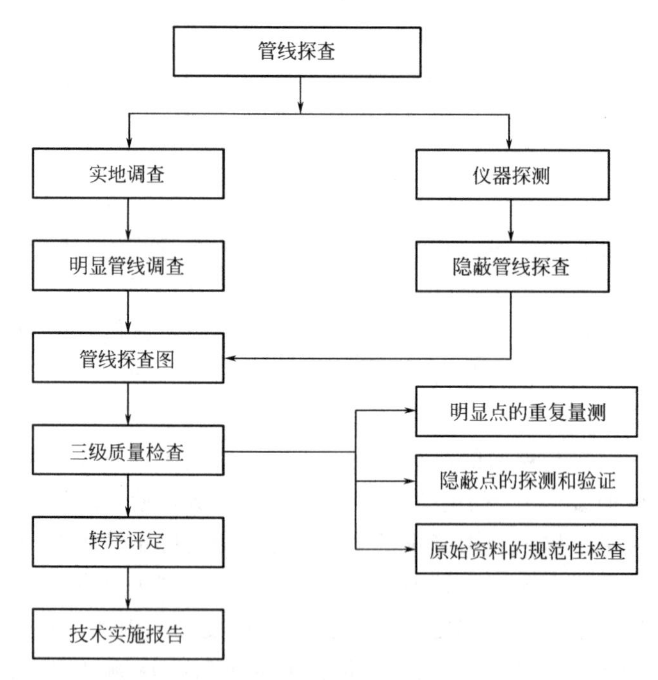

图 5-11　地下管线物探工作流程

一般技术参考：

① 供水管线探查应在现场查明管线的敷设状况及在地面上的投影位置和埋深，同时查明管线性质、规格、材质、附属设施等，绘制物探草图并在地面上设置管线点标志，作为连测的管线点。

② 供水管线探查必须在充分搜集和分析已有资料的基础上，采用实地调查与仪器探查相结合的方法进行。

③ 供水管线探查应积极采用经试验证明行之有效并达到《城市地下管线探测技术规

程》CJJ 61—2017 所规定的精度要求的方法、技术，积极推广使用新技术新方法。

④ 管线点标志一般设置在特征点上，在无特征点的直线上也应设置管线点，其设置间距不大于75m。供水管线立体交叉时，应在避开交叉电磁场干扰的条件下，尽量靠近交叉点（10m 范围内）设置管线点。

⑤ 当管线弯曲时，至少在圆弧起讫点和中点上设置管线点。当圆弧较大时，应适当增设管线点，以保证能准确表述其弯曲特征，对进墙、进室和自由边处均应设置管线点。

⑥ 对于有两个以上入口（多盖）或阀门的供水管线检修井，要实测出检修井地下空间的外轮廓实际范围，井内的特征点和附属物均要按实际位置物探，点性和属性要据实填写。

⑦ 管线三通从主管向上垂直引出的支管要做两个点处理，坐标相同，标高不同。

⑧ 展绘管线应根据管线特征点的有关坐标数据展绘，如无坐标数据，可根据管线与邻近的建（构）筑物、明显地物点、现有路边线、道路中心线等的相互关系展绘。

⑨ 管线点的外业编号采用物探组号、管线代码和顺序号组成，其中管线代码按《城市地下管线探测技术规程》CJJ 61—2017 执行，管线顺序号用阿拉伯数字标记，例：1 JS20，表示第1组给水第20号管线点。

2）地下供水管线调查

地下供水管线的调查主要针对明显管线点（包括消火栓、检查井、阀门井、水表井、流量计、窨井等附属设施）进行，是供水管线物探的一个重要部分，其工作的质量，对整个物探结果及效率都有很大的影响。因此在本次工作中，各方面应密切配合，作好各项工作。

① 实地调查时，应查明每条管线的性质和类型。在明显管线点上，应查明供水管线附属设施的类别。

② 在明显管线点上应实地测量管线的埋深，单位用米表示。

③ 在窨井上设置明显管线点时，管线点的位置应设在井盖的中心，当供水管线中心线的地面投影偏离管线点，其偏距大于0.2m时，应以管线在地面的投影位置设置管线点，窨井作为专业管线附属物处理。

④ 供水管线应查明其材质，管道的材质分为铸铁、球墨铸铁、塑料、镀锌、钢、PVC、水泥、玻璃钢等。

⑤ 明显管线点上，应查明供水管线上的各种建（构）筑物和附属设施。

⑥ 测区内缺乏明显管线点或已有管线点上尚不能查明实地调查中必须查明的项目（如管径、变径点等）时，应邀请有关人员协助查阅管线设计竣工资料，必要时可采取开挖手段。

3）地下供水管线探查

城市地下管线探查的主要方法有以下：

（1）电磁感应法

电磁感应法是利用天然电磁场或人工电磁场源对管线进行激发，在地下管线中产生电流，管线周围形成电磁场，然后采用仪器测量其分布特征，确定管线的空间位置。该方法为工程的首选方法，根据管线的敷设状况，可选择使用被动源的工频法、甚低频法，主动源的直接法、夹钳法、感应法等。

工频法：利用电力电缆中载有的50～60Hz交变电流所产生的工频信号或工业游散电

流汇入金属管线的电流形成的电磁场进行管线探查。该方法无需建立人工场源，方便简单，成本低，工作效率高，但分辨率不高且精度较低，常用于探查动力电缆和搜索浅埋金属管线，是一种简单、快速的初查方法。

甚低频法：它是利用甚低频无线电台所发射的甚低频电磁波信号（频率为15～25kHz），在金属管线中感应的电流所产生二次电磁场进行管线探查的方法。金属管线所产生的二次场强度与无线电台和管线的相对方位有关，只有管线走向与电磁波前进方向一致时，由于一次场垂直管线走向，管线将产生感应电流及相应的二次场；当地下管线走向与电磁波前进方向垂直时，电磁波对地下管线不激发，则不能形成二次场。因此，对不同方向的管线，应选用不同的电台。该方法简便，成本低，工作效率高，但精度低，干扰大。可用于电缆和浅埋金属管道的初查。

直接法：直接法即将发射机的一端接到被查金属管线上，另一端接地或接到金属管线的另一端，利用直接加到被查金属管线的电磁信号对管线进行追踪、定位。该方法信号强，定位、定深精度高，易分辨邻近管线，但金属管线必须有出露点，且需良好的接地条件。

夹钳法：利用管线仪配置的夹钳夹在管线上，通过夹钳把信号加到金属管线进行探查的方法。该方法信号强，定深定位精度高，宜于用来分辨邻近管线，方法简单，但管线必须有出露点，且被查管线管径应小于夹钳的口径（有的夹钳例外）。

夹钳法在多数情况下比直接法具有更好的选择性，对于相互耦合的多根管线来说具有独特的识别优点。使用直接法时，发射机所发射的谐变电流信号会沿着最容易传播的路径流动，在目标管线上的信号不一定最强，而采用夹钳法时，目标管线上传导的信号一定最强，其他管线传导信号较弱，有利于目标管线的识别。

感应法：通过发射机发射谐变电磁场，即建立一次场，激发金属管线使管线产生感应电流，在其周围形成电磁场，通过接收机在地面接收管线形成的二次电磁场，从而对地下管线进行搜索、定位。目前感应法主要采用磁偶极感应法。

利用发射线圈产生的电磁场，使金属管线产生感应电流，在管线周围形成电磁异常，通过仪器接收对地下金属管线定位、定深的方法称为磁偶极感应法。该方法发射机、接收机均不需接地，操作灵活、方便、效率高。用于搜索金属管道、电缆，可定位、定深和追踪管线走向，条件具备时也可用于带钢筋网的非金属管线探查。

（2）示踪法

将能发射电磁信号的示踪探头或导线送入非金属管道（沟）内，在地面用接收机接收探头或导线发出的电磁信号，从而确定地下非金属管线的走向和埋深。该法可用于有出入口的非金属管道和人防工程的探查。该方法信号强，效果好，但必须有出入口。可用做探测非金属排水管、沟。

（3）电磁波法

即地质雷达探查方法，是通过安置在地表的发射天线向地下发射高频宽频短脉冲电磁波，电磁波在地下介质传播过程中遇到与周围介质电性不同的管线界面时产生反射并被接收天线记录下来，显示在屏幕上形成一道雷达记录。当天线沿测线方向逐点移动探查时，各道记录按测点顺序排列在一起，形成一张探查雷达图像，通过分析雷达剖面图像中各反射波强度、波形特征及到达时间，可推断地下管线的分布状况。该方法探查精度高，不受管线材质限制。该方法主要用于对非金属管线（混凝土管、UPVC管）的探测，另外还用于解决复杂地段的管线探测和对疑难点进行确认。

（4）机械法

即机械开挖或打样洞的方法，主要用于验证其他方法的探测精度。其中开挖调查是最原始和效率最低，却是最准确的方法。在管线复杂、探测条件不好，无法查明管线敷设状况时，为验证物探探测精度，应对有条件的点进行开挖，将管线揭露出来，直接测量其平面位置和埋深。

4）地下管线物探应遵循原则

（1）从已知到未知；

（2）从简单到复杂；

（3）优先采用轻便、有效、快速、成本低的方法；

（4）复杂条件下采用多种探查方式或方法互相验证。

5）定位、定深方法

电磁感应法平面定位技术介绍如下。

（1）管线搜索与跟踪技术

管线探测过程中，对地下管线的分布、走向的确定或沿管线走向进行探测即为搜索与跟踪，一般应用以下三种方法：

平行搜索法：发射机呈水平或直立放置，发射机与接收机之间保持一定距离，两者对准成一条直线，并同步向直线的垂线方向移动。此技术即能将扫描区内与移动方向大致垂直的隐伏管线搜索出来，并确定管线的位置与走向。平行搜索法如图5-12所示。

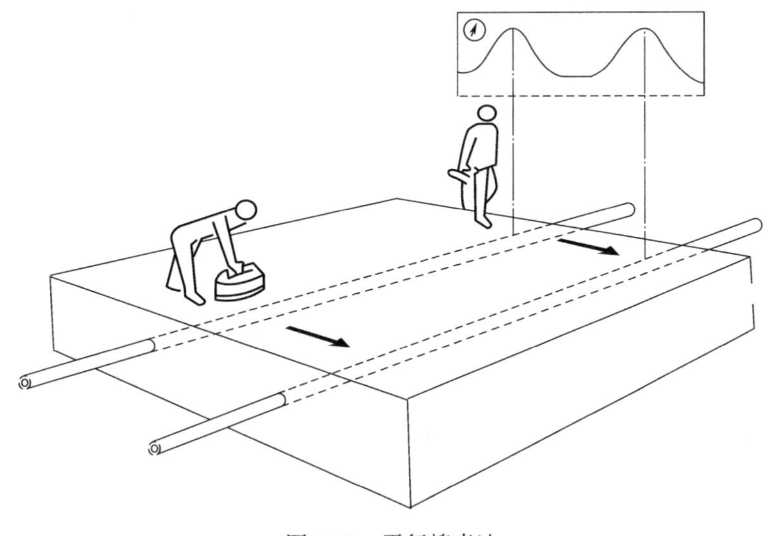

图5-12　平行搜索法

圆形搜索法：发射机位置固定，接收机在距发射机适当距离的位置上，发射线圈与接收线圈对准成一条直线，以发射机为中心，沿圆形路线扫测，采用此法搜索发现通入扫测区内的管线，特别是对管线分布走向状况不清的工作盲区最有效方便。圆形搜索法如图5-13所示。

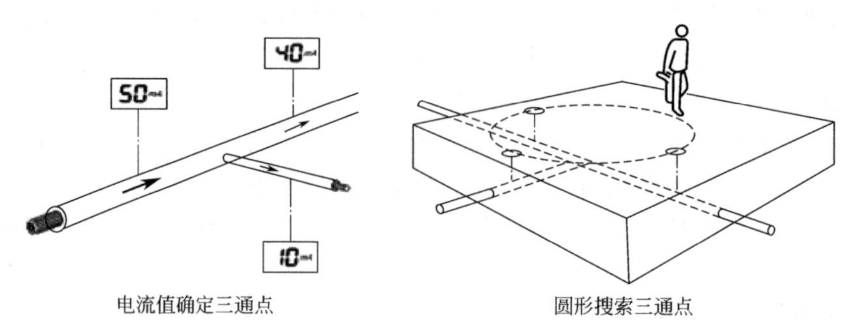

图 5-13 圆形搜索法

网络搜索法：用被动源探测方法，对盲区进行两组近于垂直的网格线路搜索观测，判断地下管线存在位置。网络搜索法如图 5-14 所示。

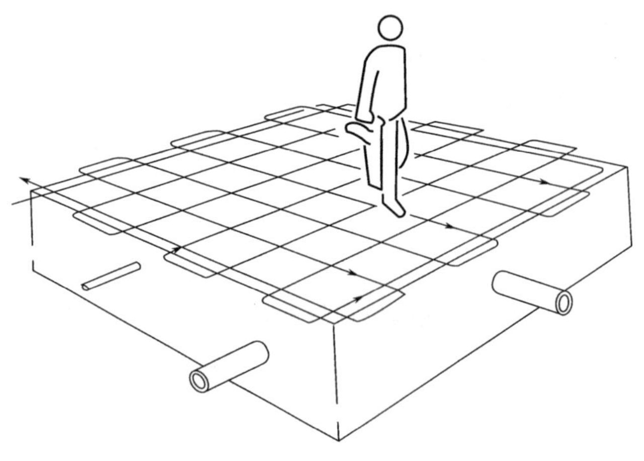

图 5-14 网络搜索法

（2）管线定位技术

极大值法：在管线正上方，地下管线形成的二次场水平分量值最大，即在管线的地面投影位置上出现极大值，用管线仪的垂直线圈接收会得到最大的峰值响应，可据此峰值点位置确定管线的平面投影位置。

极小值法：在管线正上方，管线所形成的二次场垂直分量最小，即二次场的垂直分量在管线的地面投影位置上会出现零值点，用管线仪的水平线圈接收此垂直分量会得到极小值响应。可利用该极小值位置来确定管线的平面位置。

（3）电磁感应法定深方法

特征点法：利用垂直管线走向剖面，测得的管线磁场异常曲线峰值两侧某一百分比值处两点之间的距离与管线埋深之间的关系，来确定地下管线埋深的方法。测定时，先用极大值法定位，保持接收机的垂直状态，沿垂直管线方向向两侧移动，直到幅值降为定位点处，量测两点之间的距离即为地下管线的中心埋深。

直读法：直读法是利用接收机中上、下两个垂直线圈（线圈面垂直）测定管线产生的磁场水平分量梯度，而磁场水平分量梯度与管线埋深直接相关，通过在接收机中设置的按钮，将埋深数据显示在接收机表盘上，探查人员可从表盘上直接读出管线的埋深。直读法在理想的条件下（干扰较小），可以测得较准确的深度，读数也方便。

（4）定位定深应注意的问题

① 在管线复杂地段应采用多种激发方式施加信号对比验证。定位时，可采用极大值法定位，用零值法加以验证。

② 定位时应观察测点两侧信号是否对称，只有信号对称时，才能确认定位准确，必要时应做剖面测量。

③ 定位时应注意仪器的转向差，当转向差较大时，应调整信号的施加点，消除转向差影响，减少定位误差。

④ 定深应于精确定位之后进行，管线各变化方向均应测定埋深，测深点的位置应选择在距特征点适当距离的直线段上，不可在特征点处定深（直线点除外）。

⑤ 应尽可能在没有干扰或干扰较小的地段进行测深。如无法避开干扰，须采用消除干扰的有效方法。

⑥ 在复杂地段或存在明显干扰时，应采用特征点法测深，而不宜采用直读法测深；管线埋深较大、传导信号不好时，应采用特征点法测深。

6）复杂管线的探测方法

由于地下管线埋设方式具有多样性，而地下管线探查方法的对单根管线针对性比较高。因此，埋设方式复杂的地下管线探查是整个地下管线普查项目中的一个难点，一般常见的有相邻平行的管线和上下重叠管线埋设方式，这两种埋设方式对地下管线探查来说具有一定的难度。

① 相邻平行管线的探测方法

多条相邻平行地下管线的探测问题，一直是地下管线探测的难题，由于相邻管线走向一致，且相互间距较小，两条管线对仪器所发出的激发信号会产生互感现象，使仪器探测目标管线所产生的异常值很难区分或者存在较大的偏差，因此管线探测人员经常将相邻平行的管线漏测或难以区分。

根据电磁场理论及多年来的探测经验分析，在一定相对位置下，感应工作频率越高，相邻平行管线相互感应影响较大。因此，在此类管线探测中，应选用低频电磁感应或直接连接法探测。

当管线间距小于管线埋深时，仪器所接收的异常值只有一个，此时很容易忽略另一条管线的存在，而且针对所探测的管线位置也有较大的偏差；当管线间距大于管线埋深同时小于管线的2倍埋深时，异常值有两个，但不明显；当管线间距大于2倍管线埋深时，两个异常值较为明显。

为减少或避免相邻平行管线的相互影响，更加精确地探测其位置，在探测中，感应或激发装置尽量采用低频电磁感应或分别对某一管线进行低频直接连接法激发。

采用改变两条管线的磁感应电流的办法，改变激发和接受方式，以达到区分两条地下管线的目的。

② 重叠管道的探查

金属管道重叠：采用电磁法可以精确定位，因为上下管线异常叠加，异常明显，但定深误差大。可在两重叠管道交叉的区段分别定深，来推知重叠处管道的深度，亦可用地质雷达探测。

金属与非金属管道重叠：由于金属管道与非金属管道的电性差异，可用电磁法对金属管道进行定位、定深。对非金属管道则要采用地质雷达进行探测。当非金属管道内有钢筋网时，也可采用加大发射功率的电磁法来解决。

非金属管道重叠：由于非金属管道特别是现在使用较多的 PE 管、PPR 管、UPVC 管与周围环境电性差异较小，必须采用地质雷达进行探测，必要时采用地质雷达探测结合开挖验证。

③ 疑难管线的探查

测区内个别地段由于地下管线交叉无序，空中电线形成干扰磁场等，使得探测信号不确定，背景值不明显，这一类管线称为疑难管线。对于疑难管线的探查方法：一是采用认真分析、研究调绘图，摸清其分布再进行探测；二是几台仪器、几种方法交叉探测，从中找出较可靠的异常值；三是向权属单位尤其是向直接参与敷设管线的人员了解管线的分布情况，甚至在可能的地段进行开挖验证，最大限度地确保疑难管线的探测精度。

5.6.5 地下管线探查应用

（1）地下管线测量

控制测量：平面控制和高程控制采用 1985 国家高程基准（二期）和 CGCS2000 国家坐标系，以测区内已有的等级控制点为首级控制，在控制点不足的地段加密布设地下管线导线。地下管线导线的主要技术要求如表 5-11 所示。

地下管线导线的主要技术要求　　表 5-11

比例尺	附合导线长度	平均边长（m）	测角中误差	测回数	方位角闭合差	导线相对闭合差	测距中误差（mm）	导线绝对闭合差(cm)
1∶500	1200	80	$\pm 20''$	1	$\pm 40''\sqrt{n}$	$1/\sqrt{3000}$	±15	40

注：1. n 为测站数；

2. 在特殊困难地区，导线平均边长和导线长度可适当放长，但导线全长绝对闭合差不得大于本表规定。

特殊地段，可布设支导线，支导线不多于四条边，总长不超过 400m，水平角按左右角分别观测，其圆周角闭合差不得大于$\pm 40''$。

高程控制沿管线布设，采用电磁波三角高程，路线起闭于等级水准点或导线点，边数不超过 12 条，垂直角采用中丝法对向观测一测回，仪器高、觇标高取至 mm。

控制测量计算采用选定平差软件进行平差，单位取至 mm。

若控制点不足时，在已有控制成果的基础上，布设图根导线或与其精度相当的 GPS 点。点位标志为钢钉或水泥桩，点的编号为：T（×××为数学编号）。

图根测距导线测量的主要技术要求应符合下表的规定：

图根导线现在一般采用网络 RTK 结合传统导线测量手段，应加入网络 RTK 施测图根导线技术要求及 5%～10%的检测要求。图根光电测距导线测量的主要技术要求如表 5-12 所示。

沿图根导线布设图根光电测距三角高程，主要技术要求应符合表 5-13 的规定。仪器高、觇标高取至 mm。

图根光电测距导线测量的主要技术要求　　　　表5-12

比例尺	导线长度（m）	平均边长（m）	测回数	测角中误差（″）	方位角闭合差（″）	相对闭合差
			DJ6			
1∶500	900	80	1	20	$40\sqrt{n}$	1/4000
1∶1000	1800	150	1	20	$40\sqrt{n}$	1/4000

图根光电测距三角高程的主要技术要求　　　　表5-13

仪器类型	中丝法测回数		垂直角较差、指标差较差（″）	对向观测高差、单向两次高差较差（m）	各方向推算的高程较差（m）	附合路线或环线闭合差	
	经纬仪三角高程测量	光电测距三角高程测量				经纬仪三角高程测量（m）	光电测距三角高程测量（mm）
DJ6	1	对向1 单向2	≤25	≤0.4S	$\leqslant 0.2H_C$	$\leqslant \pm 0.1H_C\sqrt{n_s}$	$\leqslant \pm 40\sqrt{[D]}$

注：1. S为边长（km），H_C为基本等高距（m），n_s为边数，D为距边边长（km）；
2. 仪器高和觇标高（棱镜中心高）应准确量取至mm，高差较差或高程较差在限差内时，取其中数。

图根三角高程导线应起闭于高等级高程控制点上。

在困难地段不能布设附合导线时，可布设支导线，导线边数不应超过4条，导线长度不应超过300m。光电测距可单程观测一测回。水平角观测DJ6级仪器观测一测回。三角高程测量的技术要求应符合《国家三角测量规范》GB/T 17942—2000的规定。

一切原始观测数据和记事项目，必须在现场用铅笔记录在规定格式的外业手簿中，字迹要清楚、整齐、美观、齐全，数据尾数不得涂改，原始观测数据不得转抄，外业手簿须进行编号，手簿各记事项目，每一站或每一观测时间段的首末页都必须记载清楚，填写齐全。计算所用的外业手簿及起算数据，均应经检查核对后才能使用。

图根导线计算可采用近似平差法。测距边长的倾斜改正用垂直角直接计算平距（或用高差改正），并考虑加、乘常数改正和气象改正及高程投影。三角高程对向观测的高差均取中数，高程闭合差平均分配。

（2）管线点测量

管线点测量采用极坐标测解析坐标，光电测距三角高程测得地面高程。在实测困难的地段允许极少量的图解点。

解析法测量管线点的点位中误差不得大于±5cm，高程中误差不得大于±3cm；图解坐标可利用管线点附近永久性地物以等距法、角度交会法等图上定点，然后再图解其坐标。图解点的高程可用附近地物地貌点的高程来内插，地形变化大的地段可不图解高程。

管线点测量采用全站仪观测水平角、垂直角各半测回，距离用跟踪测量法测量，角度读至s，距离至cm，仪器高、觇标高读至mm，仪器对中误差≤5mm。

管线点测量的测距边长不应大于150m，对连测困难地段可适当放长，但最多不超过300m。

因通视困难需测设支导线点（下称支点）时，应在支点处钉一铁钉并用红油漆作出标记，标明点号，在附近醒目的地物上还应标明靶距，以利以后寻找。支点可与管线点同步测量，在测设前后均应作测站定向检查。

每相邻测站测量重合点以检验观测质量，检查点不少于总点数的5%。

支导线应做左右角观测，距离三次读数至 mm。

每一测站均对已测点进行站与站之间的检查，记录其两次结果的差值作为检查结果，确保控制点的定向的正确性。每站检查点不少于 2 点，检查量不少于 5%，重合点坐标差计算的点位中误差不应大于 5cm，高程中误差不应大于 3cm，每天测量的重合检查点，均计算出坐标、高程进行对比，发现问题及时处理。

（3）管线点测量精度要求

地下管线点的测量精度：点位中误差（指管线点对于临近平面控制点）不得大于±5cm，高程中误差（指管线点对于临近高程控制点）不得大于±3cm。

地下管线图上测量点位（实际地下管线的线位与临近地上建（构）筑物、道路中心及相临管线的间距）中误差不得大于图上±0.5mm。

（4）管线测量误差控制与评定

测量工作实行三级质量管理，各级检查均按 5%的比例执行，内业计算资料检查为 100%，检查原则：抽样点在测区内要分布均匀，在各种分类中要具有代表性，在地段上要覆盖各测量小组。测量精度以制位图内的两次观测所得坐标和高程进行中误差统计，检查精度须达到《城市地下管线探测技术规程》CJJ 61—2017 的要求。

（5）管线测量标准

地下综合管线点的测量精度：平面位置测量中误差 m_s（指管线点相对于邻近平面控制点）不得大于±5cm，高程测量中误差 m_h（指管线点相对邻近高程控制点）不得大于±3cm。

地下综合管线图测绘精度：地下综合管线与临近的建筑物、相邻管线以及规划道路中心线的间距中误差 m_c 不得大于图上±0.5mm。

明显管线点调查精度用中误差来衡量，中误差不得超过±2.5cm。

管线点测量精度执行《城市测量规范》CJJ/T 8—2011 中的有关规定，点位中误差不得大于±5cm，高程中误差不得大于±3cm。

绘图：图形文档层位准确率 100%，图形文档录入错误率≤3‰，绘图误差≤0.2mm。

5.7 管网 DMA 分区计量管理系统整体设计

5.7.1 设计思路

管网 DMA 分区计量管理系统设计严格按照软件工程的一系列基本步骤（用户需求分析、初步设计、详细设计、项目实施计划、系统测试、系统试运行、系统验收）来完成，并根据标准的项目管理和实施规范，严格控制项目的实施过程，保证本项目高质量、高效率完成。

管网 DMA 分区计量管理系统基于现有软硬件环境进行设计，采用先进的管理系统开发方案，从而达到充分利用现有资源，提高系统开发水平，来达到应用效果的目的。管网 DMA 分区计量管理系统中的管网地理信息系统符合采购、发放、库存的规定，满足水务公司供水日常工作需要，并达到操作过程中的直观、方便、实用、安全，本项目具体设计思想如下：

（1）统筹规划、统一标准

综合各方面需求统筹考虑；遵循国家和行业标准规范，保证系统的标准性、规范性、开放性和实用性；制定统一的数据标准和业务流程标准、考核指标要求标准，以及系统相关的接口标准，满足水务信息化系统建设需求。

（2）分层建设、分步实施

按照信息化工程建设规范对水务信息化系统进行系统构架和设计，既有系统性又分级分层次，形成全方位运行监管应用体系；从全局出发，在统一的安排下分步实施，避免各子系统各自为政、缺乏联动和信息共享。按水务管理划分责任区域，稳步推进实现“智慧供水”信息系统建设。

（3）整合资源、信息共享

充分利用现有的管网数据、SCADA数据和基础设施及其他相关数据，加强资源整合，发挥投资效益，实现数据共享，促进业务协同，推进水务信息化系统的整体规划实施，实现厂站、管网等监测数据和视频数据的共享和接入，实现基于GIS的统一展示。

（4）需求主导、整合资源

以需求为主导，突出重点，认真开展需求分析工作，充分利用现有的通信及计算机网络、系统和数据资源，加强整合，平稳过渡，减少水务公司内部和外部的信息孤岛现象。

（5）统一标准、保障安全

供水管理和覆盖面比较广，特别是需要跟很多职能部门进行对接。因此，系统建设过程中必须严格制定标准，通过标准来保证供水信息系统自身的规范化，供水应用的需求又决定了系统的可靠性尤为重要。加快制定统一的标准体系，推进标准的贯彻落实。要正确处理发展与安全关系，综合平衡成本和效益，建立完善的网络与信息安全保障体系，确保系统运行有高度的可靠性和安全性。

（6）多方论证、综合比选

综合考虑信息采集、传输、处理和决策等各个环节应用的实际需要；在多方案论证、综合比选的基础上作出设计方案选择，以保证技术方案的合理性和科学性。

（7）新旧兼顾、主次兼顾

全面建设水务公司信息化管网地理信息系统项目，同时要兼顾业务应用、标准规范、软硬件平台及网络、安全等基础设施建设，兼顾核心业务和非核心业务的信息化需求，按照先内后外、急用先行、循序渐进、逐步推广的工作步骤，统一规划、分步实施。

（8）互联互通、数据共享

互联互通是水务公司信息化管网地理信息系统之间的互联互通，实现单点登录、数据共享等；以国家相关标准为依据，依托供水信息网管理信息系统，是实现互联互通的重要保障。

5.7.2　系统架构设计

1. 总体架构

水务公司信息化综合管理系统是一个开放性的综合平台，多个业务应用子系统并行运行，并且要保证各个子系统的数据信息共享，系统中的数据信息必须保持高度一致性。因此，在系统顶层设计时，此系统框架要规划设计成一个多层结构的系统。从系统的体系结构上来看，可以分成感知层、数据层、应用支撑层、应用层。信息化综合管理系统总体架构图如图 5-15 所示。

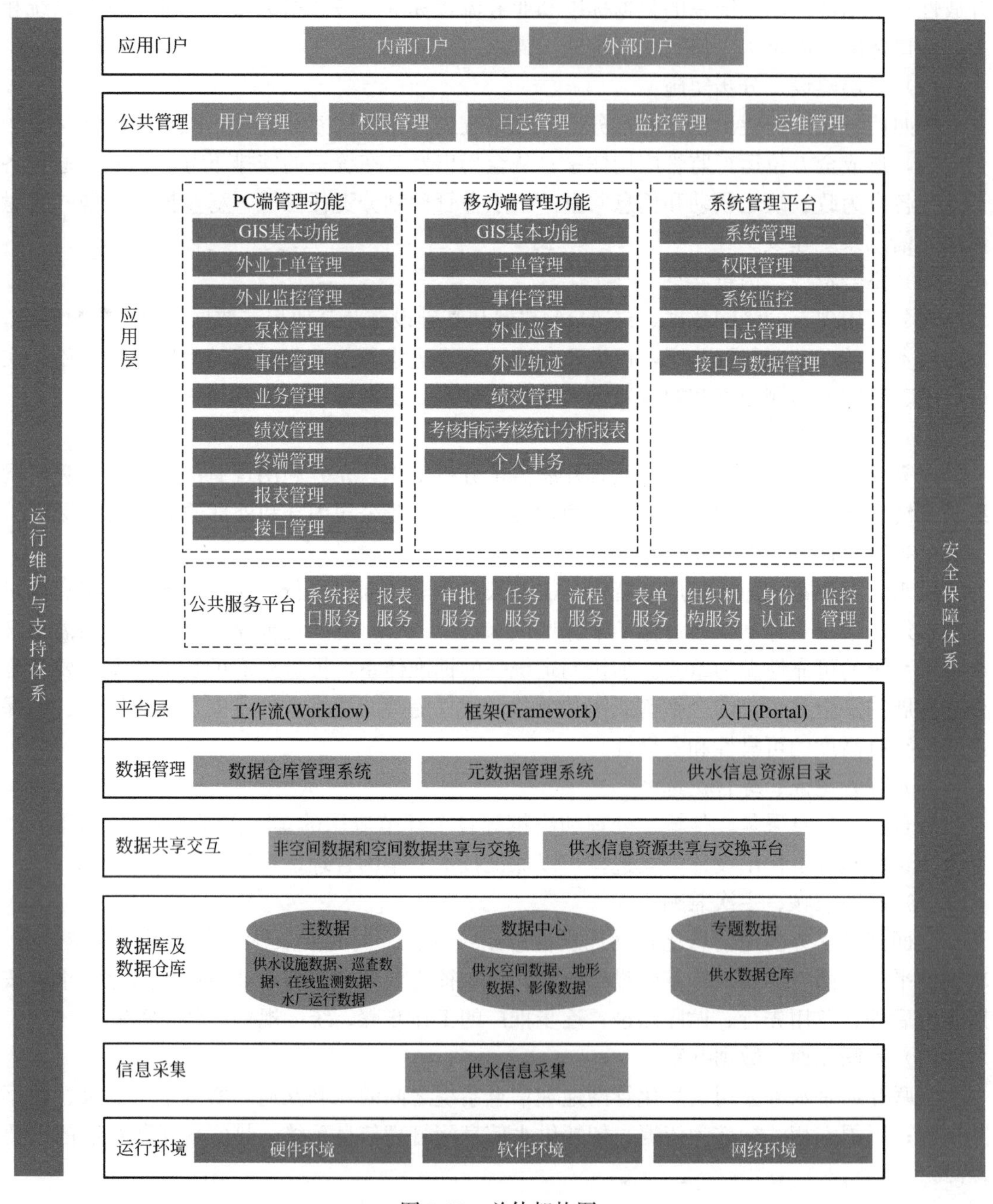

图 5-15　总体架构图

系统采用 C/S、B/S、M/S 相结合的三层体系架构模式，即数据服务层、应用逻辑层、表现层。数据服务层管理系统数据库；应用逻辑层主要是各种应用组件，完成系统的功能；表示层是用户界面。系统采用层次结构体系。整个系统建立在完善的标准规范体系和信息安全体系基础上，自下而上构筑了感知层、基础层、数据层、应用支撑层、应用层、网络层、客户层，各层都以其下层提供的服务为基础。所有用户采用单点登录的模式，经过系统身份认证和授权后进入系统。

（1）感知层：通过地理物探仪、漏损检测仪、浊度仪、氯度器、pH仪、流量计、电动控制阀、压力传感器、智能水表等采集设备获取自来水生产和供水管网运行相关数据，并通过移动通信网络将业务数据实时上传至相应的数据库中，对各类业务数据进行实时的智能化归类，为应用提供支撑。

（2）基础层：包括建设本系统所需要的硬件基础和软件基础。硬件包括服务器、存储设备、防火墙等，软件基础包括操作系统、GIS平台、数据库软件等。

（3）数据层：本部分是系统用到的信息数据，包括基础地形数据（数字线画矢量图）、管线数据、水表普查数据以及相应的综合信息数据；巡查、维修、阀门、消火栓、工地等业务数据；常规处理、应急处理的决策数据。这个层次是系统中的信息数据中枢，其中包括供水管网基础地理空间数据、事件工单处理、供水营业服务的业务数据。

（4）应用支撑层：应用支撑层介于数据层和应用层之间，为应用层提供必要的基础服务。主要是把数据层各类业务数据接入智慧供水服务平台，根据平台提供的统一物联网接入平台、统一位置服务平台、快速业务构建平台、空间应用支撑平台的服务接口创建智慧供水的各类业务应用该层包括数据访问服务、接口服务、安全控制、日志服务等。其中数据可以访问，服务负责对数据库的读、写操作，是应用层与数据库的交互桥梁；接口服务可以给第三方软件（如综合营销系统、引水调度系统、输水管网地理信息系统等）提供功能调研接口；安全控制负责系统的角色和权限管理；日志服务记录系统的各类操作，保证系统运行的安全性。

（5）应用层：通过访问服务总线层以统一的方式访问平台上的所有数据，可以集中精力处理数据的加工问题，而不必关注访问不同来源的数据的实现细节。本层包含外业综合管理PC端应用、综合管理PC端应用、权限用户日志系统管理应用，与原有系统集成的应用功能。

（6）网络层：本地用户可以通过局域网连接系统，部分信息和报表可以在企业内部网（Intranet）通过IE浏览器进行浏览查询。

（7）用户层：系统用户可划分为4类角色：系统管理员、数据管理员、部门用户、相关授权用户。系统管理员拥有最高系统运行控制权限，但不具备系统业务操作权限；数据管理员拥有全部的系统业务操作权限，包括数据管理功能，但不拥有最高系统运行控制权限；部门用户具有与自己部门职责/业务相关的部分功能。

2. 技术架构

主要使用了DDD＋MicroService的架构设计模式。技术架构图如图5-16所示。

DDD：是Domain-Driven Design的缩写，中文名为领域驱动设计。在开发前，通常需要进行大量的业务知识梳理，而后到达软件设计的层面，最后才是开发。而在业务知识梳理的过程中，必然会形成某个领域知识，根据领域知识来一步步驱动软件设计，即领域驱动设计的基本概念。

MicroService：中文名是微服务。微服务的架构复杂度可控，可独立按需扩展，技术选型灵活，高可用性。每个服务都以RPC或消息驱动的API的形式定义了一个明确的边界，MicroService架构模式实现了一个模块化水平。微服务的基本思想在于考虑围绕着业

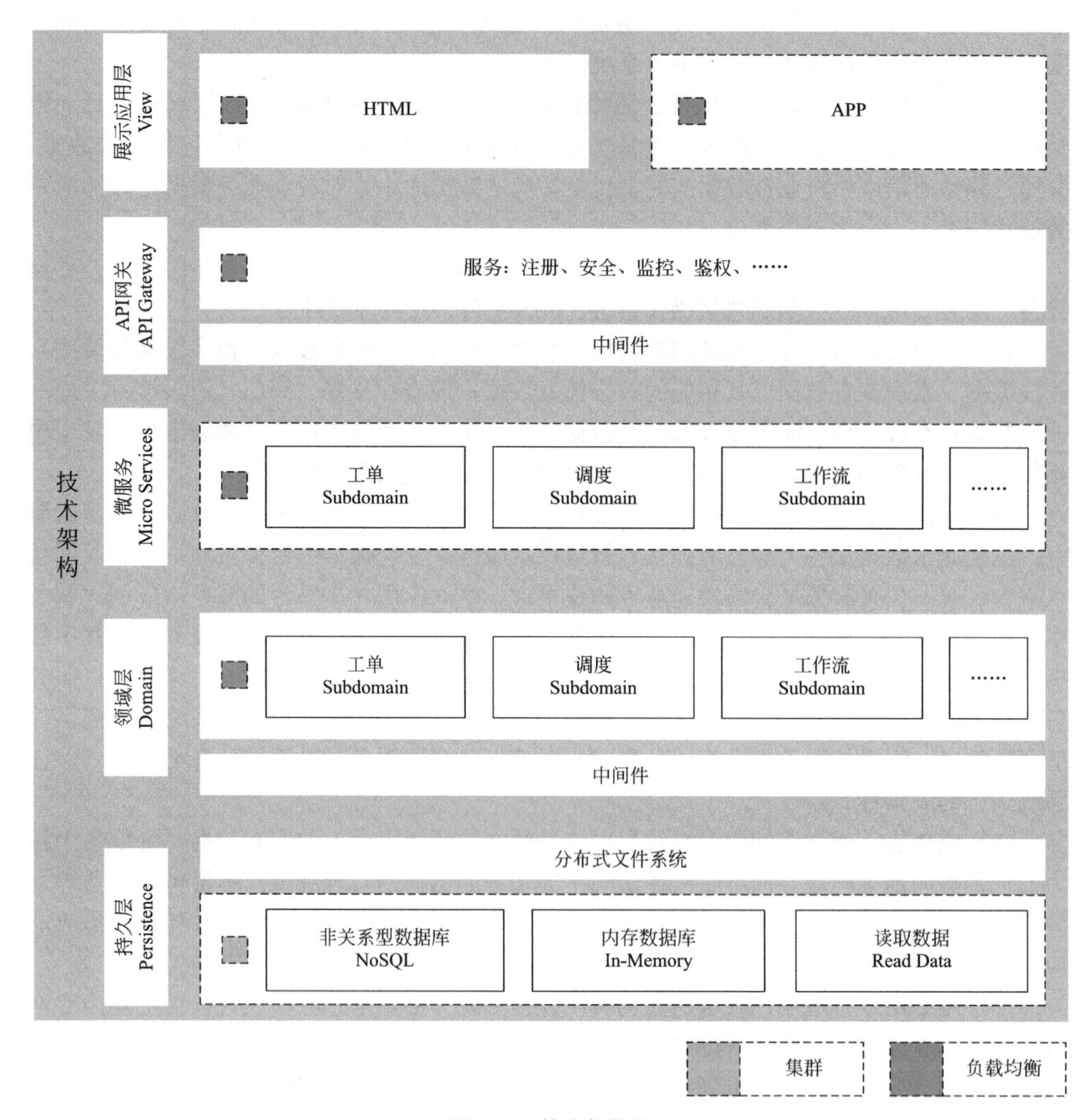

图 5-16　技术架构图

务领域组件来创建应用，这些就应用可独立地进行开发、管理和加速。在分散的组件中使用微服务云架构和平台使部署、管理和服务功能交付变得更加简单。

3. 网络架构

将整个运行系统所需要的网络设计为内网、外网和专网三个部分。

信息化系统的内网是实现智慧水务系统各项功能的核心区域。系统主要的数据运算、控制、交换和访问集中在这个网络系统上，因此对于网络的数据高速交换能力、数据流向控制能力、容错能力、应急能力、防灾颠覆能力和数据保护能力有着较高的要求。

信息化系统的外网由网闸、接入层防火墙和 Web 服务器组成，Internet 用户以及手持机用户通过接入层防火墙对 Web 服务器上的相关信息的访问，Web 服务器通过网闸与内网进行数据同步和更新，Internet 用户无法通过网闸访问到内网，网闸逻辑隔离外网与内网的联系，确保内网的数据安全。

信息化系统的专网包括政务内网以及企业专网，通过专用网络，可以实现数据的共享安全。访问政务内网，可以调用智慧城市的相关成果，也可以提供专业管网数据。访问企业专网，可以为企业级管理提供支持，也可以为公司其他各业务部门提供数字化、精细化、智能化支撑。网络架构图如图5-17所示。

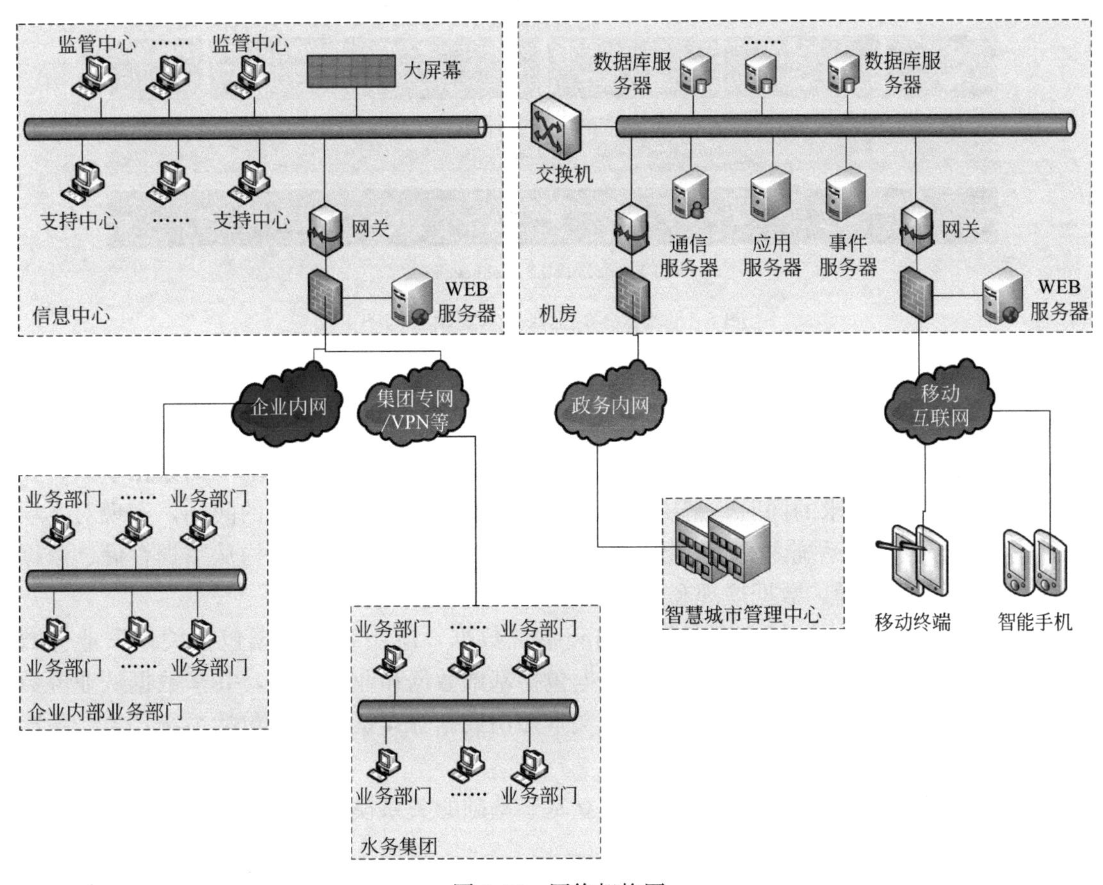

图5-17 网络架构图

4. 逻辑架构

本项目采用的主流技术之一.NET微软开发的面向服务的开发平台，是一个普及的开发平台，其核心是.Net Framework，用于构建Windows、Windows Store、Windows Phone、Windows Server和Microsoft Azure的应用程序。.NET Framework平台包括C#和Visual Basic编程语言、公共语言运行库和广泛的类库。

作为.Net平台上的最优秀的开发语言C#是先进、高级的多模式通用编程语言，用于使用Visual Studio和.NET Framework构建应用程序。C#设计简单，功能强大，并具有类型安全和面向对象的特点。利用C#中的很多创新功能可以快速开发应用程序，同时保持C语言风格的表现力和优雅性。C#语言作为多种模式（桌面软件、B/S架构、移动应用）开发下的首选语言。.Net的主要技术逻辑架构图如图5-18所示。

.Net技术体系包含了本项目所需要的大部分开发技术，这些技术主要包括Asp.Net、

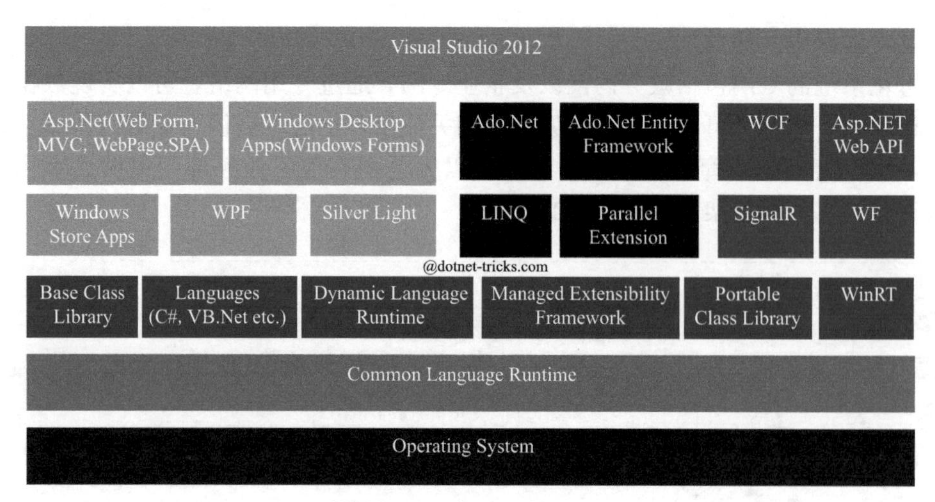

图 5-18　.Net 的主要技术逻辑架构图

Windows Forms、WPF \ Html5、Ado. Net、WCF \ WF。

5. 数据架构

基于当前的信息化建设情况和实际需求，数据架构设计考虑建立统一的数据字典，在完成构建数据库能够求的同时，解决各专业系统数据命名规则不统一的问题，实现对本项目须集成的分散于各系统内的所有数据进行高效调用。系统的数据架构从数据存储、数据获取/迁移、数据建模、数据展现和数据管理五个层面进行描述。

在数据存储层面，包括应用系统数据和系统数据，应用系统数据包括关系型业务数据、共享数据、非结构化数据，关系型数据包括基础数据和业务数据，共享数据从业务数据中抽取汇总的数据，非结构化数据包括文本知识数据等；系统数据包括系统日志、系统配置项等。

数据建模是指建立针对业务数据的建立基于基础的关系模型，针对业务数据、共享数据、非结构化数据等建立的数据模型。

数据展现通过数据查询、分析汇总、统计报表和信息发布展现给用户。

数据管理通过系统管理完成对数据的安全访问控制、备份恢复和数据维护等管理操作。

安全架构

（1）物理层安全：主要是保证计算机设备、设施以及其他媒体免遭地震、水灾、火灾等环境事故，尽可能减少人为操作失误或错误造成的损失，防范各种计算机犯罪行为导致的破坏过程。

（2）网络层安全：主要保证整个网络的数据传输和网络进出的安全性，如可以在网络中增加链路层加密机和网络层加密机来使网络中的所有数据信息以密文传输，以保证数据传输的安全性；可以通过架设防火墙、入侵检测和安全代理服务器来防止非法用户对网络的非法访问。

（3）系统层安全：主要保证网络中单个结点设备的安全性，如保证计算机、服务器、路由器、打印机等安全性；可以通过增加操作系统的安全性来增强主机的安全性，可以安装防病毒软件来保证主机系统不受病毒破坏，安装漏洞扫描系统来物探系统的漏洞等。

（4）应用层安全：主要保证各种应用系统内部的安全性，如身份认证、访问控制等。另外，必要时对关键数据、信息和运行环境采取备份措施。

（5）管理层安全：主要保证整个系统能够健康、有序地运行。组织结构上应当做到责权分明、有序管理，制度上采用多人负责、任期有限和职责分离的机制，为了更好地从宏观角度对系统进行监控，可以安装安全审计系统。

5.7.3　系统性能设计

在外业综合管理系统的整体框架下，按照"顶层设计、统筹管理、深度融合、全面提升"的工作要求，以整合现有资源、提升综合效能为核心，以创新体制机制、提高管理水平为重点，统筹编制和实施外业工单管理体系的顶层设计方案，建设统一的、智慧化的外业工单信息资源库和应用平台，最终为建立外业工单管理的资源配置、队伍建设、保障体系、管理制度的一体化工作机制，提供总体规划设计思路。

系统性能设计从表示层、应用层和数据层几方面对系统性能进行了优化设计。

1. 表示层性能设计

界面数据缓存，基于超文本传输协议（HTTP）的命令请求格式，减少页面生成（刷新）次数，减少 Web Server 的负载。由于系统用户类别众多，必须保证系统的易用性。通过提供统一的信息门户，使多种渠道的信息方便接入，并提供一致的渠道服务手段；针对不同类型的用户，设计集成的用户界面，保证用户能够方便快捷的使用自己需要的常用功能；遵循统一的界面设计规范，在应用程序编码阶段监督编码人员认真执行规范，以做到：界面风格一致、颜色调和、提示清晰、窗口大小适当，提供常用的快捷操作键，操作方法应符合日常习惯。

2. 应用层性能设计

应用层提供以下应用服务器和应用系统设计调优方式以支持系统性能的提升。

（1）数据库连接池

① 在文件上载时，限制文件大小，避免大数据量传输造成系统整体性能下降。

② 应用服务器提供了对会话和消息的配置管理功能，支持动态调节会话和消息的最大并发数，从而能够控制处理负载。

③ 提供服务分区功能，运行按既定策略（如时间）关闭或开放服务。

④ 会话管理保存用户交互的上下文信息，通过缓存上次交互的结果，提高响应速度。

（2）缓存管理

系统提供如下服务以提高性能：应用层通过缓存技术缓存那些基本不变的信息权限信息和代码，减少访问数据库的次数，从而提高相应效率；数据源配置与映射服务，查询以异步的方式执行：查询任务首先被转换成为消息，由消息队列进行流量控制，并由消息执行查询。客户端以订阅的方式在工作事宜中获取。通过对查询进行流量与排队控制，可有效的减少数据库资源的竞争。

（3）负载均衡

通过集群技术，服务运算均衡的分配到多个群集节点上，从而提高了系统的性能。系统设计中，可以采用 Web 服务器和应用服务器集群的方式，避免单点故障，这样在部分服务器节点发生故障时，剩余的服务器能自动把工作接管过来（Fail Over），保证系统的正常运转。通过将企业级数据库 Oracle 及进行 Oracle 集群和一些高性能缓存技术的使用及使用一些的负载均衡等方面的优化，是整个基础中心库建设成为高性能、高稳定性、高可用性、高扩展的信息处理系统。系统将通过数据库集群及各业务系统负载均衡等发布优化，系统能支持多用户的瞬间并发及同时在线。

3. 数据层性能设计

数据库的性能调优主要包括三方面的内容：

（1）系统诊断，了解当前运行的数据库的状态，发现数据库性能瓶颈；

（2）空间管理，即数据库存储结构的调优，包括定期检查数据库的存储结构，发现数据库存储中的主要问题（如数据库碎片），进行碎片重组和数据分布和容量规划等；

（3）调优 SQL，分析对系统性能影响比较大的 SQL 语句，调整 SQL 语句的执行效率。使 SQL 存取尽可能少的数据块。在数据库设计方面，提供的架构级服务为：优化存取路径，检查索引效率提供应用系统和数据库系统等的备份、恢复定期自动进行，也可以人工进行；提供数据库和表两级备份恢复。

数据库备份操作不影响在线业务处理：建议的 ORACLE 数据库支持在线数据库备份，数据库备份操作安排在业务量较少的时段（如夜晚）自动进行。数据导入导出应支持单个表和整库两级；系统部分参数设置应可以根据不同的客户端自动进行；模板定制应当简明、符合多数使用者的习惯。

性能响应指标

可用性指标

保证 7×24h 不间断稳定运行。

可靠性指标

系统年可用率应不小于 99.9%。

软件系统应具备自动或手动恢复措施。

响应时间指标

① 信息传输响应时间

a. 数据上传/下载响应时间＜10s；

b. 历史数据接口响应时间＜20s。

② 数据库查询响应时间

a. 常规数据查询响应时间＜5s；

b. 模糊查询响应时间＜15s。

③ 系统应用响应时间

a. 地图初始页面（应用画面≤10s）；

b. 地图浏览（应用画面≤5s）；

c. 信息查询（响应速度≤5s）。

5.7.4 基础支撑平台

1）服务器系统需求

为保障本项目建设系统的顺利运行，需要配置 2 台数据及应用服务器，1 台阵列存储器。资源配置参数如下：

（1）数据及应用服务器。应用服务器配置要求如表5-14所示。

应用服务器配置要求　　　　**表5-14**

品牌	知名品牌，不接受OEM或贴牌产品
数量	2台
外观	2U机架式
处理器	2个英特尔至强银牌4210(2.1GHz/10c)处理器
内存	本次配置32GB×4 DDR4内存，最多24个内存插槽，最大可支持内存768GB
硬盘	配置3块600GB 10K 2.5寸热插拔SAS硬盘；最多可以支持扩展到24个2.5英寸硬盘或者12个3.5英寸硬盘，支持SATA、SAS、SSD
硬盘扩展性	≥24块2.5英寸SAS/SATA硬盘，或者≥12块3.5英寸硬盘槽位
RAID卡	配置≥2GB缓存的阵列卡，支持Raid0，1，5，6，10，50，60；可选2GB缓存的阵列卡
I/O扩展	最大支持≥10个PCI-E 3.0，提供≥4个PCI-E 3.0×16全速率插槽；最大支持4个GPU(MIC)卡
网络	配置4个嵌入式1GBE以太网接口，可选2个10+2GBE端口
电源风扇	配置冗余550W高可用电源，冗余静音风扇

（2）阵列存储器。阵列存储器配置要求如表5-15所示。

阵列存储器配置要求　　　　**表5-15**

品牌	知名存储品牌，具有自有知识产权和开发能力产品，非OEM
数量	1台
控制器	本次配置单控制器；16GB高速缓存
接口方式	配置双万兆接口和四个千兆接口；支持iSCSI、XFS、CIFS、SMB等，支持不同存储架构，实现不同存储协议接入
RAID支持	支持的RAID级别有：0、1、10、5、6
硬盘及扩展能力	本次配置SAS 7.2K 6TB硬盘4块
	能够实现数据的安全保护及快速恢复，提供启动时磁盘顺序加电功能，支持硬盘热插拔以及与外接UPS联动，防止数据损失
	支持固态硬盘(SSD)
	支持固态硬盘作为读缓存(SSD Cache)
	支持2.5和3.5寸硬盘
	支持不同转速的硬盘：15K、10K、7.2K
	支持不同容量的硬盘：600GB，900GB，1.2T，1.8TB，1TB，2TB，4TB
管理软件	提供本地及远程阵列配置及管理软件、LUN多主机安全路径访问控制软件，配置统一的配置管理工具软件对系统进行统一的RAID配置、LUN屏蔽、资源分配、存储分区、性能调优、故障报警等管理任务，支持最大LUN数量>500

2）硬件设备需求

管线物探仪

三种功率：1W，3W，10W；

8K（FF）故障点查找：定位故障点，从短路到2MΩ；

电流方向（CDFF），适用远距离故障查找。

四对低频电流方向

30V或更高电压模式下的电流（90V电压用于高阻抗）；

主动频率范围：0.2～200kHz；

可选模式支持RD7000和RD8000特定型号定位仪的8种感应频率。

RTK静态精度：

平面精度，±（2.5+0.5×10-6D)mm；

高程精度，±（5+0.5×10-6D)mm；

RTK精度：

平面精度，±（8+1×10-6D)mm；

高程精度，±（15+1×10-6D)mm；

单机精度，1.5m；

码差分精度：

平面精度，±（0.25+1×10-6D)m；

高程精度，±（0.5+1×10-6D)m。

电池：可拆卸双电池设计，电量6800mA·h。

外接电源：主机可直流电源供电，可220V交流电源供电，可通过电台直接给主机供电，外接电源9～36VDC。

全站仪

测量时间：精测0.3s，跟踪0.1s。

红色可见激光

EDM类型，同轴；

最小显示，0.1mm。

检漏仪

频率，1～10000Hz；

增益10级可调；

充电时间7～8h；

待机时间15h。

听漏棒

机械式，1.5m。

5.7.5 项目软件设计（一期）

1. 系统软件设计如下：

1）基础数据管理平台

该系统主要用于供水管网数据的检查与建库、数据管理、辅助设计、出图打印等方面，以实现城市地形图、供水管网数据、业务数据的统一集中管理。该平台需采用基于水务行业通用业务插件和用户定制插件进行开发，能极大地满足公司功能定制和保障系统良好的可扩展性；同时，系统要求采用目前流行的Ribbon和最新Windows界面、智能客户端和海量数据库引擎等技术，大大提高系统的人性化程度和可操作性，同时能承担大数据量情况下的高效运行能力。以往对于地下管网的管理，普遍都是通过图纸及老员工的记忆，但是随着这批员工的不断离退，管网情况会越来越模糊，新员工也无法及时掌握全区管网情况，而基础数据管理平台的建设，完美解决了该问题。

2）数据建库及更新

能够提供多样的内外业数据一体化建库与更新功能，保证系统建立以后能够方便进行数据建库与更新，包括GPS测量仪、全站仪等测量数据，竣工图数据以及其他GIS格式数据转换更新。

（1）测量数据的导入建网功能

系统应包含GPS、全站仪等测量数据的导入功能，使用该功能用户可将高精度GPS、全站仪测量数据方便地导入GIS中，利用测量导入一方面可极大地提高管线精度；另一方面实现了内外业一体化作业与建库更新，提高了数据入库建网的工作效率。

（2）CAD竣工数据的导入建网功能

由于很大部分竣工数据为CAD格式数据，系统应包含CAD数据导入系统建网功能，充分地利用现有CAD竣工图资料，并为管网设计人员提供帮助。

（3）数据转换功能

数据转换的功能就是能够从系统的管线空间数据库中提取相应的数据信息，并进行格式转换，以满足不同数据格式的应用要求。数据转换导出功能主要应提供下列数据格式的转换：DWG、DXF（AutoCAD）、EOO、MIF、SHP、DGN等。

（4）数据检查功能

供水管网数据拥有较为严格和专业化的拓扑性，例如三通只能连接三个方向的管线、水表位于管网末端、管网中不能存在孤立的管线点、变径点位于口径变化的管线中间、管线口径变化具有一定规律、金属管线和非金属管线的材质具有一定规律等等，这些都需要在管网数据建库与更新时进行严格的数据检查。因此，系统应提供管线空间数据、属性数据、拓扑关系等检查项，以确保数据的正确性。

（5）管网数据维护和变更

系统能够对数据的错误进行检查和提示校正，保证数据的完整性。系统中各类管网设备的图示符号可以任意修改调整，提供系统线型库、符号库、填充库等管理。

（6）地图管理功能

支持地形图和管线数据的各类地图操作，便于快速浏览所需地图，软件界面美观。

地图缩放：包括放大、缩小、全幅显示。

漫游：地图移动。

量算：包括距离、面积、角度量算。

图层控制：控制图层在窗口中是否显示。

地图设置：设置地图比例尺、样式和布局。

地图打印：任意比例打印A4—A0图幅的图纸。

（7）地图视图

提供丰富的地下管线显示方法，能全方位了解地下管线分布情况和属性信息。管线纵剖面图如图 5-19 所示。

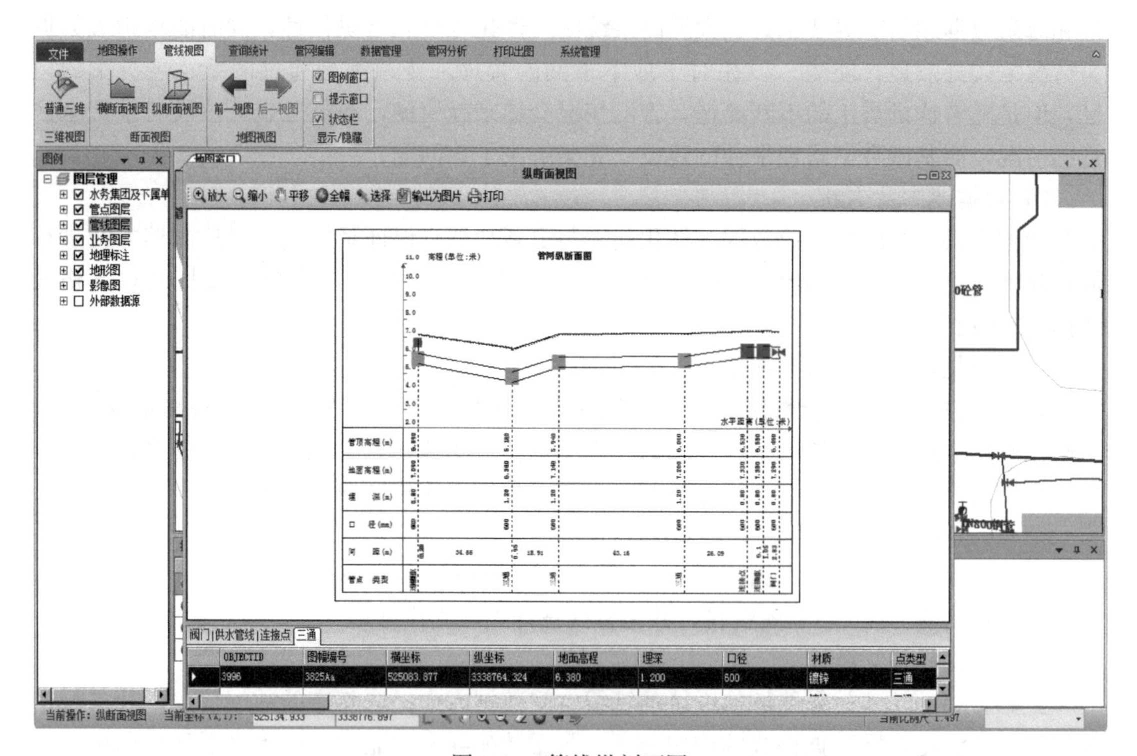

图 5-19 管线纵剖面图

横断面：显示某路面横截面下管线的铺设情况，及该横截面管线相关属性信息和分布信息。

纵断面：显示某段管线的走向以及埋深，标高等。

三维视图：显示区域内管线的三维分布情况，并能查询相关管线信息，支持三维视图下管线的缩放、平移、任意角度旋转和属性查询。

鹰眼：地图导航工具，显示当前在全幅地图中的位置。

放大镜：在小比例尺状态下放大显示局部管线和地理信息。

具有不失真的图形无级缩放、拖拉漫游、复位及鹰眼俯视功能。

（8）查询定位

提供数据属性查询功能，通过点击要素（如管段、特征点、附属物），可查看其管径、起终点、埋深、建设年份、附属物类别等各类详细信息。

① 属性查询

选定对象，查询该对象的所有属性。

② 条件查询

条件查询符合条件的所有管点（段）。包括道路查询、物探点号查询、附属物查询、自定义查询。其中，自定义查询又包括编号查询、权属查询、管径查询、材质查询、分级查询、缓冲查询、行政查询、特征查询、字段查询、废弃查询等。

③ 空间查询

采用系统体空的多边形或矩形等多种空间选择方式，在管线展示区空间选择多种管线，高亮显示，并在左侧显示框中跳出被查询到的各管线信息。

(9) 管网设计编辑

提供丰富的数据输入、输出、检查和维护功能。

导入管网数据：导入测量外业采集数据，并根据提供的管网坐标信息，自动生成图形。

管网数据导出：将管网数据导出成其他数据格式。

数据转换：将不同矢量格式数据进行转换。

拓扑检查：通过拓扑检查，检查用户在编辑或者导入过程中、甚至测绘工程中出现的非正常数据。包括孤立管线或管点设备的检查，不连通管线数据的检查等。

数据维护：维护地图图层的名称对照，可以添加、修改、删除图层数据和对应的属性信息。

长事务机制：系统需基于长事务机制，提供多种管线解析输入方式方便用户进行管线设计编辑，提供快速编辑方式，方便用户进行快速、便捷的编辑管线数据。对图形编辑完成后的管线，提供属性输入，保证图形和属性数据的完整性。

(10) 输出打印

输出为 CAD 格式：支持按图幅或者按区域（多边形、矩形、营业片区）等方式，将管网数据和地形图数据输出为 CAD 格式，打印输出如图 5-20 所示。

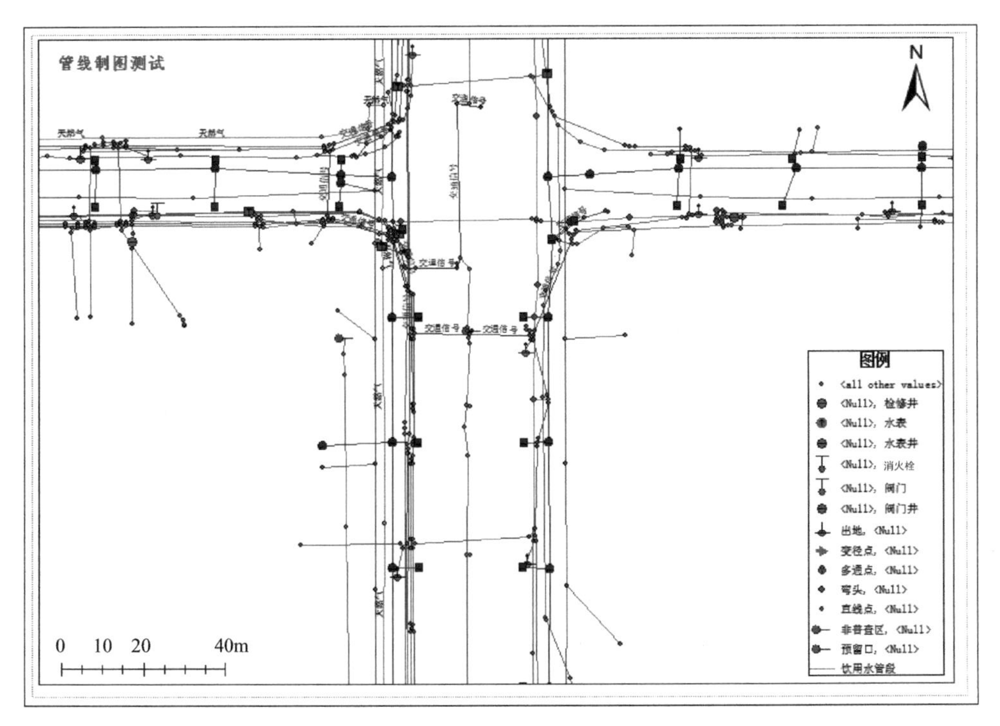

图 5-20　打印输出图

输出为图片：根据当前视图窗口或指定范围，将管网数据和地形图数据输出为图片格式。

地图打印：支持固定比例尺打印、固定范围打印、同时固定比例尺和范围打印模式。

设备卡片图打印：支持对阀门、消火栓等指定设备大比例卡片图打印。

(11) 系统管理功能

① 控制台

当前状态下的CPU使用率、内存、数据空间以及访问量。此外，控制台向管理员提供客户端访问记录，包括访问系统的客户端的IP地址、省、市以及访问日期等信息。

② 安全管理

在系统使用过程中，需要实时了解系统的使用状况，避免系统或系统数据遭到损害，以保障系统的安全和稳定。

系统具备防病毒、黑客入侵监测和预警、漏洞扫描、网络监测与自动修复、身份认证等功能。

系统后台监控模块以日志的形式记录系统各个使用者对系统的使用信息，包括登录信息、IP、操作时间、操作内容等，我们可以查询、统计和导出这些信息，安全监控界面设计如图5-21所示。

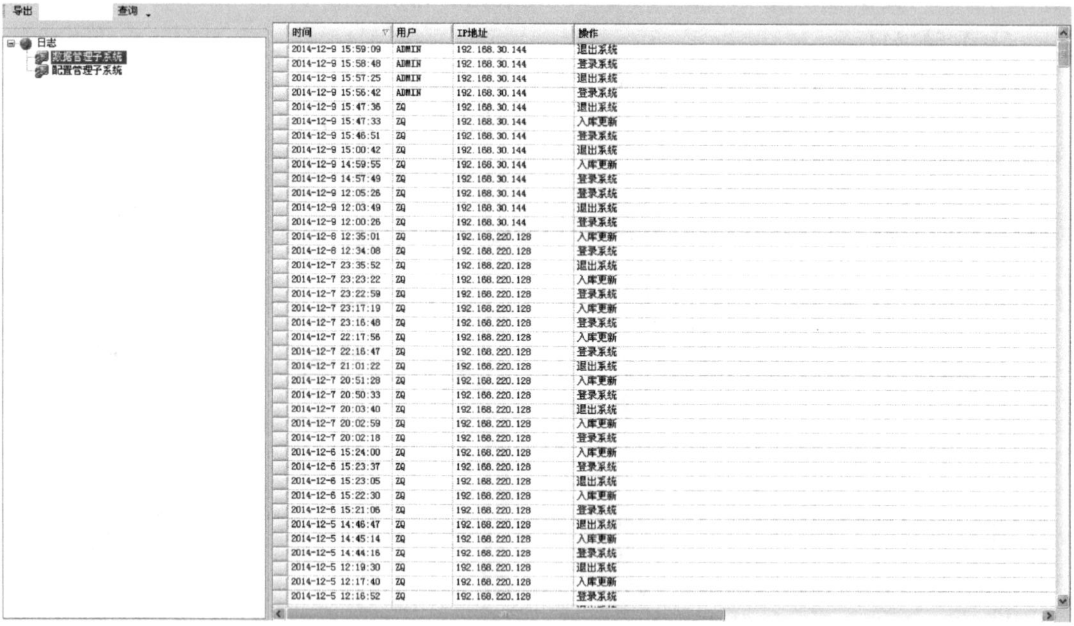

导出 查询

日志
数据管理子系统
配置管理子系统

时间	用户	IP地址	操作
2014-12-9 15:59:09	ADMIN	192.168.30.144	退出系统
2014-12-9 15:58:48	ADMIN	192.168.30.144	登录系统
2014-12-9 15:57:25	ADMIN	192.168.30.144	退出系统
2014-12-9 15:56:42	ADMIN	192.168.30.144	登录系统
2014-12-9 15:47:36	ZQ	192.168.30.144	退出系统
2014-12-9 15:47:33	ZQ	192.168.30.144	入库更新
2014-12-9 15:46:51	ZQ	192.168.30.144	登录系统
2014-12-9 15:00:42	ZQ	192.168.30.144	退出系统
2014-12-9 14:59:55	ZQ	192.168.30.144	入库更新
2014-12-9 14:57:49	ZQ	192.168.30.144	登录系统
2014-12-9 12:05:26	ZQ	192.168.30.144	登录系统
2014-12-9 12:03:49	ZQ	192.168.30.144	退出系统
2014-12-9 12:00:26	ZQ	192.168.30.144	登录系统
2014-12-8 12:35:01	ZQ	192.168.220.128	入库更新
2014-12-8 12:34:08	ZQ	192.168.220.128	登录系统
2014-12-7 23:35:52	ZQ	192.168.220.128	退出系统
2014-12-7 23:23:22	ZQ	192.168.220.128	入库更新
2014-12-7 23:22:59	ZQ	192.168.220.128	登录系统
2014-12-7 23:17:19	ZQ	192.168.220.128	入库更新
2014-12-7 23:16:48	ZQ	192.168.220.128	登录系统
2014-12-7 22:17:56	ZQ	192.168.220.128	入库更新
2014-12-7 22:16:47	ZQ	192.168.220.128	登录系统
2014-12-7 21:01:22	ZQ	192.168.220.128	退出系统
2014-12-7 20:51:28	ZQ	192.168.220.128	入库更新
2014-12-7 20:50:33	ZQ	192.168.220.128	登录系统
2014-12-7 20:03:40	ZQ	192.168.220.128	退出系统
2014-12-7 20:02:59	ZQ	192.168.220.128	入库更新
2014-12-7 20:02:18	ZQ	192.168.220.128	登录系统
2014-12-6 15:24:00	ZQ	192.168.220.128	入库更新
2014-12-6 15:23:37	ZQ	192.168.220.128	登录系统
2014-12-6 15:23:05	ZQ	192.168.220.128	退出系统
2014-12-6 15:22:30	ZQ	192.168.220.128	入库更新
2014-12-6 15:21:06	ZQ	192.168.220.128	登录系统
2014-12-5 14:46:47	ZQ	192.168.220.128	退出系统
2014-12-5 14:45:14	ZQ	192.168.220.128	入库更新
2014-12-5 14:44:16	ZQ	192.168.220.128	登录系统
2014-12-5 12:19:30	ZQ	192.168.220.128	退出系统
2014-12-5 12:17:40	ZQ	192.168.220.128	入库更新
2014-12-5 12:16:52	ZQ	192.168.220.128	登录系统

图5-21 安全监控

③ 日志管理

日志监控模块应覆盖所有的网络设备、主机操作系统、数据库以及各个应用，实现对所有用户访问操作，尤其是各类关键操作记录的收集，日志监控如图5-22所示。

④ 版本控制

基础地理信息数据库是具有时态性的，数据库中的数据修改后，原来的数据要保留入历史库中，整个数据库以时间为主线记录了空间数据的变化情况，因而是一个可以进行历史回溯的数据库系统。

系统日志

显示：日期 | 所有　类型 | 所有　用户 | 所有　记录 1 / 147949　统计　导出

用户名	IP地址	信息类型	时间	信息内容	插件名
管理员	192.168.0.102	信息	2016/6/18 22:38:05	使用工具放大	ViewTools
管理员	192.168.0.102	信息	2016/6/18 22:38:11	使用工具选择	ViewTools
管理员	192.168.0.102	信息	2016/6/18 22:41:50	使用工具漫游	ViewTools
管理员	192.168.0.102	信息	2016/6/18 22:41:59	使用工具选择	ViewTools
管理员	192.168.0.102	信息	2016/6/18 22:42:06	退出系统	主程序
管理员	192.168.10.90	信息	2016/6/20 14:06:45	登录系统	主程序
管理员	192.168.10.90	信息	2016/6/20 14:07:13	使用工具漫游	ViewTools
管理员	192.168.10.90	信息	2016/6/20 14:07:16	使用工具清除元素	ViewTools
管理员	192.168.10.90	信息	2016/6/20 14:07:17	使用工具放大	ViewTools
管理员	192.168.10.90	信息	2016/6/20 14:07:22	使用工具选择	ViewTools
管理员	192.168.10.90	信息	2016/6/20 14:08:22	使用工具多边形范围统计	ViewTools
管理员	192.168.10.90	信息	2016/6/20 14:15:05	使用工具漫游	ViewTools
管理员	192.168.10.90	信息	2016/6/20 14:15:41	使用工具漫游	ViewTools
管理员	192.168.10.90	信息	2016/6/20 14:15:45	使用工具清除元素	ViewTools
管理员	192.168.10.90	信息	2016/6/20 14:15:47	使用工具清空选择集	ViewTools
管理员	192.168.10.90	信息	2016/6/20 14:19:23	退出系统	主程序
管理员	192.168.10.90	信息	2016/6/20 15:47:35	登录系统	主程序

图 5-22　日志监控

版本管理的设计主要就是为了方便用户可以自如的浏览历史数据，同时还可以对数据库中存在的时间点做合并或者是删除的维护。

a. 版本的删除

清除用户指定某一时刻的历史数据。

b. 版本的合并

将用户指定的某几个历史时刻的数据合并成为一个版本。

c. 版本的回溯

将图面显示的数据回溯到用户指定的一个时刻点。

d. 清空版本

将数据库中该图层所有历史的和现状的实体全部清空。

⑤ 数据备份与恢复

用户根据需要对管线数据进行备份。当数据遭到破坏时，启用安全恢复功能能把备份的数据恢复到数据库，使损失降到最低。

⑥ 权限管理

用户管理功能实现对数据库的使用对象进行用户和角色的划分。用户管理支持添加、删除、编辑用户账户、密码以及权限；角色管理控制用户对系统的使用权限，如仅能浏览或可以编辑。

可以实现部门定义、人员定义、功能模块权限定义。实现人员、权限将来在发生变化时的自适应扩展。系统的用户管理机制如图 5-23 所示。

权限管理包括权限对象的维护和权限对象的分配，权限管理如图 5-24 所示。

a. 权限对象的分类

权限对象是系统用来从不同的方面对系统的安全做维护的对象，它包括以下两个部分：

功能权限：不同的用户和角色在日常的办公中所需要的功能是不同的，没有必要把所有的客户端的所有功能全部反映给用户，特别是像编辑、打印、导入、导出这种比较敏感的功能，如果控制不得当将会造成数据库的人为破坏或数据泄露。系统功能权限主要用来

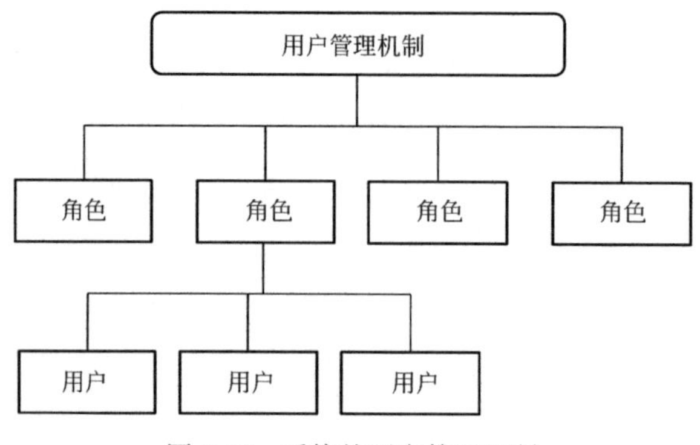

图 5-23　系统的用户管理机制

图 5-24　权限管理

控制不同的用户或角色可以使用到的客户端功能的多少。权限体现为可见或不可见，当某个用户或角色对与客户端某个功能授予不可见的时候，这个用户登录到客户端后这个功能将不会出现在这个用户的登录界面中。

对象权限：对象权限是在纵向对数据进行控制的一种权限，在基础地理信息系统的逻辑划分中，每一个逻辑子库都是由不同的逻辑层所构成。其中有很多图层所含盖的信息是非常重要的，例如地形层、道路中线层、给水管线层等，在某用户或角色使用目的、使用性质比较明确稳定的时候，只需要把这个用户或角色所用到的图层的合理的使用权限受于该用户或角色即可。对象权限可具体分为不可见、读取和编辑。缺省情况下用户或角色对一个图层的权限是读取，当在需要编辑的时候才由管理员授予编辑的权限，如果某一用户或角色对于某一个层被属于不可见的权限，那么该用户或角色在客户端调用该图层是将有越权的提示。

b. 系统权限管理

系统权限对象的种类和数目比较多，如果把数据库中的每一种权限对象都对一个指定的用户或角色进行授权，会增加管理员的工作量。所以，数据库的权限管理分为两个阶段：

权限的提取：权限提取主要是从系统繁杂的权限对象中提取系统日常运行是需要经常考虑的权限对象，使这些系统权限对象处于选定状态，当然在特殊的情况下也可以提取一些不常用到的权限对象，这就主要看具体的应用情况了。当系统权限处于选定状态后，这些权限对外表现为最小的权限。

用户授权：根据用户或角色工作的需要，就选定的权限对象对用户或角色进行适当的授权。在用户权限管理方面，系统管理员可以从系统功能和数据范围两个角度对特定用户或用户组的权限进行设置，从而提高用户权限管理的自由度。

2. 管网GIS应用系统

管网GIS应用系统能让各个部门、各个使用人员，都能够享受管网GIS一张图带来的便利。并且有很多的功能，包括管网一张图的浏览查看，对于地下资产的统计查询、各种台账的管理、表务管理以及爆管关阀等，业务功能非常强大。该系统和营收系统、微信及短信平台对接，可以在几分钟内将停水通知立刻发送给相关停水用户，为居民用户和大用户提供更多及时、人性化的服务，同时大大提高了水司的服务效率，增强了社会舆论效应。它是将我们前面建立的管网一张图，通过外网的发布，然后让我们水公司的各个部门、各个使用人员，都能够享受管网GIS一张图带来的便利。尤其是爆管关阀分析功能，以往如果某处管网发生爆管，老员工或许能够及时关闭相应的阀门，做到及时止水，但是如果老员工离退了，新员工对于管网情况又不熟悉，就不知道该关闭哪个阀门，势必造成水资源的浪费。那么有了这套系统后，就能立刻告诉用户需要关闭哪几个阀门，并且分析出此次爆管受影响的用户有哪些。为居民用户和大用户提供更多及时、人性化的服务，也是客户优质服务和企业形象的体现。

1）软件结构：采用服务端＋浏览器/移动端；其中，移动端支持Android平板电脑、智能手机通过3G/4G/Wi-Fi无线网络在线浏览管线数据，并支持关阀分析、属性查询、GPS定位、地图定位等。

2）地图浏览：支持地形图和管线数据的各类地图操作，便于快速浏览所需地图，软件界面美观。

地图缩放：包括放大、缩小、全幅显示；

漫游：地图移动；

量算：包括距离、面积、角度量算；

地图设置：设置地图比例尺、样式和布局。

3）管网查询

提供数据属性查询功能，通过点击要素（如管段、特征点、附属物），可查看其管径、起终点、埋深、建设年份、附属物类别等各类详细信息。

（1）属性查询

选定对象，查询该对象的所有属性。

（2）条件查询

条件查询符合条件的所有管点（段）。包括道路查询、物探点号查询、附属物查询、自定义查询。

（3）空间查询

采用系统体空的多边形或矩形等多种空间选择方式，在管线展示区空间选择多种管线，高亮显示，并在左侧显示框中弹出被查询到的各管线信息。

4）资产统计

提供丰富的报表统计方法和专题图表达方法，管网资产统计如图 5-25 所示。

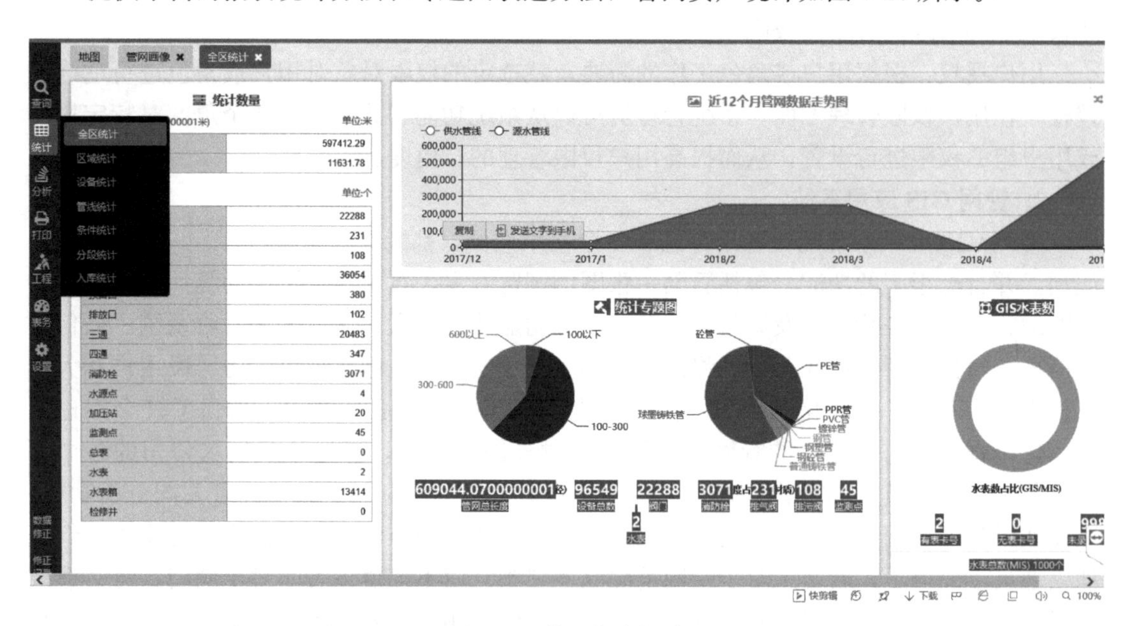

图 5-25　管网资产统计

（1）全区统计：对全区各种类型的管线、管点信息进行统计报表输出和各类专题图输出。

（2）管线统计：按口径、材质、道路、工程、时间等条件对管线长度进行统计和各类专题图输出。

（3）设备统计：从道路、工程、时间等条件对设备数量进行统计和各类专题图输出。

（4）自定义统计：用户根据自己需要构造统计条件进行统计和各类专题图输出。

（5）统计方案管理：对历史统计方案进行保存和管理，并且可以对存在的统计方案进行编辑。

5）管网台账

提供日常管线维修、养护、检漏等台账录入、查询、统计等操作，管网设备维修台账如图 5-26 所示，管网设备维修登记如图 5-27 所示。

（1）空间分析

① 爆管分析：突发爆管时，系统将能够根据水源分布情况以及阀门状态，进行多级关阀处理，找到停水用户和需关闭的阀门，并生成现场抢修图。同时，能对爆管事故原因、处理方案和处理结果，能进行保存和管理，便于事故查询和再现。爆管关阀分析如图 5-28 所示。

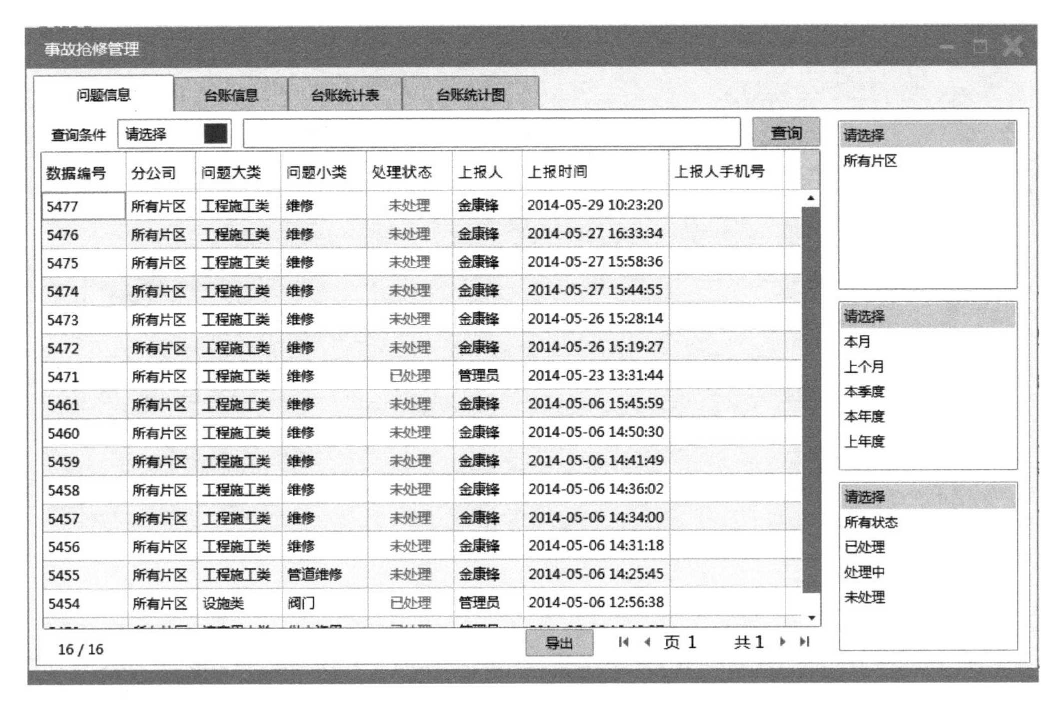

数据编号	分公司	问题大类	问题小类	处理状态	上报人	上报时间	上报人手机号
5477	所有片区	工程施工类	维修	未处理	金康锋	2014-05-29 10:23:20	
5476	所有片区	工程施工类	维修	未处理	金康锋	2014-05-27 16:33:34	
5475	所有片区	工程施工类	维修	未处理	金康锋	2014-05-27 15:58:36	
5474	所有片区	工程施工类	维修	未处理	金康锋	2014-05-27 15:44:55	
5473	所有片区	工程施工类	维修	未处理	金康锋	2014-05-26 15:28:14	
5472	所有片区	工程施工类	维修	未处理	金康锋	2014-05-26 15:19:27	
5471	所有片区	工程施工类	维修	已处理	管理员	2014-05-23 13:31:44	
5461	所有片区	工程施工类	维修	未处理	金康锋	2014-05-06 15:45:59	
5460	所有片区	工程施工类	维修	未处理	金康锋	2014-05-06 14:50:30	
5459	所有片区	工程施工类	维修	未处理	金康锋	2014-05-06 14:41:49	
5458	所有片区	工程施工类	维修	未处理	金康锋	2014-05-06 14:36:02	
5457	所有片区	工程施工类	维修	未处理	金康锋	2014-05-06 14:34:00	
5456	所有片区	工程施工类	维修	未处理	金康锋	2014-05-06 14:31:18	
5455	所有片区	工程施工类	管道维修	未处理	金康锋	2014-05-06 14:25:45	
5454	所有片区	设施类	阀门	已处理	管理员	2014-05-06 12:56:38	

图 5-26　管网设备维修台账

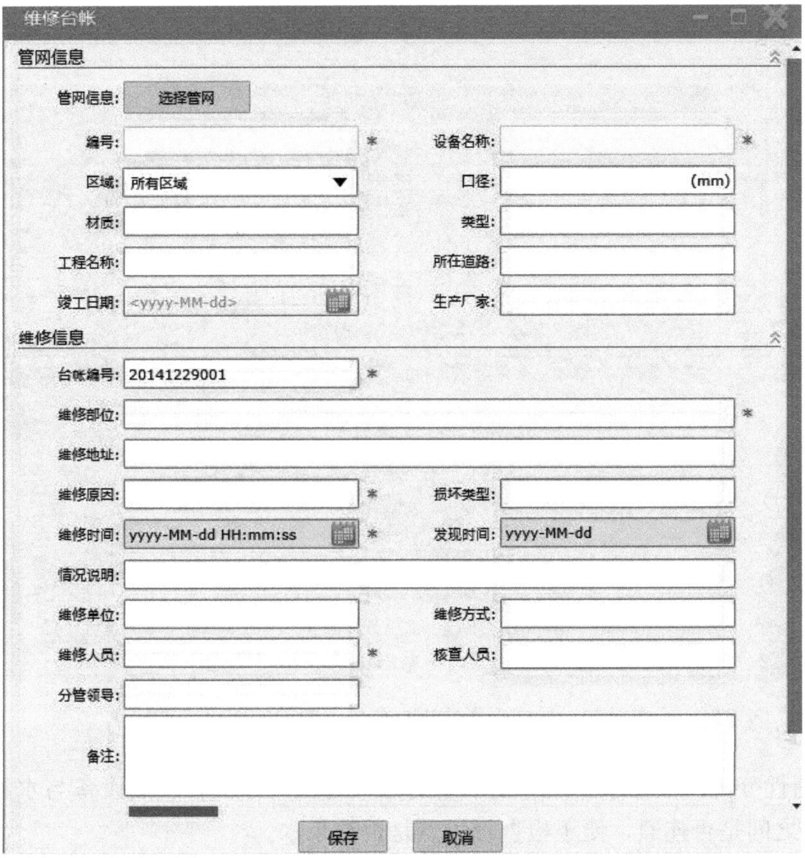

维修台帐
管网信息
管网信息: 选择管网
编号: *　设备名称: *
区域: 所有区域　口径: (mm)
材质:　类型:
工程名称:　所在道路:
竣工日期: <yyyy-MM-dd>　生产厂家:
维修信息
台帐编号: 20141229001 *
维修部位: *
维修地址:
维修原因: *　损坏类型:
维修时间: yyyy-MM-dd HH:mm:ss *　发现时间: yyyy-MM-dd
情况说明:
维修单位:　维修方式:
维修人员: *　核查人员:
分管领导:
备注:
保存　取消

图 5-27　管网设备维修登记

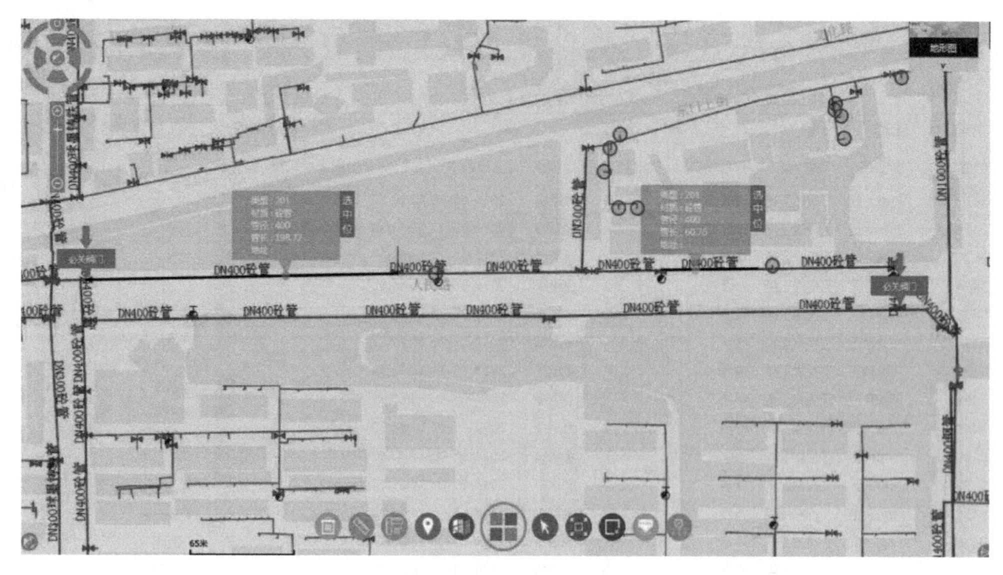

图 5-28　爆管关阀分析

② 扩大关阀分析：当出现阀门现场无法关闭的现象时，系统能进行二次扩大关阀分析。

③ 受影响用户分析：阀门关闭后，对可能停水的用户进行搜索与分析，提供受影响用户清单。爆管受影响用户分析如图 5-29 所示。

图 5-29　爆管受影响用户分析（圆圈的即水表箱）

④ 连通性分析：根据水源或加压泵站的分布情况，分析管线点设备与水源是否连通，或两个设备之间是否连通，便于检查管线点是否有来水。

⑤ 消火栓分析：根据当前选定的点或选定的区域，分析当前周边一定范围的消火栓，

或者分析当前区域内存在的所有消火栓的缓冲范围，为消火栓查找或消火栓选址提供依据。

⑥ 缓冲分析：根据选定的轨迹、线路、管线缓冲周边一定距离的管线与设备，为施工、设计提供基础管网资料。

⑦ 横断面分析：显示某路面横截面下管线的铺设情况，及该横截面管线相关属性信息和分布信息。

剖面分析模块用于查看关系剖面的具体情况。包括横断面分析（图 5-30）及横断面效果（图 5-31），同时可以判断交叉管线是否符合规范要求，并可形成二维图纸导出。

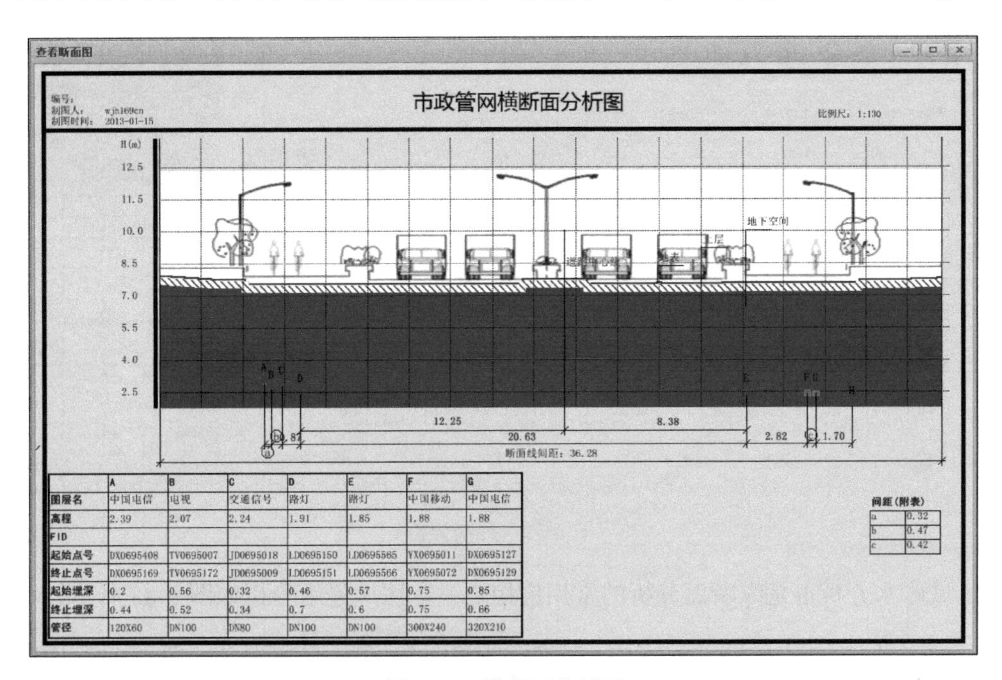

图 5-30　横断面分析图

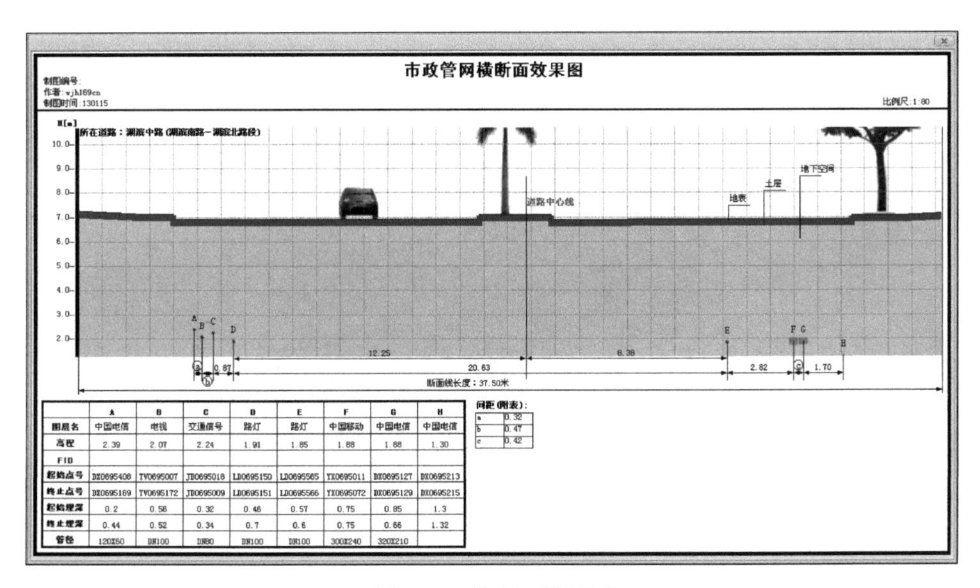

图 5-31　横断面效果图

⑧ 纵断面分析：显示某段管线的走向以及埋深，标高等。

纵断面分析常用在关阀分析中，关阀分析如图 5-32 所示。

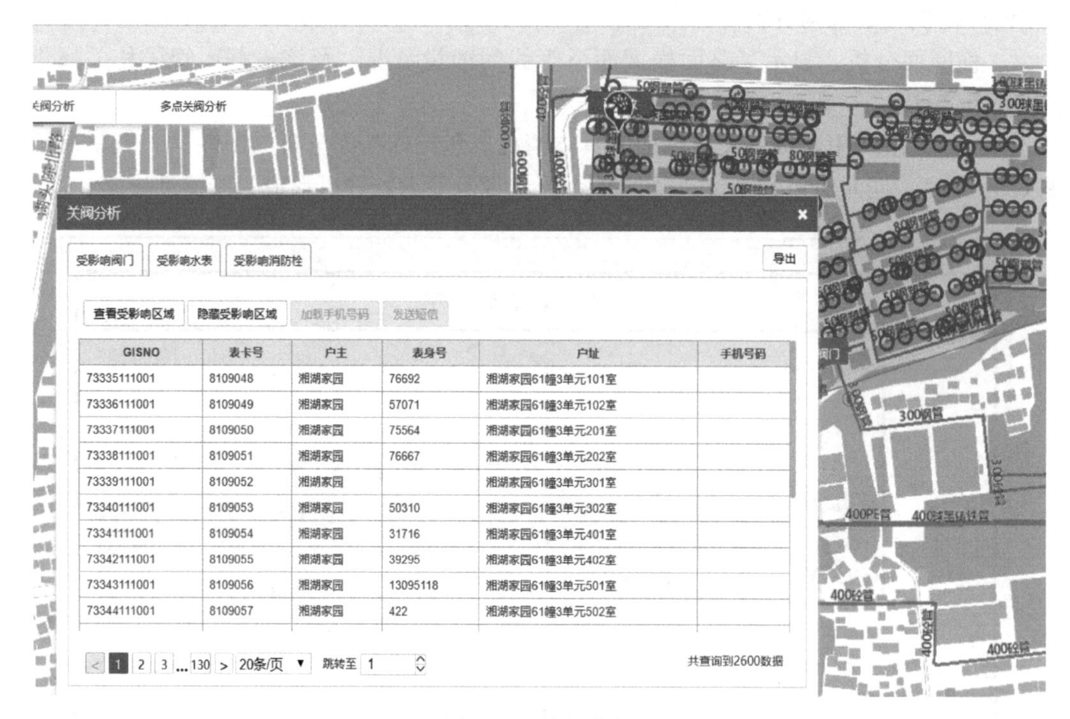

GISNO	表卡号	户主	表身号	户址	手机号码
73335111001	8109048	湘湖家园	76692	湘湖家园61幢3单元101室	
73336111001	8109049	湘湖家园	57071	湘湖家园61幢3单元102室	
73337111001	8109050	湘湖家园	75564	湘湖家园61幢3单元201室	
73338111001	8109051	湘湖家园	76667	湘湖家园61幢3单元202室	
73339111001	8109052	湘湖家园		湘湖家园61幢3单元301室	
73340111001	8109053	湘湖家园	50310	湘湖家园61幢3单元302室	
73341111001	8109054	湘湖家园	31716	湘湖家园61幢3单元401室	
73342111001	8109055	湘湖家园	39295	湘湖家园61幢3单元402室	
73343111001	8109056	湘湖家园	13095118	湘湖家园61幢3单元501室	
73344111001	8109057	湘湖家园	422	湘湖家园61幢3单元502室	

图 5-32　关阀分析

区域停水分析也是纵断面分析的常用应用之一，区域停水分析如图 5-33 所示。

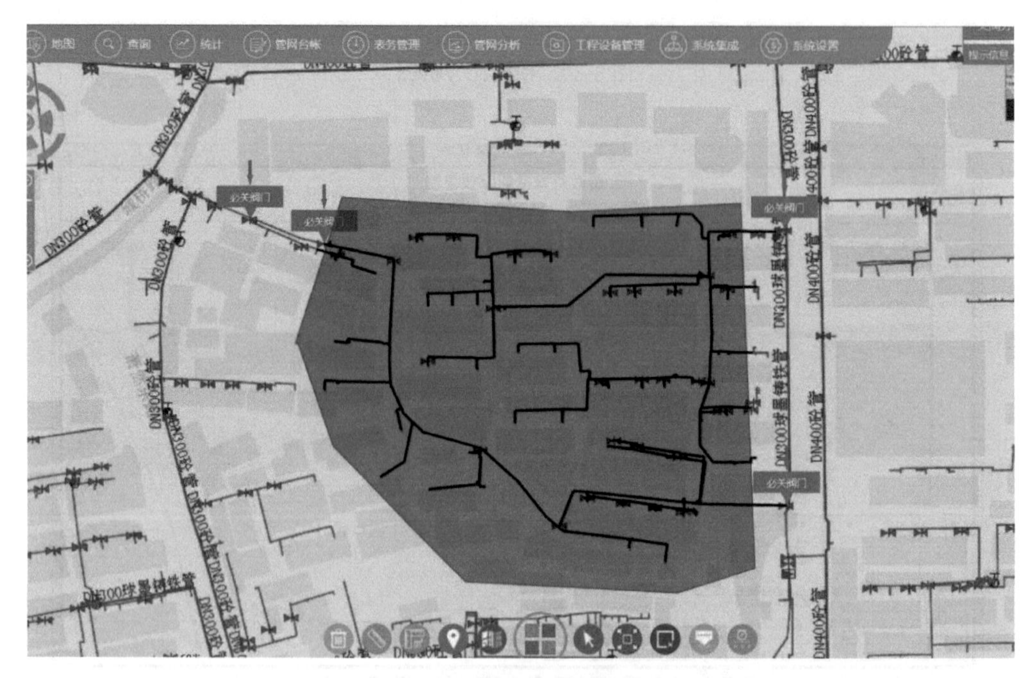

图 5-33　区域停水分析

（2）表务管理

水表作为供水管网的重要资产，也是水务企业服务广大居民用户与企事业单位的重要载体。表务管理涉及日常抄表（总表与一户一表管理如图 5-34 所示）、水费管理（用户水费信息查询如图 5-35 所示）、拆换表（拆换表台账统计如图 5-36 所示）、欠费催缴、用户投诉等业务。系统要求实现 GIS 与水司营业收费系统对接，在 GIS 中能查询水表空间位置、用户编号、户名、装表位置、水量信息、水费信息等。

图 5-34　总表与一户一表管理

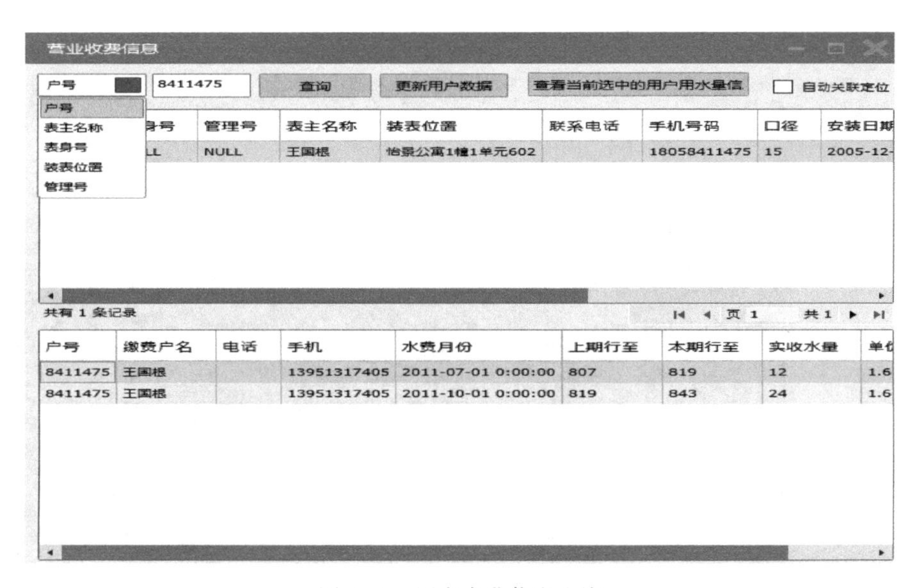

图 5-35　用户水费信息查询

GIS 底图对接工作

如政策允许，可以将以上信息系统与水务公司国土资源局底图对接，实时在线或离线方式调用水务公司国土资源局发布的底图基础地理信息服务，以保障地形图数据的准确

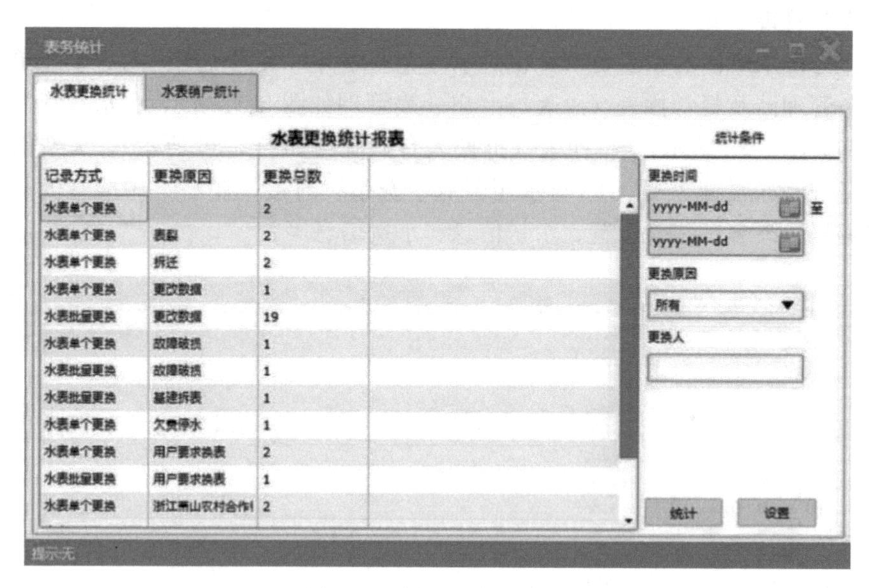

图 5-36　拆换表台账统计

性、全面性与实时性。

如底图无法对接，可采用水务公司国土资源局现有 1∶2000 的 CAD 格式地形图数据或卫星影像、航拍影像等作为 GIS 底图。对于手机 APP 移动端，为保障数据安全，建议手机与服务器连接采用 APN 技术，即手机拨号成为企业内网终端，即可保障地形图与管网数据安全。GIS 调用底图航拍数据图如图 5-37 所示。

同时，支持谷歌、百度商业底图对接。

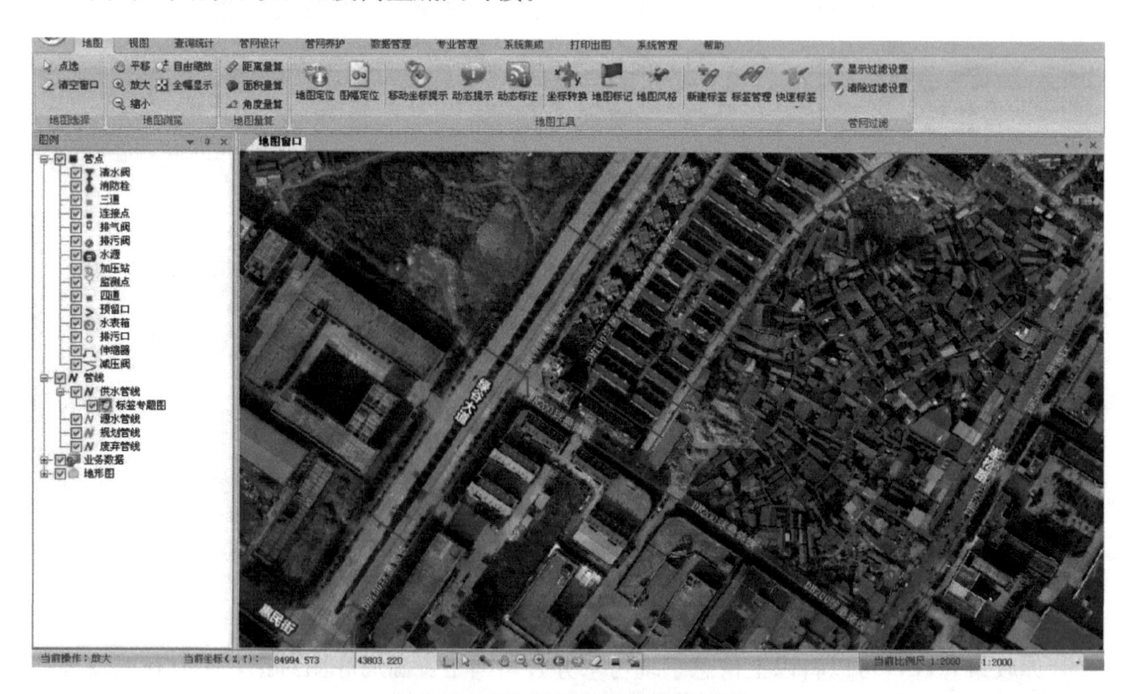

图 5-37　GIS 调用底图航拍数据图

3. 管网巡查管理系统

管网巡查管理系统是“管网移动办公平台”，是结合GIS、GPS、3G/4G、移动互联网等技术开发而成，主要针对水司管线巡查、工程施工、偷盗用水、设备缺失等方面，支持事件上报、任务派发、事件处理、轨迹管理、考核监管等业务流程管理。整合了人员管理、实时监控、各类计划的制定与派发、各类事件信息的接收与处理、各人员轨迹的管理与回放、以及各类计划与任务的考核统计等功能。整套系统操作简单、与实际业务结合紧密，能将水务公司的信息化工作从公司内部逐渐扩展到公司外部。

1）巡查计划

（1）计划管理：制定管线巡查计划，记录名称、巡查范围、计划类型、巡查间隔、巡查管径、巡查材质、巡查范围等信息；巡查间隔可以按天、周、月；可以直接应用管线巡查计划模板。

（2）调度、任务下达：调度中心指挥人员可以通过此功能把巡检任务或紧急事件处理情况下发到巡线人员，巡线人员根据调度任务导航到事发地点，最快的进行巡检或处理事故。

系统的手机端可以查看爆管、检修、报警等，从监控中心下发的任务，并可以通过导航，将手机持有人导航到检修和爆管地点。巡查计划管理如图5-38所示。

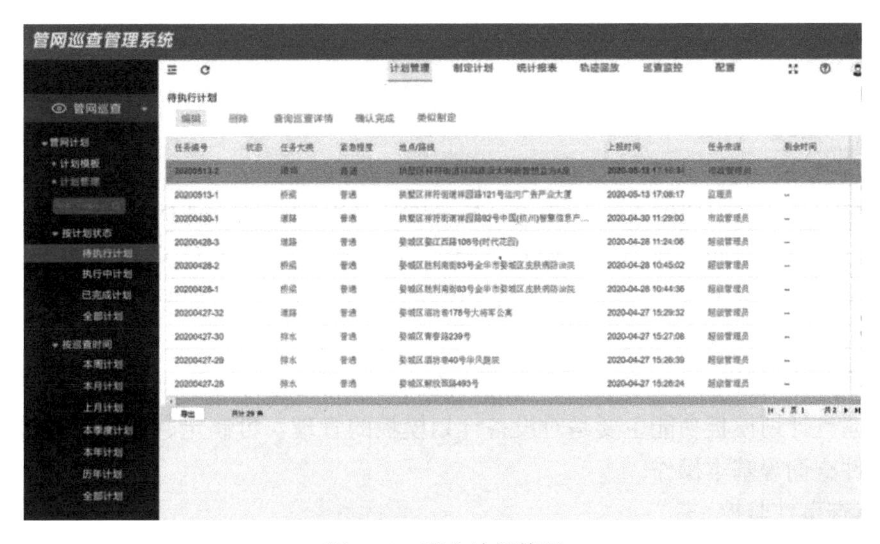

图5-38　巡查计划管理

2）巡查监控

（1）巡检监控：可以实时观察到巡检人员的动态，并在地图上显示。

（2）巡检定位：可显示系统中所有巡检车辆和人员的实时位置、历史轨迹等。能直观地显示每个人员和车辆，点击车辆和人员时能看到车辆和人员的位置描述、海拔、速度、方向等信息。

（3）事件分布图：可以在地图上不同的时间节点显示上报事件的分布情况，事件分为已处理和未处理。时间节点：本月、上月、本季度、本年度。

（4）巡查轨迹管理：可以对巡查的轨迹进行管理，记录巡查人、巡查线路、开始时间、结束时间、在线时长、平均速度、轨迹长度、实际长度、上报的问题数等信息，并可以对轨迹进行查看和回放。巡查轨迹如图 5-39 所示。

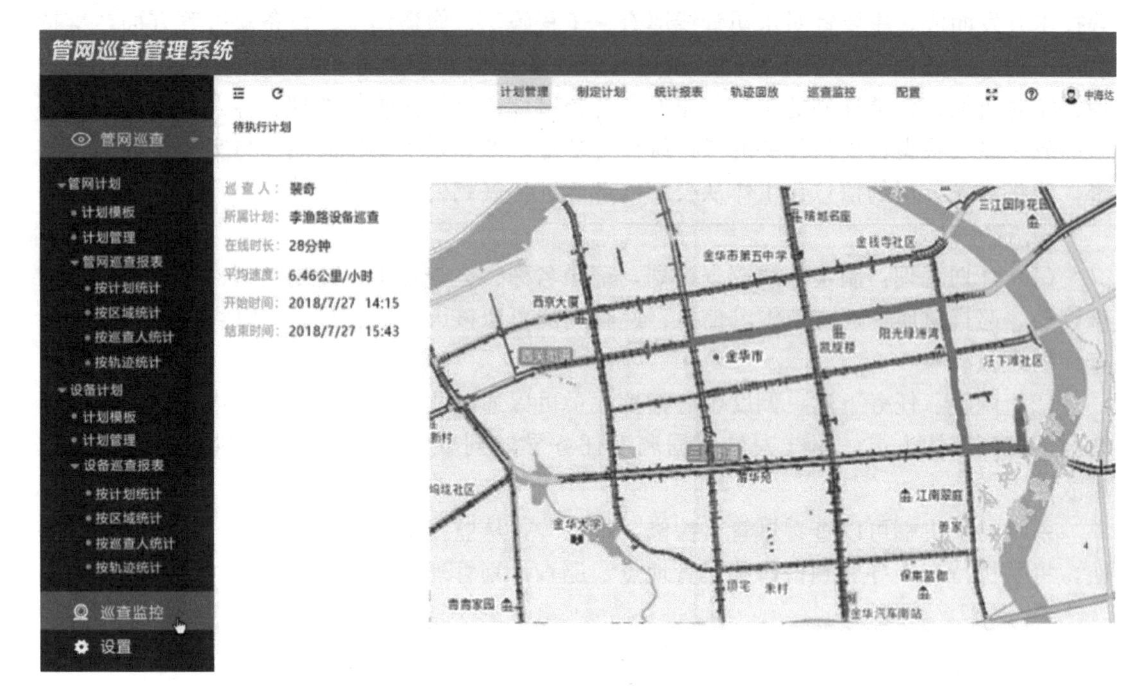

图 5-39　巡查轨迹

3）巡查报表

巡线报表分析：对线路、单位或人员巡检完成情况进行综合评估并生成报表、生成漏检报表。可以根据时间（年份、月份）、计划名称、区域、巡查人、轨迹统计管线巡查的总长度、人员的出勤天数、轨迹长度、上报问题数等。巡查报表如图 5-40 所示。

4）设备巡查

在制定具体设备巡查计划前，可依此功能制定设备巡查计划模板，便于巡查计划的制定。设备巡查计划模板功能主要是对设备计划模板的管理，可制定、删除、修改模板，以及特定条件查询等基本操作。

5）巡查事件监控

显示本月已处理、未处理和总事件的数目，以及各事件在地图上的分布位置，同时也可以对事件详细信息进行查看、巡查人员状态的查看，包括一些基本的地图操作。

6）考核指标管理

系统对巡检员和班组巡检的到位率、任务完成率、有效巡检时间等关键指标进行统计与管理。巡检系统考核管理如图 5-41 所示。

4. DMA 分区漏损控制系统

分区漏损控制系统是针对供水管网“DMA 分区管理与漏损控制平台”，主要用于高效准确地计算与分析水务公司各分区产销差，为自来水精细化区域产销差和漏损率控制提供数据依据。通过 DMA 分区漏损控制系统的建设，可以明确了解到各区块的产销差分布情况，哪边产销差高、哪边产销差低，便于后期进行排查降损的工作，协助水务公司有限公

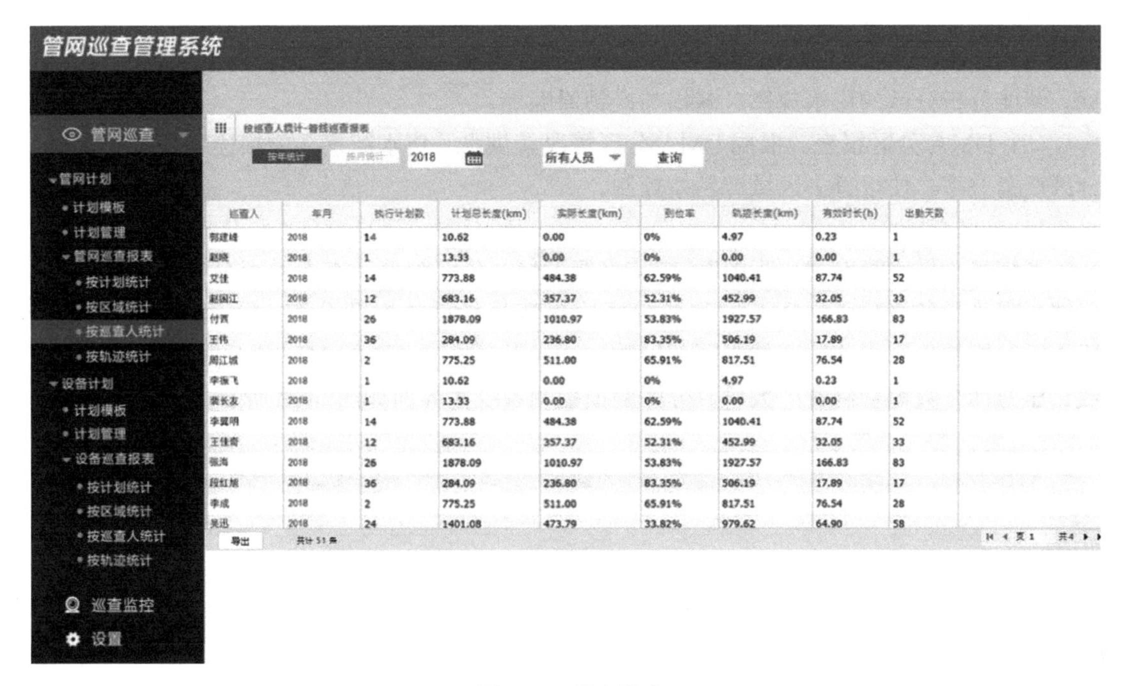

图5-40　巡查报表

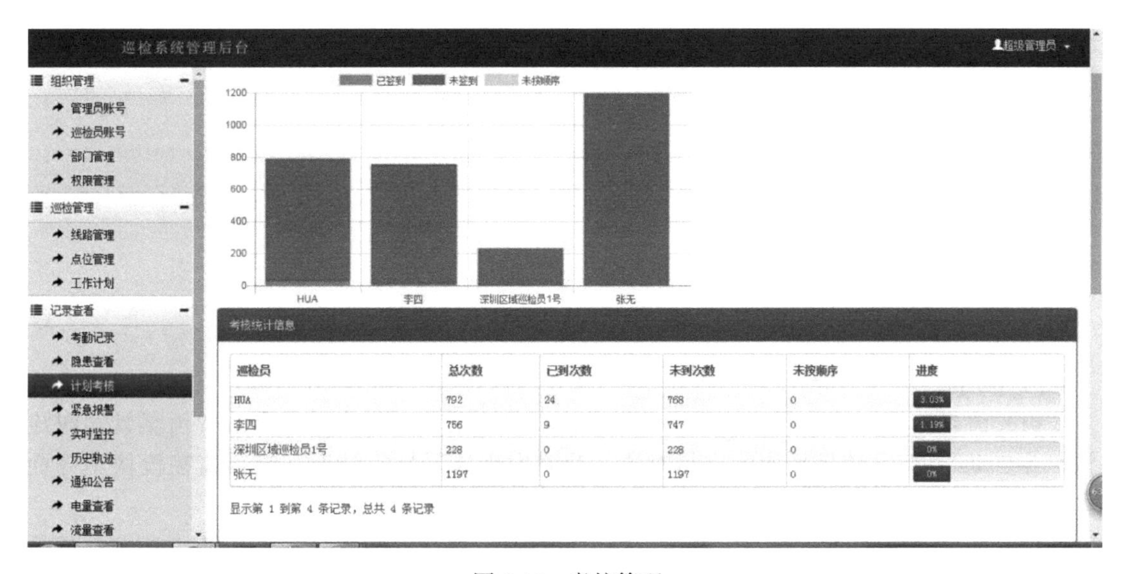

图5-41　考核管理

司降低产销差，从而提高经济效益。具体包括如下方面：

（1）DMA分区：支持一级、二级、三级、四级等多级分区的建立与设置，分区流量计的空间与实时数据的显示，分区水量与分区产销差与漏损率的核算。

（2）总表/考核表管理：支持总表与分表关联关系的建立，快速核算总表与分表之间的产销差。

（3）DMA分区规划：根据需要建立的DMA分区区域与管线分布情况，分析合适区域流量计安装的位置。

(4) DMA 分区分析：根据需要建立的 DMA 分区以及水厂数据、调度数据、营业数据，智能分析分区的用水规律、漏损与产销原因等。

(5) DMA 分区报表：根据 DMA 分区情况和供水、售水数据，能快速统计每个 DMA 分区产销差率，便于进去区域产销差控制。

1) 分区总览

系统基于供水管网“一张图”，支持多级 DMA 分区管理，查看各个分区的漏损情况，能够直观显示各级分区空间范围和各分区边界流量计设施空间分布，在用分区和规划分区，同时能够显示当前分区的管网公里数、GIS 用户数、已匹配 MIS 用户数、远传水表个数、压力计个数等管网资产数量。分区漏损控制系统主界面如图 5-42 所示。

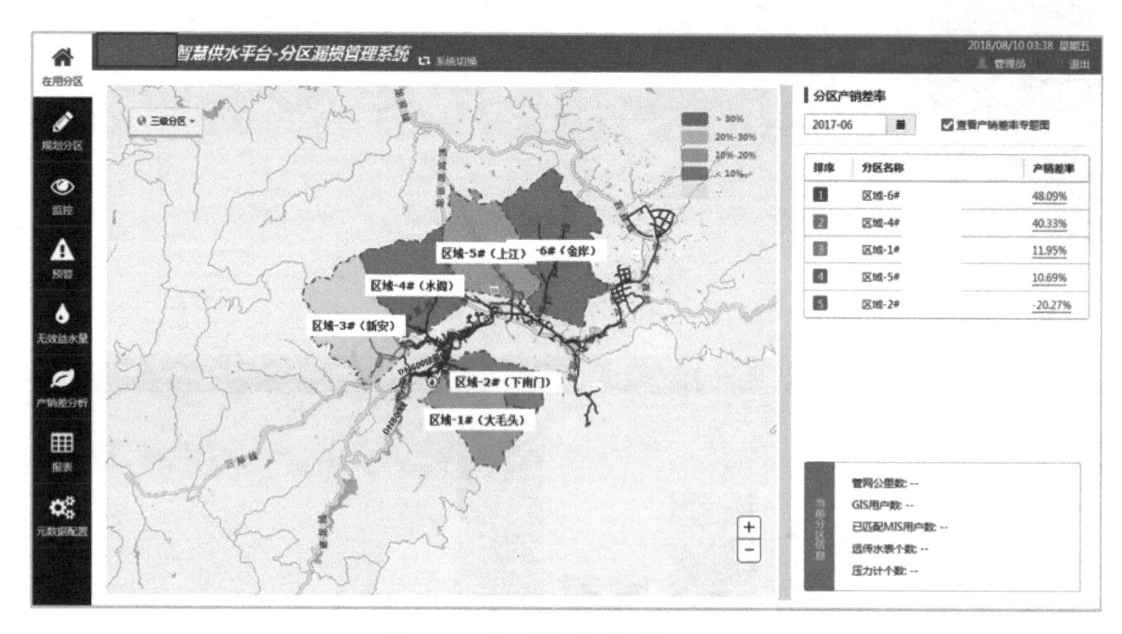

图 5-42　分区漏损控制系统主界面

2) 流量

(1) 流量监控：系统可监控各级分区的实时供水量、日供水总量和边界流量计实时流量，并自动与前 7d 流量平均值进行对比，及时发现流量异常情况。流量监控模块主界面如图 5-43 所示。

(2) 流量查询统计：支持按每日、每周、每月、一年或者指定时间段查询和统计相关数据。

3) 水量异常预警

(1) 自动捕获水量异常：系统根据预警条件可自动捕获各分区异常水量信息，详细记录异常发生时间段、异常类别、异常水量等，便于调度人员进一步判断导致异常的原因。

(2) 预警信息查询：可按分区名称、时间段查询所有分区近一个月、近一季、近一年的所有预警信息。水量异常自动捕获如图 5-44 所示。

4) 无收益水量

(1) 无收益水量管理：支持用户实时新增、编辑、删除无收益水量信息，便于将来更

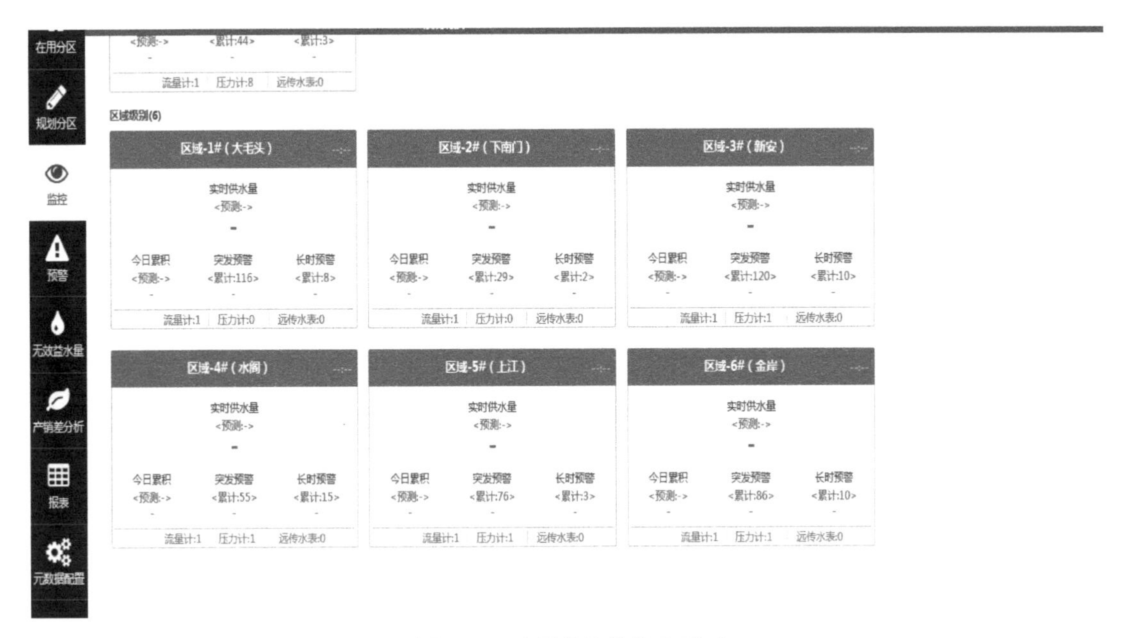

图 5-43　流量监控模块主界面

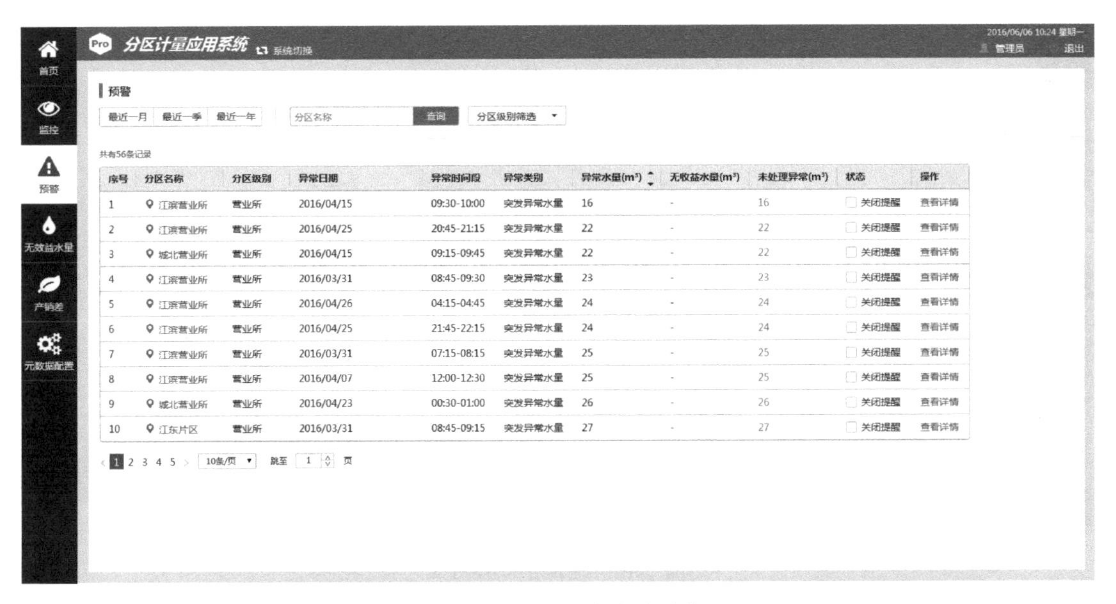

图 5-44　水量异常自动捕获

加准确地核算管网漏损率指标。

（2）无收益水量查询统计：可按分区、月度、年度查询各个分区无收益水量信息。无收益水量管理模块主界面如图 5-45 所示。

5）漏损率

（1）漏损率核算：系统根据各个分区的供水量、销水量，自动核算月度/年度产销差率，同时支持同比去年与环比上月。漏损率核算对比如图 5-46 所示。

（2）漏损率查询统计：可按年度、月度查询统计各个分区的漏损率。

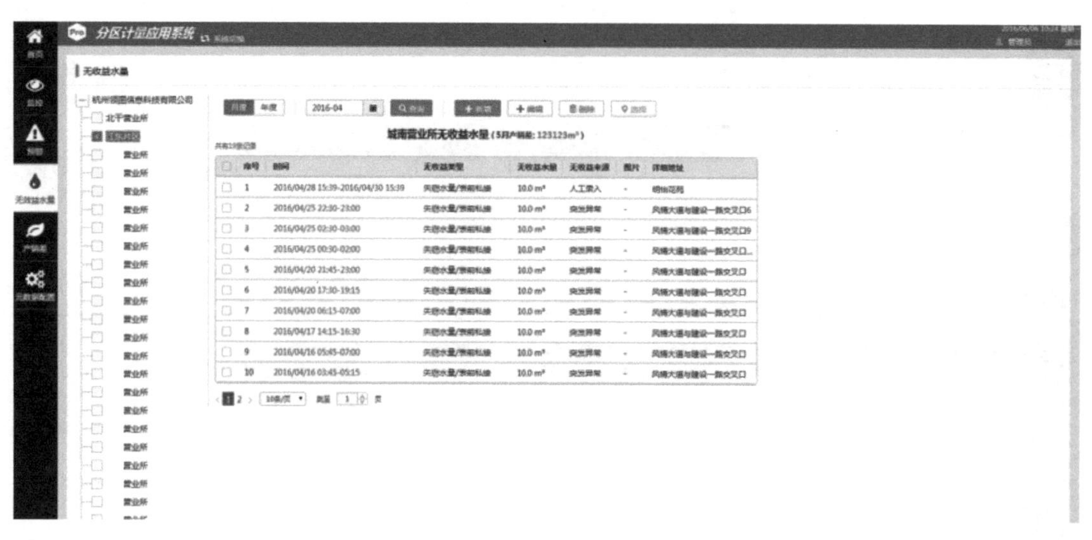

图 5-45　无收益水量管理模块主界面

图 5-46　漏损率核算对比

6）系统元数据配置

（1）流量计管理：支持用户新增、修改、删除、查询各分区流量计。流量计管理如图 5-47 所示。

（2）分区管理：支持用户新增、修改、删除、查询各级分区。分区管理界面如图 5-48 所示。

（3）流量计预警管理：允许用户自定义预警参数，支持常规预警和特殊预警设置。

（4）其他配置：可对分区级别、分区类别、分区产销差的属性进行设置。

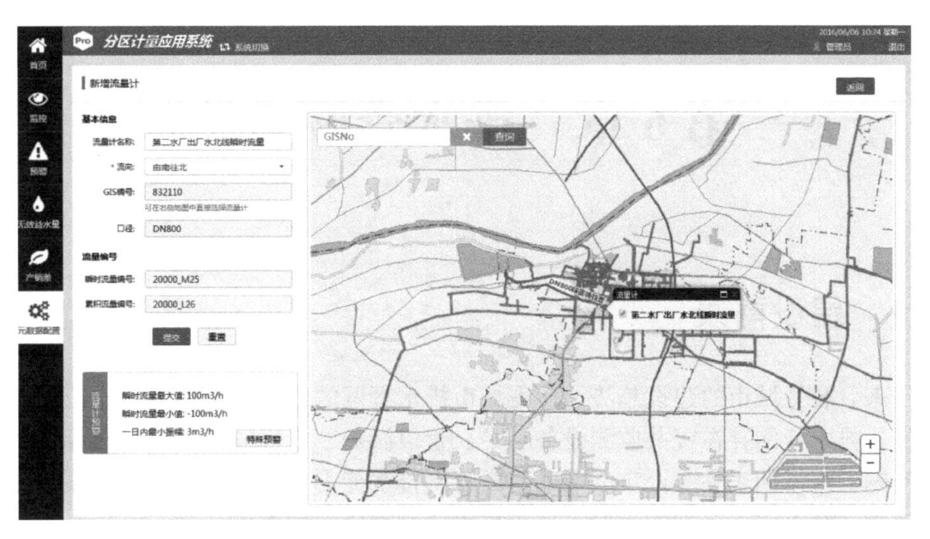

图 5-47　流量计管理

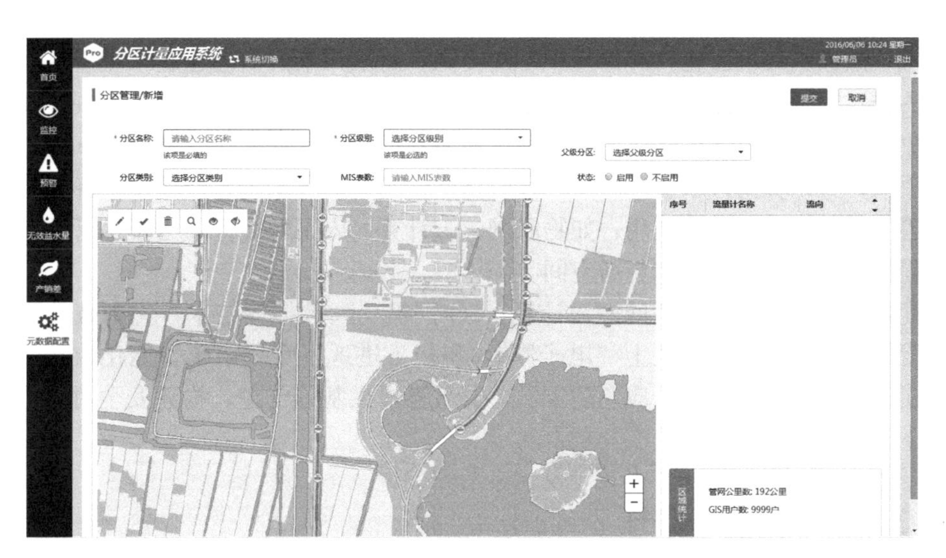

图 5-48　分区管理界面

第 6 章　排水管网系统

6.1　建设背景

近年来，智慧城市的建设趋势，使得城市排水管网的监测成为重中之重。但是，出于历史原因，排水管网存在窨井监测设备不足、管段淤积、无序监管、污水超标排放、偷排偷漏等问题。当汛期来临时，难以准确判断管网排水能力和快速制定排涝预案。加上窨井监测不完善，缺乏实时管理的手段，城市排水管网难以起到作用。

随着城市化进程的加速，城市人口增长和经济发展对现有排水系统的压力不断增大。传统的排水系统常常面临着管道老化、污泥淤堵、雨水倒灌等问题，导致城市内部的积水、污水外溢和水环境恶化。环保意识不断提高，对水污染的治理也越来越重视，因此需要先进的排水管网解决方案来保障水环境的质量。为了应对这些挑战，采用现代化的排水管网解决方案建设成为一种必要选择。通过使用新型材料、智能化控制系统和先进的网络技术等手段，可以提高排水管网的安全性、稳定性和智能化水平，使城市的环保指标得到有效改善。新技术的引入和应用，如物联网、云计算、人工智能等，为排水管网解决方案的建设提供了更多的可能性和创新空间。

为此，国家鼓励应用物联网、云计算、5G 网络、大数据等技术，为隐蔽性很强的地下排水管网、下立交、路面装上“电子眼”，积极推进地下管线系统智能化改造，为工程规划、建设施工、运营维护、应急防灾、公共服务提供基础支撑，构建安全可靠、智能高效的地下管线管理平台。

6.2　系统组成部分

6.2.1　排水管网流量在线监测

1. 数据采集——感知层

利用流量传感器和数据采集系统，对排水管网中的水流进行实时监测和数据收集，并利用数据分析技术和模型算法，实现管网流量在线监测和预测，从而及时发现管网异常情况并采取相应措施。

在排水管网流量在线监测解决方案中，数据采集是感知层的重要组成部分。感知层主要负责从排水管道中获取流量等监测数据，并将这些数据传输到上层进行处理和分析。

在数据采集方面，可以使用各种类型的传感器，如压力传感器、涡街流量计、磁性流量计等，根据实际需要选择合适的传感器。安装位置应在管道的适当位置，以确保准确地获取数据。此外，还需考虑传感器的防护等级和材料，以适应不同的环境条件和管道材质。

总之，数据采集是排水管网流量在线监测解决方案中感知层的关键组成部分，通过合理选择传感器和无线传输技术，可以实现对排水管网流量等监测数据的准确采集和传输。排水管网系统图如图 6-1 所示。

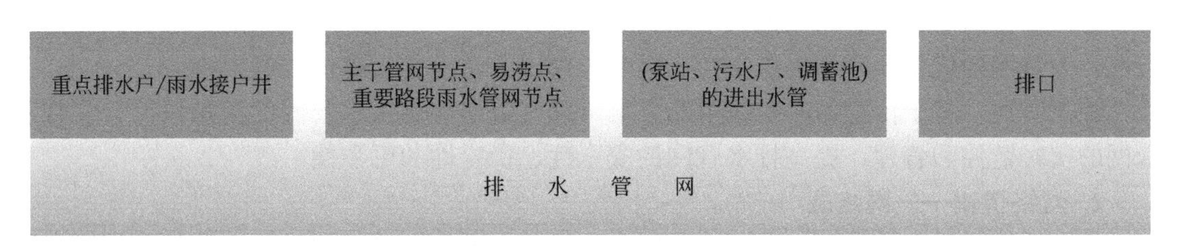

图 6-1　排水管网系统图

项目案例

一种解决方案是使用流量传感器安装在排水管网中，通过将传感器的数据连接到互联网并使用远程监测软件进行分析，实时监测管道的流量和状态。同时，利用机器学习算法对数据进行处理，可以预测可能出现的问题并提前采取措施。为了实现排水管网流量在线监测，可以采用以下解决方案：

（1）传感器安装：在排水管道中安装流量传感器，以实时监测流量情况。传感器可以采用压力传感器、涡街流量计、磁性流量计等不同类型的传感器。

（2）数据采集：通过无线传输技术将传感器采集到的数据传输到云端服务器上，实现数据的实时采集和存储。采集的数据包括流量大小、变化趋势、异常情况等。排水管网监测系统拓扑图如图 6-2 所示。

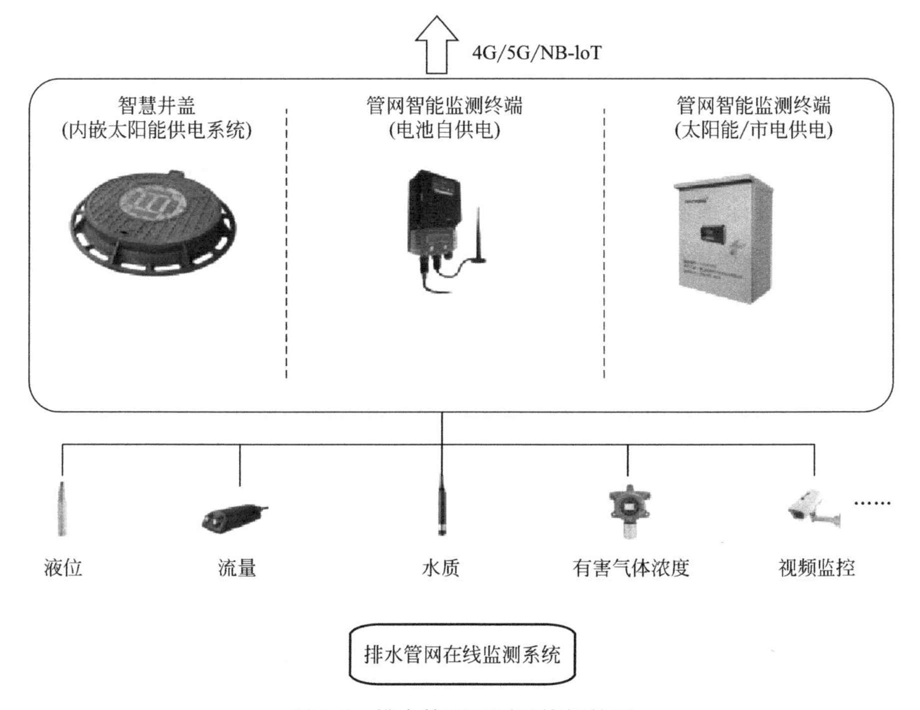

图 6-2　排水管网监测系统拓扑图

（3）数据分析：对采集的数据进行分析，建立数据模型，对污水流量进行预测并识别出异常情况。常见的数据分析方法包括机器学习、神经网络等。

（4）报警处理：当出现异常情况时，系统会自动发出报警信息，提醒相关人员及时处理，避免事故的发生。

（5）数据共享：将监测数据共享给相关部门和单位，以便更好地了解排水管网的运行情况，为管网的优化和管理提供支持。同时也可以为政府监管提供数据支持。

综上所述，基于传感器的在线监测方案可以有效地监测排水管网的流量情况，实现对管网的实时监控和管理，提高排水管网的安全性、稳定性和可靠性。

2. 网络传输——网络层

排水管网流量在线监测解决方案的网络传输层主要负责将感知层采集到的数据通过网络传输到云平台或本地服务器进行处理和分析。为了实现数据的实时采集和传输，可使用无线传输技术，如 Wi-Fi、NB-IoT、LoRa 等，将采集到的数据传输到云端服务器或本地服务器中进行存储和管理。同时，应该进行数据加密和安全验证，确保数据传输的安全性和可靠性。该层主要应用在以下几个方面：

（1）通信协议：选择适合数据传输的通信协议，如 HTTP、TCP/IP 等。同时，应保证通信协议的安全性和可靠性。

（2）网络拓扑结构：根据实际情况选择最合适的网络拓扑结构，如星形网络、总线型网络和环状网络等，并考虑网络拓扑结构的扩展性和容错性。

（3）系统架构：在网络层中应建立完善的系统架构，包括数据传输模块、数据处理模块等，以支持数据的高效传输和处理。

（4）数据加密和安全验证：为了保障数据的安全性，在数据传输过程中应该进行加密和安全验证，防止数据被非法获取或篡改。

（5）传输效率优化：在网络传输层中，应该对数据传输进行优化，减少数据传输时间和传输成本，提高传输效率。

综上所述，排水管网流量在线监测解决方案的网络传输层需要考虑多个方面，包括通信协议、网络拓扑结构、系统架构、数据加密和安全验证以及传输效率优化等，以确保数据的快速、准确且安全地传输到下一层进行处理和分析。

3. 系统服务——通信服务层

在排水管网流量在线监测解决方案中，通信服务层是系统服务的一个重要组成部分，主要负责处理从网络传输层接收到的数据，并将其转发到相应的应用程序进行处理和分析。该层主要应用在以下几个方面：

（1）数据传输：通过各种通信协议，如 HTTP、TCP/IP 等，实现数据的传输并保证传输的安全性和可靠性。

（2）数据格式：确定数据传输的格式，如 JSON、XML 等，以便应用程序正确地解析和使用。

（3）接口设计：设计良好的接口，以便应用程序能够方便地访问和使用通信服务层提供的数据。

（4）错误处理：为了确保系统的稳定性，通信服务层还需要处理可能出现的错误情况，并采取相应的措施来修复或恢复系统。

（5）性能优化：通信服务层需要考虑系统的性能问题，并采取相应的措施来提高系统的性能，如缓存机制、负载均衡等。

综上所述，通信服务层在排水管网流量在线监测解决方案中扮演着至关重要的角色。它与感知层和网络传输层密切配合，将来自感知层的数据传输到应用程序中进行处理和分析，以实现系统的高效运行和准确监测。

4. 终端应用——应用层

排水管网流量在线监测解决方案的应用层主要负责将感知、网络和通信服务层收集到的数据进行处理、分析和展示，为用户提供可视化、实时的监测结果及报告。该层主要应用在以下几个方面：

（1）数据处理：应用层需要对从下层收集到的数据进行处理和分析，在不同的应用场景下呈现出不同的形态，如表格、图表等。

（2）可视化界面：应用层需要设计直观、易用的可视化界面，以方便用户查看监测结果并进行操作和控制。排水管网在线监测系统如图 6-3 所示。

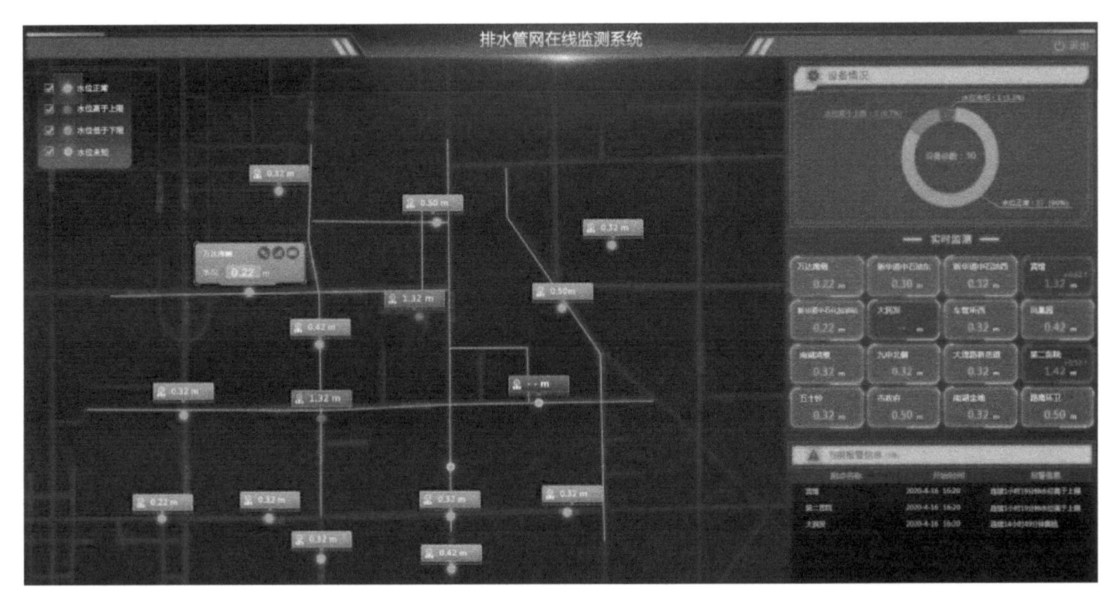

图 6-3　排水管网在线监测系统

（3）报表生成：应用层需要能够自动生成各种类型的报表，如日报、周报、月报等，以满足用户需求。

（4）数据存储和管理：应用层需要将监测结果和报表等数据存储到数据库中，并采取相应的措施来保证数据的安全性和完整性。

（5）用户权限管理：应用层需要支持用户权限管理，包括用户注册、登录、密码修改等功能，以保证系统的安全性和稳定性。

综上所述，排水管网流量在线监测解决方案的应用层是整个系统的最上层，它通过对底层数据的处理和分析，为用户提供丰富、实时的监测结果和报告，并提供用户权限管理等功能，以满足不同用户的需求。同时，应用层还需要考虑数据存储、安全等问题，以确保系统的可靠性和稳定性。

6.2.2 窨井液位在线监测

窨井是城市基础设施重要组成部分。其安全管理事关城市的安全、有序运行和群众生产生活的安全保障，体现城市管理和社会治理水平。近年来，窨井安全管理工作取得一定成效，但仍会发生伤亡或事故，人员坠井事件时有发生。窨井液位监测实时监控井下溢水变化。若液位过高，及时向管理人员预警，避免对道路交通和过路行人造成影响，保障城市道路的安全通行。

1. 数据采集——感知层

在窨井液位在线监测解决方案中，感知层主要负责从窨井中获取液位数据，并将其传输到上层进行处理和分析。该层主要应用在以下几个方面：

（1）传感器选择：根据实际情况选择合适的液位传感器，如压力传感器、毫米波雷达液位传感器等。需考虑传感器的精度、耐久性、防护等级以及适应不同环境的能力。

（2）安装方式：合理安装液位传感器，通常安装在窨井井盖上或井壁内侧。需要注意传感器的避免损坏和保证使用寿命。传感器安装示意图如图 6-4 所示。

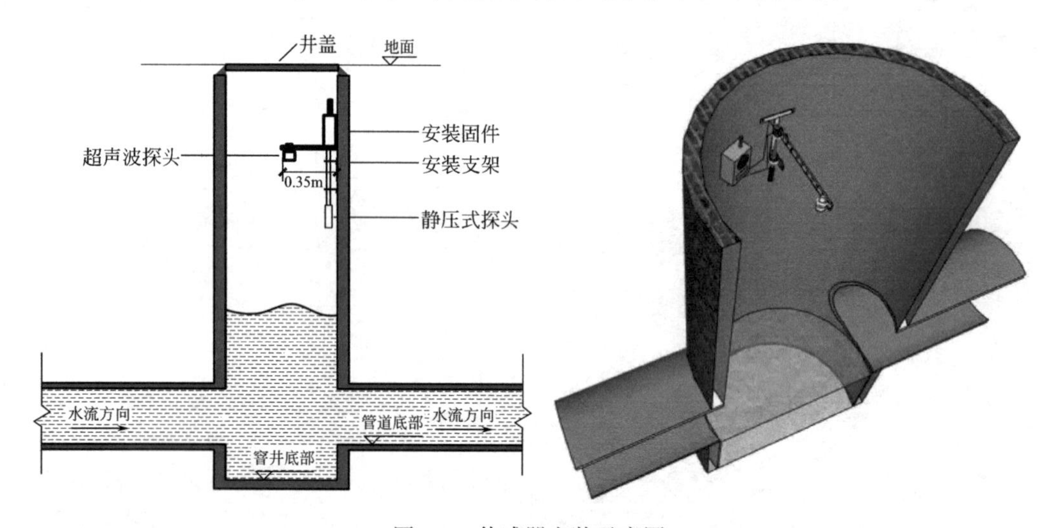

图 6-4 传感器安装示意图

（3）数据采集：通过无线或有线方式将传感器采集到的液位数据传输到云端平台或本地服务器中。有线方式可以采用 RS485、MODBUS 等通信协议，无线方式可以使用 LoRa、NB-IoT 等无线连接技术。同时，需要考虑数据传输的安全性和可靠性。

（4）数据存储：将采集到的液位数据存储到数据库或云端平台中，以便后续的数据处理和分析。需要考虑数据的安全性、完整性和可查询性。

（5）系统管理：对感知层的传感器进行管理和维护，包括定期巡检、故障排除和更换等，以确保系统的正常运行。

综上所述，感知层是窨井液位在线监测解决方案中的重要组成部分。通过选择合适的传感器和传输技术，实现液位数据的实时采集和传输，并将采集到的数据存储到数据库或云端平台中。通过对系统的管理和维护，确保系统的可靠性和稳定性。

2. 网络传输——网络层

窨井液位在线监测解决方案的网络传输层主要负责将感知层采集到的数据通过网络传输到云平台或本地服务器进行处理和分析。该层主要应用在以下几个方面：

（1）通信协议：选择适合数据传输的通信协议，如 HTTP、TCP/IP 等，同时，应保证通信协议的安全性和可靠性。

（2）网络拓扑结构：根据实际情况选择最合适的网络拓扑结构，如星形网络、总线型网络和环状网络等，并考虑网络拓扑结构的扩展性和容错性。

（3）系统架构：在网络层中应建立完善的系统架构，包括数据传输模块、数据处理模块等，以支持数据的高效传输和处理。

（4）数据加密和安全验证：为了保障数据的安全性，在数据传输过程中应该进行加密和安全验证，防止数据被非法获取或篡改。

（5）传输效率优化：在网络传输层中，应该对数据传输进行优化，减少数据的传输时间和传输成本，提高传输效率。

综上所述，窨井液位在线监测解决方案的网络传输层需要考虑多个方面，包括通信协议、网络拓扑结构、系统架构、数据加密和安全验证以及传输效率优化等，以确保数据快速、准确且安全地传输到下一层进行处理和分析。

3. 系统服务——通信服务层

在窨井液位在线监测解决方案中，通信服务层是系统服务的一个重要组成部分，主要负责处理从网络传输层接收到的数据，并将其转发到相应的应用程序进行处理和分析。该层主要应用在以下几个方面：

（1）数据传输：通过各种通信协议，如 HTTP、TCP/IP 等，实现数据的传输并保证传输的安全性和可靠性。

（2）数据格式：确定数据传输的格式，如 JSON、XML 等，以便应用程序正确地解析和使用。

（3）接口设计：设计良好的接口，以便应用程序能够方便地访问和使用通信服务层提供的数据。

（4）错误处理：为了确保系统的稳定性，通信服务层还需要处理可能出现的错误情况，并采取相应的措施来修复或恢复系统。

（5）性能优化：通信服务层需要考虑系统的性能问题，并采取相应的措施来提高系统的性能，如缓存机制、负载均衡等。

综上所述，通信服务层在窨井液位在线监测解决方案中扮演着至关重要的角色。它与感知层和网络传输层密切配合，将来自感知层的数据传输到应用程序中进行处理和分析，以实现系统的高效运行和准确监测。智慧窨井安全监测系统构架图如图 6-5 所示。

4. 终端应用——应用层

窨井液位在线监测解决方案的应用层主要负责将感知、网络和通信服务层收集到的数据进行处理、分析和展示，为用户提供可视化、实时的监测结果及报告。该层主要应用在以下几个方面：

（1）数据处理：应用层需要对从下层收集到的数据进行处理和分析，在不同的应用场景下呈现出不同的形态，如表格、图表等。

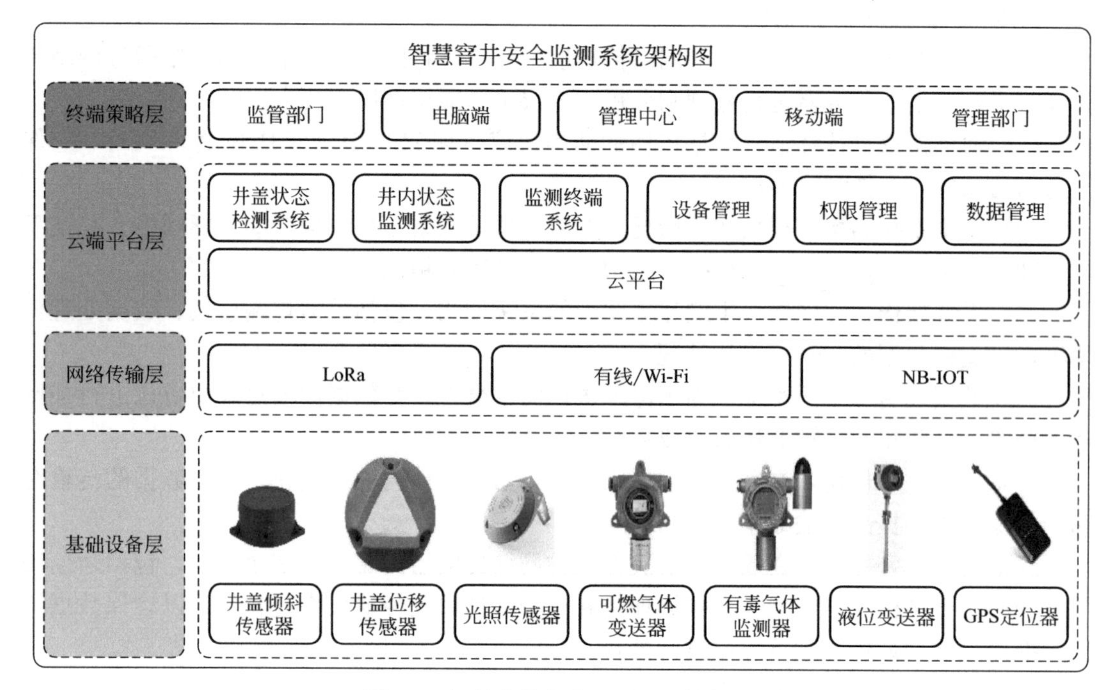

图 6-5　智慧窨井安全监测系统构架图

（2）可视化界面：应用层需要设计直观、易用的可视化界面，以方便用户查看监测结果并进行操作和控制。

（3）报表生成：应用层需要能够自动生成各种类型的报表，如日报、周报、月报等，以满足用户需求。

（4）数据存储和管理：应用层需要将监测结果和报表等数据存储到数据库中，并采取相应的措施来保证数据的安全性和完整性。

（5）用户权限管理：应用层需要支持用户权限管理，包括用户注册、登录、密码修改等功能，以保证系统的安全性和稳定性。

综上所述，窨井液位在线监测解决方案的应用层是整个系统的最上层，它通过对底层数据的处理和分析，为用户提供丰富、实时的监测结果和报告，并提供用户权限管理等功能，以满足不同用户的需求。同时，应用层还需要考虑数据存储、安全等问题，以确保系统的可靠性和稳定性。

6.2.3　城市内涝监测

城市内涝是指在城市区域内，由于暴雨等极端天气，地面排水系统不能及时排走的雨水造成的积涝现象。为了及时监测和预警城市内涝情况，可以采用以下城市内涝监测解决方案：

（1）数据采集：通过城市内涝监测设备（如雨量计、液位传感器等）对雨水淹没的道路、车站、隧道、天桥等地点进行实时监测，并将数据上传到云端平台中。

（2）数据处理和分析：对采集到的数据进行处理和分析，以便更好地了解城市内涝的程度和趋势。同时，利用机器学习、神经网络等技术，识别出可能导致城市内涝的因素，如雨量过大、排水系统故障等。

（3）实时监测和报警：通过城市内涝监测设备实时监测城市内涝情况，并在城市内涝达到一定程度时自动发出预警信息，提醒相关人员及时采取措施。

（4）可视化展示：将城市内涝监测结果以图表、地图等形式直观地展示给用户，帮助他们更好地了解城市内涝的情况，及时采取相应的措施。

（5）智能决策：通过对城市内涝监测数据的分析和处理，制定相应的内涝应急预案，并根据实际情况进行调整和优化。

综上所述，城市内涝监测解决方案通过数据采集、处理和分析、实时监测和报警、可视化展示以及智能决策等手段，帮助用户更好地了解城市内涝情况，及时采取措施，提高城市防灾减灾能力。

1. 数据采集——感知层

在城市内涝监测解决方案中，感知层主要负责对城市内涝情况进行实时的数据采集。感知层可以通过各种传感器和设备来获取所需的数据。以下是常用的数据采集方式：

（1）雨量计：雨量计能够准确地测量降雨量，并将实时数据上传到云端平台或本地服务器中。

（2）液位传感器：液位传感器可以监测道路、隧道、车站等地点的水位变化情况，并将数据传输到上层进行处理和分析。

（3）摄像头：摄像头可以记录降雨和积水情况，并通过图像分析技术来进行数据处理和分析。

（4）排水系统监测设备：排水系统监测设备可以监测排水系统的运行状态，及时发现故障并进行修复，以保证排水系统的畅通。

（5）人工巡查：在某些关键地点，如天桥、隧道等，可以安排专人定期巡查，及时发现城市内涝的问题，并进行处理。城市内涝监测拓扑图如图6-6所示。

综上所述，感知层是城市内涝监测解决方案的重要组成部分之一。通过选择合适的传感器和设备，实现数据的实时采集和传输，为上层提供高质量的数据支持。需要考虑传感器的精度、耐久性、防护等级以及适应不同环境的能力，并保证设备的正常运行和维护。

2. 网络传输——网络层

城市内涝监测解决方案的网络层是指在感知层和应用层之间，负责数据传输的中间层。网络层需要保证数据可靠、高效地传输到上层，并且具备较强的安全性和稳定性。以下是城市内涝监测解决方案网络层的主要特点：

（1）数据传输协议：网络层需要选择合适的数据传输协议，如TCP/IP或MQTT等，以提供高效、可靠的数据传输服务。

（2）网络拓扑结构：为了保证数据的快速传输和处理，网络层需要设计合理的网络拓扑结构，如星型、环型、总线型等，以满足不同场景下的需求。

（3）安全性：网络层需要采取相应的措施来确保数据传输的安全性和隐私性，如加密、认证等技术手段。

（4）通信协议：网络层需要支持不同设备之间的通信，包括有线和无线通信，如Wi-Fi、蓝牙、LoRaWAN等。

（5）稳定性：网络层需要保证网络的稳定性和可靠性，在网络出现故障时能够及时检

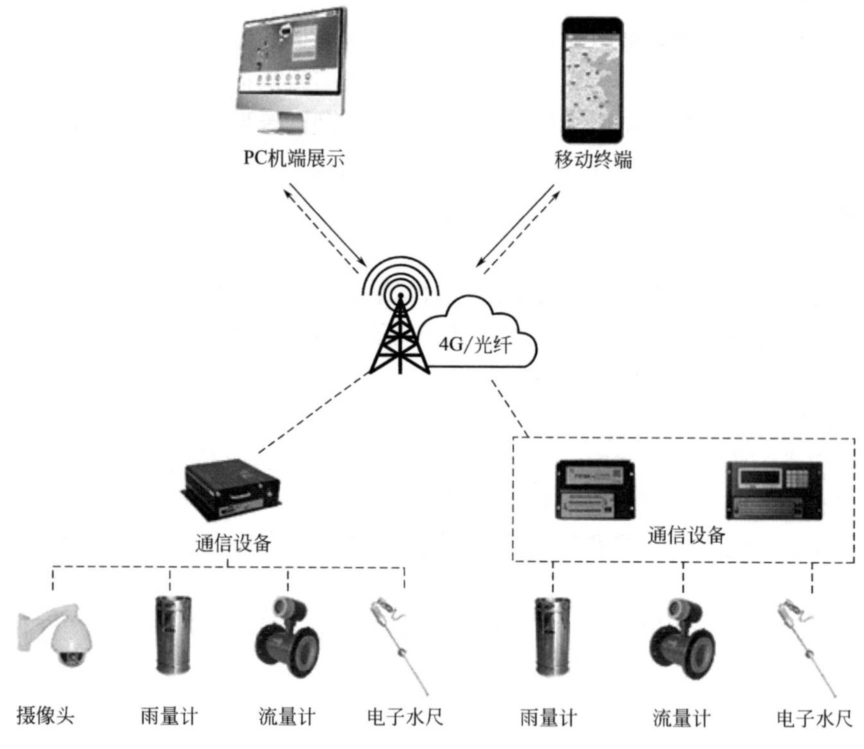

图 6-6　城市内涝监测拓扑图

测并进行修复。

综上所述，城市内涝监测解决方案的网络层是整个系统的重要组成部分，需要提供高效、可靠的数据传输服务，并保证数据传输的安全性和稳定性。设计网络层时，需要考虑合适的网络拓扑结构、通信协议和安全技术手段等，以满足不同场景下的需求。

3. 系统服务——通信服务层

城市内涝监测解决方案的通信服务层是指在网络层之上，提供基础通信能力支持的中间层。它主要负责实现不同设备之间的数据交换和通信，为应用层提供可靠、高效的通信服务。以下是城市内涝监测解决方案通信服务层的主要特点：

（1）通信协议：通信服务层需要选择合适的通信协议，如 HTTP、WebSocket 等，以实现设备之间的高效通信。

（2）设备管理：通信服务层需要对连接到系统中的各种设备进行管理，包括设备注册、登录、心跳检测等功能，以保证设备的正常运行和稳定性。

（3）通信传输：通信服务层需要支持多种通信传输方式，包括有线和无线通信，如 4G、NB-IoT、LoRaWAN 等。

（4）数据处理和转换：通信服务层需要对传输过来的数据进行预处理和转换，使其符合系统要求，并能够与其他设备或系统进行互操作。

（5）异常处理：通信服务层需要及时发现并处理通信异常，如连接丢失、消息超时等，以避免出现数据丢失或传输失败等问题。

综上所述，城市内涝监测解决方案的通信服务层是整个系统的重要组成部分，需要提供基础的通信能力支持，保证设备之间的高效通信，并且具备较强的可靠性和稳定性。在设计通信服务层时，需要考虑合适的通信协议、传输方式和数据处理手段等，以实现系统的优化和协同运作。

4. 终端应用——应用层

城市内涝监测解决方案的应用层是指最终用户可以使用的系统界面和应用程序等。应用层需要根据用户需求，提供相应的功能和服务，包括实时监测、数据分析、预警提示等。以下是城市内涝监测解决方案应用层的主要特点：

（1）用户界面：应用层需要提供清晰、易用的用户界面，使用户能够直观地了解到城市内涝的情况，并进行相应的操作和决策。

（2）实时监测：应用层需要实时监测城市内各个位置的降雨量、水位等数据，并能够实时显示监测结果，以帮助用户掌握城市内涝的情况。

（3）数据分析：应用层需要对监测数据进行分析和处理，并能够生成相关的统计报表和图表，为用户提供决策支持。

（4）预警提示：应用层需要基于实时监测数据，设定相应的预警提示机制，当监测数据超出阈值时能够及时发出警报和提醒。

（5）可扩展性：应用层需要具备可扩展性，能够根据不同用户需求，提供个性化的服务和功能，以满足用户的不同需求。水体液位检测传感器安装应用如图 6-7 所示。

图 6-7　水体液位检测传感器安装应用

综上所述，城市内涝监测解决方案的应用层是面向用户的最终体验，需要提供清晰、易用、实时监测、数据分析和预警提示等多种功能和服务。在设计应用层时需要考虑用户需求、界面设计、数据处理和预警机制等，以实现系统的优化和协同运作。

6.2.4　水质在线监测

水质在线监测解决方案包括以下步骤：确定监测位置和监测参数；选择合适的水质监

测仪器设备，如多参数水质监测仪、溶解氧计、pH 计等；配置数据传输系统，如 4G 网络传输、LoRa 无线传输等；建立数据中心和管理系统，对监测数据进行实时监控、存储、分析和处理；根据监测结果采取相应的措施，如调整生产工艺、加强污水处理等。

1. 数据采集——感知层

水质在线监测解决方案的感知层主要通过水质传感器采集监测数据，包括温度、pH 值、溶解氧、浊度、电导率等参数。这些传感器可以直接安装在水体中或者通过现场采样后在试验室进行分析。数据采集可以通过有线或无线方式传输至数据处理中心进行实时监控和分析。常用的水质传感器有多参数水质监测仪、溶解氧计、pH 计、浑浊度计等。

水质在线监测解决方案的感知层数据采集指的是通过传感器、水质分析仪等设备对水质参数进行实时监测并采集相关数据。这些数据包括水温、pH 值、溶解氧、浊度、电导率等参数，可以通过传输设备发送到后续处理层进行分析和处理，以提供及时、有效的水质监测服务。水质在线监测仪表安装应用如图 6-8 所示。

图 6-8 水质在线监测仪表安装应用

也可利用安装在水体周围的监控摄像头进行视频监测，可以观察水质颜色、浊度等情况；通过配备水质监测设备的无人机对水体进行航拍和监测，获取更大范围内的数据；水质监测人员可以使用手持式仪器对水样进行采集和测试，得到一些较为精确的数据。

2. 网络传输——网络层

水质在线监测解决方案的网络层主要负责实现数据传输和通信功能，将感知层采集的数据通过网络传输至数据处理中心。常用的网络传输技术包括 4G、NB-IoT、LoRa 等。其中，4G 网络传输速度较快，适合对数据响应时间要求较高的场景；NB-IoT 网络覆盖范围广，功耗低，适合对传输距离、电池寿命有要求的场景；LoRa 网络传输距离远，功耗低，适合对网络覆盖范围、电池寿命有要求的场景。网络层还需要保证通信的稳定性和安全性，防止数据丢失、泄露等问题。

在水质在线监测解决方案中，网络层是指负责将数据从源主机传输到目的主机的层次。常见的网络层协议包括 IP 协议、ICMP 协议和路由协议等。

对于水质在线监测解决方案中的网络传输问题，可以采用不同的技术手段来实现网络层的功能，如使用虚拟专用网（VPN）保证安全性，或者使用网络地址转换（NAT）提高网络效率。同时，还需要注意网络层的性能和可靠性，确保数据能够在传输过程中稳定地传输和到达目的地。

3. 系统服务——通信服务层

水质在线监测解决方案中的通信服务层是指负责提供数据传输和处理的服务层次。通信服务层需要支持多种协议和接口，以满足系统的功能需求。

在水质在线监测解决方案中，通信服务层可以采用各种技术手段来实现，如使用 TCP/UDP 协议进行数据传输，或者使用 HTTP 协议进行数据交互。同时，还需要考虑通信服务层的性能、可靠性和安全性等方面，确保系统能够稳定、高效地运行。此外，通信服务层还需要与其他系统服务层进行协同工作，共同实现系统的各项功能。

在水质在线监测解决方案中，通信服务层是指负责提供不同设备之间通信和数据交换的服务层次。该层次需要支持多种通信协议和通信方式，并能够处理各种异构系统之间的数据交互。

在通信服务层，需要对数据进行加密、压缩等处理，以保证传输过程中的安全性和效率。同时，还需要考虑网络连接的可靠性和稳定性，确保数据能够及时准确地传输到目的地。

常见的通信服务层技术包括传统的 TCP/IP 协议、消息队列中间件、RESTful API 等。根据具体的应用场景和需求，可以选择最适合的通信服务层技术来实现水质在线监测解决方案系统的通信服务。水质在线监测仪表安装应用如图 6-9 所示。

图 6-9　水质在线监测仪表安装应用

4. 终端应用——应用层

在水质在线监测解决方案中，应用层是指最终用户所使用的软件应用程序的层次。该层次需要提供基于数据采集、处理、分析等功能的用户接口，以便用户能够方便地管理和监控水质在线监测设备和数据。

在应用层，需要实现用户操作界面和数据展示功能，让用户能够直观地了解目前的水质情况，并进行水质预警和管理。同时，还需要支持多种终端设备，如电脑、手机、平板等，以便用户能够随时随地访问和使用。

常见的应用层技术包括 Web 应用、移动应用、桌面应用等。根据具体的应用场景和需求，可以选择最适合的应用层技术来实现水质在线监测解决方案系统的终端应用。

水质在线监测解决方案的应用层包括数据显示、报警处理、数据分析和远程控制等功能。用户可以通过终端设备访问应用层，实时查看水质监测数据并进行数据分析，同时也能够对监测点进行设置和控制。在应用层中还可以设置报警阈值，一旦水质超出预设阈值，系统会自动发出报警信息，提醒相关人员采取相应措施。

应用层是水质在线监测解决方案中的一个关键组成部分，它主要负责数据的采集、分析和传输等工作。在终端应用中，应用层可以通过使用智能传感器、云计算平台和人工智能等技术，实现对水质参数的实时监测和分析，提高水质监测的准确性和效率。同时，应用层还可以提供用户界面和报警功能，让用户能够及时了解水质变化并进行相应的处理。

6.3 系统逻辑架构

排水管网解决方案系统逻辑架构包括以下几个部分：

（1）数据采集和处理：通过传感器、监测器等设备对排水管网的运行状态进行实时监测，用于实时采集和记录排水管网中的废水流量、水质、温度等参数，并将数据上传至云端或本地服务器进行处理及分析。

（2）管网分析与评估：基于采集到的数据，通过云计算和人工智能技术对采集到的数据进行处理和分析，建立完善的管网模型，预测管网未来的运行情况，使用相关算法对管网进行分析和评估，比如检测污水管道是否堵塞，污水管道内部流动情况，以及预测管道的问题等，并提出优化和改进建议。

（3）管网优化和改进措施：针对现有的管网系统进行优化和改进，包括加强管网维护和管理、增加污水处理设施、增加管道数量和直径、改善雨水收集和利用等。

（4）智能控制系统：建立完善的调度系统，及时发现和处理管网故障，根据管网状态分析结果来自动调整排水泵站的工作模式，例如控制排水泵的启停，防止过载等，保障排水管网的正常运行。

（5）用户界面：提供直观且易于使用的用户界面，方便用户了解管网的实时状况，查看管道健康指数和警报信息等。

（6）数据存储与备份：对管网采集到的数据进行存储和备份，确保数据的安全性和可靠性。

综合来看，排水管网解决方案系统的逻辑架构主要包括数据采集和处理、管网分析与评估、管网优化和改进措施、智能控制系统、用户界面、数据存储与备份六个部分。这些部分相互协作，构成了一个完整的系统。

6.4　应用价值

（1）科学管理监测数据，完善应用数据中心

改善传统排水口末端监测数据记录分散、不统一、不完整的局面，采用物联网信息化的管理手段对监测数据进行管理，建立应用数据中心，为排水中心业务应用、数据共享、决策分析打下坚实的数据基础。

（2）提高工作效率，辅助管理决策

通过对排水口末端重要指标的实时监测，指导工作人员的日常水质检测、检修等工作，杜绝凭个人经验做判断依据的现象，提高人员的工作效率；及时、准确地提供管网运行信息，为相关管理者进行科学决策提供事实依据。

（3）排水口水质现状分析和评估

通过分析复杂管网的网络结构、上下游关系，为管理者准确了解污水管网的结构特征以及水质污染成因提供依据，发现排水系统中的薄弱环节和区域，为排水系统的改扩建及管理提供支持。

（4）辅助排水系统规划设计

利用监测得到的海量历史数据，通过计算机技术建立管网运行模型进行分析，以便发现当前排水系统运行设计的不足和瓶颈，为未来排水系统科学、合理、有据的规划提供技术手段。

（5）提高排水系统应急事件处置能力

通过对电导率、pH值、液位等数据的实时监测，能够迅速找出当前管网运行出现的问题，研究出当前事件的处置办法，实现排水中心针对应急事件的快速反应、快速诊断、快速行动。

（6）为打造智慧城市奠定基础

构建智能城市排水末端监管系统，保证水质安全，通过监控中心监测城市水质状况，对污染规律进行系统分析，及时整改相应的排水管道，尽量避免城市黑臭水。及时排查和解决管道堵塞、管道老化、工业区超标排放等问题，为打造智能城市打好坚实基础。

第7章 污水处理

7.1 进厂水水质分析

7.1.1 进厂水水质检测种类

进厂水水质检测是污水处理解决方案中非常重要的一项，主要是为了保证污水处理的有效性和安全性，并且可根据检测结果对污水处理工艺进行调整。进厂水水质检测种类主要包括以下几个方面：

（1）pH值检测：pH值是衡量水体酸碱度的指标，对于污水处理过程而言，适当的pH值可以促进生化反应的进行，从而提高污水的处理效率。

（2）溶解氧检测：污水中溶解氧含量可以反映水体的富氧程度，盐度、水温等环境因素会影响其浓度，低溶解氧水体不利于微生物的繁殖和生长，会影响到生化反应的进行。

（3）总氮检测：总氮（TN）是水体中各种有机与无机氮化合物的总和，也是判断水体富营养化程度的重要指标之一。对进厂水的TN浓度进行测定，可以帮助确定污水处理系统对氮类物质的去除能力。

（4）总磷检测：总磷（TP）是水体中的一种营养物质，也是导致水体富营养化的重要因素之一。对进厂水的TP浓度进行测定，可以帮助确定污水处理系统对磷类物质的去除能力。

7.1.2 进厂水水质检测的方法及设备

污水处理厂的进水水质检测是保证各污水处理厂正常稳定运行的重要环节之一。针对进厂水的水质检测，可以采用多项指标进行检测，例如COD、BOD、氨氮、总磷等。常用的检测方法包括物理化学分析法、光谱分析法、电化学分析法等。其中，物理化学分析法被广泛应用于水质检测领域。

物理化学分析法的主要流程包括：样品采集→样品预处理→检测前准备→检测操作→结果计算和分析。其中，样品采集要求在进水口处取样；样品预处理包含过滤、淬灭、稀释等步骤；检测前准备包括仪器校准、试剂准备等；检测操作则包含具体的分析操作，例如光度检测、滴定、重量法等。

实际操作中，为了提高检测的准确性和效率，可以使用各种水质检测设备，例如色谱仪、紫外分光光度计、离子色谱仪等。此外，还可以结合自动化技术，使用在线监测设备对污水进行实时监测。

7.1.3 水质在线监测设备的应用

污水处理解决方案中，水质在线监测设备是至关重要的组成部分之一。在线监测设备可以帮助工程师及时监测和控制污水处理过程中的各项指标，如 pH 值、COD、BOD、氨氮、总磷等，以确保处理过程的高效性和稳定性。

此外，随着科技的不断发展，水质在线监测设备也在不断升级和改进。比如“Water 4.0”，通过数字化解决方案对成熟自动化与驱动技术进行优选，以实现智能、互联的系统，大限度地降低资源消耗，提高能效。

7.2 粗格栅技术

7.2.1 粗格栅在污水系统中的作用

粗格栅机械是一种可以连续自动拦截并清除流体中各种形状杂物的水处理专用设备，可广泛地应用于城市污水处理。在污水处理解决方案中，粗格栅技术通常作为污水预处理过程的第一步。其主要作用是拦截和清除进入下一级处理系统的污水中的大块固体废物，例如卫生纸、布料、棉签等。

由于这些固体废物可能会对后续处理过程造成堵塞或损坏系统中的设备，通过使用粗格栅处理，可以有效地防止这种情况发生。此外，粗格栅还可以减少臭味和蚊蝇等昆虫在处理过程中的滋生，保证处理过程的稳定性和安全性。

在污水处理解决方案中，采用粗格栅技术可以很好地实现初始、快速的预处理，避免固体废物对进一步处理设备产生不利影响，并提高了废水处理的效率。

7.2.2 粗格栅设备原理及种类

在污水处理过程中，粗格栅设备是一种常见的前置处理技术。其主要功能是拦截并清除流体中各种形状杂物，如木屑、碎皮、纤维、毛发、果皮、蔬菜、塑料制品等，以便减轻后续处理设施的负荷，以免堵塞后续进水管道和泵。

粗格栅在设计和结构上有不同的种类，常用的有以下两种：

（1）钢绳式粗格栅：由机架、导轨、背板及栅条、三条钢丝绳、驱动装置及检修平台，齿耙（耙斗），升降装置，开闭装置，刮渣机构，限位、过载、断绳保护装置以及爬梯等部件组成。其工作原理为：闭耙放置—开耙下行—闭耙上行—限位停机。

（2）高链式粗格栅：由机架、导轨、背板及栅条、三条链条、驱动装置及检修平台，齿耙（耙斗），升降装置，开闭装置，刮渣机构，限位、过载保护装置以及爬梯等部件组成。其工作原理与钢绳式粗格栅类似，不同的是牵引由钢丝绳变为链条，考虑到链条断裂的可能性极低，一般取消链条断开的保护设置。

以上是粗格栅的两种常见类型，同时在设计和结构上还有其他类型。这些不同结构的粗格栅设备都是通过将废水流经格栅，利用栅条或链条等拦截杂物，再通过链轮或减速器等驱动装置将拦截的杂物送至垃圾箱等容器内收集，以此达到去除废水中杂质的目的。

7.2.3 粗格栅在污水系统中的应用

粗格栅是污水处理过程中一种常见的前置处理技术，其主要作用是拦截并清除流体中各种形状杂物，如木屑、碎皮、纤维、毛发、果皮、蔬菜、塑料制品等，以便减轻后续处理设施的负荷，防止堵塞后续进水管道和泵。同时，粗格栅还能保护下游的设备，如增氧机、曝气机、沉淀池等，避免这些设备受到杂物的损害，延长设备的使用寿命。

污水系统中，粗格栅通常被安装在进入处理工艺前的位置，如生活污水处理厂、工业废水处理厂、污水提升站、雨水泵站等。其安装位置可以是进水口、控制室前、集水井内等，具体应用场景因实际情况而异。粗格栅设备的种类和数量，也会随着处理量和处理工艺的不同而变化。

粗格栅在污水系统中的应用有助于减轻后续处理设施的负荷，避免堵塞和故障，从而确保污水处理效果和设备的正常运行。

7.3 提升泵技术

7.3.1 提升泵在污水系统中的作用

随着城市建设和人口增加，污水处理已经成为城市生活中极其重要的一个环节。污水处理系统中，提升泵是起到关键作用的设备之一。提升泵是一种能够将污水从低处提升至高处并向污水处理厂输送的机械设备。污水系统中，提升泵主要起着以下几个作用：

（1）污水加压输送：提升泵能够将污水加压输送到需要的位置，比如将污水从低处调解至高处，或者将污水从某个区域输送至处理厂进行处理。

（2）保证污水流量：污水处理系统中，污水流量是一个很关键的参数，提升泵可以帮助确保污水流量能够达到需要的标准，以保证系统的正常运行。

（3）控制水位：提升泵能够精确地控制管道中的水位，以防止过高或过低的水位对系统的安全运行造成影响。

（4）减少能耗：提升泵的性能直接关系到污水处理系统的能耗，较高性能的提升泵可以减少系统的能耗，降低运行成本。

7.3.2 提升泵设备原理及种类

提升泵的基本原理是利用泵体内部的叶轮或螺旋桨等转动件将污水或其他液体加速输送至出口，进而形成一定的流速和水流动能。从物理学角度来看，高处的液体具有较大的势能，而低处的液体则具有较大的动能，两者之间存在能量差异，提升泵就是通过运用这种能量差异将液体从低处提升至高处。

按泵的结构和用途，提升泵可以分为多种不同类型。主要的分类如下：

（1）悬挂式提升泵：又称潜水式提升泵，通常安装在泵站内部或者水箱底部，通过电缆将电机与泵体连接。通过这种方式，悬挂式提升泵可以将水从深井或深基坑等降水设施中提起并输送至水处理厂进行处理。

（2）立式离心提升泵：由于具有结构紧凑、效率高、能耗低等特点，立式离心提升泵被广泛应用于各类工业和民用的液体输送系统中。它的主要作用是将污水、地下水、化学液体等输送至指定区域。

(3) 便携式提升泵：便携式提升泵是一种手持式、小型化的液体输送设备，具有质轻、体积小、移动方便等优点。它主要适用于家庭、农村等地区的清洁污水提升，如池塘、温室、鱼缸等的水泵。

(4) 极端条件提升泵：极端条件提升泵是一种根据不同工作场合的特殊需求而设计的泵，主要用于各种极端条件下的液体输送，例如油井、采矿、高温、高压等环境。

总之，提升泵是一种广泛应用的液体输送设备，其原理简单却重要。根据不同结构和用途分类，有悬挂式提升泵、立式离心提升泵、便携式提升泵和极端条件提升泵等多种类型。各种类型的提升泵都有其独特的优点和适用范围，需要根据实际需求选择合适的类型。

7.3.3　提升泵在污水系统中的应用

提升泵是污水处理系统中常见的关键设备之一，它在污水处理过程中具有非常重要的作用。提升泵可以将污水从低处提升到高处，起到加压输送和流量调节的作用。

在污水处理系统中，提升泵通常被安装在污水收集坑或井中，将污水提升到一个高度，以便其流入进一步处理的设备中，如格栅、沉砂池等。污水处理过程中，提升泵还经常被用来将混合液体从一个处所输送到另一个处所，比如将污泥输送至干化池或浓缩池进行处理。

提升泵在污水处理系统中发挥着重要作用，它可以提高污水处理的效率和质量，并保障正常运行。对于污水处理系统的设计和运行，提升泵的选择、安装和维护都是非常关键的环节。

7.4　细格栅技术

7.4.1　细格栅在污水系统中的作用

细格栅通常被使用在中小型污水处理工程中，安置于集水池进水渠上。

细格栅的使用可以降低进一步处理设备的负荷，提高处理效率和质量，并保证下游排放达标。同时，细格栅的使用还可以减轻后续处理设备的磨损程度，延长设备寿命，减少设备维护和更换的成本。

在细格栅的分类中，其栅条的净间距在 3～10mm 之间，可以有效地避免废水中较小的固体颗粒和污染物进入下游处理系统，起到了过滤和分离的作用。

污水处理系统中，细格栅作为一种重要的设备，具有非常大的作用。维护和使用时，需要遵循相应的规范和操作，以确保其正常运行和优异的处理效果。

7.4.2　细格栅设备原理及种类

细格栅是一种用于污水处理的设备，主要作用是将废水中的固体颗粒、沙子、纤维等杂质过滤和分离出来，同时减轻后续处理设备负担。细格栅通常被安置于集水池进水口上方，可以有效地避免较小的杂质进入下游处理系统。

细格栅按照其栅条净间距，可分为粗格栅和细格栅两类。其中，细格栅具有更小的栅条净间距（通常在3～10mm之间），能够对微小颗粒和污染物进行过滤和分离，保证下游的排放质量。根据清渣方式，细格栅又可分为人工清理和机械自动清理两种类型。

细格栅设备的工作原理基本相同，都是通过耙齿链回转运动将水中杂质集中到栅条上，然后使用刮板或者喷水等方式清除栅条上的杂质。机械自动清理的细格栅设备通常由一组回转格栅链和电机减速器驱动，通过设备上部的槽轮和弯轨导向，使栅条之间产生相对自清运动，大部分固体杂质落入下方的废物箱中。

在细格栅的种类中，除了按照栅条净间距进行分类，还可以按照其结构形式和应用领域进行分类。例如，根据结构形式，可以分为串联式、并联式、旋转式等不同类型；根据应用领域，可以分为城市污水处理专用细格栅、自来水行业专用细格栅、食品加工行业废水处理专用细格栅等。

7.4.3 细格栅在污水系统中的应用

细格栅是污水处理系统中重要的预处理设备，其主要应用是过滤和分离废水中的固体杂质、沙、纤维等物质，以减轻后续处理设备的负荷并提高处理效率。具体谈一下细格栅在污水系统中的应用。

（1）应用于城市污水处理系统中。城市污水处理系统需要将生活污水中的有机物、氮磷等污染物去除，细格栅作为预处理设备可以很好地过滤掉污水中的大部分固体颗粒、沙、纤维等不可降解物质，保证后续处理阶段的正常进行。

（2）应用于工业废水处理系统中。工业废水中可能含有大量的颗粒物和沉淀物，在进入下游处理设备前，需要通过细格栅过滤和分离这些物质，以保证进一步处理设备的正常运行和寿命。

（3）应用于自来水厂水源地的净化过程中。细格栅可以去除源水中的大部分分散颗粒物、悬浮物和漂浮物，改善水源的水质，稳定后续处理设备的运行。

（4）应用于工业生产过程中的污水处理。在很多工业生产过程中会产生大量的废水，细格栅作为最基础的处理设备可以起到减轻后续处理设备负荷、提高处理效率的作用。

细格栅在污水处理系统中扮演着非常重要的角色，其应用范围广泛且不可或缺。通过维护和使用好细格栅设备，可以大幅度提高污水处理系统的处理效率和质量。

7.5 曝气沉砂池技术

7.5.1 曝气沉砂池在污水系统中的作用

曝气沉砂池是一种污水处理设备，其主要作用是加速污水中的悬浮颗粒物沉降，从而达到净化水质的目的。曝气沉砂池通过向池内通入空气，使得池内水流产生旋转和搅动作用，污水中的悬浮颗粒物与空气接触形成气泡，并因气泡的上升作用而加速其沉降。相较于传统的沉砂池，曝气式沉砂池的好处在于它可以克服传统沉砂池中含有有机物而带来的沉降难度增加问题，提高处理效率。同时，曝气式沉砂池的操作相对简单，维护成本也较低。

污水处理系统中，曝气沉砂池通常被用作预处理设备，其前置于微滤器、反渗透等深度处理设备之前。通过曝气沉砂池的预处理，可以将大部分的悬浮颗粒物和有机物去除，从而减轻后续处理设备的负荷和提高其处理效率。此外，在生活污水和工业废水的处理中，曝气沉砂池也可以很好地分离沉淀物和悬浮物，提高净水质量和减少对环境的影响。

总之，曝气沉砂池在污水系统中扮演着重要的角色，它不仅可以提高污水处理的效率和质量，还可减轻深度处理设备的负荷并延长其使用寿命。

7.5.2 曝气沉砂池的原理及设备

曝气沉砂池是一种用于污水处理的设备。其工作原理是将污水引入池内，通常设有曝气系统向水中注入氧气，促进水中微生物的生长和代谢，分解和氧化有机物。同时，池内的沉淀物会逐渐沉淀到池底形成污泥层。经过一定时间的处理，污水中的悬浮物和有机物会被有效去除，达到净化水质的目的。

具体来说，曝气沉砂池通常采用曝气装置向池内通入空气，使池内水流产生旋转和搅动作用，从而使得污水中的悬浮颗粒物与空气接触形成气泡，并因气泡的上升作用而加速其沉降。此外，曝气沉砂池还可以通过调节池内的曝气量、旋流速度、水平流速等参数来优化处理效果。一般情况下，曝气沉砂池的有效水深为 2～3m，宽深比一般采用 1～2m，长宽比可达 5m。

曝气沉砂池通常由池体、进水管、曝气装置、搅拌装置、出水管、泥斗等组成。其中，曝气装置和搅拌装置可根据实际需要进行布置和调整。另外，曝气沉砂池在使用过程中还需要对池内沉积物进行定期清理，以保证其正常工作。

7.5.3 曝气沉砂池在污水系统中的应用

曝气沉砂池是污水处理系统中常见的一种处理设备。其主要作用是通过曝气系统将空气注入池内，促进水中微生物的生长和代谢，分解和氧化有机物，同时池内的沉淀物会逐渐沉淀到池底形成污泥层，经过一定时间的处理，能有效地去除污水中的悬浮物和有机物，达到净化水质的目的。

在污水处理系统中，曝气沉砂池通常作为污水预处理阶段的一个重要组成部分。其主要功能是预处理进入后续处理设备（如生物反应器等）的污水，以降低难度、提高效率并提高处理效果。同时，曝气沉砂池还可以克服普通沉砂池中含有约 15%的有机物而导致的后续处理难度增加的缺点。

曝气沉砂池具有结构简单、运行稳定、投资和运行费用低等优点，因此在污水处理系统中得到了广泛的应用。除了在城市污水处理厂中使用之外，曝气沉砂池还可以被应用在工业废水处理、农村生活污水处理等领域，为水环境保护做出了重要的贡献。

7.6 多级多段 AO 生物池技术

7.6.1 多级多段 AO 生物池在污水系统中的作用

多级多段 AO 生物池是一种常见的生物处理设备，在污水处理系统中具有重要的作用。其主要作用是通过生物处理的方式去除污水中的有机物和氮、磷等营养物质，从而达到净化水质的目的。

多级多段 AO 生物池通常由两个或多个不同的反应区域组成，每个区域利用不同的微生物群落处理不同的污染物。其中，A 段主要处理有机物质，包括 COD（化学需氧量）和 BOD（生化需氧量）等；O 段主要处理氨氮和硝酸盐氮。通过有机质和氮的有序降解分别完成有机物和氮的去除。

多级多段 AO 生物池是一种高效的生物处理设备，可以有效地去除污水中的有机物和氮、磷等营养物质。相比于传统的单级 AO 生物池（即只含有 A/O 反应区域的生物池），多级多段 AO 生物池能够更好地适应不同水质和负荷波动的情况；同时，还能提高处理效率，减少对环境的影响。

7.6.2 多级多段 AO 生物池的原理及设备

多级多段 AO 生物池是一种常见的生物处理设备，其原理基于生物技术，通过微生物群落降解和转化污水中的有机物和氮、磷等营养物质，达到净化污水的效果。它通常由两个或多个不同的反应区域组成，每个区域利用不同的微生物群落处理不同的污染物。

多级多段 AO 生物池的具体工作原理如下：首先，污水进入 A 段（好氧区），通过好氧微生物的降解和氧化作用将有机物降解为 BOD5（生化需氧量），同时进行硝化反应；然后，污水流向 O 段（缺氧区），在这里氨氮和硝酸盐氮得到进一步的处理，硝化氮被还原为氨氮并与有机氮一起进入反硝化浸泡液进行反硝化作用，最终变成气体散发到空气中。同时，还原成分子态的氮。

多级多段 AO 生物池使用了不同的生物技术，能够高效地去除污水中的有机物和氮、磷等营养物质。相比于传统的单级 AO 生物池，它适应不同水质和负荷波动的情况，处理效率更高，同时也减少了对环境的影响。

多级多段 AO 生物池的设备通常由 A/O 反应区域、反应池、曝气器、二次沉淀池等组成，它的运行需要人员对系统进行监控和调节。同时，温度、厌氧条件等也会对其处理效率产生影响。根据经验，低温环境下污水处理厂的处理效率偏低，通过加装加热管等方式升高水温可以提高处理效率。此外，还需要注意生物菌群平衡、保持足够的曝气强度和合理的水力负荷等问题，以充分利用生物资源实现最好的处理效果。

7.6.3 多级多段 AO 生物池在污水系统中的应用

多级多段 AO 生物池在污水处理中具有许多优点。首先，它能够高效地去除污水中的有机物和氮、磷等营养物质，比传统的单级 AO 生物池更加适应不同水质和负荷波动的情况，处理效率更高；其次，多级多段 AO 生物池对环境的影响较小，可以减少对周围水体的污染；此外，多级多段 AO 生物池使用了不同的生物技术，在污水处理过程中不需要添加化学药剂，降低了处理成本，同时也避免了化学药品对环境的影响。

具体来说，多级多段 AO 生物池的应用范围广泛。首先，它可以用于城市污水处理。城市污水通常包含大量的有机物、氮和磷等营养物质，如果直接排放到自然环境中，会对周围的水体和生态环境造成严重影响。通过使用多级多段 AO 生物池对污水进行处理，能够将这些有机物和营养物质高效地去除，减少对环境的污染。其次，多级多段 AO 生物池还可以用于农村生活污水处理。农村地区的生活污水通常包含大量的有机物和氮、磷等营养物质，而且处理设备相对简单，维护难度不大，因此多级多段 AO 生物池十分适合农村地区的污水处理。

随着互联网技术的不断发展，多级多段 AO 生物池在污水系统中也得到了广泛的应用。通过数据传输和处理技术，可以实现对污水处理过程的监测和控制。通过建立远程监测系统和智能控制系统，可以实时监测多级多段 AO 生物池的运行情况，及时发现问题并进行处理，提高处理效率和管理水平。

总的来说，多级多段 AO 生物池在污水处理系统中的应用是非常重要的。它不仅能够高效地去除污水中的有机物和营养物质，还可以减少对环境的污染，提高生态环境的质量。此外，随着科技的进步，多级多段 AO 生物池的应用前景也十分广阔。

7.7　二沉池技术

7.7.1　二沉池在污水系统中的作用

二沉池是污水处理系统中常见的一种处理设备，其主要作用是对大颗粒物质进行沉淀和脱水，以便于后续处理。二沉池通常位于生化池之前，是生化池系统的重要组成部分，可以有效地去除污水中的悬浮颗粒物和浮游微生物，在人工和自然两种方式下进行处理，提高了污水的处理效率。

首先，二沉池能够去除污水中的悬浮颗粒物。在污水初步处理过程中，有机物质和悬浮颗粒物都被充分混合。这些颗粒物质为生化池处理的障碍物，如果不及时处理，会对后续处理过程造成影响。因此，二沉池就成了一个重要的处理单元，在处理流程中起到了去除悬浮颗粒物的作用。通过调整流速和水压，将悬浮颗粒物沉降至底部，从而净化污水，并为后续处理提供良好的条件。

其次，二沉池还能够去除浮游微生物。在处理污水过程中，微生物是不可避免的。而浮游微生物对于生化池的影响较大，会占用有机物，也会降低悬浮颗粒物的沉降速度。因此，在二沉池中，通过改变水流方向和水流速度，将浮游微生物沉淀到底部并进行处理，避免了这些微生物对后续处理过程的影响。

除此之外，二沉池还具有去除油脂和污泥的效果。在处理污水的过程中，难以处理的油脂和污泥通常都会在二沉池中被收集起来，以便后续处理。这样可以使得生化池的负荷和污泥的浓度都得到良好的控制，提高了污水处理的效率和质量。

总之，二沉池在污水系统中起到了至关重要的作用，可以对污水中的颗粒物、浮游微生物、油脂和污泥进行去除、收集和处理。它可以保证后续处理的正常运行，提高了污水处理的效率和质量；同时，也可以减轻生化池等处理单元的处理负荷，延长其使用寿命。

7.7.2　二沉池的原理及设备

二沉池是一种常见的污水处理设备，其主要作用是将污水中的颗粒物质和微生物沉淀到底部，从而净化污水，提高后续处理效率。下面将详细介绍二沉池的原理和设备构成。

二沉池的基本原理是利用重力沉降的原理，通过控制水流速度、水流方向、水位高度等变量来让悬浮颗粒物沉降到底部。在污水通过二沉池时，首先经过网格拦污装置进行初步过滤，去除大块杂质。然后，进入二沉池，水流由上至下穿过多个隔板，通过板与板之间的缝隙，形成不同的沉降段，使污水中的固体颗粒物在重力作用下沉降到不同的位置。此外，在不同沉降段中，还安装了一些混合桨或旋流器，起到混合和搅拌的作用，使得污水中的微生物和悬浮颗粒物更加充分的接触，从而达到更好的沉降效果。

根据不同的处理目的和水质特征，二沉池有多种不同的构造形式。按照污水处理过程，可以将二沉池分为一段式和二段式两种形式。其中，一段式二沉池主要适用于处理大量的高浓度固体颗粒物和低浓度生物污泥的情况，而二段式二沉池则适合于处理废水中低浓度的固体颗粒和微生物群落，更适合较小的处理规模和高质量的出水要求。

从设备结构上来看，二沉池通常由进水管、网格拦污装置、隔板、混合器、放水口等组成。其中，进水管是将污水引入到二沉池的管道，网格拦污装置是将大块杂质拦截下来，隔板是将二沉池分成数个过程段，混合器是搅拌污水的设备，如桨叶或旋流器等。当污水进入二沉池后，经过一系列复杂的物理化学过程，颗粒物质逐渐沉降到底部，净化后的水体从放水口流出。同时，沉淀在底部的颗粒物和微生物被称为二污泥，可以通过污泥回流等方式再次投入生化池处理，达到资源的最大化利用。

二沉池是一种常见的污水处理设备，主要基于重力沉降的原理，通过控制水流速度和方向，让悬浮颗粒物沉淀到底部，起到净化污水、提高后续处理效率的作用。其结构简单、操作可靠、维护成本低，是广泛应用于各类污水处理系统中的重要组成部分之一。

7.7.3 二沉池在污水系统中的应用

二沉池在污水处理系统中的应用主要集中于它作为一种初级处理设备的角色。在这种情况下，二沉池通常被用来除去污水中的固体和液体混合物中的大颗粒物，如纸张、物体碎片等，以减轻后续处理设备的负担。其次，二沉池广泛应用于废水处理过程中，用于提高后续处理技术的效率，包括生化反应器、人工湿地、紫外线消毒等。二沉池可以通过减少污水水中的悬浮物，使后续处理设备更容易处理清洁的废水，同时也减少了废水处理设备的堵塞和损坏，提高了废水处理工艺的整体效率。

二沉池在废水处理中起着重要作用。例如，在化工园区、纺织工厂和造纸厂等大型企业的废水处理中，二沉池通常是这些厂商首选的净化设备。在这些废水处理工艺中，污水通常含有很多悬浮颗粒物和有机废弃物，这些物质如果不经过去除和净化就会对生态环境和人类健康造成严重威胁。因此，二沉池的应用可以有效地去除污水中的悬浮颗粒物和有机废弃物，保证后续处理设备的正常运行，最终实现废水的净化和排放。

同时，二沉池还广泛应用于城市的雨水收集和净化系统中。这种应用场景的废水通常由雨水、道路表面流失物等混合而成。在这种情况下，二沉池可以通过去除污水中的大颗粒杂质，并分离污水中的悬浮颗粒物和生物群落来处理废水，然后再将处理后的废水重新利用。

二沉池是城市污水处理系统中不可或缺的一个环节。无论是在初级处理阶段还是在废水处理过程的其他阶段，它都扮演着重要的角色。在未来，随着城市人口的增加和工业制造业的发展，污水治理将成为一个更加迫切的问题。因此，我们需要进一步加强对二沉池等各种污水处理设备的研究开发，提高它们的性能和效率，以适应更广泛的应用需求，保护环境和人类健康。

7.8　高效沉淀池技术

7.8.1　高效沉淀池在污水系统中的作用

高效沉淀池是城市污水处理系统中非常重要的一种处理设备，通过将污水中的固体和液体分离，使其中的悬浮颗粒物和生物群落得以沉淀和去除，从而达到净化污水的目的。高效沉淀池在污水系统中具有多种作用。

首先，高效沉淀池主要用于初级处理。在城市污水处理系统中，污水首先经过初级处理，以去除其中的固体和液体混合物中的大颗粒物，如纸张、物体碎片等。高效沉淀池可以发挥重要的作用，通过控制污水流速和方向，在不同位置的沉降段中实现沉降，并分离污水中的悬浮颗粒物和生物群落。这样可以有效地去除污水中的杂质，并减轻后续处理设备的负担，保证后续处理工艺的正常运行。

其次，高效沉淀池还可以用作中级处理设备。在中级处理阶段，污水需要进一步去除其中的悬浮颗粒物和有机废弃物，以减少后续处理设备的负荷。高效沉淀池可以通过分离污水中的悬浮颗粒物和生物群落，进一步清除污水中的杂质，并提高后续处理技术的效率，包括生化反应器、人工湿地、紫外线消毒等。这些设备可以更容易地处理清洁的废水，同时也减少了废水处理设备的堵塞和损坏，提高了废水处理工艺的整体效率。

再次，高效沉淀池还可以作为最后生化处理环节之前的预处理设备。生化反应器是城市污水处理系统中的关键设备之一，其目的是去除污水中的有机物质，通过细菌分解污水中的有机物质并将其转化为无机物质。在这个环节之前，高效沉淀池可以作为预处理设备，通过去除污水中的大颗粒物和悬浮颗粒物，减少生化反应器的负荷，提高其效率。

最后，高效沉淀池还可以应用于城市的雨水收集和净化系统中。在这个应用场景中，排水系统通常由雨水、道路表面流失物等混合而成。高效沉淀池可以通过去除污水中的大颗粒杂质，并分离污水中的悬浮颗粒物和生物群落来处理废水，然后再将处理后的废水重新利用。

7.8.2　高效沉淀池的原理及设备

高效沉淀池是城市污水处理系统中重要的处理设备之一，用于去除污水中的悬浮颗粒物和生物群落，从而达到净化污水的目的。它是一种简单、可靠且易于维护的设备，具有高效、稳定、安全等特点，可以适用于不同规模的污水处理系统。

（1）高效沉淀池的原理

高效沉淀池的工作原理主要是通过重力分离来去除污水中的悬浮颗粒物和生物群落。在高效沉淀池内，通过控制污水流速和方向，在不同位置的沉降段中实现沉降，并分离污水中的悬浮颗粒物和生物群落。污水从上部进入高效沉淀池，再依次通过预沉池、沉池和清池等区域后，被分离成上清液和底泥两部分。其中，上清液经过再次处理后可以直接排放到河流、湖泊等水体中，而底泥则需要进行进一步的处理和处置。

（2）高效沉淀池的设备

高效沉淀池的设备包括预沉池、沉池、清池、进水管、排水管、底泥泵、清池刮板等组成。具体的设备及其作用如下：

① 预沉池：预沉池位于高效沉淀池的上部，主要用于去除污水中的大颗粒物和涉水物质。当污水从进水口流入预沉池时，速度降低而引起颗粒物的沉降，从而实现去除的目的。

② 沉池：沉池是高效沉淀池的主要处理区域，通常由多个沉淀段组成。当污水从预处理池进入沉池时，它会被分散到不同的沉淀段中，并在这些区域中进行分离。在此过程中，悬浮颗粒物和生物群落沉降沉淀，并与污水分离开来，形成污泥。经过一定时间的沉淀后，可以将上清液从高效沉淀池的上部排出。

③ 清池：清池位于沉池的下部，是最后一个沉淀段。在此处，污泥会被进一步浓缩和脱水，形成淤泥。同时，清池还可以排放进入高效沉淀池的废水，以控制清池中的污泥浓度和减少废水的停留时间。

④ 进水管和排水管：进水管和排水管是高效沉淀池的重要组成部分，用于将污水流入和流出高效沉淀池。其中，进水管主要控制污水的流量和方向，以保证其均匀地进入高效沉淀池；排水管则负责将清洁的上清液从清池中排出去。

⑤ 底泥泵和清池刮板：底泥泵和清池刮板是高效沉淀池中的辅助设备，用于处理沉淀池和清池中形成的污泥和淤泥。底泥泵通常用于将沉淀池中的污泥抽出，以便进行后续处理；而清池刮板则用于将淤泥清除并压实，以使其更容易被处理。

高效沉淀池是城市污水处理系统中重要的设备之一，它通过重力分离来去除污水中的悬浮颗粒物和生物群落，从而实现净化污水的目的。在设计高效沉淀池时，需要考虑不同污水的特点、处理要求和设备功能，以保证其在污水处理系统中的高效运行。

7.8.3 高效沉淀池在污水系统中的应用

高效沉淀池是城市污水处理系统中的重要设备之一，其主要作用是通过重力分离的方式去除污水中的悬浮颗粒和生物群落，从而达到净化污水的目的。与其他处理方式相比，高效沉淀池具有处理效率高、稳定可靠、操作简便等特点，在污水处理系统中得到了广泛应用。

首先，高效沉淀池在城市污水处理系统中扮演着关键的角色。其主要作用是对进入处理系统的污水进行初步处理，减少悬浮物质的含量，保证后续处理环节的正常运行。同时，高效沉淀池能够有效去除生化处理过程中产生的污泥，降低处理成本，达到节能减排的目的。

其次，高效沉淀池的设计和运行比较简单，不需要高额的投资和人力资源。在设计时，可以根据不同的污水特性和处理要求，自由调整沉淀池的结构和配置。同时，高效沉淀池的运行过程比较稳定、可靠，不需要频繁地更换和维修设备，降低了运营成本，提高了污水处理系统的可持续性。

再次，高效沉淀池的占地面积比其他处理设备小，可以将其与其他设备进行组合，形成省空间、高效率的污水处理系统。例如，在城市地区通常会将高效沉淀池和生物滤池、活性污泥法等处理设备结合使用，构成多级处理系统，以提高污水处理的效率和质量。

最后，需要指出的是，高效沉淀池的应用并不局限于城市污水处理系统。在工业废水处理中，也有广泛的运用。例如，在钢铁、矿山等行业，废水通常含有大量固体颗粒和重金属等有害物质。采用高效沉淀池对这些废水进行处理，不仅能够去除悬浮颗粒，而且可以将重金属等物质沉降到污泥中，达到净化废水的目的。

总之，高效沉淀池作为城市污水处理系统中的重要设备，不仅可以有效去除污水中的悬浮颗粒和生物群落，同时具有处理效率高、稳定可靠、操作简便等特点。在未来的污水处理系统中，高效沉淀池仍将发挥着重要的作用。

7.9　反硝化深床滤池技术

7.9.1　反硝化深床滤池在污水系统中的作用

反硝化深床滤池是一种应用于污水处理的生物处理技术，其主要作用是通过微生物的代谢过程将有害污染物质转化为对环境无害的成分。在这个过程中，反硝化深床滤池具有很多独特的优势和作用。

首先，反硝化深床滤池可以高效地去除污水中的硝酸盐、亚硝酸盐等有害物质，从而有效地减少了污水对环境的危害。在这个过程中，反硝化深床滤池通过在缺氧环境中利用微生物来将硝酸盐还原，最终将其转化为氮气，达到脱氮的目的。这样不仅能够提高污水处理的效率，降低运行成本，而且能有效减少污染物的排放，保护环境。

其次，反硝化深床滤池还可以提高污水处理系统的稳定性和可靠性，减少设备故障的发生，提高污水处理的效率和质量。一方面，反硝化深床滤池可以自动控制硝酸盐的还原和氮气的排放，保证了处理效果的稳定性和一致性；另一方面，由于反硝化深床滤池的运行过程相对简单，不需要耗费大量的人力和时间进行维护与管理，降低了运营成本，增强了污水处理系统的可持续性。

再次，反硝化深床滤池还能够为城市污水处理带来更广阔的应用前景。随着城市化进程的加速，城市污水处理将会面临巨大的挑战。反硝化深床滤池作为一种高效、稳定的污水处理技术，将在未来得到更广泛的应用和推广，以适应日益增长的污水处理需求。

最后，在应用反硝化深床滤池之前，需要针对污水的特性进行合理的设计和配置，以确保其在处理过程中发挥最佳的效果。同时，还需要加强污水处理工艺的研究和开发，完善污水处理技术体系，促进污水治理技术的创新和发展。

反硝化深床滤池在污水处理系统中具有重要的作用，能够高效地去除污水中的有害物质，提高污水处理系统的稳定性和可靠性，为城市污水处理带来更广阔的应用前景。

7.9.2　反硝化深床滤池的原理及设备

反硝化深床滤池是一种污水处理技术，可以将有害物质转化为无害成分。该技术的原理是在缺氧环境中利用微生物代谢过程将硝酸盐还原为氮气，达到脱氮的目的。其主要设备包括床体和进出水装置等。

床体是反硝化深床滤池的主体部分，由一个或多个过滤层组成。床体内填充着各种材料，如沙、石、陶粒等，以提供微生物的生存环境。在污水经过床体过滤层时，其中的硝酸盐会被微生物还原为氮气，从而起到脱氮的作用。此外，在床体中还可以设置加药装置，向污水中添加所需的微量元素或其他辅助剂，以促进微生物的生长和代谢活动。

进出水装置则是反硝化深床滤池的关键部分，主要用于输送和排放污水和氮气。在污水进入床体之前，需要先由进水装置进行预处理，如调节 pH 值、去除废弃物等，以提高反硝化深床滤池的处理效果。同时，在床体中产生的氮气也需要经过出水装置的处理后，才能排放到大气中。

7.9.3 反硝化深床滤池在污水系统中的应用

反硝化深床滤池是一种高效的污水处理技术，在现代城市污水处理系统中得到了广泛的应用。其原理是利用微生物在缺氧环境下将硝酸盐还原为氮气，从而起到脱氮的作用。

在实际应用过程中，反硝化深床滤池的设计和配置需要根据污水的特性进行合理的选择，以确保其在处理过程中发挥最佳的效果。同时，反硝化深床滤池的运行和维护也需要具备一定的技术和管理水平，从而确保其长期稳定运行和高效处理。

反硝化深床滤池是一种高效、稳定的污水处理技术，能够高效地去除污水中的有害物质，提高污水处理系统的稳定性和可靠性，并为城市污水处理带来更广阔的应用前景。在未来的城市污水处理中，反硝化深床滤池还将继续发挥其重要作用，为人们创造更加清洁、宜居的生活环境。

7.10 臭氧接触池技术

7.10.1 臭氧接触池在污水系统中的作用

臭氧接触池是一种高效的废水处理设备，其可以利用臭氧在接触池中与污水中的有机物质、氮氧化物等发生催化氧化反应，从而将它们转化为无害物质。利用臭氧接触池进行废水处理可以达到高效、快速、安全的处理效果，被广泛应用于工业和城市污水处理系统中，具有重要的环境保护作用。

相比于传统的废水处理工艺，臭氧接触池具有许多优点。它可以高效地去除污水中的有害物质，减少了对环境的危害，保护了水体生态环境。其高效的处理能力和优良的脱氮效果，使其成为城市污水处理的重要手段之一。臭氧接触池还可以提高污水处理系统的稳定性和可靠性，减少设备故障的发生，提高污水处理的效率和质量。在传统污水处理工艺中，常见的问题是处理效率低、设备容易堵塞以及处理过程不稳定等问题，这些问题都会影响污水处理的效果。而臭氧接触池采用臭氧催化氧化技术，无需外加电能、化学试剂等，同时对污水的去除效果非常显著，因此具有更加稳定和可靠的特点。

臭氧接触池还能够实现产销一体化，将污水处理产生的废气利用进行产业化，可以制取工业氧气、饮用水瓶装水等产品。这不仅实现了废气资源的可持续利用，而且还在一定程度上缓解了气体资源的紧缺问题。

7.10.2 臭氧接触池的原理及设备

臭氧接触池是一种高效的污水处理设备，其工作原理是利用臭氧在接触池中与污水中的有机物质、氮氧化物等发生催化氧化反应，将它们转化为无害物质。臭氧接触池主要由臭氧产生设备、接触池、水泵、管道、阀门等组成。

（1）臭氧接触池的工作原理

臭氧接触池是一种将臭氧与污水混合均匀的处理设备。它主要由臭氧产生设备、接触池、水泵、管道、阀门等组成。臭氧产生设备通过电解或离子膜分解法制取臭氧气体，并通过管道输送至接触池。经过臭氧产生设备生产的臭氧气体，进入接触池后，与污水充分接触，在催化剂的作用下进行催化氧化反应，将污水中的有机物质、氮氧化物等有害物质转化为无害物质，从而达到净化水质的目的。

（2）臭氧接触池的设备

① 臭氧产生设备：臭氧产生设备是产生臭氧气体的关键设备，可以采用电解法、离子膜分解法等方式制取臭氧气体。

② 接触池：接触池是将臭氧气体与污水充分接触反应的设备。根据不同的使用需求和处理量，可选择不同大小规格的接触池。

③ 水泵：水泵是将污水抽入接触池中的设备。常用的水泵类型有离心泵、自吸式泵等。

④ 管道和阀门：管道和阀门是将臭氧气体和污水输送至接触池的通道，需要保证管道的密封性和稳定性，阀门的灵活性和安全性。

⑤ 催化剂：催化剂是在臭氧接触池中加入的加速反应速度的物质，可以有效地提高催化氧化反应的效率和速度。常用催化剂有铁盐、过氧化氢等。

7.10.3　臭氧接触池在污水系统中的应用

臭氧接触池是污水处理中的一种高效设备，它利用臭氧催化氧化原理，将污水中的有机物、氮氧化物等转化为无害物质，使其达到排放标准。随着城市化进程的不断加速，城市污水日益增多，臭氧接触池在污水系统中的应用变得越来越普遍。

臭氧接触池广泛应用于工业和城市污水处理系统中。在污水处理方面，臭氧接触池可以有效地去除难以处理的有机物质和氨氮等污染物质，提高出水的质量和稳定性。在饮用水净化方面，臭氧接触池可以高效地去除微生物、病毒等有害物质，保证饮用水的卫生安全。在工业废水处理方面，臭氧接触池可以对含有金属离子、苯系物质等有害物质的工业废水进行处理，转化为无害物质，达到环保标准。

臭氧接触池还被广泛应用于海水淡化和水处理中。在海水淡化过程中，臭氧接触池可以使用臭氧气体来消毒水源，去除有害物质，从而使海水更加适合饮用或其他用途。在水处理中，臭氧接触池可以用于去除有害物质和异味等问题，提高水质。

7.11　接触消毒池技术

7.11.1　接触消毒池在污水系统中的作用

接触消毒池是污水处理系统中常用的一种消毒设备。其主要作用是将消毒剂与污水混合，杀死处理后污水中的病原性微生物，从而达到排放标准。在污水处理过程中，通过生物处理或物理化学处理，可以将大部分的污染物质去除，但是仍存在着一些难以去除的有机物、细菌、病毒等微生物，这就需要进行消毒处理。在接触消毒池中，消毒剂（如Na-

ClO、液氯、CaClO 等）与污水混合，形成一定浓度的消毒溶液，通过对微生物的氧化还原反应，从而杀灭微生物，达到消毒的目的。

7.11.2 接触消毒池的原理及设备

接触消毒池是一种常用的污水处理设备，其主要作用是消除废水中的微生物和有害物质，以达到排放标准。

（1）原理

接触消毒池的原理是将污水与消毒剂混合在一起，并让两者充分接触，从而实现消毒杀菌的目的。消毒剂可以是氯、二氧化氯等，具有较强的氧化还原能力，能杀死污水中的有机物、细菌、病毒等微生物，使污水变得可以直接排放或循环使用。

（2）分类

根据不同的设计要求和使用环境，接触消毒池可分为垂直式接触池和水平式接触池两种。

垂直式接触池又称填料式接触池，其结构形式与蓄水塔类似，内部有大量的填料，用于增加水体与气体的接触面积，提高消毒效果。由于填料的存在，流体运动状态较复杂，不易形成死角，适合于处理高浓度废水。但是由于填料的积聚，也容易造成堵塞和清洗困难。

水平式接触池又称运动床式接触池，其主要特点是具有较强的混合作用。污水从一端进入，经过运动床的强烈搅拌作用后，与排出口的消毒剂混合，然后达到消毒效果。相比于垂直式接触池，水平式接触池具有结构简单、清洗方便等优点，适用于对污染浓度较低的废水进行处理。

（3）设计要求

① 接触池的大小应根据处理量进行设计，并根据水质情况确定消毒剂使用量。

② 接触池应具备良好的混合效果，在进入其他设备前，需经过足够的混合时间。

③ 接触池内部应避免死角和积水，以确保消毒剂均匀混合。

④ 接触池材料应选用耐腐蚀、刚性强、易清洗的材料，以保证其耐用性和稳定性。

⑤ 接触池内需设有消毒剂投加装置和在线监测装置，以实时掌握消毒效果和消毒剂使用量。

操作人员应经过专业培训，掌握接触消毒池操作规程和安全操作要求。

7.11.3 接触消毒池在污水系统中的应用

（1）污水处理厂的接触消毒池

随着城市化的发展，污水处理厂已成为城市建设不可或缺的一部分。污水处理厂是将生活污水、工业废水等进行收集、处理和排放的设施，其处理功能包括初级处理、中级处理和高级处理，其中高级处理包括接触消毒池。

一般而言，接触消毒池位于污水处理厂的最后一道工序，也就是常说的“三级处理”中的最后一步。此时，废水已经经过了化学药剂处理、沉淀、生物处理等多个步骤，大部分的固体污染物和有机物都已被去除。而接触消毒池主要是对微生物（如病毒、细菌等）进行杀灭，同时保证出水质量达到国家排放标准。

污水处理厂的接触消毒池结构主要分为垂直式接触池和水平式接触池两种，前者适用于处理高浓度污水，而后者则适用于处理污染浓度较低的废水。此外，接触消毒池需要提前设定消毒剂投加量以及在线监测装置，以确保消毒效果的有效性和实时掌握消毒剂使用量。

（2）工业废水处理厂的接触消毒池

工业废水处理厂是为了治理和利用生产废水而建造的一种工程结构。与城市污水处理厂不同的是，工业废水处理厂对于废水污染物种类、含量和排放要求更加严格。因此，工业废水处理厂使用的接触消毒池通常比城市污水处理厂更为复杂和高级。

工业废水处理厂的接触消毒池同样分为垂直式接触池和水平式接触池两种，但其设计要求更为严格和细致。例如，工业废水中的污染物可能更难降解，或者污染物特殊导致所选用的消毒剂不同，因此消毒剂的使用量也会相应有所不同。此外，由于工业废水处理厂的废水流量通常较大，接触消毒池的尺寸也需更为庞大。

7.12　脱泥机房技术

7.12.1　脱泥机房在污水系统中的作用

脱泥机房在污水系统中扮演重要的角色，其作用主要是对废水进行处理，实现固液分离，从而实现对废水的净化和再利用。通过合理使用脱泥机房设备，可以有效地达到减少废水污染、保护环境、改善生态等目的。

首先，脱泥机房的主要作用之一就是去除废水中的污泥物质。随着工业化进程的发展，人类生产活动所带来的污染问题日益严重，以废水处理为例，其中含有的污泥、沉淀物等物质会对环境造成不良影响，如导致水源污染、影响地下水等问题。在这种情况下，脱泥机房的使用就显得尤为重要，其可以将废水中的污泥物质去除，避免对环境造成污染和危害。

其次，脱泥机房还能够使废水的排放更加符合环保标准。在国家及地方的政策法规上，对废水排放的限制越来越严格。若不进行有效的脱泥操作，难以使污水达到国家及地方制定的标准。因此，在处理废水时必须充分发挥脱泥机房的作用，将其中可能存在的有害物质、沉淀物等过滤掉，使废水的排放符合环保标准，遵循国家相关法规。

最后，脱泥机房还能够实现对污水的资源化利用。废水虽然不再适合直接使用，但其中所含有的资源依然存在，如其中的营养物质、热能等。通过脱泥机房设备的合理运用，可以将这些资源利用起来，如生物处理技术等，使得污水成为再利用的资源，从而降低人类对自然资源的消耗。

以上三种作用是脱泥机房在污水系统中的主要作用，那么如何发挥其作用呢？首先，需要根据废水的种类和性质选择对应的脱泥机房设备，确保其能够对废水进行有效的过滤处理。同时，需要对脱泥机房设备进行定期维护、检测，确保其正常运行。另外，合理管理废水的排放，最大限度地保留污水中的资源，以实现对环境和自然资源的保护和利用。

脱泥机房在污水处理系统中扮演着重要的角色，其应用不仅能够去除污水中的有害物质、沉淀物等，使其符合环保标准，还能够实现废水中资源的再利用，减少污染和资源消耗。当然，在运用脱泥机房设备时，需要根据具体情况选择适合的类型，并且加强其定期维护管理，才能更好地发挥其作用，促进环境保护和生态建设。

7.12.2 脱泥设备的种类及原理

水中脱离，完成对污水的净化。根据不同的原理，脱泥设备可以分为多种类型，包括重力沉淀器、气浮机、旋流器、压滤机等。

（1）重力沉淀器。重力沉淀器是一种常见的脱泥设备，其工作原理是借助物料颗粒的相对密度不同，在物料与介质中自由沉降的原理，实现固液分离。重力沉淀器根据不同的结构形式可以分为圆形、方形、椭圆形、斜板等形式。

（2）气浮机。气浮机又称空气浮选机，主要通过吸附和流化床技术使污泥升到水面，从而实现固液分离。气浮机具有处理能力大、处理效果好、结构简单等优点。主要通过溶解气体在物体中所产生的浮力，将污泥上浮到水面上，并由泵抽走。

（3）旋流器。旋流器的结构和气浮机有些类似，旋流器主要是通过强制涡流使污泥在离心力作用下从水中分离出来。离心力越大，则分离效果也就越好，旋流器运用于处理细颗粒的污泥，填料一般为陶瓷、硅灰石等，具有处理量大、处理效果好等优点。

（4）压滤机。压滤机是一种主要应用在固液分离工艺中的机械设备，其原理是通过压缩污泥，使其内部水分被挤出，实现固液分离。压滤机主要可以分为板框式压滤机、膜式压滤机、立式压滤机等类型。压滤机具有处理量大、处理效果好、操作简单等优点。

7.12.3 脱泥机房在污水系统中的应用

脱泥机房是污水处理系统中非常重要的一个环节，通过去除废水中的污泥和其他杂质，可以实现固液分离、净化和再利用。脱泥机房主要是通过脱泥设备的作用实现对污泥的处理，不同类型的脱泥设备在机房中的应用也有所不同。

污水处理系统中，脱泥机房主要应用于中水回用系统和深度处理系统。其中，中水回用系统主要是将处理过的污水再次回用到生产中，通过脱泥机房的处理可以更有效地实现水资源的再利用。而深度处理系统则是将处理后的污水进一步去除其中的有机物和其他难以去除的污染物质，提高污水的处理效果。

脱泥机房在中水回用系统中的应用较为广泛，主要是通过带式压滤机、旋转压滤脱水机、卧式螺旋离心机等脱泥设备进行处理。这些设备能够快速去除污水中的污泥和杂质，实现固液分离和水的净化。从而，可以将处理后的中水再次回用到生产中，以达到节约水资源的目的。

深度处理系统中，脱泥机房主要利用板框压滤脱水机等设备进行处理。这些设备能够将处理后的污水进一步去除其中的有机物和其他难以去除的污染物质，实现更彻底的污水处理效果。通过脱泥机房的作用，可以将处理后的污水直接排入城市排水系统，不会对管渠、污水厂和人员产生负面影响。

总之，脱泥机房是污水处理系统中非常重要的一个环节，可以通过脱泥设备的作用去除污水中的污泥和杂质，实现固液分离和净化，进而达到水的回用和提高污水处理效果的目的。因此，脱泥机房的应用在污水处理系统中不可或缺，其作用在今后的污水处理过程中也会得到越来越广泛的应用。

第8章　中水回用

8.1　中水厂水处理工艺

中水回用解决方案主要包括预处理工艺、双膜处理工艺、脱泥系统和辅助系统解决方案四个方面。

8.1.1　预处理工艺

1. 进水控制井工艺

预处理工艺是中水回用的重要组成部分，其主要目的是去除中水中的悬浮物、有机物和微生物等杂质，为后续的处理工艺提供清洁的水源。进水控制井是预处理工艺中的重要环节，其主要作用是控制中水的进水流量和水质，保证后续处理工艺的正常运行。进水控制井的设计原则：进水控制井的设计应根据中水的水质、水量和处理工艺的要求，确定进水控制井的设计参数，包括井径、井深、进水口位置、进水口数量、进水口直径、进水口高度等。同时，还应考虑进水控制井的运行维护和管理等因素，保证进水控制井的正常运行。进水控制井工艺如图8-1所示。

图8-1　进水控制井工艺

（1）进水控制井的结构设计

进水控制井的结构设计应根据其作用和运行要求，确定井的结构形式和内部构造。通常情况下，进水控制井的结构形式可以分为圆形、方形、矩形等不同形式，内部构造包括进水口、进水管道、进水闸门、排水管道、排水闸门等。

（2）进水控制井的运行管理

进水控制井的运行管理是保证其正常运行的关键因素。进水控制井的运行管理包括进水流量的监测、进水水质的监测、进水口的清洗和维护等。其中，进水流量的监测可以通过流量计等仪器设备进行监测；进水水质的监测可以通过采样分析等方法进行监测；进水口的清洗和维护则需要定期进行，以保证进水口的畅通和水质的稳定。

（3）进水控制井的优化改进

进水控制井的优化改进是提高其处理效率和运行稳定性的重要手段。进水控制井的优化改进包括进水口的优化设计、进水管道的优化布置、进水闸门的优化调整等。通过不断的优化改进，可以提高进水控制井的处理效率和运行稳定性，从而保证中水回用的水质和数量。

进水控制井是预处理工艺中的重要环节，其设计、结构和运行管理等方面都需要进行细致的考虑和规划。通过科学合理的进水控制井工艺解决方案，可以有效地控制中水的进水流量和水质，为后续处理工艺提供清洁的水源。

2. 均质池工艺

均质池是中水回用预处理工艺中的重要环节，其主要作用是将中水中的悬浮物和有机物等杂质进行混合和稀释，为后续的处理工艺提供更好的处理条件。

（1）均质池的设计原则

均质池的设计应根据中水的水质、水量和处理工艺的要求，确定均质池的设计参数，包括池体容积、进水口位置、进水口数量、进水口直径、出水口位置、出水口数量、出水口直径等。同时，还应考虑均质池的运行维护和管理等因素，保证均质池的正常运行。

（2）均质池的结构设计

均质池的结构设计应根据其作用和运行要求，确定池的结构形式和内部构造。通常情况下，均质池的结构形式可以分为圆形、方形、矩形等不同形式，内部构造包括进水口、进水管道、进水扩散器、出水口、出水管道等。

（3）均质池的运行管理

均质池的运行管理是保证其正常运行的关键因素。均质池的运行管理包括进水流量的监测、进水水质的监测、池内水体的混合情况和停留时间的控制等。其中，进水流量的监测可以通过流量计等仪器设备进行监测；进水水质的监测可以通过采样分析等方法进行监测；池内水体的混合情况和停留时间的控制则需要根据均质池的设计参数进行计算和调整，以保证水体能够充分混合和停留。

（4）均质池的优化改进

均质池的优化改进是提高其处理效率和运行稳定性的重要手段。均质池的优化改进包括进水口和出水口的优化设计、进水扩散器的优化调整、池内水体的混合方式的优化等。通过不断的优化改进，可以提高均质池的处理效率和运行稳定性，从而保证中水回用的水质和数量。

均质池是预处理工艺中的重要环节，其设计、结构和运行管理等方面都需要进行细致的考虑和规划。通过科学、合理的均质池工艺解决方案，可以有效地将中水中的悬浮物和有机物等杂质进行混合和稀释，为后续处理工艺提供更好的处理条件。

3. 高效沉淀池工艺

高效沉淀池是中水回用预处理工艺中的重要环节，其主要作用是将中水中的悬浮物和有机物等杂质进行沉淀和去除，为后续的处理工艺提供更好的处理条件。高效沉淀池处理工艺如图8-2所示。

图8-2　高效沉淀池处理工艺

（1）高效沉淀池的设计原则

高效沉淀池的设计应根据中水的水质、水量和处理工艺的要求，确定高效沉淀池的设计参数，包括池体容积、进水口位置、进水口数量、进水口直径、出水口位置、出水口数量、出水口直径、池内物料的种类和比例等。同时，还应考虑高效沉淀池的运行维护和管理等因素，保证高效沉淀池的正常运行。

（2）高效沉淀池的结构设计

高效沉淀池的结构设计应根据其作用和运行要求，确定池的结构形式和内部构造。通常情况下，高效沉淀池的结构形式可以分为圆形、方形、矩形等不同形式，内部构造包括进水口、进水管道、池体、出水口、出水管道、污泥排放管道等。

（3）高效沉淀池的运行管理

高效沉淀池的运行管理是保证其正常运行的关键因素。高效沉淀池的运行管理包括进水流量的监测、进水水质的监测、池内物料的混合情况和停留时间的控制等。其中，进水流量的监测可以通过流量计等仪器设备进行监测；进水水质的监测可以通过采样分析等方法进行监测；池内物料的混合情况和停留时间的控制，则需要根据高效沉淀池的设计参数进行计算和调整，以保证水体能够充分沉淀和停留。

（4）高效沉淀池的优化改进

高效沉淀池的优化改进是提高其处理效率和运行稳定性的重要手段。高效沉淀池的优化改进包括池内物料的种类和比例的优化调整、进水口和出水口的优化设计、池内水流动方式的优化等。通过不断的优化改进，可以提高高效沉淀池的处理效率和运行稳定性，从而保证中水回用的水质和数量。

高效沉淀池是预处理工艺中的重要环节，其设计、结构和运行管理等方面都需要进行细致的考虑和规划。通过科学、合理的高效沉淀池工艺解决方案，可以有效地将中水中的悬浮物和有机物等杂质进行沉淀和去除，为后续处理工艺提供更好的处理条件。

4. 砂滤产水工艺

砂滤产水工艺是中水回用处理过程中常用的一种技术，其主要原理是通过砂滤层对水进行过滤，去除其中的悬浮物、胶体颗粒、微生物等杂质，从而得到清澈、透明的水。砂滤产水工艺的具体步骤如下：

（1）预处理：将中水进行初步处理，去除其中的大颗粒物质和污泥等杂质，使水质达到砂滤处理的要求。

（2）砂滤层：在砂滤池中设置一层厚度为 0.8～1.2m 的滤砂层，砂层的颗粒大小按照从上到下逐渐减小的顺序排列。

（3）过滤：将处理后的中水通过砂滤层进行过滤，经过滤砂层的过程中，水中的悬浮物质、胶体颗粒、微生物等杂质被滤砂层截留，而水中的溶解物质则可以通过砂滤层，达到过滤的目的。

（4）反冲洗：当砂滤层滤污较多时，需要进行反冲洗，将滤砂层中的杂质冲洗出去，恢复滤砂层的过滤能力。

（5）消毒：经过砂滤产水工艺处理后的水需要进行消毒处理，以杀死其中的病原微生物，保证水质符合国家标准。

总体来说，砂滤产水工艺具有工艺简单、运行稳定、投资和运行成本低等优点，是中水回用处理过程中常用的一种技术。砂滤产水间如图 8-3 所示。

图 8-3　砂滤产水间

5. 预处理加药工艺

预处理加药工艺主要包括生石灰加药、碳酸钠加药、硫酸加药、PAM 加药和氢氧化钠加药五个方面。预处理加药间设计如图 8-4 所示。

图 8-4　预处理加药间

（1）生石灰加药工艺解决方案

生石灰加药工艺是中水回用处理过程中常用的一种预处理加药工艺，其主要原理是通过加入适量的生石灰，使中水中的悬浮物质、胶体颗粒等杂质凝聚成较大的颗粒，从而便于后续的沉淀和过滤处理。

生石灰加药工艺的具体步骤如下：

① 投加生石灰：将中水通过匀流器均匀地加入生石灰，投加量一般为中水总量的 0.1%～0.3%，具体加药量应根据水质情况而定。

② 搅拌混合：加入生石灰后，通过搅拌器对水进行混合，使生石灰充分与水中的悬浮物质、胶体颗粒等杂质混合。

③ 沉淀：搅拌混合后，将水停留在沉淀池中，让其中的悬浮物质、胶体颗粒等杂质逐渐沉淀下来。沉淀时间一般为 2～3h，具体时间应根据水质情况而定。

④ 上清水处理：经过沉淀后，将上清水通过过滤器进行过滤处理，去除其中的残留杂质，得到清澈透明的水。

总体来说，生石灰加药工艺具有操作简单、处理效果好、投资和运行成本低等优点，是中水回用处理过程中常用的一种预处理加药工艺。同时，需要注意的是加药量应根据水质情况而定，过量加药会对后续处理造成不必要的负担，因此需要进行合理控制。

生石灰加药工艺的主要优点在于能够有效地凝聚和沉淀中水中的悬浮物质、胶体颗粒等杂质，从而提高后续处理的效果。此外，该工艺操作简单，投资和运行成本低，适用于中小型处理厂。

然而，生石灰加药工艺也存在一些缺点。首先，加药量需要根据水质情况而定，过量加药会对后续处理造成不必要的负担。其次，生石灰在加药过程中会产生大量的氢氧化钙。如果不及时清理，会对设备和管道造成腐蚀。最后，生石灰加药后水中的 pH 值会升高，需要进行后续的调节处理。

生石灰加药工艺适用于中水的预处理，可以与其他处理工艺结合使用，如砂滤、活性炭吸附等。该工艺适用于中小型处理厂，处理规模一般在 $1000m^3/d$ 以下。

（2）碳酸钠加药工艺解决方案

碳酸钠是一种常用的水处理药剂，可以用于调节水的 pH 值、软化水质、去除水中的铁锈等。在中水回用处理过程中，若水中的碳酸钠含量不足，则需要进行加药处理，以达到水处理的效果。

碳酸钠加药工艺可以采用静态加药或动态加药两种方式。静态加药是将碳酸钠直接加入水中，然后进行搅拌混合，使其均匀分布在水中。动态加药则是通过加药设备将碳酸钠溶液直接注入处理水中，实现自动控制加药量和加药时间，从而达到更加精确和稳定的加药效果。

在中水回用处理过程中，由于水质的复杂性和变化性，碳酸钠加药工艺需要进行预处理，以确保加药效果的稳定性和可靠性。具体措施包括以下几个方面：

① 碳酸钠溶液的制备

碳酸钠溶液的制备应当采用优质的碳酸钠原料，避免杂质和不纯物质的影响。制备过程中应当控制加水量和搅拌时间，以确保溶解度和稳定性。

② 水质的预处理

在进行碳酸钠加药前，需要对水质进行预处理，以确保水质的稳定性和一致性。具体措施包括调节水的 pH 值、去除水中的悬浮物、减少水中的硬度等。

③ 加药设备的选择和安装

针对中水回用处理的实际情况，需要选择合适的碳酸钠加药设备，并进行适当的安装和调试。加药设备应当具备自动控制和监测功能，以确保加药量和加药时间的精确控制。

④ 加药量和加药时间的控制

在进行碳酸钠加药时，需要控制加药量和加药时间，以确保加药效果的稳定性和一致性。具体措施包括根据水质分析结果和加药设备的参数设定合适的加药量和加药时间，并进行实时监测和调整。

总之，碳酸钠加药工艺是中水回用处理中重要的一环，需要进行预处理和精确控制，以确保水质的稳定性和可靠性。针对不同的水质情况和加药需求，需要采用不同的加药工艺和控制措施，以达到最佳的处理效果。

（3）硫酸加药工艺解决方案

硫酸是一种常用的水处理药剂，可以用于调节水的 pH 值、去除水中的重金属离子、消毒等。在中水回用处理过程中，若水中的硫酸含量不足，则需要进行加药处理，以达到水处理的效果。

硫酸加药工艺可以采用静态加药或动态加药两种方式。静态加药是将硫酸直接加入水中，然后进行搅拌混合，使其均匀分布在水中；动态加药则是通过加药设备将硫酸溶液直接注入处理水中，实现自动控制加药量和加药时间，从而达到更加精确和稳定的加药效果。硫酸加药工艺如图 8-5 所示。

在中水回用处理过程中，由于水质的复杂性和变化性，硫酸加药工艺需要进行预处理，以确保加药效果的稳定性和可靠性。具体措施包括以下几个方面：

图 8-5　硫酸加药工艺

① 硫酸溶液的制备

硫酸溶液的制备应当采用优质的硫酸原料，避免杂质和不纯物质的影响。制备过程中应当控制加水量和搅拌时间，以确保溶解度和稳定性。

② 水质的预处理

进行硫酸加药前，需要对水质进行预处理，以确保水质的稳定性和一致性。具体措施包括调节水的 pH 值、去除水中的悬浮物、减少水中的硬度等。

③ 加药设备的选择和安装

针对中水回用处理的实际情况，需要选择合适的硫酸加药设备，并进行适当的安装和调试。加药设备应当具备自动控制和监测功能，以确保加药量和加药时间的精确控制。

④ 加药量和加药时间的控制

在进行硫酸加药时，需要控制加药量和加药时间，以确保加药效果的稳定性和一致性。具体措施包括根据水质分析结果和加药设备的参数设定合适的加药量和加药时间，并进行实时监测和调整。

总之，硫酸加药工艺是中水回用处理中重要的一环，需要进行预处理和精确控制，以确保水质的稳定性和可靠性。针对不同的水质情况和加药需求，需要采用不同的加药工艺和控制措施，以达到最佳的处理效果。

(4) PAM 加药工艺解决方案

PAM（聚丙烯酰胺）是一种常用的水处理药剂，可以用于去除水中的悬浮物和颗粒物，从而达到净化水质的效果。在中水回用处理过程中，若水中的悬浮物和颗粒物含量较高，则需要进行 PAM 加药处理。

PAM 加药工艺可以采用静态加药或动态加药两种方式。静态加药是将 PAM 直接加入水中，然后进行搅拌混合，使其均匀分布在水中；动态加药则是通过加药设备将 PAM 溶液直接注入处理水中，实现自动控制加药量和加药时间，从而达到更加精确和稳定的加药效果。PAM 加药工艺现场图如图 8-6 所示。

在中水回用处理过程中，由于水质的复杂性和变化性，PAM 加药工艺需要进行预处

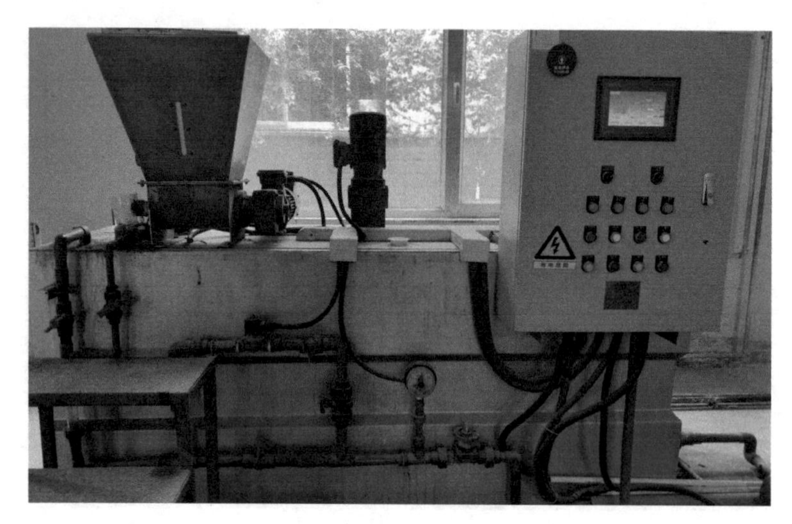

图 8-6　PAM 加药工艺

理，以确保加药效果的稳定性和可靠性。具体措施包括以下几个方面：

① PAM 溶液的制备

PAM 溶液的制备应当采用优质的 PAM 原料，避免杂质和不纯物质的影响。制备过程中应当控制加水量和搅拌时间，以确保溶解度和稳定性。

② 水质的预处理

在进行 PAM 加药前，需要对水质进行预处理，以确保水质的稳定性和一致性。具体措施包括调节水的 pH 值、去除水中的悬浮物、减少水中的硬度等。

③ 加药设备的选择和安装

针对中水回用处理的实际情况，需要选择合适的 PAM 加药设备，并进行适当的安装和调试。加药设备应当具备自动控制和监测功能，以确保加药量和加药时间的精确控制。

④ 加药量和加药时间的控制

在进行 PAM 加药时，需要控制加药量和加药时间，以确保加药效果的稳定性和一致性。具体措施包括根据水质分析结果和加药设备的参数设定合适的加药量和加药时间，并进行实时监测和调整。

总之，PAM 加药工艺是中水回用处理中重要的一环，需要进行预处理和精确控制，以确保水质的稳定性和可靠性。针对不同的水质情况和加药需求，需要采用不同的加药工艺和控制措施，以达到最佳的处理效果。

(5) 氢氧化钠加药工艺解决方案

氢氧化钠是一种常用的水处理药剂，可以用于调节水的 pH 值、去除水中的重金属离子、消毒等。在中水回用处理过程中，若水中的氢氧化钠含量不足，则需要进行加药处理，以达到水处理的效果。

氢氧化钠加药工艺可以采用静态加药或动态加药两种方式。静态加药是将氢氧化钠直接加入水中，然后进行搅拌混合，使其均匀分布在水中。动态加药则是通过加药设备将氢氧化钠溶液直接注入处理水中，实现自动控制加药量和加药时间，从而达到更加精确和稳定的加药效果。

在中水回用处理过程中，由于水质的复杂性和变化性，氢氧化钠加药工艺需要进行预处理，以确保加药效果的稳定性和可靠性。具体措施包括以下几个方面：

① 氢氧化钠溶液的制备

氢氧化钠溶液的制备应当采用优质的氢氧化钠原料，避免杂质和不纯物质的影响。制备过程中应当控制加水量和搅拌时间，以确保溶解度和稳定性。

② 水质的预处理

在进行氢氧化钠加药前，需要对水质进行预处理，以确保水质的稳定性和一致性。具体措施包括调节水的 pH 值、去除水中的悬浮物、减少水中的硬度等。

③ 加药设备的选择和安装

针对中水回用处理的实际情况，需要选择合适的氢氧化钠加药设备，并进行适当的安装和调试。加药设备应当具备自动控制和监测功能，以确保加药量和加药时间的精确控制。

④ 加药量和加药时间的控制

在进行氢氧化钠加药时，需要控制加药量和加药时间，以确保加药效果的稳定性和一致性。具体措施包括根据水质分析结果和加药设备的参数设定合适的加药量和加药时间，并进行实时监测和调整。

⑤ 安全措施

氢氧化钠是一种具有腐蚀性的化学品，加药过程中需要采取必要的安全措施，包括佩戴防护手套、护目镜等，避免接触皮肤和眼睛。

总之，氢氧化钠加药工艺是中水回用处理中重要的一环，需要进行预处理和精确控制，以确保水质的稳定性和可靠性。针对不同的水质情况和加药需求，需要采用不同的加药工艺和控制措施，以达到最佳的处理效果。同时，在加药过程中，需要注意安全措施，避免对人员和环境造成伤害和污染。

8.1.2　双膜处理工艺

1. 超滤工艺

超滤技术是一种通过物理过滤方法去除水中悬浮颗粒、胶体、细菌、病毒等微生物和有机物质的工艺。超滤膜孔径通常在 0.01～0.1μm 之间，可以有效地去除水中的悬浮物和胶体，同时保留水中的溶解性离子和有机物质。因此，超滤技术被广泛应用于中水回用处理中，能够有效地去除水中的悬浮颗粒、胶体、细菌和病毒等微生物和有机物质，提高中水的水质，满足回用水的要求。

超滤工艺是中水回用处理中的核心工艺之一，其主要作用是去除水中的悬浮颗粒、胶体、细菌和病毒等微生物和有机物质。超滤工艺的处理流程如下：首先，中水进入超滤系统，通过预处理过程去除大颗粒物和有机物质，然后进入超滤膜组件。在超滤膜组件中，水经过超滤膜的过滤作用，将悬浮颗粒、胶体、细菌、病毒等微生物和有机物质去除，同时保留水中的溶解性离子和有机物质。经过超滤膜的过滤作用后，水进入清水池，然后通过消毒和精密过滤等后续工艺，最终得到符合中水回用标准的水。

超滤工艺具有以下优点：可以有效去除水中的微生物和有机物质，提高中水的水质；超滤膜孔径小，可以去除水中的悬浮颗粒和胶体；超滤工艺稳定可靠，操作简单，易于维护；超滤膜寿命长，使用寿命达 5～10 年以上。

超滤工艺在中水回用处理中已经得到了广泛应用。例如，在新加坡的中水回用处理中，超滤工艺是核心工艺之一，能够将中水的 COD、BOD、SS、色度、微生物和病毒等指标降至极低水平，从而实现了中水的高效回用。在中国超滤工艺也被广泛应用于中水回用处理中，例如在北京水环境治理和水资源保护工程中，超滤工艺被用于中水回用处理中，取得了良好的效果。

总之，超滤工艺是中水回用处理中的核心工艺之一，能够有效地去除水中的悬浮颗粒、胶体、细菌和病毒等微生物和有机物质，提高中水的水质，满足回用水的要求。超滤工艺稳定可靠，操作简单，易于维护，具有广泛的应用前景。超滤工艺现场图如图 8-7 所示。

图 8-7　超滤工艺现场图

2. 反渗透工艺

反渗透技术是一种通过半透膜的物理作用，将水分子从高浓度溶液中向低浓度溶液中自然扩散的过程，其主要作用是去除水中溶解性物质，包括无机盐、有机物质、微生物和病毒等，从而提高中水的水质，满足回用水的要求。反渗透工艺是中水回用处理中的核心工艺之一，具有广泛的应用前景。

反渗透工艺的处理流程如下：首先，中水经过粗滤、活性炭吸附、超滤等预处理过程去除大颗粒物和有机物质，然后进入反渗透系统。在反渗透系统中，中水经过高压泵的作用，进入反渗透膜组件。在反渗透膜组件中，水经过反渗透膜的过滤作用，将水中的无机盐、有机物质、微生物和病毒等溶解性物质去除，从而提高中水的水质。经过反渗透膜的过滤作用后，水进入清水池，然后通过消毒和精密过滤等后续工艺，最终得到符合中水回用标准的水。

反渗透工艺具有以下优点：可以有效去除水中的无机盐、有机物质、微生物和病毒等溶解性物质，提高中水的水质；反渗透膜孔径非常小，可以去除水中的微小颗粒和大分子有机物；反渗透工艺稳定、可靠，操作简单，易于维护；反渗透膜寿命长，使用寿命可达5～10年以上。

反渗透工艺在中水回用处理中已经得到了广泛应用。例如，在以色列的中水回用处理中，反渗透工艺是核心工艺之一，能够将中水的水质提高至符合饮用水标准的水平，从而实现了中水的高效回用。在中国反渗透工艺也被广泛应用于中水回用处理中，例如在北京水环境治理和水资源保护工程中，反渗透工艺被用于中水回用处理中，取得了良好的效果。

总之，反渗透工艺是中水回用处理中的核心工艺之一，能够有效地去除水中的无机盐、有机物质、微生物和病毒等溶解性物质，提高中水的水质，满足回用水的要求。反渗透工艺稳定可靠，操作简单，易于维护，具有广泛的应用前景。反渗透工艺现场图如图8-8所示。

图8-8　反渗透工艺现场图

3. 浓水高密沉淀池处理工艺

浓水高密沉淀池是一种将水中的悬浮颗粒和胶体聚集成大颗粒物，然后通过重力沉淀将其去除的处理工艺。该工艺主要适用于中水回用处理中的中、高浓度悬浮颗粒和胶体的去除，可以有效地去除水中的悬浮颗粒和胶体，提高中水的水质，满足回用水的要求。

浓水高密沉淀池处理工艺的处理流程如下：首先，中水经过预处理过程去除大颗粒物和有机物质，然后进入浓水高密沉淀池。在浓水高密沉淀池中，通过加入化学药剂，使水中的悬浮颗粒和胶体聚集成大颗粒物，然后通过重力沉淀将其去除。在沉淀池中，水会在一定的停留时间内停留，使得悬浮颗粒和胶体沉淀到底部。然后，通过底部的排泥口将沉淀物排出，从而达到去除水中悬浮颗粒和胶体的目的。经过浓水高密沉淀池的处理，水进入清水池，然后通过消毒和精密过滤等后续工艺，最终得到符合中水回用标准的水。

浓水高密沉淀池处理工艺具有以下优点：可以有效去除水中的中、高浓度悬浮颗粒和胶体，提高中水的水质；处理工艺简单，操作方便，易于维护；该工艺能够有效地去除水中的悬浮颗粒和胶体，同时不会对水中的溶解性物质造成影响。

浓水高密沉淀池处理工艺在中水回用处理中已经得到了广泛应用。例如，在新加坡的中水回用处理中，浓水高密沉淀池是核心工艺之一，能够将中水中的悬浮颗粒和胶体去除，从而实现了中水的高效回用。在中国浓水高密沉淀池处理工艺也被广泛应用于中水回用处理中，例如在北京水环境治理和水资源保护工程中，浓水高密沉淀池处理工艺被用于中水回用处理中，取得了良好的效果。

总之，浓水高密沉淀池处理工艺是中水回用处理中的重要工艺之一，能够有效地去除水中的中、高浓度悬浮颗粒和胶体，提高中水的水质，满足回用水的要求。该工艺处理过程简单，操作方便，易于维护，具有广泛的应用前景。浓水高密沉淀池处理工艺现场图如图 8-9 所示。

图 8-9　浓水高密沉淀池处理工艺现场图

4. 过滤器工艺

随着工业化和城市化的快速发展，水资源日益减少，水污染问题日益严重。中水回用已成为缓解水资源短缺和水污染问题的有效手段之一。而双膜处理工艺是中水回用中常用的处理工艺之一。在双膜处理工艺中，过滤器是至关重要的组成部分之一。

（1）多介质过滤器工艺

多介质过滤器是中水回用中最常用的过滤器之一。它主要由一个滤料层组成，滤料层包括多种不同大小和不同密度的滤料，如石英砂、煤球、石英石等。多介质过滤器的主要作用是去除水中的悬浮物、胶体等杂质，提高水的透明度和水质。在双膜处理工艺中，多介质过滤器通常被用来去除中水中的悬浮物、胶体等大颗粒物质，以减轻后续处理过程的负担，同时可以保护 RO 膜，延长 RO 膜的使用寿命。多介质过滤器现场图如图 8-10 所示。

多介质过滤器工艺流程如下：

① 滤料的选择：多介质过滤器的滤料选择非常重要。选用合适的滤料可以有效地去

图 8-10　多介质过滤器现场图

除水中的杂质，提高过滤效果。石英砂是多介质过滤器中最常用的滤料之一，它具有良好的物理和化学性质，可以去除水中的悬浮物、胶体等杂质。此外，煤球、石英石等滤料也可以用于多介质过滤器中。

② 滤料的分层：多介质过滤器的滤料应该分层排列，从上到下依次为石英砂、煤球、石英石等不同大小和不同密度的滤料。这样可以有效地去除水中的悬浮物、胶体等杂质，提高过滤效果。

③ 滤料的清洗：多介质过滤器在运行一段时间后，滤料会逐渐被污染，需要进行清洗。清洗时，应先将滤料从过滤器中取出，然后用清水反复冲洗滤料，直至滤料完全清洗干净，再将滤料放回过滤器中。

④ 滤料的更换：多介质过滤器的滤料一般需要定期更换。滤料的更换周期根据不同的水质和水量而不同，一般在半年至一年之间。滤料的更换应该由专业人员进行，更换后应进行滤料的清洗和消毒。

（2）活性炭过滤器工艺

活性炭过滤器是一种利用活性炭吸附水中有机物质的过滤器。活性炭具有较大的比表面积和孔隙度，可以吸附水中的有机物、异味、色度等，提高水的质量。在双膜处理工艺中，活性炭过滤器通常被用来去除中水中的有机物质，以保护 RO 膜，延长 RO 膜的使用寿命。活性炭过滤器现场图如图 8-11 所示。

图 8-11　活性炭过滤器现场图

活性炭过滤器工艺流程如下：

① 活性炭的选择：活性炭的选择非常重要。选用合适的活性炭可以有效地去除水中的有机物质。一般来说，选用颗粒状活性炭比选用粉状活性炭更为合适，因为颗粒状活性炭可以在过滤器中形成一定的孔隙度，使水流通过时更为均匀，提高过滤效果。

② 活性炭的分层：活性炭过滤器应该分层排列，从上到下依次为石英砂、活性炭、石英石等不同大小和不同密度的滤料。这样可以有效地去除水中的有机物质，提高过滤效果。

③ 活性炭的清洗：活性炭过滤器在运行一段时间后，活性炭会逐渐被污染，需要进行清洗。清洗时，应先将活性炭从过滤器中取出，然后用清水反复冲洗活性炭，直至活性炭完全清洗干净，再将活性炭放回过滤器中。

④ 活性炭的更换：活性炭过滤器的活性炭一般需要定期更换。活性炭的更换周期根据不同的水质和水量而不同，一般在半年至一年之间。活性炭的更换应由专业人员进行，更换后进行活性炭的清洗和消毒。

综上所述，多介质过滤器和活性炭过滤器是双膜处理工艺中常用的过滤器。多介质过滤器主要用于去除水中的悬浮物、胶体等大颗粒物质，活性炭过滤器主要用于去除水中的有机物质。在使用过程中，应注意滤料的选择、分层、清洗和更换，以保证过滤器的正常运行和过滤效果。

5. 阳床工艺

阳床工艺是指将中水在阳光下进行曝气处理，利用微生物降解有机物和氨氮的一种处理方式。在双膜处理工艺中，阳床工艺可以用来处理中水中的有机物和氨氮，从而减轻RO膜的负担，延长RO膜的使用寿命，提高整个回用系统的稳定性和可靠性。阳床工艺现场图如图8-12所示。

图8-12　阳床工艺现场图

（1）阳床工艺的工作原理

阳床工艺的工作原理是将中水喷洒在阳光下的人造曝气床上，通过人造曝气床上的微生物群落降解有机物和氨氮。在阳光的照射下，微生物群落可以得到足够的光合作用能量，从而加速有机物的降解和氨氮的转化。经过阳床处理的中水可以有效地去除有机物和氨氮，减轻 RO 膜的压力，提高 RO 膜的使用寿命。

（2）阳床工艺的优点

① 低成本。阳床工艺不需要额外的能源和化学药剂，只需要利用阳光和微生物的自然作用即可完成中水的处理，成本较低。

② 易操作。阳床工艺的操作简单，只需要将中水喷洒在人造曝气床上即可，不需要复杂的设备和技术。

③ 环保。阳床工艺不需要额外的化学药剂，不会产生二次污染，对环境影响较小。

④ 提高 RO 膜的使用寿命。阳床工艺可以有效地去除中水中的有机物和氨氮，减轻 RO 膜的负担，延长 RO 膜的使用寿命，提高整个回用系统的稳定性和可靠性。

（3）阳床工艺的应用

阳床工艺在双膜处理工艺中的应用主要是针对中水中的有机物和氨氮的处理。在实际应用中，可以根据中水的水质和需求确定阳床的大小和喷洒量，以达到最佳的处理效果。同时，阳床工艺也可以和其他工艺相结合，如生物接触氧化（BAC）工艺、生物膜反应器（MBR）工艺等，从而提高整个中水回用系统的处理效率和水质。

6. 双膜加药工艺

双膜加药工艺主要包括氢氧化钠加药、盐酸加药、碱再生加药、硫酸加药、酸再生加药、次氯酸加药、还原剂加药、阻垢剂加药、非氧化杀菌剂加药、聚合硫酸铁加药、碳酸钠加药和絮凝剂加药十二个方面。双膜加药间现场图如图 8-13 所示。

图 8-13　双膜加药间现场图

1）氢氧化钠加药工艺

氢氧化钠是一种常见的化学药剂，可以在中水回用处理过程中发挥重要作用。在双膜加药工艺中，氢氧化钠加药工艺是一种常用的方法，可以有效地提高处理效果和水质稳定性。

（1）氢氧化钠加药工艺原理

氢氧化钠可以中和水中的酸性物质，使水的 pH 值升高，从而促进水中的沉淀和澄清作用。在中水回用处理中，氢氧化钠加药可以将水中的硬度离子和其他杂质沉淀下来，减少水中的总溶解固体和总悬浮物含量，提高水质的稳定性。氢氧化钠加药工艺的原理如下：

① 氢氧化钠与水中的酸性物质反应，生成盐和水。

② 氢氧化钠与水中的硬度离子反应，生成难溶的碳酸钙等沉淀物质。

③ 氢氧化钠可以中和水中的有机物和其他杂质，使其沉淀下来。

（2）氢氧化钠加药工艺步骤

氢氧化钠加药工艺需要按照一定的步骤进行，以确保药剂加入的准确性和效果。

① 调制氢氧化钠溶液：氢氧化钠溶液的浓度需要根据处理水的性质和要求进行调制。一般来说，氢氧化钠溶液的浓度为10%左右。

② 确定加药量：加药量需要根据处理水的性质和要求进行确定。一般来说，氢氧化钠的加药量为每立方米体积水中加入0.1～0.5L的氢氧化钠溶液。

③ 加药操作：将调制好的氢氧化钠溶液加入处理水中，可以通过手动或自动加药方式进行。加药速度需要适当控制，以确保药剂充分混合。

④ 搅拌混合：加药后需要进行搅拌混合，以确保药剂和水体充分混合，搅拌时间一般为10～20min。

⑤ 沉淀处理：加药后需要进行沉淀处理，以使药剂和水中的杂质沉淀下来。沉淀时间需要根据处理水的性质和要求进行确定，一般为1～2h。

（3）氢氧化钠加药工艺具有以下优点：

① 可以有效降低水中的总溶解固体和总悬浮物含量，提高水质的稳定性。

② 可以中和水中的酸性物质和硬度离子，使其沉淀下来，减少水中的杂质含量。

③ 操作简单，加药量和加药速度可以根据处理水的性质及要求进行调整。

（4）氢氧化钠加药工艺的缺点包括：

① 需要进行沉淀处理，处理时间较长。

② 药剂具有强碱性，需要注意安全操作。

③ 药剂使用量较大，需要进行经济性分析。

（5）氢氧化钠加药工艺的应用前景

氢氧化钠加药工艺在中水回用处理中具有广泛的应用前景。随着水资源的日益紧缺，越来越多的企业和城市开始采用中水回用技术，氢氧化钠加药工艺可以有效地提高处理效果和水质稳定性，满足不同领域的处理要求。未来，氢氧化钠加药工艺将继续得到广泛的应用和推广。

2）盐酸加药工艺

（1）盐酸加药工艺流程

盐酸加药工艺是一种将盐酸通过两层膜过滤器过滤后再投加到水中的工艺。具体流程如下：

① 将盐酸加入预先准备好的加药桶中。

② 将加药桶与水箱相连，通过管道将盐酸送入水箱中。

③ 在水箱中设置两层膜过滤器，分别为粗过滤器和细过滤器，用于过滤盐酸中的杂质。

④ 将过滤后的盐酸投入到水中，并通过搅拌器均匀混合。

（2）盐酸加药工艺优点

① 盐酸的浓度稳定。由于盐酸经过两层膜过滤器过滤后再投加到水中，可以有效地去除盐酸中的杂质，保证盐酸的浓度稳定。

② 盐酸的投加量准确。在加药工艺中，盐酸通过两层膜过滤器过滤后再投加到水中，可以准确地控制盐酸的投加量。

③ 盐酸的投加速度适宜。在加药工艺中，盐酸经过过滤器过滤后再投加到水中，可以避免盐酸的投加速度过快或过慢的问题，确保水的 pH 值稳定。

④ 操作简便。加药工艺操作简单，只需将盐酸加入加药桶中，然后通过管道将盐酸送入水箱中即可。

3）碱再生加药工艺

（1）碱再生加药工艺流程

碱再生加药工艺是一种将碱通过两层膜过滤器过滤后再投加到水中的工艺。具体流程如下：

① 将碱加入预先准备好的加药桶中。

② 将加药桶与水箱相连，通过管道将碱送入水箱中。

③ 在水箱中设置两层膜过滤器，分别为粗过滤器和细过滤器，用于过滤碱中的杂质。

④ 将过滤后的碱投入水中，并通过搅拌器均匀混合。

（2）碱再生加药工艺优点

① 碱的浓度稳定。由于碱经过两层膜过滤器过滤后再投加到水中，可以有效地去除碱中的杂质，保证碱的浓度稳定。

② 碱的投加量准确。在加药工艺中，碱通过两层膜过滤器过滤后再投加到水中，可以准确地控制碱的投加量。

③ 碱的投加速度适宜。在加药工艺中，碱经过过滤器过滤后再投加到水中，可以避免碱的投加速度过快或过慢的问题，确保水的硬度稳定。

④ 操作简便。双膜加药工艺操作简单，只需将碱加入加药桶中，然后通过管道将碱送入水箱中即可。

4）硫酸加药工艺

（1）硫酸加药工艺流程

① 将硫酸加入到中水中，将中水中的 pH 值调整到 4.5～5.0 之间。

② 将调整后的中水进入双膜过滤装置中，通过超滤膜和反渗透膜过滤，去除中水中的有害物质。

③ 将处理后的中水再次用于生产和生活中的水资源利用。

（2）硫酸加药工艺的优缺点

① 硫酸加药工艺的优点如下：

a. 硫酸加药工艺可以降低中水的 pH 值，增加中水中的阳离子浓度，从而提高中水的透过膜性能，使中水更容易被过滤。

b. 硫酸加药工艺能够去除中水中的大分子有机物、胶体等物质，提高中水的质量。

c. 硫酸加药工艺操作简单，成本低廉。

② 硫酸加药工艺的缺点如下：

a. 硫酸加药工艺在操作过程中需要控制加药量，否则会对环境造成污染。

b. 硫酸加药工艺无法去除中水中的微量有机物、无机盐等物质，需要配合其他工艺进行处理。

c. 硫酸加药工艺需要使用大量的硫酸，对环境造成一定的影响。

中水回用技术是解决水资源短缺问题的一种有效途径，其中双膜加药工艺是中水处理的常用工艺之一。硫酸加药工艺是双膜加药工艺中的一种常用工艺，该工艺通过向中水中加入一定量的硫酸，使中水中的碱性物质与硫酸反应生成硫酸盐，从而降低中水的 pH 值，增加中水中的阳离子浓度，从而提高中水的透过膜性能。硫酸加药工艺具有操作简单、成本低廉等优点，但也存在着加药量控制不当、无法去除微量有机物等缺点。因此，实际应用中，需要根据实际情况选择合适的中水处理工艺，以保证中水的质量和环境的安全。

5）酸再生加药工艺

酸再生加药工艺是双膜加药工艺中的一种常用工艺，该工艺通过加入酸性药剂，使中水中的碳酸盐等物质溶解，从而提高中水的透过膜性能，达到净化中水的目的。

（1）酸再生装置

酸再生加药工艺需要酸再生装置，该装置由酸储罐、酸泵、酸管道、酸分配器等组成。酸再生装置用于存储酸性药剂，将药剂加入中水中，调节中水的 pH 值，从而提高中水的透过膜性能。

（2）酸再生加药操作

① 将中水加入处理池中，调节中水的 pH 值到 6.0～7.0 之间。

② 将酸性药剂加入酸储罐中，通过酸泵将药剂加入中水中，使中水的 pH 值降低到 4.0～5.0 之间。

③ 将处理后的中水进入双膜过滤装置中，通过超滤膜和反渗透膜过滤，去除中水中的有害物质。

④ 将处理后的中水再次用于生产和生活中的水资源利用。

（3）酸再生加药工艺的优缺点

① 优点：酸再生加药工艺可以有效地提高中水的透过膜性能，去除中水中的有害物质，提高中水的质量。该工艺操作简单，成本低廉。

② 缺点：酸再生加药工艺需要使用大量的酸性药剂，对环境造成一定的影响。此外，酸再生加药工艺无法去除中水中的微量有机物等物质，需要配合其他工艺进行处理。

6）次氯酸加药工艺

次氯酸加药工艺是双膜加药工艺中的一种常用工艺，该工艺通过加入次氯酸，可以杀灭中水中的细菌、病毒等微生物，同时能够去除中水中的有机物、异色物等物质，从而提高中水的质量。

（1）次氯酸加药装置

次氯酸加药工艺需要次氯酸加药装置，该装置由次氯酸储罐、次氯酸泵、次氯酸管道、次氯酸分配器等组成。次氯酸加药装置用于存储次氯酸，将次氯酸加入中水中，杀灭微生物，去除有害物质，从而提高中水的质量。

（2）次氯酸加药操作

① 将中水加入处理池中，调节中水的pH值到7.5～8.5之间。

② 将次氯酸加入次氯酸储罐中，通过次氯酸泵将次氯酸加入中水中，杀灭微生物，去除有害物质，从而提高中水的质量。

③ 将处理后的中水进入双膜过滤装置中，通过超滤膜和反渗透膜过滤，去除中水中的有害物质。

④ 将处理后的中水再次用于生产和生活中的水资源利用。

（3）次氯酸加药工艺的优缺点

① 优点：次氯酸加药工艺可以有效地杀灭中水中的细菌、病毒等微生物，去除中水中的有害物质，提高中水的质量。该工艺操作简单，成本低廉。

② 缺点：次氯酸加药工艺需要使用大量的次氯酸，对环境造成一定的影响。此外，次氯酸加药工艺无法去除中水中的微量有机物等物质，需要配合其他工艺进行处理。

7）还原剂加药工艺

还原剂是一种能够还原水中的氧化物和氧化剂的物质，其主要作用是消除水中的自由氯和余氯，降低水中的氧化还原电位，从而保护膜的稳定性和延长膜的使用寿命。常用的还原剂有亚硫酸钠、亚硫酸氢钠、硫酸亚铁等。

（1）还原剂加药工艺流程

① 确定还原剂种类和加药量：根据水质分析结果和中水回用标准，选择合适的还原剂种类和加药量。

② 加药设备：选用适当的加药设备，如药剂箱、药剂泵、计量器等，确保加药量准确、稳定。

③ 加药时间和方式：通常在双膜过滤器的第二层膜前加药，加药时间和方式根据具体情况而定，可选用间歇加药或连续加药方式，保证还原剂充分混合均匀。

④ 监测水质：加药后需对水质进行监测，确保水质达到中水回用标准。监测指标包括余氯、自由氯、氧化还原电位等。

⑤ 调整加药量：根据监测结果和实际情况，适时调整加药量，保证水质稳定。

（2）还原剂加药工艺优点

① 可以有效消除水中的自由氯和余氯，保护膜的稳定性和延长膜的使用寿命。

② 可以降低水中的氧化还原电位，提高水的还原性和稳定性。

③ 加药量准确、稳定，保证水质稳定。

④ 加药方式灵活，可根据实际情况进行调整。

8）阻垢剂加药工艺

阻垢剂加药工艺是中水回用处理工艺中的重要环节之一，其主要作用是防止水中的硬度盐沉积在膜上，降低膜的通量，影响膜的使用寿命和水质。

（1）阻垢剂加药工艺流程

① 确定阻垢剂种类和加药量：根据水质分析结果和中水回用标准，选择合适的阻垢剂种类和加药量。常用的阻垢剂有EDTA、HEDP、ATMP等。

② 加药设备：选用适当的加药设备，如药剂箱、药剂泵、计量器等，确保加药量准确、稳定。

③ 加药时间和方式：通常在双膜过滤器的第一层膜前加药，加药时间和方式根据具体情况而定，可选用间歇加药或连续加药方式，保证阻垢剂充分混合均匀。

④ 监测水质：加药后需对水质进行监测，确保水质达到中水回用标准。监测指标包括硬度、钙、镁等。

⑤ 调整加药量：根据监测结果和实际情况，适时调整加药量，保证水质稳定。

(2) 阻垢剂加药工艺优点

① 可以有效防止水中的硬度盐沉积在膜上，降低膜的通量，延长膜的使用寿命。

② 加药量准确、稳定，保证水质稳定。

③ 加药方式灵活，可根据实际情况进行调整。

④ 可以降低水的硬度，减少对设备的腐蚀和损坏。

9) 非氧化杀菌剂加药工艺

非氧化杀菌剂加药工艺是中水回用处理工艺中的重要环节之一，其主要作用是杀灭水中的细菌和病毒，保证水质达到再生水的标准。

(1) 非氧化杀菌剂加药工艺流程

① 确定非氧化杀菌剂种类和加药量：根据水质分析结果和中水回用标准，选择合适的非氧化杀菌剂种类和加药量。常用的非氧化杀菌剂有过氧化氢、臭氧、紫外线等。

② 加药设备：选用适当的加药设备，如药剂箱、药剂泵、计量器等，确保加药量准确、稳定。

③ 加药时间和方式：根据非氧化杀菌剂的特点，选择合适的加药时间和方式。如过氧化氢可在双膜过滤器的第一层膜前加药，臭氧可在第二层膜前加药，紫外线则需在最后一步进行处理。

④ 监测水质：加药后需对水质进行监测，确保水质达到中水回用标准。监测指标包括总菌落数、大肠菌群、异色菌等。

⑤ 调整加药量：根据监测结果和实际情况，适时调整加药量，保证水质稳定。

(2) 非氧化杀菌剂加药工艺优点

① 可以有效杀灭水中的细菌和病毒，保证水质达到再生水的标准。

② 加药量准确、稳定，保证水质稳定。

③ 加药方式灵活，可根据实际情况进行调整。

④ 非氧化杀菌剂对水的影响较小，不会产生对人体健康有害的化学物质。

10) 聚合硫酸铁加药工艺

聚合硫酸铁加药工艺是中水回用处理工艺中的重要环节之一，其主要作用是去除水中的重金属离子和浮游颗粒，降低水中的浊度和污染物含量。

(1) 聚合硫酸铁加药工艺流程

① 确定聚合硫酸铁种类和加药量：根据水质分析结果和中水回用标准，选择合适的聚合硫酸铁种类和加药量。常用的聚合硫酸铁有 $FeCl_3$、$FeSO_4$ 等。

② 加药设备：选用适当的加药设备，如药剂箱、药剂泵、计量器等，确保加药量准确、稳定。

③ 加药时间和方式：通常在双膜过滤器的第一层膜前加药，加药时间和方式根据具体情况而定，可选用间歇加药或连续加药方式，保证聚合硫酸铁充分混合均匀。

④ 监测水质：加药后需对水质进行监测，确保水质达到中水回用标准。监测指标包括重金属离子含量、浊度等。

⑤ 调整加药量：根据监测结果和实际情况，适时调整加药量，保证水质稳定。

(2) 聚合硫酸铁加药工艺优点

① 可以有效去除水中的重金属离子和浮游颗粒，降低水中的浊度和污染物含量。

② 加药量准确、稳定，保证水质稳定。

③ 加药方式灵活，可根据实际情况进行调整。

④ 聚合硫酸铁对水的影响较小，不会产生对人体健康有害的化学物质。

11) 碳酸钠加药工艺

碳酸钠加药工艺是中水回用处理工艺中的重要环节之一，其主要作用是调节水的 pH 值，降低水中的酸度，保证水质稳定。

(1) 碳酸钠加药工艺流程

① 确定碳酸钠种类和加药量：根据水质分析结果和中水回用标准，选择合适的碳酸钠种类和加药量。常用的碳酸钠有纯碱、轻碳酸钠等。

② 加药设备：选用适当的加药设备，如药剂箱、药剂泵、计量器等，确保加药量准确、稳定。

③ 加药时间和方式：通常在双膜过滤器的第一层膜前加药，加药时间和方式根据具体情况而定，可选用间歇加药或连续加药方式，保证碳酸钠充分混合均匀。

④ 监测水质：加药后需对水质进行监测，确保水质达到中水回用标准。监测指标包括 pH 值、酸碱度等。

⑤ 调整加药量：根据监测结果和实际情况，适时调整加药量，保证水质稳定。

(2) 碳酸钠加药工艺优点

① 可以有效调节水的 pH 值，降低水中的酸度，保证水质稳定。

② 加药量准确、稳定，保证水质稳定。

③ 加药方式灵活，可根据实际情况进行调整。

④ 碳酸钠对水的影响较小，不会产生对人体健康有害的化学物质。

12) 絮凝剂加药工艺

(1) 絮凝剂的选择

絮凝剂是预处理步骤中的重要药剂，其主要作用是将水中的悬浮物和胶体物质聚集成大颗粒，以便于沉淀或过滤。常用的絮凝剂包括铝盐、铁盐、有机絮凝剂等。絮凝剂加药工艺中，由于反渗透膜对铝、铁等离子的敏感性较高，因此有机絮凝剂是更为适合的选择。

(2) 加药点的确定

加药点的位置对絮凝剂的加药效果有着重要的影响。在絮凝剂加药工艺中，通常将絮凝剂加入反渗透前的混合池中，以便将其均匀地分散在水中，同时避免直接接触到反渗透膜。

(3) 加药量的确定

加药量的大小直接影响着絮凝剂的加药效果，但过量的加药会导致浪费和对后续处理步骤的影响。絮凝剂加药工艺中，加药量通常根据水质和处理要求来确定，一般为 0.1～1mg/L。

（4）加药时间的确定

加药时间的选择对絮凝剂的加药效果也有着重要的影响。一般来说，絮凝剂的加药应该在混合池中进行，并保持一定的混合时间，以使絮凝剂充分与水中的悬浮物和胶体物质接触并发生反应。絮凝剂加药工艺中，一般的加药时间为 30～60min。

（5）pH 值的调节

pH 值对絮凝剂的加药效果也有着重要的影响。一般来说，pH 值的范围应该在 6.5～8.5 之间，过高或过低都会影响到絮凝剂的加药效果，pH 值的调节可以通过加入碳酸钠或氢氧化钠等化学物质来实现。

7. MVR 工艺

1）MVR 结晶工艺

随着工业化进程的不断推进，水资源的短缺和水污染成为制约经济可持续发展的重要因素。中水回用是解决水资源短缺和水污染问题的重要途径。MVR（Mechanical Vapor Recompression，机械蒸汽压缩）技术是一种高效的蒸发技术，可以实现能源的回收和利用，具有很好的应用前景。下面将介绍 MVR 结晶工艺，包括工艺流程、技术原理和优点等。蒸汽压缩机现场图如图 8-14 所示。

图 8-14　蒸汽压缩机现场图

（1）工艺流程

MVR 结晶工艺是将中水中的溶解物通过蒸发结晶的方式进行分离和回收，从而达到中水回用的目的。具体工艺流程如下：

① 中水预处理：中水经过预处理，包括过滤、调节 pH 值等，以达到适宜的结晶条件。

② MVR 蒸发：将预处理后的中水进入 MVR 蒸发器，利用 MVR 技术进行蒸发。在蒸发过程中，通过机械压缩产生高温高压蒸汽，将低温低压的蒸汽再次压缩成高温高压蒸汽，从而实现能量的回收和利用。

③ 结晶分离：经过蒸发后，中水中的溶解物开始结晶分离。通过过滤、离心等分离方式，将结晶物和溶液分离开来。

④ 溶液回收：将分离出的溶液回收，并再次进入MVR蒸发器进行蒸发，实现中水的回用。

（2）技术原理

MVR技术是一种高效的蒸发技术，通过机械压缩产生高温高压蒸汽，将低温低压的蒸汽再次压缩成高温高压蒸汽，从而实现能量的回收和利用。MVR技术的原理如下：

① 压缩蒸汽发生器：将低压蒸汽通过压缩机压缩成高压蒸汽，使其温度升高。

② 换热器：高压蒸汽通过换热器与低温的中水进行热交换，使中水升温。

③ 膨胀阀：高温高压蒸汽通过膨胀阀减压，使其温度降低。

④ 蒸发器：降温后的高压蒸汽进入蒸发器，与中水接触，使中水蒸发。

（3）优点

MVR结晶工艺具有以下优点：

① 高效节能：MVR技术能够实现能量的回收和利用，从而降低了能源消耗，提高了能源利用效率。

② 结晶效果好：通过MVR蒸发，能够实现中水中溶解物的高效结晶，从而达到回用的目的。

③ 操作简便：该工艺流程简单，易于操作和维护。

④ 环保节能：MVR结晶工艺能够实现中水的回用，减少了水资源的浪费；同时，也减少了废水排放，具有很好的环保效益。

综上所述，MVR结晶工艺是一种高效的中水回用解决方案，具有能耗低、效果好、操作简便等优点，可以有效地降低生产成本，提高企业的经济效益。

2）MVR加药工艺

MVR加药工艺包括工艺流程、技术原理和优点等。MVR加药间现场图如图8-15所示。

图8-15　MVR加药间现场图

（1）工艺流程

MVR 加药工艺是在中水中加入药剂，通过 MVR 技术将药剂与中水混合均匀，从而实现中水的回用。具体工艺流程如下：

① 中水预处理：中水经过预处理，包括过滤、调节 pH 值等，以达到适宜的加药条件。

② 加药：将预处理后的中水加入药剂，通过搅拌等方式将药剂与中水混合均匀。

③ MVR 蒸发：将加药后的中水进入 MVR 蒸发器，利用 MVR 技术进行蒸发。

④ 中水回用：经过蒸发后，中水中的药剂已经与水分离，可以再次被用于生产过程中。

（2）技术原理

MVR 技术是一种高效的蒸发技术，通过机械压缩产生高温高压蒸汽，将低温低压的蒸汽再次压缩成高温高压蒸汽，从而实现能量的回收和利用。MVR 技术的原理如下：

① 压缩蒸汽发生器：将低压蒸汽通过压缩机压缩成高压蒸汽，使其温度升高。

② 换热器：高压蒸汽通过换热器与低温的中水进行热交换，使中水升温。

③ 膨胀阀：高温高压蒸汽通过膨胀阀减压，使其温度降低。

④ 蒸发器：降温后的高压蒸汽进入蒸发器，与中水接触，使中水蒸发。

（3）优点

MVR 加药工艺具有以下优点：

① 药剂使用量少：通过 MVR 加药工艺，药剂能够与中水混合均匀，从而实现药剂的高效利用，降低了药剂的使用量。

② 中水回用效果好：经过加药和 MVR 蒸发，中水中的药剂已经与水分离，可以再次被用于生产过程中。

③ 操作简便：该工艺流程简单，易于操作和维护。

④ 环保节能：MVR 加药工艺能够实现中水的回用，减少了水资源的浪费；同时，也减少了废水排放，具有很好的环保效益。

综上所述，MVR 加药工艺是一种高效的中水回用解决方案，具有能耗低、效果好、操作简便等优点，可以有效降低生产成本，提高企业的经济效益。

8.1.3 脱泥系统

1. 储泥工艺

为了有效地处理中水中的泥沙，需要采用一种高效的储泥工艺。在本方案中，我们建议采用沉淀池储泥工艺。具体步骤如下：

（1）沉淀池设计

沉淀池应具有足够的容量和深度，以便在水流经过时能够有效地沉淀泥沙。同时，池底应设计成斜面，以便于泥沙的顺利排出。

（2）水流控制

为了确保沉淀池的高效运行，需要对进水和出水进行控制。进水应该缓慢地注入沉淀池，并且在池底设置分流板，以便水能够顺利地流过并沉淀。出水应该从池顶部进行排放，以确保泥沙不会重新悬浮。

（3）泥沙收集

在沉淀池中，泥沙会沉淀到池底。定期清理池底的泥沙，以便于保持沉淀池的高效运行。清理过的泥沙可以进一步处理或者直接丢弃。

通过采用沉淀池储泥工艺，可以有效地去除中水中的泥沙，提高中水的回用率。同时，该工艺具有结构简单、运行稳定、维护方便等优点，适用于各种规模的中水处理系统。

2. 脱泥机工艺

除了储泥工艺外，为了进一步提高中水的回用率，我们还建议采用脱泥机进行二次脱泥处理。以下是具体的脱泥机工艺解决方案：

（1）脱泥机选择

选择脱泥机时，应考虑到中水的流量、泥沙粒度、脱泥效率等因素。在本方案中，我们建议采用离心式脱泥机。该种脱泥机具有高效、稳定、自动化程度高等优点，适用于中水处理系统。

（2）脱泥机设置

脱泥机应设置在中水处理系统的末端，以便于在中水经过储泥工艺后进行进一步的脱泥处理。同时，脱泥机的进出口应设置在同一水平面上，以避免泥沙再次悬浮。

（3）脱泥机运行

脱泥机的运行应根据中水的流量和泥沙粒度进行调整。在运行过程中，应及时清理脱泥机中的泥沙，以避免影响脱泥效率。定期对脱泥机进行维护和保养，以确保其长期稳定运行。

通过采用脱泥机进行二次脱泥处理，可以进一步提高中水的回用率，降低中水处理系统的运行成本。同时，离心式脱泥机具有高效、稳定、自动化程度高等优点，可以有效地去除中水中的泥沙，提高中水的质量。

8.1.4 辅助系统

1. 中和水池系统

在中水处理系统中，中和水池是一个关键的辅助系统，主要用于调节中水的 pH 值和去除重金属离子等有害物质。以下是具体的中和水池系统解决方案：

（1）中和剂选择

在中和水池中，应根据中水的 pH 值和有害物质种类选择合适的中和剂。在本方案中，我们建议采用氢氧化钠（NaOH）作为中和剂。

（2）中和水池设置

中和水池应设置在中水处理系统的末端，以便于在中水经过储泥和脱泥处理后进行中和处理。同时，中和水池的进出口应设置在同一水平面上，以避免中和剂浪费和水流的不稳定。

（3）中和剂投加

在中和水池中，中和剂应缓慢地投加，以避免 pH 值波动过大。同时，应加入适量的混合剂，以确保中和剂均匀分布在中水中。

通过采用中和水池系统，可以有效地调节中水的 pH 值和去除重金属离子等有害物质，提高中水的质量和回用率。同时，氢氧化钠作为中和剂具有中和效果好、价格低廉等优点，适用于中小型中水处理系统。

2. CIP 清洗系统

在中水处理系统中，CIP 清洗系统是一个重要的辅助系统，主要用于清洗和消毒中水处理设备。以下是具体的 CIP 清洗系统解决方案：

（1）清洗剂选择

在 CIP 清洗系统中，应根据设备类型和清洗需求选择合适的清洗剂。在本方案中，我们建议采用氢氧化钠和过氧化氢混合物作为清洗剂。该种清洗剂具有清洗效果好、杀菌消毒效果好等优点，适用于中小型中水处理系统。

（2）清洗系统设置

CIP 清洗系统应设置在中水处理系统的末端，以便于在中水处理设备使用一段时间后进行清洗。同时，清洗系统的进出口应设置在同一水平面上，以避免清洗剂浪费和水流的不稳定。

（3）清洗剂投加

在 CIP 清洗系统中，清洗剂应缓慢地投加，以确保清洗剂均匀分布在设备表面。同时，应加入适量的混合剂，以提高清洗效果。

通过采用 CIP 清洗系统，可以有效地清洗和消毒中水处理设备，延长设备使用寿命和提高中水的回用率。同时，氢氧化钠和过氧化氢混合物作为清洗剂具有清洗效果好、杀菌消毒效果好等优点，适用于中小型中水处理系统。

3. 蒸汽压缩机系统

在中水处理系统中，蒸汽压缩机系统是一个重要的辅助系统，主要用于提供热源和压缩空气等。以下是具体的蒸汽压缩机系统解决方案：

（1）设备选择

在选择蒸汽压缩机时，应根据中水处理系统的规模和需要的压缩空气量选择合适的设备。在本方案中，我们建议采用柴油蒸汽压缩机。该种蒸汽压缩机具有运行稳定、维护方便等优点，适用于中小型中水处理系统。

（2）热源选择

在中水处理系统中，蒸汽压缩机需要热源才能正常工作。在本方案中，我们建议采用生物质锅炉作为热源。该种锅炉具有燃烧效率高、环保等优点，适用于中小型中水处理系统。

（3）管道设计

在蒸汽压缩机系统中，管道的设计和布局至关重要。应根据蒸汽压缩机的位置和需要的压缩空气量进行合理的管道设计和布局，以确保蒸汽和压缩空气的正常供应。

通过采用蒸汽压缩机系统，可以提供热源和压缩空气等，保证中水处理系统的正常运行。同时，柴油蒸汽压缩机和生物质锅炉具有运行稳定、燃烧效率高、环保等优点，适用于中小型中水处理系统。

8.2 中水回用的方式

8.2.1 絮凝技术

在中水回用的过程中，絮凝技术是一种常用的处理方式，主要通过添加絮凝剂使得悬浮物凝聚成较大的颗粒而沉淀下来。以下是具体的絮凝技术方案：

（1）絮凝剂选择

在选择絮凝剂时，应根据中水的水质和特点选择合适的絮凝剂。在本方案中，我们建议采用聚合氯化铝（PAC）作为絮凝剂。该种絮凝剂具有絮凝速度快、处理效果好等优点，适用于各种规模的中水处理系统。

（2）絮凝剂投加

在中水中加入絮凝剂时，应根据中水的水质和特点进行适当的调节。一般来说，应缓慢加入絮凝剂，并且在投加后进行混合搅拌，以确保絮凝剂均匀分布在中水中。

（3）沉淀处理

在絮凝剂作用下，中水中的悬浮物会凝聚成较大的颗粒而沉淀下来。定期清理沉淀池中的泥沙，以便于保持沉淀池的高效运行。清理过的泥沙可以进一步处理或者直接丢弃。

通过采用絮凝技术，可以有效地去除中水中的悬浮物，提高中水的回用率。同时，聚合氯化铝作为絮凝剂具有絮凝速度快、处理效果好等优点，适用于各种规模的中水处理系统。

8.2.2 消毒技术

为了确保中水的安全性，中水回用过程中需要采用消毒技术进行处理。以下是具体的消毒技术方案：

（1）消毒剂选择

在选择消毒剂时，应根据中水的水质和特点选择合适的消毒剂。在本方案中，我们建议采用次氯酸钠（NaClO）作为消毒剂。该种消毒剂具有消毒效果好、安全性高等优点，适用于中小型中水处理系统。

（2）消毒剂投加

在中水中加入消毒剂时，应根据中水的水质和特点进行适当的调节。一般来说，应缓慢加入消毒剂，并且在投加后进行混合搅拌，以确保消毒剂均匀分布在中水中。

（3）消毒处理

在消毒剂作用下，中水中的细菌、病毒等有害物质会被杀灭。消毒处理后的中水可以直接用于冲洗、灌溉等用途。

通过采用消毒技术，可以有效地杀灭中水中的细菌、病毒等有害物质，保证中水的安全性。同时，次氯酸钠作为消毒剂具有消毒效果好、安全性高等优点，适用于中小型中水处理系统。

8.2.3 活性炭吸附技术

活性炭吸附技术是一种常用的中水回用方式，主要通过活性炭对中水中的有机物质进行吸附降解，提高中水的水质。以下是具体的活性炭吸附技术方案：

（1）活性炭选择

选择活性炭时，应根据中水的水质和特点选择合适的活性炭。在本方案中，我们建议采用颗粒状活性炭作为吸附剂。该种活性炭具有吸附效果好、使用寿命长等优点，适用于中小型中水处理系统。

（2）活性炭投加

在中水中加入活性炭时，应根据中水的水质和特点进行适当的调节。一般来说，应缓慢加入活性炭，并且在投加后进行混合搅拌，以确保活性炭均匀地分布在中水中。

（3）活性炭更换

活性炭在吸附过程中会逐渐失去吸附能力，需要定期更换。更换活性炭的时间间隔，应根据中水的水质和特点进行适当的调节。

通过采用活性炭吸附技术，可以有效地去除中水中的有机物质，提高中水的水质。同时，颗粒状活性炭作为吸附剂具有吸附效果好、使用寿命长等优点，适用于中小型中水处理系统。

膜分离技术是指利用半透膜对水进行过滤、分离和浓缩的一种技术。在中水回用中，膜分离技术可以用于去除水中的悬浮物、胶体、微生物等杂质，从而达到净化水质、提高水质的目的。

常用的膜分离技术包括微滤、超滤、纳滤和反渗透等。其中，微滤和超滤用于去除悬浮物和胶体，纳滤用于去除溶解性有机物和无机盐，反渗透则可以去除水中的大部分溶解性物质，包括离子和分子。

在中水回用中，膜分离技术通常与其他技术相结合使用，如与絮凝技术结合使用可以提高膜的过滤效果，与消毒技术结合使用可以保证回用水的安全性。

此外，膜分离技术还可以用于中水的浓缩和回收。通过膜浓缩技术，可以将中水中的有价值的物质（如钠、钾、硫酸盐等）浓缩回收，从而实现资源的循环利用。

8.3 中水回用所涉及的领域及产生的经济效益

8.3.1 涉及的领域

中水回用涉及的领域非常广泛，主要包括以下几个方面：

（1）城市供水：中水回用可以用于城市供水，减轻淡水资源的压力，提高水资源利用效率。

（2）工业生产：中水回用可以用于工业生产中的冷却循环、洗涤、喷淋等环节，节约水资源，降低生产成本。

（3）农业灌溉：中水回用可以用于农业灌溉，提高水资源的利用效率，减少对地下水的开采。

（4）生态环境：中水回用可以用于城市公园、绿地、高尔夫球场等场所的绿化和景观水体的补充，保护生态环境。

（5）海水淡化：中水回用可以用于海水淡化厂的补给水源，提高淡化效率，降低生产成本。

8.3.2 产生的经济效益

中水回用可以带来多方面的经济效益，主要包括以下几个方面：

（1）节约水资源：中水回用可以替代部分淡水用途，减轻淡水资源的压力，提高水资源的利用效率。

(2) 降低生产成本：中水回用可以用于工业生产中的冷却循环、洗涤、喷淋等环节，节约水资源，降低生产成本。

(3) 提高环境效益：中水回用可以减少污水排放，降低水体污染，改善生态环境，提升城市品质和形象。

(4) 创造经济价值：中水回用可以创造经济价值，如将中水用于灌溉农田，提高农作物产量，增加农民收入。

(5) 促进可持续发展：中水回用可以促进可持续发展，提高资源利用效率，推动经济发展与环境保护相协调。

第9章　高效节灌

9.1　综述

9.1.1　高效节灌技术介绍

高效节水灌溉是指以最少的用水量获得最多的粮食产量，提高单位灌溉用水量的农作物生产效率，最大限度地提升农业灌溉效率。高效节水灌溉技术是对除土渠和地表漫灌之外所有灌溉技术的统称，主要措施有：渠道防渗、低压管灌、喷灌、微灌和滴灌等。随着时代科技发展，灌溉技术在土渠输水的基础上，经过渠道防渗至管道输水两个发展阶段，灌溉技术由普通技术不断发展为更高效的现代化节水灌溉技术。随着灌溉技术不断发展，农业灌溉中输水过程的水利用系数从0.3逐步提升至0.95，灌溉方式则在地表漫灌的基础上逐渐发展为喷灌、低压管灌、微灌、地下滴灌，水利用系数从0.3逐步提升至0.98。

9.1.2　高效节灌技术研究意义

农业发展的根本条件是水资源的利用，任何一种农作物的生长都离不开水资源。十八大以来，党中央着眼于生态文明建设全局，习近平总书记提出了“节水优先、空间均衡、系统治理、两手发力”的新时期水利工作方针。然而，当前我国水资源十分紧缺，在传统大水漫灌方式下，农业用水浪费极为严重。农业用水量占全国总用水量60%以上，而有效利用率只有30%～40%，每立方米水产粮仅有0.85kg，灌溉效率远低于发达国家。我国农业节水灌溉效率低下，整体发展水平滞后于发达国家，因此提高农业用水利用效率，提高每立方米水产粮量，推广高效节水灌溉，着力缓解我国水资源紧缺现状，是我国农业现代化发展的必经之路。

9.1.3　国内外目前研究现状

1. 国内研究现状

我国农业节水灌溉发展可分为三个主要阶段：一是20世纪70年代中至20世纪80年代后期，我国开始从以色列、欧洲、美国等发达的国家引进滴灌、喷灌等高效节水灌溉技术和设备，在具备条件的地区进行高效节水灌溉试点工作；二是20世纪90年代初到20世纪末，在政府的助力与推广下，我国农业在高效节水灌溉方面取得了良好发展；三是近年来的快速发展阶段，在党的十九大报告中将高效节水灌溉农业建设纳入政府工作的重要议程中，作为农业农村工作的核心。

康绍忠院士指出，农业消耗全球水资源总量占比约为70%，发展农业节水灌溉是我国发展高效节水灌溉的核心意义。金鑫等人表明，提高农业灌溉用水的利用效率，加强对节水灌溉技术的研究发展，是当前摆脱水资源危机和实现农业可持续发展的重要举措。高春荣认为，通过发展综合有效的节水措施，可以减少输水过程中水的损耗，用较少的水资源成本能够取得显著的经济效益。郭建利研究表明，发展高效节水灌溉可采用二次高斯模型对农用水资源进行调度，在灌溉方式选择中引入模糊理论、生物技术、3S 技术（RS、GIS、GPS）不断优化节水灌溉效率，提高节水灌溉技术的生态价值，保证水资源利用率的最大化。韩旭海指出，积极拓展管道输水、喷灌、微灌等高效节水灌溉技术，可根据不同地区实际情况整合农业用水量，持续推进农业发展。罗克林对高效节水灌溉技术的适用环境进行了深入研究得出结论，每种技术方式都具有不同的适用环境，推广高效节水灌溉技术应当遵循因地制宜的原则，才能实现农业产量的提高。赵盼通在其研究中指出，智能化高效节能灌溉是以后农业发展的重点。

综上所述，在我国实施“节水优先”水利工作方针、乡村振兴战略、加快生态文明建设的大环境下，越来越多的学者开始研究农业高效节水灌溉，通过对高效节水灌溉技术研究、实际应用、发展方向等方面进行研究，合理配置农业生产要素，加速农业现代化发展。

2. 国外研究现状

在欧洲、美国、以色列等国家，农业十分发达，高效节水灌溉技术及相应的配套设施十分成熟。为了保障农业良好发展，从 20 世纪 60 年代开始，意大利从美国和以色列引进喷灌、微灌技术。美国是高效灌溉技术较发达的农业大国，从 20 世纪 50 年代开始提高节水灌溉技术，采用喷灌、滴灌、微灌等技术并结合涌流灌、畦灌等工程设施，大幅提高了水资源利用系数；美国的节水灌溉在 20 世纪 70 年代进入了信息时代，构建输水系统信息平台，实现计算机统一调度，严格控制输水量，水的利用率进一步提升，规模化现代化农业发展迅速。中东地区土地荒漠化现象严重，水资源严重匮乏，从 20 世纪 50 年代开始，以色列为了解决农业灌溉用水困境，花费大量资金和精力用于发展高效节水灌溉技术，通过滴灌方式实现水肥一体化，大量节约水资源和肥料，同时结合现代化信息技术使水源利用率得到大幅提升。

在国外，有学者对高效节水灌溉进行了深入研究探索。哈内曼等人研究表明，高效节水灌溉技术能大幅提高灌溉效率，传统地表漫灌平均水资源利用率约为 0.6，而通过滴灌和喷灌能使水资源利用率提高至 0.95 左右。Yilmaz B，Harmancioglu N B 等通过选用 DES 方法的 VRS 模式对土耳其曼德莱斯三角洲地区中 17 个灌区的灌溉效率进行了测算，研究表明，一些效率低下的灌区采用现代灌溉技术方法能够有效提高作物生产效率。Al-Jamal 等对高效节水灌溉技术在洋葱种植过程中的应用进行了研究，研究结果表明，滴灌的灌溉效率仅为 0.79，喷灌表现得更低，而沟灌和畦灌方式的灌溉效率则高达 0.79～0.82，显然在洋葱种植中，沟灌和畦灌是最佳灌溉方式。Charles Batchelor 等对微灌技术在蔬菜种植中的灌溉效率进行了研究，对漫灌、滴灌、地表管道灌溉和壶灌等不同的灌溉技术存在的优缺点进行了分析，结果显示陶管地表灌溉能够在蔬菜种植中起到增加作物产量和节水的成效。

综上所述，国外高效节水灌溉方面的研究已经比较广泛，且相关高效节水灌溉技术也比较成熟。学者们针对不同作物不同地理环境，分析了各种灌溉技术的优缺点，这对我国高效节水灌溉农业的发展有许多参考借鉴作用。

3. 高效节水灌溉自动化国内外研究现状

随着自动化技术、通信技术、传感器技术、物联网技术等在农业领域中的综合应用，农业灌溉实现了从传统大面积漫灌向精确点灌溉的转变。例如，利用自动化监测技术，通过传感器等监测单元可实现对灌区用水、土壤墒情和农作物生长数据等信息的实时监测预报和统计分析，完成灌溉全过程的动态控制与分析管理。

进入21世纪以来，随着世界水资源的日趋紧张，世界各国都在积极探索高效的节水途径和措施。早在20世纪60年代初，高效节水灌溉自动化在世界各国迅速发展，到20世纪70年代，高效节水灌溉技术的应用在国外的普遍程度已达到小高水准。当前自动化控制技术在我国众多领域取得了广泛应用，使许多行业从传统的人工管理方式进入了以计算机技术手段为主的自动化监控与调度的先进管理模式。在高效节水灌溉方面，我国大多数地区仍停留在人工管理模式，虽在部分区域实现了高效节水灌溉的自动化控制系统的应用，但仅限于小面积局部控制，还未达到大规模节水灌溉的自动化控制应用。

国外一些先进国家，如美国、以色列和加拿大等，运用先进的电子技术、计算机和控制技术，在节水灌溉技术方面起步较早并日趋成熟。这些国家从最早的水力控制、机械控制，到后来的机械电子混合协调式控制，到当前应用广泛的计算机控制、模糊控制和神经网络控制等，控制精度和智能化程度越来越高，可靠性越来越好，操作也越来越简便。国内在开发灌溉自动控制系统方面处于研制、试用阶段，能实际投入应用且应用较广的灌溉控制器还不多见。因此，在自动化高效节水灌溉领域，我国与以色列、美国、欧洲多国等发达国家的灌溉水平仍具有较大差距，主要体现在灌溉设备自动化控制的先进程度、水资源利用效率及自动化灌溉设备的普及程度等方面。

综上所述，西方发达国家在节高效水灌溉自动化控制应用方面已趋向成熟，发展趋势是研制大型分布式控制系统和小面积单片机控制系统，并带有通信功能，能够实现与上位机进行通信，可由微机对其编程操作。目前我国虽与西方发达国家在高效节水灌溉自动化领域存在较大差距，但仍旧有一些可以令我们骄傲的自主研发设备，其中较为具有代表性的当数我国研制的，并适用于大棚的温室自动灌溉施肥控制系统，该系统不仅具有动态检测、灌溉施肥一体化等功能，并且还可以实现全自动控制、人工手调控制和混合控制等多种模式，使操作人员按实际需求来进行灵活操纵。更重要的是，它开启了我国在节水灌溉自动化控制领域的先河，填补了我国在该方面技术的空白。

9.2 常见的高效节灌技术及其应用

9.2.1 防渗防漏技术

(1) 渠道防渗灌溉技术

渠道防渗是减少灌溉输水过程中渗漏损失的主要工程措施，是指主要利用工程手段，在渠底和渠坡上浇筑抗渗混凝土。在输水过程中降低渗漏和蒸发，不仅能节约灌溉用水，而且能降低地下水位，防止土壤次生盐碱化，防止渠道的冲淤和坍塌，减少工程费用和维修管理费用，加快流速提高输水能力等，从而提升灌溉水资源的利用效率及运行单位维护费用。渠道防渗灌溉技术应用实例如图9-1所示。

图9-1　渠道防渗灌溉技术应用实例

我国多地在采用渠道防渗技术后，水利用系数从0.6提升至0.85，相对传统土渠输水效率提高了50％～70％，是当前我国节水灌溉的主要措施之一。

（2）低压管道灌溉技术

低压管灌是利用管道将水资源输送至田间的灌溉措施。农用灌溉水资源在输送过程中，既存在渗漏问题，也存在水面蒸发等问题，管道灌溉可以大幅度减少水输送过程中的渗漏和蒸发损失，水利用系数可提高至0.95。我国目前低压管灌在北方区域推广应用较快较广。有研究表明，发达国家已大量采用管道灌溉输水方式。

防渗漏灌溉节水技术所收获的效益会随着时间拉长而不断增长。所以，应该将其作为一个长期性的工程来建设使用。当然，为了避免在水源输送过程中渗漏过多，需要考虑到输水设施的防渗漏特性。可以在建设中使用一些效果良好的防渗材料，使用防渗漏薄膜来将需要灌溉的区域和非灌溉区域来进行隔离处理。确保水源不会渗漏到其他非种植区域，增加水源的利用效率。而且在新技术理念的设计下，防渗漏技术中也出现了"海绵理念"，这也是一种新的循环水资源回收利用装置，是通过在农田建设前，在农田的底部位置建设必要的水资源外部收集和存储设施，通过这些设施可以将浇灌的水源、雨水等进行二次搜集，然后循环利用到农田浇灌当中，节水效果十分明显。

9.2.2　喷灌技术

喷灌主要以机械化或半机械化的方式实现灌溉，在低压管道灌溉技术的基础上，利用管道将灌溉水资源输送至目标区域，借助水泵和管道系统或利用自然水源势能差，通过喷头将水喷到空中，分散成水滴或形成水雾，均匀地喷洒至目标区域，对作物进行灌溉。较漫灌而言，喷灌节水约30％，水利用率可达90％。喷灌设备由输水管、抽水泵、进水管、配水管和喷头等部分组成，具有固定式、半固定式和移动式三种形态。该技术节水效果显著，相对其他灌溉技术而言，较适合区域化控制，主要用于大田密植作物，其优点在于能够提高粮食产量、提高耕地利用率等，缺点是运行能耗高、蒸发损失较大，且受强风和空气湿度的影响较大。喷灌技术应用实景如图 9-2 所示。

图 9-2 喷灌技术应用实景

喷灌技术应用范围较广，几乎适用于灌溉所有的旱作物，例如蔬菜、果树、谷物、药材等。地形方面，既适用于平原也适用于地形有起伏的山丘地区；土质方面，既适用于透水性大的土壤，也适用于渗透率较低的土壤。喷灌不仅可以用于农作物灌溉，而且可以用于园林草地、花卉灌溉，同时可兼做喷洒肥料、喷洒农药、防霜冻、防暑降温和防尘等。

9.2.3 微灌技术

微灌是利用先进的灌溉设备，按照作物对水的需求，通过末级管道的灌水器，以较小的流量将水准确地输送至作物根部附近土壤处的灌水技术。微灌技术成功地实现了由“浇地”向“浇作物”的模式转变，相对喷灌技术节水约 50%。微灌适用于经济作物和设施农业，适用于所有地形和土壤，具有高效节水、增加作物产量、易实现水肥一体化等优点，但对水质及日常系统维护要求较高。

当前所推广的微灌技术主要是涵盖到滴灌和喷雾等方式，而根据具体的灌溉类型又可以将微灌技术分为常压性灌溉和重力灌溉。需要专业技术人员来设计优化灌溉系统中的水量控制系统、管道输水系统、过滤系统等。安装微灌技术，需要将设备安装设置在农作物的根系附近，并且作物根部保持适当的距离，防止由于水源聚集浸泡了作物根部。然后，需要依照种植时间端来对作物的需水量进行分析评估，比如常见的玉米作物在生长初期阶段，需要保证土壤含水率在 60%～80%左右，中期阶段含水率需要下调 20%左右。而小麦作物生长阶段中，平均每千克的小麦需要的水量在 1.2kg 左右。如果天气干旱，需水量还需要增加。而通过前期对农作物需水量的详细调查，将其输入到灌溉系统当中作以自动化调整，可以达到更加细节的节水目的。

9.2.4 滴灌技术

滴灌是一种利用孔口或滴头将水输送至作物根部的灌溉技术，该技术采用塑料管道通过直径约10mm的毛管进行水资源输送。滴灌是近些年来最先进的灌溉技术，能够有效提升水资源的利用率至0.98，理论上水的损失微乎其微，是干旱地区最高效的一种节水方式。该技术目前在国内已符合相关标准，在一些具备条件的地方和区域进行了应用。滴灌具备蒸发量极小、完全不受风的影响、方便实施水肥一体化、设备不易老化、损耗低等优点；其缺点是滴头处容易结垢堵塞，因此该技术对水源质量具有较高要求。滴灌技术应用场景图如图9-3所示。

图9-3　滴灌技术的应用

部分水资源匮乏的区域仅依靠降水是难以保证农作物成活的，所以在这些区域为了减少大面积浇水导致水分过度流失和蒸发，可以使用滴灌的方式来进行。这种技术一般是通过管道系统和安装在水管上的灌水器设备，缓慢的滴水来浸润土壤保证农作物生长必要的水分，同时也能防止过度浇灌导致的水资源浪费问题。农业机构的研究已经表明，滴灌节水工程比喷灌节水效率还要高出20％～30％。而且，需要使用的设备和方法较为简便，只需要购买相应的设备即可，十分适合一些小型农田、散户农民等种植户。

9.3　自动化技术在高效节灌应用

9.3.1　自动化水肥设备

自动化水肥设备组成包括首部系统现场设备和作物环境信息采集设备。其中，首部系统设备既负责接收水肥溶液浓度信息、管道数据信息和云端的操作指令，同时也向云服务器实时发送水肥一体化系统硬件设备信息；作物环境数据采集设备则通过各种传感器采集农田环境信息并上传至云服务器。本方案设计了水肥系统设备结构。在此基础上，进行了硬件设备选型。水肥一体化系统设备总体框架图如图9-4所示。

根据水肥一体化系统的功能需求，可以将作物环境现场的设备结构分为五大模块，分别是：作物环境信息采集模块、肥液及管道信息采集模块、本地人机交互模块、水肥机硬

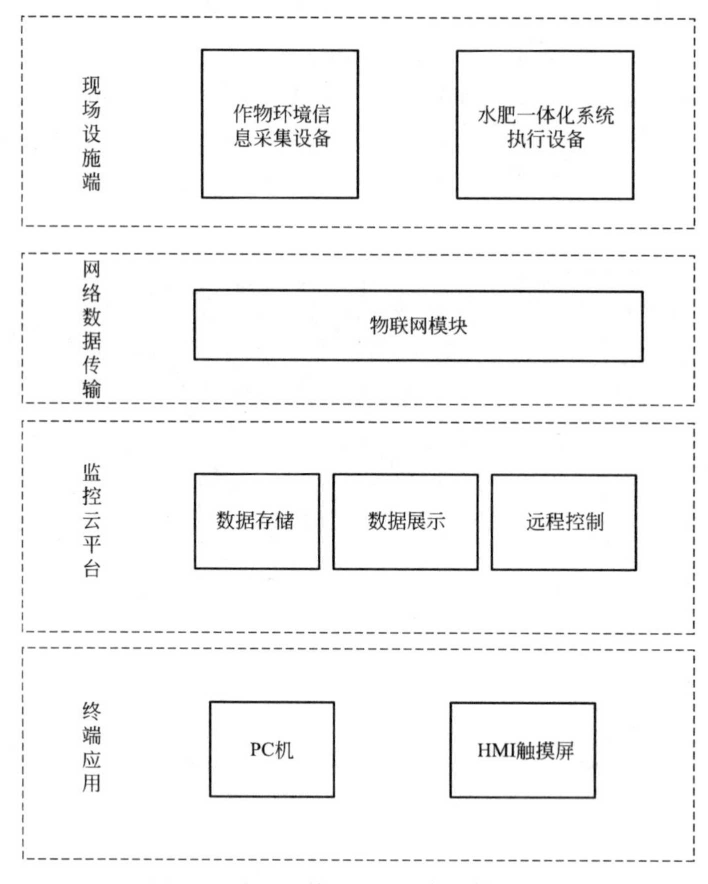

图 9-4　水肥一体化系统设备总体框架图

件设备控制模块、无线数据传输模块五部分。

肥液及管道信息采集模块是指直接连接在本地端控制器上的传感器设备，主要有水流量传感器、肥液 EC 值传感器、液位传感器、管道压力传感器等。通过这些传感器采集到的现场设备信息，发送给控制器和上传至云服务器，为制定自动施肥灌溉策略提供数据依据。

作物环境信息采集模块是指通过一体式小型气象站获取作物环境数据信息，包括土壤温湿度、土壤氮磷钾值、空气温湿度、风速、风向、雨雪量等传感器数据。水肥一体化系统监控云平台通过调用气象站数据，将大田环境信息显示到监控云平台上，使得用户可以远程监控大田环境数据，为制定手动施肥参数提供参考。

本地人机交互模块是安装于水肥一体机上的触摸屏，触摸屏通过以太网口与控制器进行数据交换，将水肥一体化系统硬件设备数据显示在触摸屏上，如肥液相关信息、管道压力流量等数据信息。同样，用户也可以在本地触摸屏界面上下达控制指令，如施肥、灌溉、肥液桶补水等操作。而且，在触摸屏上还应看到历史作业数据，以便用户查询。

水肥机设备控制模块是指控制施肥灌溉的执行机构，包括水泵、抽肥泵、电磁阀、变频器等硬件设备。水肥一体机接收到施肥灌溉等操作指令后，通过精驱变频器控制水泵的射出水压、抽肥泵和电磁阀的开关，从而控制管道压力、流量和射程，以达到管理人员所设定的预期目标。水肥一体化现场控制系统结构图如图 9-5 所示。

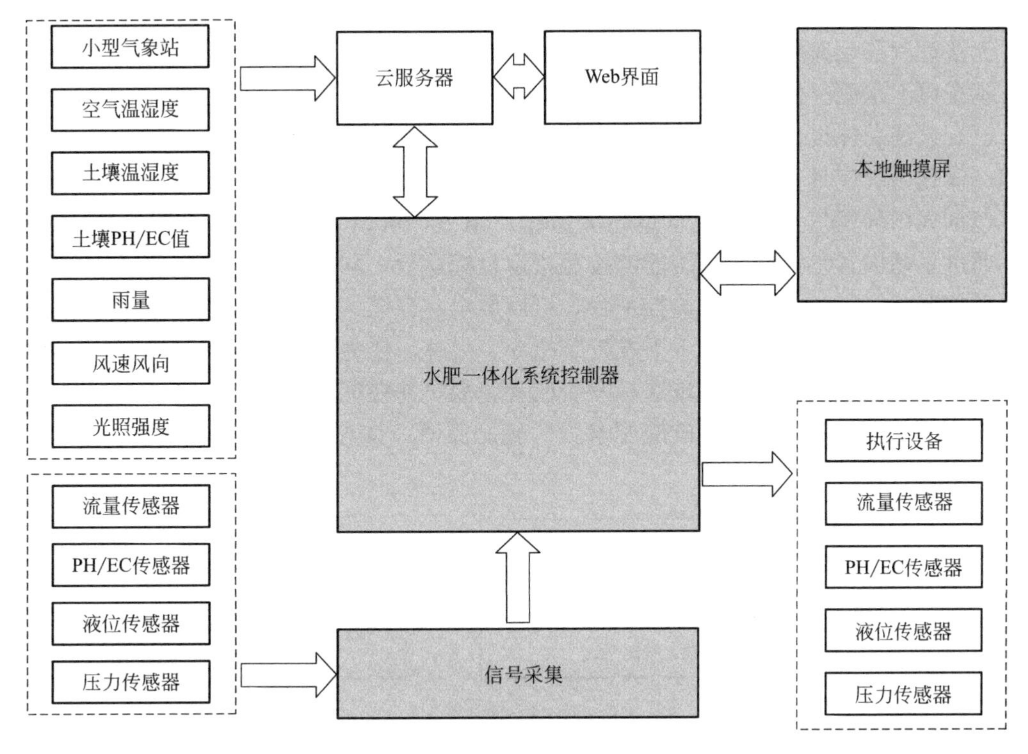

图 9-5　水肥一体化现场控制系统结构图

无线数据传输模块是使得现场水肥控制系统与自动化水肥一体化监控云平台连接的模块，主要用来发送水肥装置现场的数据信息和接收来自来云平台的控制指令，保证本地水肥一体机设备和大田智能水肥一体化监控云平台的正常通信。

9.3.2　施肥灌溉自动化

国外关于水肥一体化技术的研究起步较早，且在应用推广方面已经较为普及，尤其以以色列、美国、荷兰为代表的国家其水肥一体化技术处于世界领先地位。当前，国外在水肥一体化技术的主要研究重心在优化水肥一体化技术配套的决策系统，以提高水肥一体化系统的智能性和易用性。我国的水肥一体化技术在实用性、系统完善程度等方面，同西方发达国家仍有较大差距。

施肥决策模型和系统控制模型作为提高水肥一体化系统智能化和实用性的关键技术，是我国当前水肥一体化技术创新研究的重点。但目前我国也已经开始大力推行水肥一体化技术，并开始将水肥一体化技术与物联网技术相结合，但就目前的情况来看，我国的水肥一体化技术还有很多问题亟待解决：

（1）水肥一体化设备针对性不强，大田水肥一体化技术应用普及度不高。目前，我国针对大田作物生长培育的水肥一体化系统尚不够完善，国内部分地区大田运用的还是简略版的水肥一体化系统。

（2）系统开发时选择智能算法，建立的系统数学模型不精确，致使仿真结果与试验值相差较大，导致系统运行效果欠佳。

（3）水肥系统使用不够便捷。国内许多水肥一体化系统采用的仍是本地手动开关操作，无法远程移动监控，操作不便捷，智能化程度不高。

基于以上水肥一体化存在的问题，本书提出自动化水肥设备解决方案：

（1）系统总体设计。水肥一体化系统应具有基本的施肥灌溉控制功能：第一，自动化水肥一体化系统应具有基本的施肥灌溉控制功能；第二，水肥一体化系统可以采集监测数据，包括大田环境信息和肥液管道相关数据；第三，可以在本地控制水肥一体化系统操作，通过手动设置参数使得系统能够按照指定目标运行，同时可以监测部分系统运行数据和设备情况；第四，开发远程监控平台，可以展示、存储大田智能水肥一体化系统重要数据，同时可以在远程监控平台上下发控制指令。另外，作为基于大田固定管网的水肥一体化系统，可以根据用户需求实现选择灌溉或者轮灌，并在配肥过程中通过加入水肥浓度精量控制算法从而精确达到设定的施肥参数。施肥灌溉一体化系统总体设计框架图如图 9-6 所示。

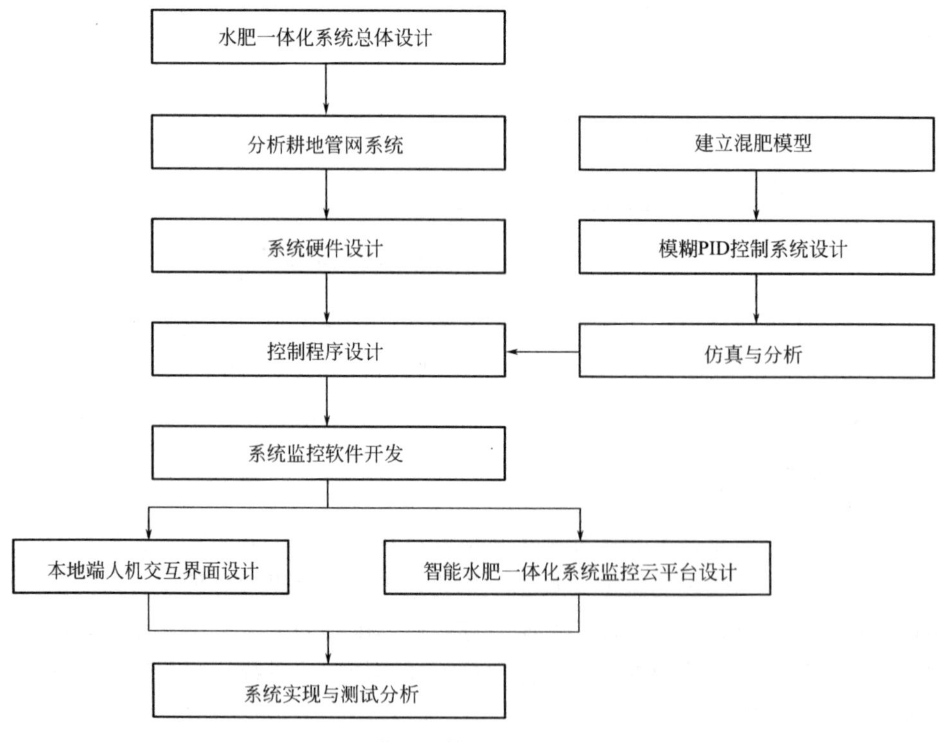

图 9-6　施肥灌溉一体化系统总体设计框架图

（2）系统硬件设计开发。自动化水肥一体化系统硬件组成包括首部系统现场硬件设施和作物环境信息采集设施。其中，首部系统既负责接收水肥溶液浓度信息、管道数据信息和云端的操作指令，同时也向云服务器实时发送水肥一体化系统硬件设备信息；作物环境数据采集设施则通过各种传感器采集农田环境信息并上传至云服务器。根据自动化水肥一体化系统的功能需求，可以将作物环境现场的硬件结构分为五大模块，分别是：作物环境信息采集模块、肥液及管道信息采集模块、本地人机交互模块、水肥机硬件设备控制模块、无线数据传输模块五部分。

（3）设计水肥溶液浓度控制算法。水肥溶液浓度精量控制是作物自动化水肥一体化系统的重要组成部分，水肥一体化系统的根本在于节水控肥，因而水肥溶液浓度的精确控制至关重要。为了配制出的水肥溶液比例能够精确，符合灌溉施肥的需求，对于在水肥一体化系统肥液配比精准度难以控制、肥液混合过程中浓度不均匀等问题，运用模糊 PID（P：比例，I：积分，D：微分）控制算法策略，P 可以让输出曲线更快达到制定目标，但过大则会造成振荡；调节 I 能够减小系统误差，过小同样会导致系统振荡；D 环节则能通过减小超调量从而使系统趋于稳定。模糊控制系统由多个学科交叉综合而成，其在计算机语言的基础上，与数字结合形成新的控制系统。模糊 PID 控制算法在混肥过程中拥有更小的超调量，更快达到稳态，对混肥效果提升巨大，实现了控制过程中浓度调节时间短、控制精度高的目标。

（4）系统监控软件设计。系统监控软件设计包括人机交互界面设计和监控云平台设计两大部分。人机交互界面包括输入型和输出型两种类型的功能实现，输入型主要是指接受触屏控制信息，输出型是指故障报警、肥液浓度及液位高度等数据显示功能类型。根据本系统的控制功能要求，在组态触摸屏系统上设计了四个功能模块，分别为：系统运行状态监控界面、施肥灌溉参数设置界面、肥液桶补水设置界面和历史作业记录查询界面。大田智能水肥一体化系统监控云平台软件架构要分为应用层、业务层和数据层三层：应用层是指用户通过网页浏览的方式进行与监控云平台的交互，包括展示获取到的数据，接受用户的操作控制以及其他应用操作，具体展开有用户注册与登录、实时监测数据的查询、用户信息录入与查询、系统历史作业数据的查询以及执行器状态的查询等功能；业务层包括对云平台的功能设置，为用户提供方便的功能模块，包括应用程序的类型、权限的设置、传感器的类型、传感器的接收和接收的信号存储、参数的阈值、执行器的类型、操作状态的记录，应用层与存储层之间可以通过业务管理层进行连接，应用层可以访问存储层的数据，或者利用业务层来存储用户更改的数据和指令；数据层则是各种环境信息、肥液信息、设备信息、作物信息、用户信息等各种信息数据的存储模块。人机交互触摸屏界面功能丰富，操作简单，界面设计直观易懂；作物自动化水肥一体化系统监控云平台可远程实时监测水肥机运作状态，同时可以实施一键自动施肥灌溉操作和手动控制操作。

9.3.3　压力自动控制

在国内和国际变频控制供水压力系统的设计可以适应不同场合，运用现代控制技术，网络和通信技术的同时考虑到系统的电磁兼容性（EMC）水压力闭环控制是远远不够的。

使用变频器控制系统，完成软启动，电动机启动电流从慢慢增加到额定电流，延缓电机的启动时间，减少对电网的冲击，电机机械损伤因为其启动力矩减少而得到有效的控制，电机的使用寿命增加了很多。事实上，泵站的出水口压力可以在相应范围内变化。变频恒压的范围缩短了优化的范围，获得的解是局部的最优解决方案，该解决方案不能完全保证一直工作在最佳状况。

变频控制是比以往更好的调速控制模式（如可变电压控制，变极速度控制，级联的速度等）。应用微机处理技术，电力电子技术和电机驱动技术，完成工业变速交流电机的很好的控制，具有效率高、范围广、精度高等优点。变频器与组成的控制系统相结合为核心的可靠性高、抗干扰能力强、拼合简单、操作灵活、维护便宜、成本低功耗小的编程和许多其他功能。

实现压力自动控制，可以通过可编程控制器、变频器、防爆电机、压力传感器、接触器控制柜等构成变频调速恒压系统。电机采用变频调速运行，压力传感器采样管网的实时压力信号，变频器输出电机频率的信号，PLC 模块接受来自压力传感器和变频器输出的信号，两个信号经 PLC 的控制模块通过模糊控制策略计算问题的控制信号然后输出来控制泵电机开关。工业控制计算机是上位机，作为下位机将信号传输到主机计算机，主机上配有监控软件，监视和控制供水系统。压力自动控制系统总体设计框架图如图 9-7 所示。

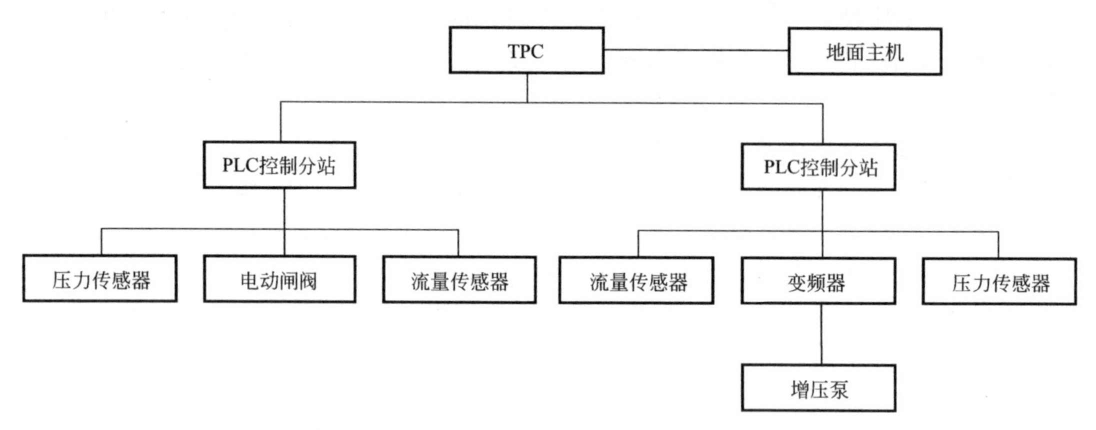

图 9-7　压力自动控制系统总体设计框架图

在控制电路的设计中，首先要想到便的是现场控制的强电和弱电之间的隔离屏蔽问题。在整个控制系统中，电机、电动闸阀、增压泵、变频器，所有的控制操作是按照与 PLC 程序的逻辑来实现。PLC 设备的保护，交流接触器并不是和 PLC 的各个输出端直接直通式相连接的，为达到控制电机或阀的目的，通过中间继电器在中间作为连接这两部分。连接到中间继电器，实现弱电和强电系统之间的隔离减少电磁干扰，能够很好的达到此目的。不仅增加了系统的寿命，保证了系统的安全，提高了系统运行的安全性，PLC 的输出端口和交流接触器间也能实现很好的交互。

压力控制系统应当包含远程通信系统、远程检测和测试功能、变频功能、远程故障诊断功能、远程控制功能。压力控制系统通信方式应当包含以下特点：

（1）在网络系统构成上，充分利用网络资源，避免资源的浪费，做到资源充分共享，节省投资及方便实现远程诊断；

（2）在数据采集装置设计上，采用国内外最新产技术产品（例如压力传感器）和数据采集方式，并且现场安装更灵活；

（3）在网络应用模式上，采用以触摸屏服务器为中心的结构，具有资源集中、便于管理、备份等特点；

（4）系统采用组态软件的数据库平台，使保存的历史数据（如报警数据、定时采集数据、异常数据、特征变量数据等）量大且时间长。

关于预警机制，可在 PLC 程序中编写对于电动闸阀的报警，通过传感器传输数据的变化并检测电动闸阀是否动作来判断电动闸阀是否出现故障。与此相同，按照相同的方法检测增压泵的运行状况。

9.3.4　灌溉数据自动统计

近年来，灌溉工程中相配套的设施，如传感器技术和PLC技术愈发完善，网络技术的不断发展，智能控制技术也应运而生，逐步渗透到各个子模块的搭建过程中，进一步优化了系统理论体系。农业经营模式逐渐向智能化方向发展。由于我国农业种植大部分为露天环境，受到地理环境的限制，若采用传统的布线方法则土壤的湿度信息难以及时准确传输。因此，本方案将物联网引入灌溉数据统计系统，针对实时测量土壤湿度的要求，运用GPRS无线通信方式实现对灌溉信息及土壤信息传感器、电磁阀、水泵等设备的联网控制，为节水灌溉数据统计提供可靠信息。

灌溉数据自动统计不但要保证数据统计的自动化程度，也要保证数据的准确性。因此，要对灌溉数据进行准确性测试，数据采集准确性测试中要确定监测界面显示的灌溉数据及土壤数据是否与实际采集到的数据相同，避免在数据传输过程中出现的偏差。对不同的项目进行数据采集需要选用不同型号的传感器，传感器选型要明确选用的传感器的输出信号及传感器安装部位，通过接口连接到电脑上，在灌溉系统不同部位进行数据采集，通过传感器监测助手对传感器进行配置。传感器采集到的数据为系统最原始的数据信息，传感器测得的数据的精度直接影响着灌溉系统的决策，传感器将获取到的实时灌溉数据信息通过无线传感网络发送到集控中心。集控中心功能结构图如图9-8所示。

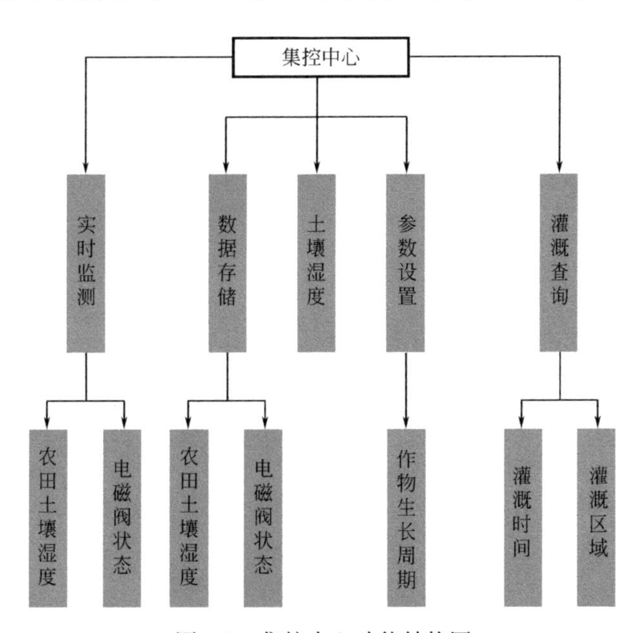

图9-8　集控中心功能结构图

采用无线通信的方式，避免在农田布线中的不便，并对核心处理器、土壤湿度传感器、数据传输模块中的GPRS DTU、继电器和电磁阀进行合理选型，使用光伏驱动电池。根据系统功能和性能的要求，基于组态软件开发智能节水灌溉系统，通过设计用户登录界面和主控界面方便农户了解自家农田信息，并建立数据库实现数据实时存储，方便用户查询灌溉的历史记录。通过以太网和NI OPC Server连接到PLC，用户可以实现灌溉数据信息进行实时远程监控及自动统计。

当自动化节水灌溉系统开始运行后，将产生大量的数据信息，如土壤湿度、灌溉时间、用水量、电磁阀开关状态等，这些数据都需要储存。在系统运行后，电土壤湿度、灌溉时间、用水量、电磁阀开关状态等数据在系统中能够实现实时查看并存储。通过灌溉系统的运行，表明农户能够随时操控数据的存储与查询，了解农田灌溉情况和以往土壤湿度信息，推测灌溉趋势。

9.3.5 高效节灌的其他技术

在高效节水灌溉的其他技术中，各项技术逐渐趋于依赖自动化方面的应用，大多通过控制与监测终端，使用无线网络及上位机管理平台等共同实现高效节水灌溉系统的决策与运行任务。在控制与监测终端技术方面，主要用于采集作物土壤墒情以及必要的环境气象信息，能够接收上位机指令从而控制水泵的启闭状态，实现灌溉自动化。无线传感网络技术的主要作用是将作物灌溉终端传感器所监测到的数据通过 GPRS 网络、Internet 网络等手段上传到自动化灌溉控制平台；同时，能够发出智能决策指令到水泵、电磁阀等下位机相关执行部件。上位机智能管理平台，主要依据各种传感信息并结合农业相关知识，对作物的灌溉与否以及灌溉量的大小做出智能控制决策。智能灌溉系统整体结构设计如图 9-9 所示。

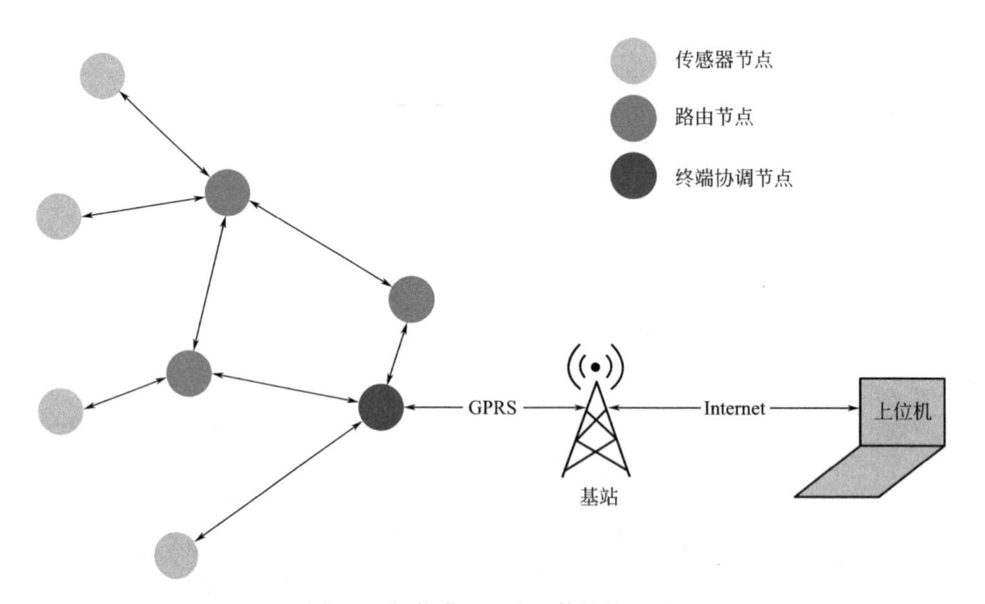

图 9-9 智能灌溉系统整体结构设计

控制与监测终端部分主要包括两个组件：一个是控制组件，即电磁阀，用于控制水泵的开启，是智能决策算法的最终执行部件；另一个是监测组件，包含各种功能的传感器，主要用于监测作物土壤墒情及灌溉水数据，包括土壤温度、土壤含水率、液位、水流量等信息。本书所选控制终端为脉冲式电磁阀，用于控制灌溉喷头。

无线网关节点在本书智能灌溉系统的数据传输中占据着重要地位，是数据传输与命令发送的核心。一方面，无线网关节点接收来自无线通信技术网络中的传感器信息，然后将数据通过 GPRS 网络发送到基站，最后数据会被最终传输到上位机智能灌溉系统平台；另一方面，无线网关节点也充当着数据转换的作用，将数据转换之后再进行传输。

上位机智能管理平台主要负责数据查询与管理，各种传感器信息汇总到该平台，反映了作物的生长状况及灌溉用水数据。节水灌溉模型将根据各种信息做出灌溉预测，并将命令分发到终端执行部件执行，完成智能灌溉操作。同时，该平台也提供了各种作物的可视化信息。

9.4　自动化技术在高效节灌技术应用前景

在我国农业现代化发展中，高效节水灌溉技术对作物助产和节省水资源的正向影响逐渐凸显，自动化控制技术应用于农田灌溉中已是农业发展的必然趋势。

随着电子技术的迅速发展，自动化技术得以在众多领域得到应用。我国作为一个农业大国，农业生产水平影响着我国国民经济水平。因而，深入贯彻落实科学发展观，推动农业生产的创新发展尤为必要。在农田水利建设中切实开展好灌溉管理工作有着十分重要的现实意义，将电气自动化技术应用于灌溉管理中，不仅可提升工程运行效益，还可提升农业智能化水平。

电气自动化技术作为科学技术发展的产物，在灌溉管理中的应用可发挥诸多积极作用。首先，可提升工程运行效益。传统灌溉方式需要投入大量的人力物力，并且人们在开展灌溉操作过程中，受技术水平低、消息传输缓慢等因素影响，往往会造成严重的人力物力及水资源的浪费。而通过将电气自动化技术应用于灌溉管理中，实现无人操作的现代化作业，不仅可以减少人力物力投入，还可以提升运行效益，创造良好的综合效益。其次，可提升农业智能化水平。在应用喷灌、滴灌等技术的基础上，可借助电气智能化系统开展控制，结合作物的实际情况调节实际用水量，并通过推进灌溉系统与农业自动控制系统的有效融合，采集温湿度、光照等数据，为灌溉管理提供可靠的数据支持。与此同时，还可对采集的数据开展信息化处理，并借助监控系统制作农作物生长变化曲线，为相关人员了解农作物生长规律提供帮助。传统灌溉管理以人工为主，由于灌溉作业中获取的信息与实际情况存在一定差异，因此会造成不同程度的水资源浪费。而在电气自动化技术支持下，依托先进的灌溉技术管理理论、管理手段有效配合，可大大提升用水效率。

电气自动化技术应用于灌溉管理中是至关重要的，大幅度提升灌溉管理的有效性，满足农作物灌溉需求，并可提高水资源有效利用率。对于电气自动化技术在灌溉管理中的应用，可从以下几方面入手：第一，电气自动化技术在温室大棚中的应用。将电气自动化技术引入温室大棚中，可通过操作远程控制系统，全面充分掌握温室大棚中农作物的生长状况，并对温室大棚中的环境进行有效监测，进而将所采集信息数据传输给农户，为农户了解农作物生长情况提供便利，进一步调控温室大棚，开展好农作物的管理工作，保障农作物的健康生长。比如，通过电气自动化技术可及时掌握温室大棚中农作物的缺水情况，进而农户可及时对农作物进行灌溉，促使农作物良性生长。第二，电气自动化技术在节水灌溉中的应用。基于电气自动化技术的节水灌溉技术的应用，凭借其自动化控制、远程监测等优势，可收获良好的节水灌溉效果。这一效果的实现还离不开各项电气设备应用的有力支持，比如，需要土壤水分感应器、气体检测器、流量表等仪表的有效应用，还需要给排水管道、回用水管道的有效应用。第三，电气自动化技术在水处理中的应用。近年来，我国不断加大对“节能环保”理念的宣传力度，再加上科学技术的迅猛发展，为水处理行业快速发展创造了良好契机。传统水处理方法已难以满足新时期发展的需求，通过将电气自动化技术应用于水处理中，可有效提升污水检测水平，还可有效检测农药化肥在农业生产中的使用情况，进而促使用户科学合理控制农药化肥用量，在保证农作物生长需求的同时，防止农药化肥肆意使用引发的水体污染。

第10章　智慧水务平台建设

10.1　总述

智慧水务是一个充分融合了新一代信息技术的概念，它应当具备迅捷信息采集、高速信息传输、高度集中计算、智能事物处理和提供无所不在服务的能力，通过利用新技术、新工艺对智慧水务涉及的软硬件进行高度集成，实现及时、互动、整合的信息感知、传递和处理。作为有效提升城市水务管理和服务水平的创新促进方案，智慧水务建设应达成如下建设目标：

（1）透彻感知。全面感知城市涉水事务方方面面的信息，也是智慧化的基础。建立城市水务物联网监测体系，特别是供水管网等关键区域的传感器与智能设备将组成物联网，实时对自来水运行全过程进行测量、监控与分析，做到变被动为主动、透彻感知。

（2）协同行动。基于云平台和移动设备，信息孤岛和业务隔阂将被打通，实现泛在信息之间的无缝连接，有利于政府统筹决策指挥，有利于企业掌握经营管理全貌，有利于市民便捷接收信息，最终达到水务管理与服务的有机、协同化运作。

（3）广泛互联。智慧城市是一个环环相扣的系统工程。智慧水务作为智慧城市的重要组成部分，其发展不是孤立的，涉及面必然极为广泛。未来，智慧水务必将与城市管理的其他模块互联对接，进一步丰富和拓展其内涵。

（4）智能运作。深入结合大数据技术，在供水、用水、节水配置和调度等环节中实现从信息采集到分析判断、预警、自适应操作的全程指挥操作，能构建数学模型提取有价值的信息，为水务工作提供强大的决策支持，强化城市水务管理的科学性和前瞻性。同时，智能运作还意味着系统对某些事态进行预处理并自主做出决策。

10.2　基础支撑平台

10.2.1　云平台

从资源配置的自主性、开放及时性、管理可控性来看，智慧水务平台建设需要有自己的资源中心，按照“加强领导、分工协作；统筹规划、集中建设；突出重点、分期实施；安全可靠、资源共享”的建设原则，应基于云计算中心和云中心资源池，监理智慧水务云平台。根据现有服务器资源情况，应关注如下需求：

（1）资源自由配置，拓展灵活；

（2）运行稳定，有成熟的故障转移措施；

（3）托管式租用，无需专人管理；

（4）分布式存储，支持热迁移；

（5）自动定时备份，安全稳定。

10.2.2 大数据中心

随着全社会数字化转型，5G将与云计算为代表的新兴技术一起组成新型信息基础设施，帮助企业降本增效，云化转型已成为必然趋势。随着水务公司市场需求日益旺盛，原本分散收集数据、按业务收集数据的方式已不能满足快速增长的海量数据存储及处理需要，数据中心亟待建设。通过构建架构科学合理、技术水平超前的大数据中心，进一步提升数据中心收集分析功能，满足公司业务增长带来的数据存储需求，解决孤岛式建设，实现集中管理，提升综合服务能力。

1. 系统业务设计

大数据中心系统主要围绕生产运营、营收客服、管理管控等方面，同时将本次建设的所有系统进行数据库表建模、数据接入及数据开发。通过将源数据系统接入到大数据中心的方式，达到数据总体管理、各业务系统数据互通的目的。源数据系统是各类业务应用系统的基础数据来源，实现"一个中心"建设需求，整合集团数据，形成水务公司的智慧大脑。

2. 系统应具备的功能及特点

（1）数据目录梳理

对目前已有重点信息化系统源数据进行二次整理，掌握已建信息化系统数据的存储地点、存储方式、数据存量、数据类型等不同维度的信息，为后续数据采集工作提供依据。

本次数据目录梳理的内容包括：集团基础静态数据、固定资产、重点。数据目录如图10-1所示。

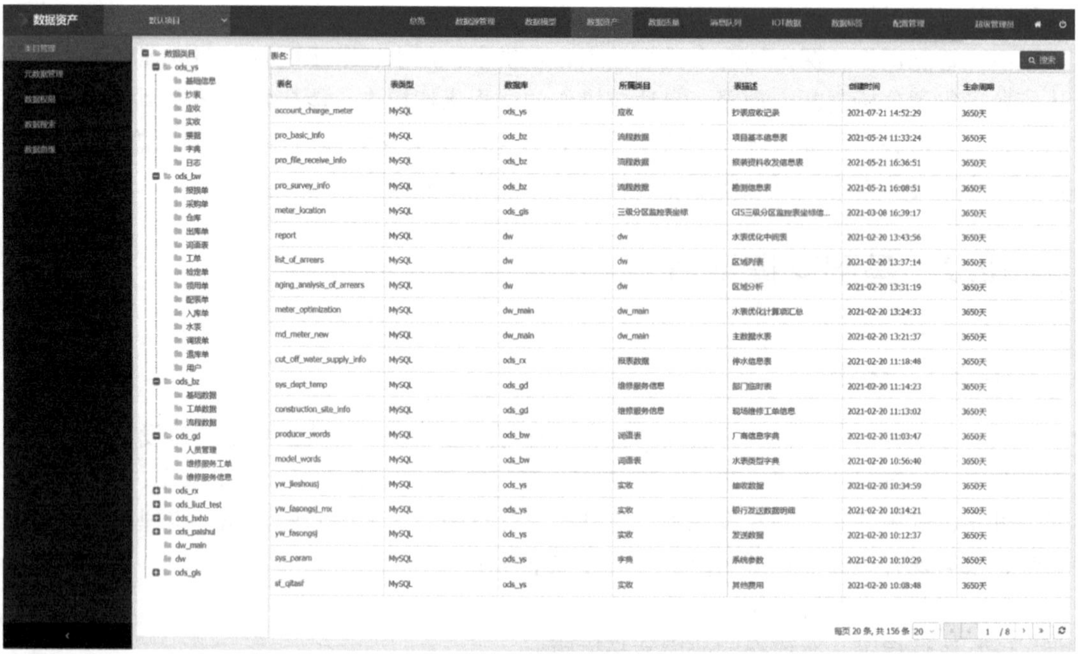

图10-1 数据目录

（2）数据采集清洗

采用模块化设计数据接收和数据解码进库软件，具备可扩展能力强等特点，能够适应不断增长的数据种类处理要求。数据接收和处理软件具备性能调优和多进程并发运行能力，能满足大量数据的迅速处理进库性能要求。数据采集作业如图 10-2 所示。

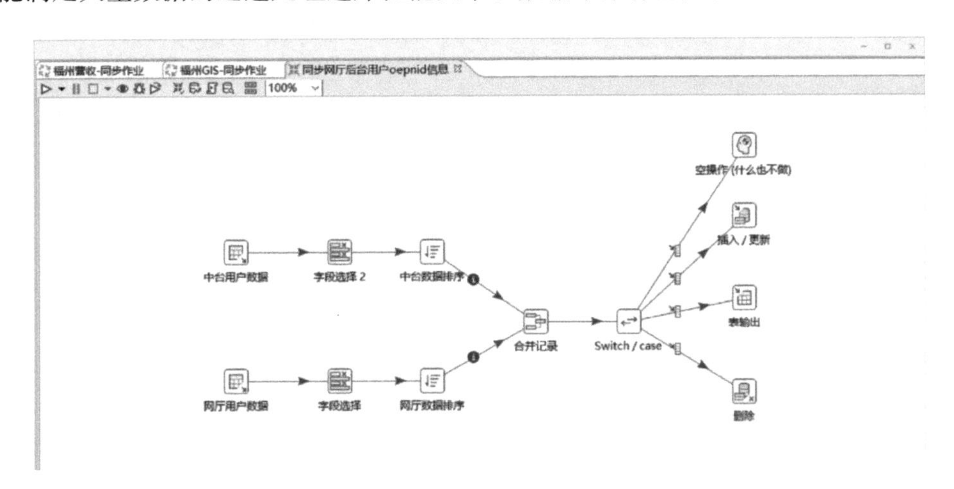

图 10-2　数据采集作业

接入数据包括水量、流量、压力、水位等核心基础数据与水厂、泵站等自控系统运行数据，以及营销客服类分析数据等。

3. 数据资产与分析

数据资产分析是指利用组织收集、创建、处理和存储的数据来进行加工、分析、挖掘，从中获取有意义的信息，以支持组织决策的过程，具有以下功能：

（1）支持数据规范化管理、有限访问、精准搜索、类目查看等功能。

（2）支持界面化数据建模，规范数仓模型。系统内置丰富的数据校验规则，支持灵活、界面配置规则，提供全方位的数据质量监控。

（3）通过数据模型、数据资产管理、数据质量管理三大功能模块，来实现数据资产的界面化、规范化、平台化管理。

（4）数据资产包括类目管理、数据权限、数据搜索、数据源管理、数据模型、数据质量等功能。资产概览如图 10-3 所示。

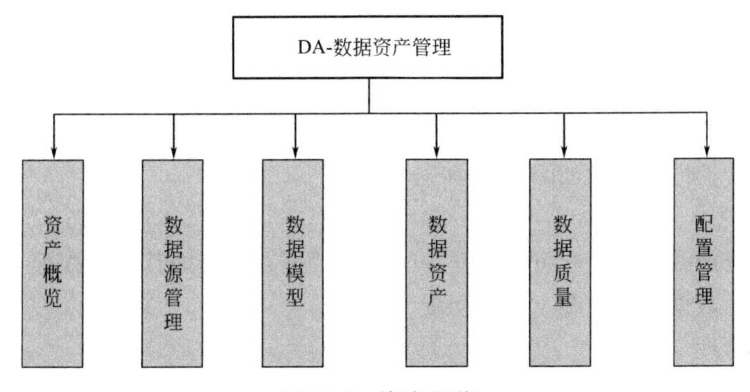

图 10-3　资产概览

以看板的方式显示数据资产整体情况，主要包括总项目数、总表数、总存储量统计结果、一周表数量和存储量的变化趋势，以及总存储量 Top 的数据库和数据表。数据资产总览如图 10-4 所示。

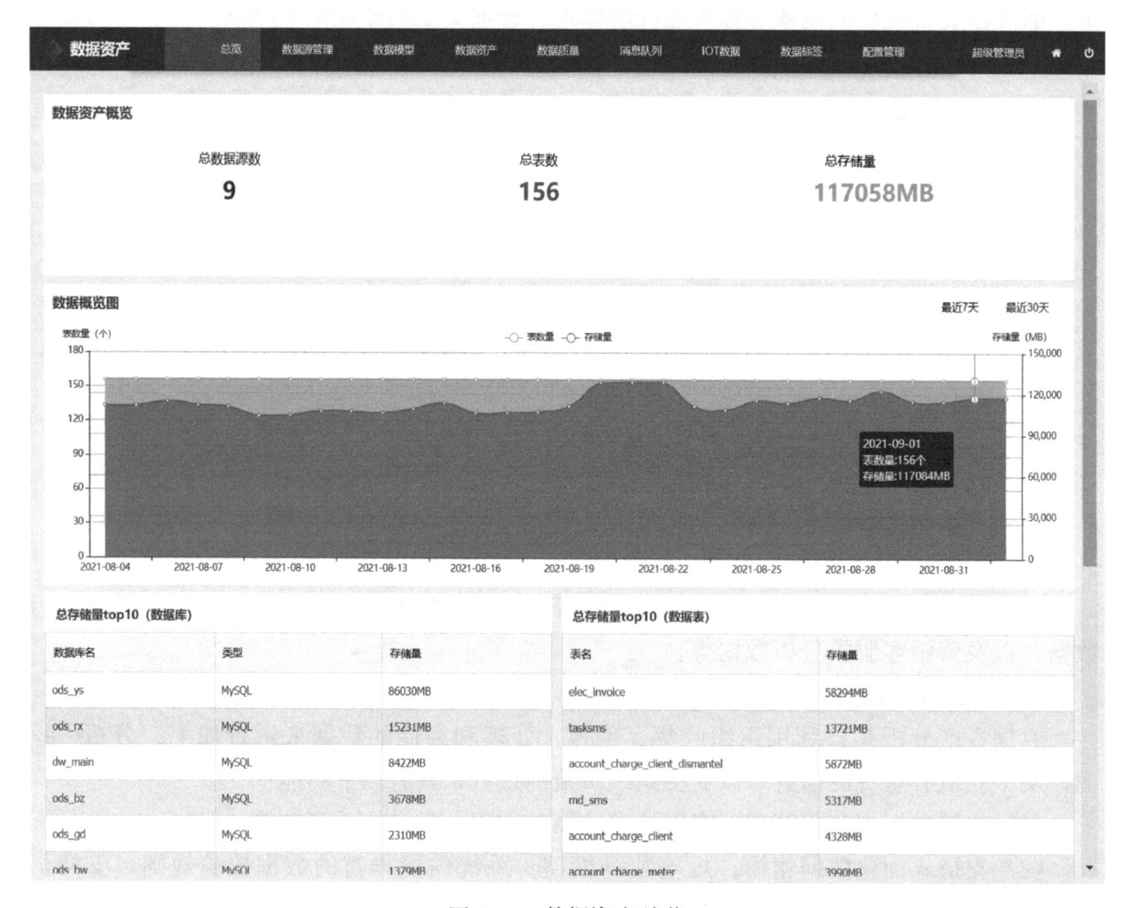

图 10-4　数据资产总览

4. 数据源管理

数据源管理实现对通过数据集成接入到数据平台的外部存储单元属性的管理，包括添加、编辑、删除数据源等操作。数据源新增后，可直接进行连通性测试。数据源管理如图 10-5 所示。

5. 数据模型

随着数据信息化项目的长期运营和开发人员的变动，如果没有规范约束，数据会逐渐变得不规范。数据模型模块旨在通过简单的配置建立模型的约束规则，从而提高数据表命名的规范性。数据模型管理如图 10-6 所示。

6. 数据资产

通过数据资产的可视化，可以快捷访问所有数据表，管理其数据权限，实现数据资产的全方位管理。数据资产如图 10-7 所示。

（1）类目管理

构建树形结构的数据类目，便于进行数据检索与数据维护。

数据资产　总览　数据源管理　数据模型　数据资产　数据质量　消息队列　IOT数据　数据标签　配置管理　超级管理员

数据库:　表类型:　搜索　新增连接

数据源名称	数据源类型	描述	jdbcurl	用户名	应用状态	连接状态	操作
ods_gis	MySQL	GIS数据库	jdbc:mysql://maindb.sjzx.fzwater.com:3306/ods_...	root	使用中	连接正常	编辑 删除
test	MySQL	1	jdbc:mysql://maindb.sjzx.fzwater.com/test	root	使用中	连接正常	编辑 删除
dw	MySQL	数据展示	jdbc:mysql://maindb.sjzx.fzwater.com:3306/dw	root	使用中	连接正常	编辑 删除
dw_main	MySQL	主数据	jdbc:mysql://maindb.sjzx.fzwater.com:3306/dw_...	root	使用中	连接正常	编辑 删除
ods_bw	MySQL	表务数据库	jdbc:mysql://maindb.sjzx.fzwater.com:3306/ods_...	root	使用中	连接正常	编辑 删除
ods_rx	MySQL	热线数据库	jdbc:mysql://maindb.sjzx.fzwater.com:3306/ods_rx	root	使用中	连接正常	编辑 删除
ods_bz	MySQL	报装数据库	jdbc:mysql://maindb.sjzx.fzwater.com:3306/ods_bz	root	使用中	连接正常	编辑 删除
ods_gd	MySQL	工单数据库	jdbc:mysql://maindb.sjzx.fzwater.com:3306/ods_gd	root	使用中	连接正常	编辑 删除
ods_ys	MySQL	营收数据库	jdbc:mysql://maindb.sjzx.fzwater.com:3306/ods_ys	root	使用中	连接正常	编辑 删除

图 10-5　数据源管理

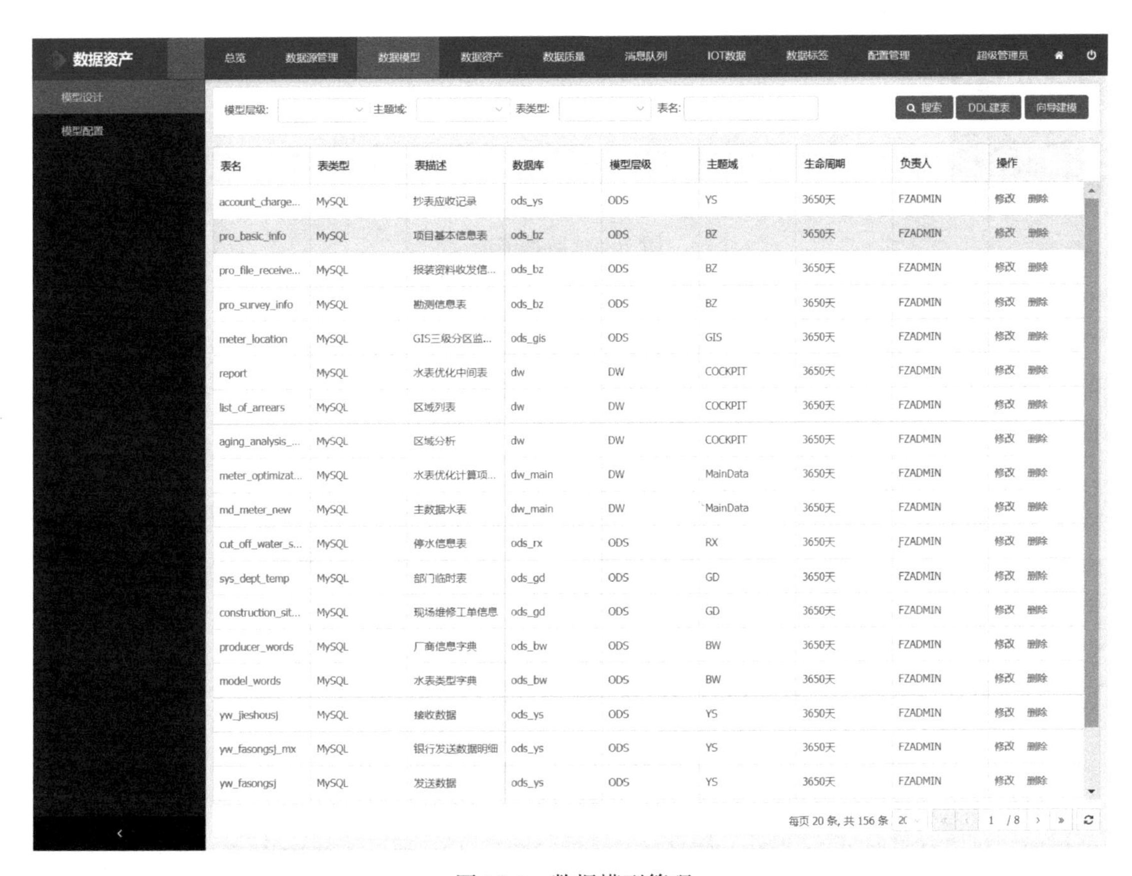

表名	表类型	表描述	数据库	模型层级	主题域	生命周期	负责人	操作
account_charge...	MySQL	抄表应收记录	ods_ys	ODS	YS	3650天	FZADMIN	修改 删除
pro_basic_info	MySQL	项目基本信息表	ods_bz	ODS	BZ	3650天	FZADMIN	修改 删除
pro_file_receive...	MySQL	报装资料收发信...	ods_bz	ODS	BZ	3650天	FZADMIN	修改 删除
pro_survey_info	MySQL	勘测信息表	ods_bz	ODS	BZ	3650天	FZADMIN	修改 删除
meter_location	MySQL	GIS三级分区监...	ods_gis	ODS	GIS	3650天	FZADMIN	修改 删除
report	MySQL	水表优化中间表	dw	DW	COCKPIT	3650天	FZADMIN	修改 删除
list_of_arrears	MySQL	区域列表	dw	DW	COCKPIT	3650天	FZADMIN	修改 删除
aging_analysis_...	MySQL	区域分析	dw	DW	COCKPIT	3650天	FZADMIN	修改 删除
meter_optimizat...	MySQL	水表优化计算项...	dw_main	DW	MainData	3650天	FZADMIN	修改 删除
md_meter_new	MySQL	主数据水表	dw_main	DW	MainData	3650天	FZADMIN	修改 删除
cut_off_water_s...	MySQL	停水信息表	ods_rx	ODS	RX	3650天	FZADMIN	修改 删除
sys_dept_temp	MySQL	部门临时表	ods_gd	ODS	GD	3650天	FZADMIN	修改 删除
construction_sit...	MySQL	现场维修工单信息	ods_gd	ODS	GD	3650天	FZADMIN	修改 删除
producer_words	MySQL	厂商信息字典	ods_bw	ODS	BW	3650天	FZADMIN	修改 删除
model_words	MySQL	水表类型字典	ods_bw	ODS	BW	3650天	FZADMIN	修改 删除
yw_jieshousj	MySQL	接收数据	ods_ys	ODS	YS	3650天	FZADMIN	修改 删除
yw_fasongsj_mx	MySQL	银行发送数据明细	ods_ys	ODS	YS	3650天	FZADMIN	修改 删除
yw_fasongsj	MySQL	发送数据	ods_ys	ODS	YS	3650天	FZADMIN	修改 删除

图 10-6　数据模型管理

（2）数据权限管理

建立完善的数据权限管控体系，防止用户随意访问数据，降低敏感数据泄露的风险。数据权限包括对数据申请记录的查看、对数据访问申请的通过和驳回等。

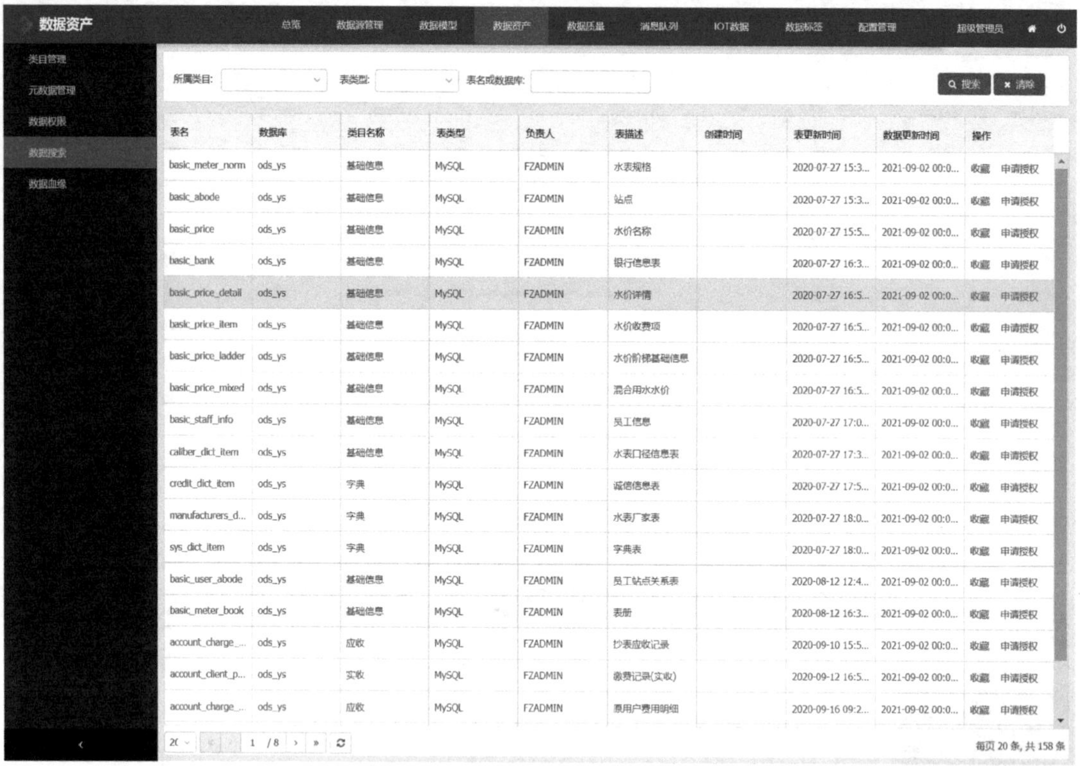
数据资产
总览
数据源管理
数据模型
数据资产
数据质量
消息队列
IOT数据
数据标签
配置管理
超级管理员
类目管理
元数据管理
数据权限
数据搜索
数据血缘
所属类目:
表类型:
表名或数据库:
搜索
清除
表名 数据库 类目名称 表类型 负责人 表描述 创建时间 表更新时间 数据更新时间 操作
basic_meter_norm ods_ys 基础信息 MySQL FZADMIN 水表规格 2020-07-27 15:3... 2021-09-02 00:0... 收藏 申请授权
basic_abode ods_ys 基础信息 MySQL FZADMIN 站点 2020-07-27 15:3... 2021-09-02 00:0... 收藏 申请授权
basic_price ods_ys 基础信息 MySQL FZADMIN 水价名称 2020-07-27 15:5... 2021-09-02 00:0... 收藏 申请授权
basic_bank ods_ys 基础信息 MySQL FZADMIN 银行信息表 2020-07-27 16:3... 2021-09-02 00:0... 收藏 申请授权
basic_price_detail ods_ys 基础信息 MySQL FZADMIN 水价详情 2020-07-27 16:5... 2021-09-02 00:0... 收藏 申请授权
basic_price_item ods_ys 基础信息 MySQL FZADMIN 水价收费项 2020-07-27 16:5... 2021-09-02 00:0... 收藏 申请授权
basic_price_ladder ods_ys 基础信息 MySQL FZADMIN 水价阶梯基础信息 2020-07-27 16:5... 2021-09-02 00:0... 收藏 申请授权
basic_price_mixed ods_ys 基础信息 MySQL FZADMIN 混合用水水价 2020-07-27 16:5... 2021-09-02 00:0... 收藏 申请授权
basic_staff_info ods_ys 基础信息 MySQL FZADMIN 员工信息 2020-07-27 17:0... 2021-09-02 00:0... 收藏 申请授权
caliber_dict_item ods_ys 基础信息 MySQL FZADMIN 水表口径信息表 2020-07-27 17:3... 2021-09-02 00:0... 收藏 申请授权
credit_dict_item ods_ys 字典 MySQL FZADMIN 诚信信息表 2020-07-27 17:5... 2021-09-02 00:0... 收藏 申请授权
manufacturers_d... ods_ys 字典 MySQL FZADMIN 水表厂家表 2020-07-27 18:0... 2021-09-02 00:0... 收藏 申请授权
sys_dict_item ods_ys 字典 MySQL FZADMIN 字典表 2020-07-27 18:0... 2021-09-02 00:0... 收藏 申请授权
basic_user_abode ods_ys 基础信息 MySQL FZADMIN 员工站点关系表 2020-08-12 12:4... 2021-09-02 00:0... 收藏 申请授权
basic_meter_book ods_ys 基础信息 MySQL FZADMIN 表册 2020-08-12 16:3... 2021-09-02 00:0... 收藏 申请授权
account_charge_... ods_ys 应收 MySQL FZADMIN 抄表应收记录 2020-09-10 15:5... 2021-09-02 00:0... 收藏 申请授权
account_client_p... ods_ys 实收 MySQL FZADMIN 缴费记录(实收) 2020-09-12 16:5... 2021-09-02 00:0... 收藏 申请授权
account_charge_... ods_ys 应收 MySQL FZADMIN 票用户费用明细 2020-09-16 09:2... 2021-09-02 00:0... 收藏 申请授权
1 /8
每页 20 条, 共 158 条

图 10-7　数据资产

（3）数据搜索

数据资产管理模块汇聚平台内的所有数据表信息，数据搜索功能实现数据表的查询、快捷查看、收藏、申请授权等功能，方便开发人员和使用人员快速定位所需数据表。

7. 数据质量

从数据完整性、及时性、一致性、有效性、准确性等维度，对数据资产中的数据质量进行监控，发现并告警展示质量异常的数据，方便管理人员对异常数据的定位和后续处理。

8. 权限配置管理

对项目、人员、角色、权限进行分配和管理。

9. 数据服务

支持数据 API 的生成，支持数据服务发布；要求提供 API 授权审批，安全配置、调用监控等安全功能。展示项目中 API 接口被调用的总体情况，不同维度下的 API 接口调用频率、错误的类型分布，统计调用用户、调用量、失败率。方便用户掌握整个项目的数据 API 服务情况。数据服务如图 10-8 所示。

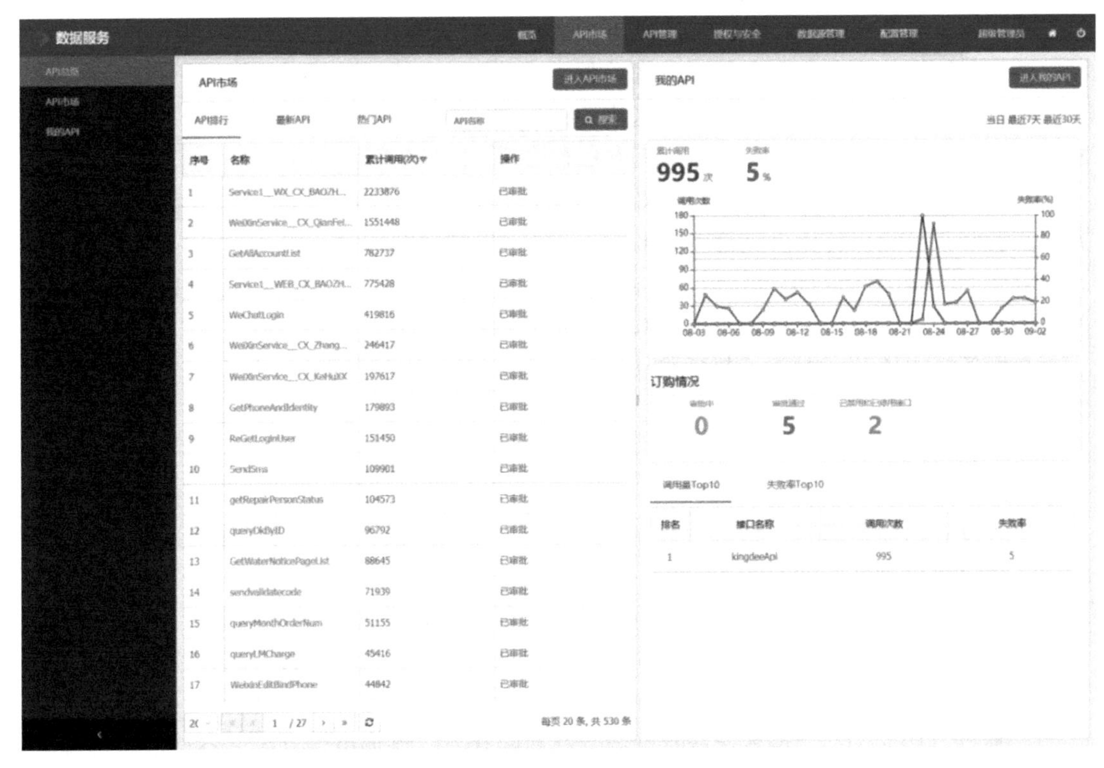

图 10-8　数据服务

10. 2. 3　物联网平台

1. 系统业务设计

基于物联网操作系统的设计理念和特点，通过综合运用物联网、大数据和人工智能等多项技术来做到设备实现互联、数据产生价值、业务持续发展和系统安全可靠，最终达到让各种智能化设备更好的服务于场景，同时也为不断出现的业务需求提供一个坚实技术底座的目标。

（1）设备实现互联：在物联场景中实现真正的设备互联，而不仅仅是各个子系统内部的设备之间连接或者子系统之间的功能性调用；在此基础上，业务应用可以通过 API/SDK 的方式和标准化的形式查看和控制设备，构成业务持续迭代的基石。

（2）数据产生价值：将物联场景中的数据打通并汇聚起来，包括各个子系统设备产生的数据和业务系统的相关数据；在此基础上，提供数据处理的能力，并且通过业务应用将数据的价值赋能给业主/用户。

（3）业务持续发展：在设备互联和数据打通的基础上，向上提供便捷的业务开发及迭代能力；业主方或第三方开发者可以快速的、低成本的实现符合自身定制化需求的业务应用，并且能够对现有应用进行快速升级迭代。

（4）系统安全可靠：提高物联场景下的设备安全、数据安全和系统安全等维度的安全水位，降低物联场景潜在的安全风险。

2. 系统应具备的功能及特点

1）设备接入

物联网平台主要通过以下三种方式实现多协议的支持：

对于传统智能设备，如各种消防感应器、电梯、空调和门禁等，通过运行在智能网关上驱动程序实现设备的接入，接入这类设备，驱动程序支持标准协议类型，如 OPC、MODBUS、BACNET 等，也支持第三方私有协议。

对于支持 IP 智能设备，如 2G、3G、4G、NBIOT、Wi-Fi 设备、网卡，通过直连的方式或者修改升级设备固件支持 MQTT 协议接入到物联网平台。

对于不支持 IP 的新型智能设备，如 BT、Zigbee、LORA、设备，通过自有或第三方的边缘网关设备实现协议转换再以 MQTT 的方式接入系统。

在设备接入环节，引入了共享驱动库的概念，做到驱动程序一次开发，多处使用，降低未来项目实施的工作量提升效率。

2）设备管理

(1) 设备模型

即对设备的抽象模型，是对“设备是什么”“设备能做什么”的一种描述，包括物的状态、物的档案信息、物的功能定义。

① 物的状态（Status）：设备在线/离线、激活/未激活（IOT）的状态。

② 物的档案信息（Profile）：设备身份详情的静态描述，包含设备编码和设备描述信息。

③ 物的功能定义（Functionality）

a. 属性（Property）：设备运行时可持续存在的状态，例如电源开关，空调的目标温度，灯的亮度等，是一个可以持续存在的状态。属性支持读（R）、读写（RW）、写（W）操作。

b. 服务（Service）：设备能够被远程调用而去执行的动作、指令，通常需要花费一定时间执行，例如设备复位、重启、修改密码等。服务包含“输入参数”和“输出参数”，输入参数是指物在执行某一动作时需要的指令信息，输出参数是指物在完成某一动作后需要反馈的状态信息。

c. 事件（Event）：某种情况下物主动上报的信息，这类信息是无法通过查询物的属性而获知的。相比于属性状态，事件一般而言包含设备需要及时被外部感知和处理的通知信息，可包含多个输出参数，如某项任务完成的信息或者设备发生故障/告警时的温度等，事件可以被订阅和推送。

(2) 设备类

通常指物理世界一组具有相同功能设备的集合抽象。物联网平台为每个设备类颁发全局唯一的 DeviceClassKey。每个设备类下最多可以包含 100 万个设备。对于支持 IP 类的智能设备，设备类采用物模型方式来进行表示。

3）设备实例

物联网平台基于设备类实例化的对象，实现智能设备以及传统设备接入。

4）孪生模型

针对具体应用场景的物理空间进行建模，形成在数字空间中孪生模型，便于支持未来可能开展的各类业务管理活动。目前，涉及有设备的空间模型、业务模型（设备之间关系模型）。

孪生模型以节点的方式来创建，分为基础的节点、系统内置节点等，可视化构建模型。

5）规则引擎

物联网平台内置了强大的规则引擎，可以便捷地对设备的实时数据流进行规则定义，支撑用户开展各种业务应用的设计。

规则引擎在事件中心提供可视化的配置功能，实现了设备事件及自定义事件的处理如通知等，联动管理实现了事件触发（时间、设备、脚本联动）。

事件库是联动的起因，预案库是联动的结果。如将所有的室内温度超过 28℃设置为事件，所有的空调开启制冷模式并将送风温度设置到 24℃为预案，那么联动预案即可配置为某个区域温度超过 28℃时，自动执行预案库中相应区域的空调开启制冷模式并将送风温度设置为 24℃。

模式管理：模式配置属于周期性运行，只需要配置设备场景预案，在模式预置中选择相应的预案周期执行即可。如将在每个工作日的 9 时自动开启空调，18 时自动关闭空调。

6）智能网关

物联网平台支持设备直连，同时也支持由网关代理连接。物联网平台配备有专门设计的智能网关硬件设备，它是数据采集的实际执行者，以驱动的形式完成设备连接，有的智能网关具备如下特性：

① 可靠性：抗腐蚀、电磁屏蔽，多重电源保护，可有效保证当部署于野外等各种恶劣环境下时可靠运行。

② 稳定性：系统守护，进程守护，脏数据自动屏蔽，24h 不间断运行。

③ 扩展性：可快速对接设备和增加设备容量。

④ 远程控制：可通过远程的方式对网关做配置、启停或执行脚本，操作人员无需到达部署地点，高危环境下可远离危险。

⑤ 自动更新：可自动更新固件以及网关配置。

⑥ 离线缓存：网关可以离线的方式运行并存储运行数据。

⑦ 通网续传：网关可在网络恢复后自动将离线数据上传。

⑧ 数据清洗：清除无效数据，压缩数据数量，减少带宽消耗。

⑨ 离线实施：自带轻量级引擎，当离线时也可以单独完成设备的测试与对接。

⑩ M2M：可承载特定设备的联动策略的执行，减小服务端压力，提高了系统的响应能力，真正实现了物物互联，即使脱机的情况下也可单独运行。

3. 数据分析能力

物联网数据分析是为物联网开发者提供的设备智能分析服务，全链路覆盖路设备数据采集、管理（存储）、清洗、分析等，有效降低了数据分析门槛，实现了设备数据与业务数据的融合分析透视。

物联网数据分析可与应用开发结合使用，配置数据可视化大屏，完成设备状态监控、园区环境检测、运营大屏等业务场景的开发。

主要功能模块有数据概览、数据资产、可视化、发布列表以及指标库等。

4. 业务分析平台

业务分析平台（BAP）的定位主要是为业务人员、无数据基础的人员提供可视化数据分析功能。

产品功能的特点是零基础、低门槛、易入手。如通过分析页面，用于指标创建，可通过选择预置指标，并确定维度，查询条件，图表类型，最后生成指标面板。

5. 系统监控运维

物联网平台作为物联网解决方案中重要的基础设施，在监控、问题排查以及调试等方面提供了丰富的功能，方便运维人员进行维护和问题处理。

目前的主要功能有：

(1) 在线调试，实现远程设备运维及基础的OS运维的能力，调试真实的设备，包括功能调试、属性调试、服务调试等。还有测试设备功能远程配置，在不重启设备和中断设备的情况下，配置系统参数、网络参数、本地策略等。

(2) 对接设备状态实时监控，包括设备的数据指标、设备的网络状态等。

(3) 运维的大盘，包括设备在线数、设备状态、设备的统计指标等。

(4) 物联网平台组件运行状态监控，包括各组件的流量、负载等指标。

6. 开放平台

开放平台是配合物联网平台的一个独立的辅助工具产品，物联网平台通过开放平台面向开发者提供了丰富、友好的工具集，便于开发者以此为基础构建北向的业务应用以及南向的设备应用。

开放平台包括解决方案、文档中心（开发指南、SDK、Open API等开发用文档）、帮助中心、SDK、系统安装盘ISO、组件库、应用市场以及各种开发工具，如API在线调试管理、应用代码生成、工作流管理、DEVOPS以及测试沙箱等。

7. 平台服务扩展能力

服务扩展目标是为了物联网平台上层业务应用能提供一系列有价值的服务，可以减少应用开发者的工作。

这些服务的扩展机制都基于一个共同的框架并具有很高的客户定制化的灵活性和简易性；同时，系统提供的一系列通用数据模型和逻辑服务，使得其更加完整和完备。

物联网平台的基础技术设施，是基于docker、k8s/k3s、helm、kubeapps为基础技术的云原生上构建，深度合作伙伴可以服务化中间的方式深度融入物联网平台生态。

10.2.4 GIS服务平台

GIS服务平台系统以实现“智慧化管理”为总体目标，以信息化管理为核心，以企业领导及各一线部门的实际业务需求为脉络，依托GIS、大数据、BI、移动互联网等信息化技术，全面切实提升企业的管理、服务、安全、效率、效益。通过信息感知、信息管理、信息分析等现代化技术手段实现水务综合信息管理平台架构的持续创新，为优化公司的营销体系与生产体系，打造现代化的水务企业做好充足的准备。

1. 系统业务设计

借助集团GIS共享服务平台发挥空间信息在水务工作中的基础性和支撑作用，建立完善的空间数据地图，覆盖经营、生产、管网、客服营收等环节，整合业务应用数据，实现时空数据集中汇集展示和专题图层分析应用。

收集水务公司数据情况，在此基础上主要增加内容包括水厂、泵站、污水厂、输水工程、供水区域、供水范围、覆盖人口、经济数据等内容，并通过GIS地图进行展现。

以管网GIS数据库为基础，管网及附属设施信息共享服务平台采用面向服务的体系架构，提供丰富的面向供水业务管理的数据服务、功能服务、运维管理、安全管理、管网综合信息展示等功能及服务，为快速搭建开发功能完善的水务综合业务应用平台提供丰富的服务资源，完善“一张地图”建设目标，同时也为今后水务集团的信息化业务拓展需要快速奠定基础。

平台主要包含数据资源管理系统、功能服务系统、二次开发接口、综合展示系统、运维管理系统等。

2. 系统应具备的功能及特点

(1) 数据资源管理系统

涵盖数据汇集、数据存储、数据处理分析以及数据应用、交互共享全过程。实现水务数据的实时汇集，海量水务数据的集中存储和统一管理，以及有效的数据分析和挖掘等，促进水务数据在获取、管理、应用、共享方面的能效提升。数据资源管理如图 10-9 所示。

图 10-9　数据资源管理

(2) 功能服务系统

包括查询统计、空间定位、地图量算、要素服务、地图服务、空间分析、打印输出等、爆管分析、横断面分析、纵断面分析、流向分析、上下游分析、连通分析等及服务管理（服务目录管理、服务管理、服务聚合拆分、服务注册、服务接口系统等功能子模块）。功能服务管理如图 10-10 所示。

(3) 二次开发接口

系统提供的二次开发接口功能，包括数据服务接口：主要包括各种地图数据服务接口的介绍及使用指南，主要包括 WMS、WMS-C、WFS、WMTS 等；功能服务接口：主要向用户介绍本平台提供的服务接口包括数据服务、目录服务以及功能服务的接口，能够为用户调用并且进行快速的二次开发。数据服务目录如图 10-11 所示。

(4) 综合展示系统

系统主要实现对平台的数据资源、服务资源以及其他资源的展示，如管网数据资源目录及预览、服务资源目录与预览、电子地图浏览、地图检索、地图量测、地图标绘、数据加载、查询、统计、分析等。从而全面掌握管网综合信息，为日常业务及决策提供信息支持。综合展示系统如图 10-12 所示。

图 10-10　功能服务

图 10-11　数据服务目录

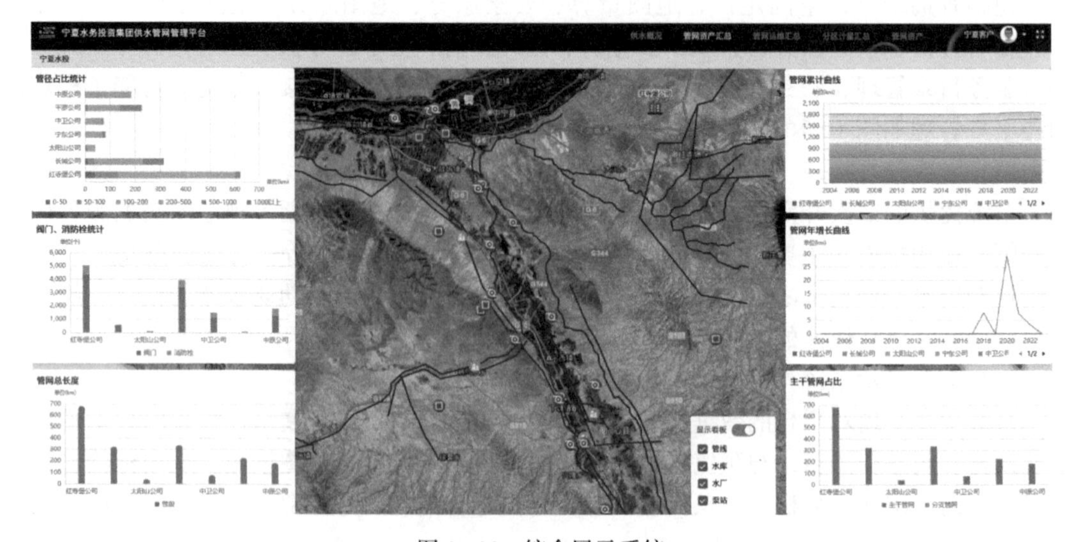

图 10-12　综合展示系统

（5）运维管理系统

包括用户管理、部门管理、角色管理、流程管理、节点管理、日志管理、系统服务、运行监控、系统配置、服务统计、功能定制、元数据管理等功能，实现用户对平台运行的管理与维护。运行维护管理功能如图 10-13 所示。

图 10-13　运行维护管理

10.3　指导思想

自 2013 年住房和城乡建设部办公厅发布关于做好国家智慧城市试点工作的通知以来，根据《国家智慧城市试点暂行管理办法》，已有 193 个城市（区、镇）成为创建国家智慧城市试点。截至 2015 年 12 月，智慧城市申报由智慧城市试点延伸至专项试点申报，包括智慧城市试点申报和专项试点申报两项。其中，专项试点申报领域包括城市公共信息平台及典型应用、智慧社区（园区）、城市网格化管理服务、“多规融合”平台、城镇排污防涝、地下管线安全等。

智慧城市建设是推动集约、智能、绿色、低碳的新型城镇化发展，拉动内需，带动产业转型升级的重要途径。《国家智慧城市试点暂行管理办法》明确指出各地要以创建智慧城市为契机，积极开展体制机制创新，探索符合当地实际的城镇化发展模式，加强城市规划、建设和管理，促进工业化、城镇化与信息化的高度融合。智慧城市不是城市信息化、“数字城市”的简单升级，而是通过构建以政府、企业、市民为三大主体的交互、共享信息平台，为城市治理与运营提供更简捷、高效、灵活的决策支持与行动工具达到可感可视的安全、触手可及的便捷、实时协同的高效、和谐健康绿色的目标。

10.3.1　国家政策导向

（1）“十三五”规划纲要指导

根据国家“十三五”规划纲要指导，明确提出要全面提高信息化水平和加快发展服务业，推动信息化和工业化深度融合，加快经济社会各领域信息化，发展和提升软件产业，加强重要信息系统建设，以信息共享、互联互通为重点，提升政府公共服务和管理能力。

（2）国家对“智慧城市”建设的政策推动

《国家新型城镇化规划（2014—2020年）》《国家智慧城市（区、镇）试点指标体系（试行）》《关于促进智慧城市健康发展的指导意见》等政策反复强调“要实施从水源地到水龙头的全过程监管”。2016年4月，国务院印发水污染防治行动计划，简称“水十条”，力争在2018年管网漏损率控制在12%，2020年管网漏损控制在10%的水平，城市水务工作面临着巨大的发展机遇，同时也存在着巨大的挑战。

（3）国家产业扶持

住房和城乡建设部与科技部联合第三批智慧城市试点中，特别增加智慧水务专项试点，以扶持行业专项厂商，推动智慧城市的行业落地。

（4）“水十条”建设思路

“水十条”为2020年之前水污染治理的纲领性文件，文件明确提出总体要求：全面贯彻党的十八大和十八届二中、三中、四中全会精神，大力推进生态文明建设，以改善水环境质量为核心，按照“节水优先、空间均衡、系统治理、两手发力”原则，贯彻“安全、清洁、健康”方针，强化源头控制，水陆统筹、河海兼顾，对江河湖海实施分流域、分区域、分阶段科学治理，系统推进水污染防治、水生态保护和水资源管理。坚持政府市场协同，注重改革创新；坚持全面依法推进，实行最严格环保制度；坚持落实各方责任，严格考核问责；坚持全民参与，推动节水洁水人人有责，形成“政府统领、企业施治、市场驱动、公众参与”的水污染防治新机制，实现环境效益、经济效益与社会效益多赢。文件不仅从总体目标上给出了明确建设思路，同时细分了各项目建设指标。

10.3.2 信息化发展趋势

（1）信息网络安全化

网络安全和信息化上升为国家战略。强调“没有网络安全就没有国家安全，没有信息化就没有现代化”。国家层面的重视，势必对企业信息化和信息安全的提出更高要求。

社会公众对于公共服务、个人信息、隐私数据愈发重视和敏感，一方面要加强生产运营层面的网络、信息安全保障，确保信息系统稳定、可靠、安全运行；另一方面，要重点保护好大量的客户数据、GIS数据等关系国计民生的数据。

（2）信息服务移动化

移动互联网深刻地改变着我们的生活，越来越多的企业应用已转向移动端，其带来的效率、便捷、随时随地和用户体验，是传统PC业无法比拟的，公司未来需要紧跟时代潮流，谋划信息系统的移动端转型，建立移动互联网应用的统一平台，逐步建立OA、管网巡线、抄表收费、客户服务、三级巡检、GIS、PMIS等移动互联网应用平台。

（3）信息应用大数据化

在宽带化、移动互联网、物联网、社交网络、云计算的催生下，“大数据”成为时下最火热的IT行业的词汇。大数据开启了一次重大的时代转型，无论是商业、思维还是管理，都无时无刻不再受到数据的影响和改变。互联网时代，数据为王、用户量为王。

水务企业可以探索深入挖掘公司庞大的客户信息数据，以“大数据”理念，创新业务模式，向客户提供数据分析增值服务，开展“数据”服务，例如：

① 行业发布用水动态指数（反映经济景气情况或资源消耗情况），如酒店业、餐饮业、娱乐业等，以满足其行业分析、竞争对手分析的需要，但需避免提供具体某一客户数据，以免陷入法律问题。

② 提供重点客户用水量分析，如用水大户、连锁性企业，多分店企业，便于总部对于分店的经营情况、节水情况进行横向比较。

③ 信息交互智慧化。智慧城市概念如火如荼，智慧水务作为智慧城市的重要组成部分，是未来水务信息化的发展方向，水务企业应以此为契机，争取政府在政策、资金、技术等方面的支持，通过传感、物联网、4G/5G 技术、云计算、移动互联网等新一代信息技术，加快物联网在管网资产管理、实时数据监测、水表、阀门、道路积水监测等重要设备领域的推广应用，提高运营管理精细化水平，逐步形成全面感知、广泛互联、实时在线的水务智能管理和服务体系，实现信息交互的智慧化。

④ 信息载体绿色化。打造节能和环保的绿色 IT 是信息化基础设施建设的趋势，未来应积极考虑计算机桌面的虚拟化方案，有效降低能耗，降低总体拥有使用成本，提升信息安全和减少网络带宽要求。

10.4　技术框架

技术框架设计如图 10-14 所示。

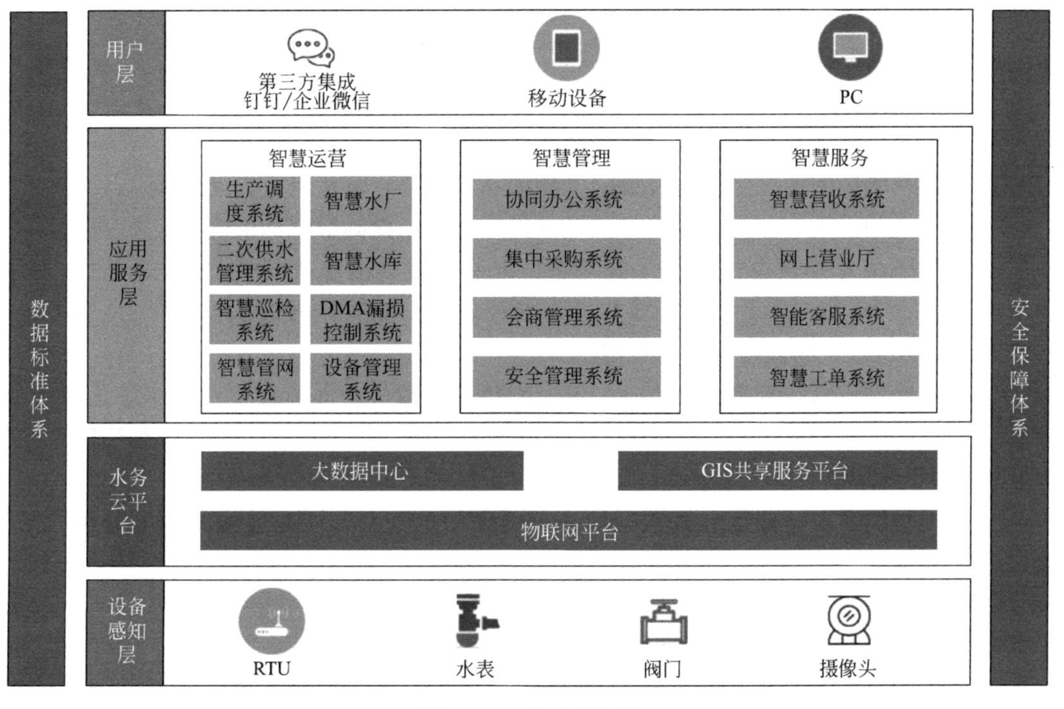

图 10-14　技术框架图

10.5 智慧运营

10.5.1 生产调度系统

生产调度系统覆盖了“从水源地到排污口的全过程监控”，通过在线采集设备，实现对水源地、水厂制水、配水、用水、污水处理厂、排污口的全过程监管，为企业的运营生产、统合调度提供可靠的数据，从而实现供水企业的平衡调度、经济调度。

建设供水生产数据采集与监视 SCADA 系主要包括数据监测、异常报警、报表、图形、视频监控等功能，完成生产计划、调度指令、应急调度、调度值班、公告通知、查询统计等调度业务管理工作的信息化。集成供水 GIS、水力模型等系统，实现系统的“网络化”“集成化”。

完成科学调度管理系统开发，实现调度工作的“智慧化”的目标，主要实现系统自动分析原水、供水、压力和能耗关系，根据分析结果给出各水厂原水量、供水量和水泵搭配的方案，实现安全供水条件的经济调度。并根据科学调度的需要，完善本部和二级企业厂级监控、管网、水质监测等现场监控系统的建设，补充完善监测；联网应用新技术，实现调度管理系统的“智慧化”，打造智慧水务平台。

1. 系统业务设计

通过合理的输配水调度，实现保证受水区所需水量；不造成水资源浪费；确保设备的均衡运行。系统可根据用水计划和设备运行工况进行在线调度。以生产系统为核心，集过程、设备、药剂、质量等功能于一体的生产管理平台，联合水库、管网、客服、水质、工程等部门，建立综合性的调度管理平台，方便调度计划的制定与监控。

2. 系统应具备的功能及特点

（1）系统信息采集与展示系统

① 支持多种品牌、多种协议的自控设备和自控系统；

② 自控系统中的所有生产运行数据（数值、状态等）都可进行自动采集；

③ 数据自动采集、分类、存储，减轻人员工作量，提高数据的准确性；

④ 采集机组开停状态、阀门开关状态、取水流量、送水流量、出厂水压力、水位、投药量、电流、电压、电量等运行参数，以及耗氧量、氨氮、pH 值、浊度、余氯等各工艺环节水质参数，全面监控生产运行情况；

⑤ 采集管网压力、流量、浊度、余氯、噪声等参数，全面监控管网供水输配、水质、渗漏情况，当出现噪声异常时系统发出故障点渗漏预警，当出现压力、流量突变时系统发出事故点爆管报警；

⑥ 实时数据需要与调度分析数据分离，确保信息安全，同时转换为调度分析所需的数据类型和格式。

（2）调度计划管理

对调度计划进行管理，包括调度计划制定、删除、修改等。

（3）调度指令管理

① 提供调度指令下发和执行情况管理功能。

② 提供调度员当班期间发生的重要事件管理功能，包括时间、类别、具体内容、联系人和联系方式等。

（4）停水管理

提供管网减压/停水、水厂减压/停产调度事件管理功能。包括停水性质、停水原因、影响区域、停水时段、管径、操作阀门、操作人、审批人等。

（5）事件管理

对水厂停电、生产事故、管网爆漏、水源污染、水质异常、设备故障等应急事件的发生原因及处置情况进行记录，并能够进行查询和统计分析。

（6）应急调度

应急事件按危害程度分为重大事件、较大事件和一般事件三级：

① 重大事件包括饮用水源遭受污染；水厂停产；主干管爆管造成大面积停水；氯气等危化品泄漏；重要设施设备损坏；投毒、爆炸、袭击等恐怖破坏事件；因地震、洪涝、火灾等突发灾害造成供排水设施损毁等。

② 较大事件包括水厂减压供水；大面积低压停水；主要设施设备损坏；可预见的危及公司生产经营的重大事项等。

③ 一般事件包括影响程度较轻的水质超标；区域性停水；管道爆漏；设备事故等。

重大事件、较大事件、一般事件在 GIS 地图上分别用红色、橙色、黄色报警显示。点击某个报警点，将以信息框形式展示其详细信息，并可查看已上传的现场图片和事故报告。

现场和管控中心建立通道，实现管控中心和现场的视频、音频的实时交互，为远程决策提供依据。

（7）统计分析

能够根据统计条件自动生成相应报表，各类关键生产指标则通过计算引擎定时自动产生。主要包含以下功能：

① 日、月、年水质、压力、水量统计；

② 日、月、年生产成本统计；

③ 漏损率、产销差率分析；

④ 历史趋势曲线和图表；

⑤ 不同站点的对比；

⑥ 同一站点不同时段的对比等。

典型行业产能产量对应用水量分析：按行业分类，每行业按产能规模各按“大、次大、中、次小、小”划分为 5 个规模档，每档选取 1 企业作为统计测样点，另选取同等产能规模的两个企业作为类比测样点；对各测样点主要的耗水生产线安装检测仪表（进水检测水量和常规水质，出水检测水量），采用无线远程方式把各个监测点的数据集中采集到监测中心；根据需要完成对数据的分析和报表输出，分析出典型行业的用水规律，为水资源科学调配提供数据支撑。

10.5.2 智慧管网系统

智慧管网系统把所积累的大量的供水管网编辑、施工、竣工的图件和表册资料信息化图形化，大大减少了查看及处理这些管网信息的难度，满足了管网的信息化管理模式，主要用于供水管网的查询定位、资产统计、空间分析（爆管分析、停水分析、消火栓服务半径分析）、图档管理、台账管理等方面的由基础上延伸的日常业务应用与管理平台。将为水务公司提供高效、科学化、精细化的业务管理平台。

1. 系统业务设计

B/S 端管网 GIS 综合应用系统是在管网基础数据管理平台基础上延伸的日常业务应用与管理平台。主要用于供水管网的查询定位、资产统计、图档管理、台账管理等方面，旨在为水务企业提供高效、科学化、精细化的业务管理平台，为工程、养护、巡检、服务提供 GIS 一张图数据。供水管网 GIS 系统以基础地形图为基础，以供水管网数据为核心，紧密结合供水管网管理需要，采用 B/S 和 M/S 相结合的方式，为供水企业自动化采集、管理、更新、分析与应用供水管网数据，确保供水管网的正常运行提供了一套科学、有效的信息化管理工具。管网展示图如图 10-15 所示。

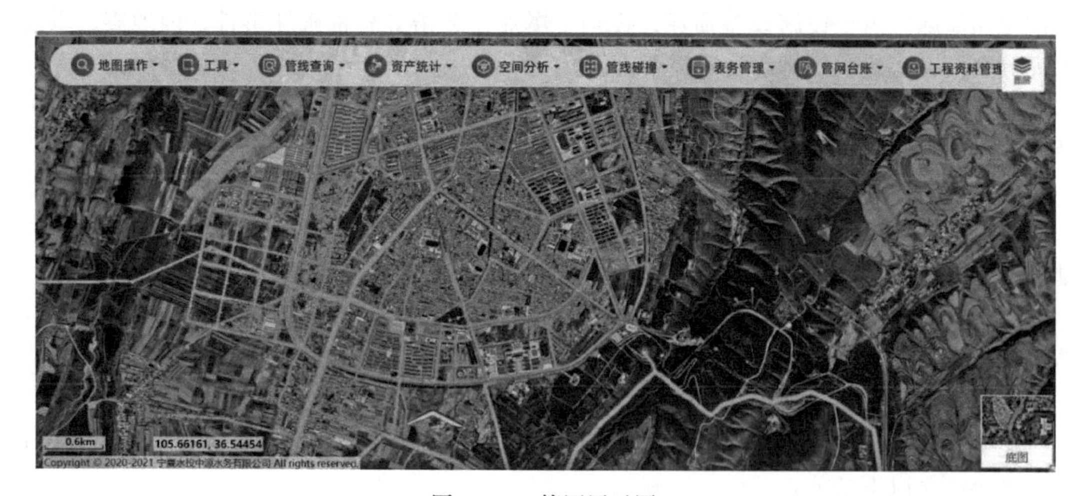

图 10-15　管网展示图

借助 GIS 充分利用现有管道及地理地形数据，实现管道空间数据、属性数据、拓扑关系的一体化管理，为供水系统城市规划、设计、施工、输配调度、生产调度、设备维修、管网改造、抢险及安全生产等作业提供所需的专业的信息。可为供水管网的维护维修、事故抢险、业务分析提供准确可靠的数据，形成一套行之有效的智慧管理系统。

2. 系统应具备的功能及特点

（1）管网 GIS 应用系统 B/S

供水管网 GIS 系统需要将管网数据的成果共享到全公司内部的各个部门和所有使用人员，为用户提供管网数据浏览、查询、统计、分析、维护、系统集成、打印出图等丰富又实用的 GIS 业务应用功能。

同时，供水管网 GIS 系统网页版也能无缝集成政务网发布的各类底图服务与“电子地图”数据服务，网页版通过 REST/Web Serice 等方式与各类专网数据、公网数据进行互通，能极高的提升共享的效率，降低技术复杂度，提升安全性，也能无缝扩展到平板、手机应用上。

（2）管网 GIS 应用系统 M/S

面向供水企业数据采集维护人员，具有数据浏览、查询、统计、定位等功能的移动办公系统，支持外业人员及时、快速地进行数据管理与维护，最短时间内解决突发事故，提高工作效率。

① 地图浏览：支持地形图和管线数据的各类地图操作，便于快速浏览所需地图，软件界面美观。

② 地图缩放：包括放大、缩小、全幅显示。

③ 漫游：地图移动。

④ 量算：包括距离、面积、角度量算。

⑤ 地图设置：设置地图比例尺、样式和布局。

（3）管网查询

查询的方式分为两种，根据图形查属性和根据属性查图形。

① 图形查属性是根据地图窗口的管线、管点等空间对象，显示属性表格，浏览全部属性项，此类查询包括以下几种：

a. 区域选择：根据需要在全幅地图中进行区域选择查询，以便缩小查询范围点选查询：单个选中元素进行查询属性信息；

b. 选择查询：提供矩形、圆形、任意多边形等区域的查询；

c. 属性分类查询：根据管线的属性信息进行分类查询。

② 属性查图形是根据安装日期、管径、道路名等属性模糊查询，能够直接定位至空间对象，并高亮度显示，此类查询包括以下几种：

a. 属性分类查询：根据对象的属性信息查询；

b. 所在空间位置条件查询：根据设定条件查询对象并定位至空间位置；

c. 模糊查询：不知道具体信息和进行相关信息查询时，给定模糊条件查询出满足此条件的所有空间对象。

查询方案对历史查询方案进行保存和管理，并且可以对存在的查询方案进行编辑，以便将来直接调用。

（4）定位查询

定位是一种快捷的查询方式，用户可以根据坐标、道路名、图幅、设备编号等方式快速地查询到空间对象，从而达到定位目的。

（5）资产统计

提供丰富的报表统计方法和专题图表达方法。

① 全市统计：对全各种类型的管线、管点信息进行统计报表输出和各类专题图输出；

② 管线统计：按口径、材质、道路、工程、时间等条件对管线长度进行统计和各类专题图输出；

③ 设备统计：从道路、工程、时间等条件对设备数量进行统计和各类专题图输出；

④ 自定义统计：用户根据自己需要构造统计条件进行统计和各类专题图输出；

⑤ 统计方案管理：对历史统计方案进行保存和管理，并且可以对存在的统计方案进行编辑。统计查询如图 10-16 所示。

（6）管网台账

提供日常管线维修、养护等台账录入、查询、统计等操作。

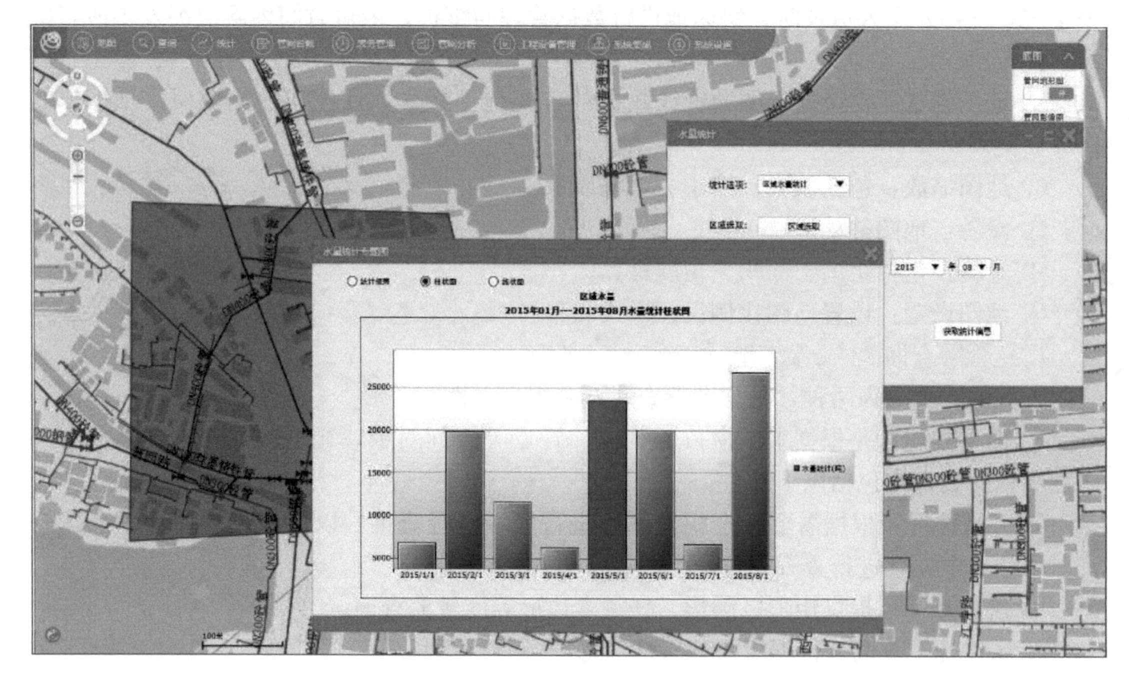

图 10-16　统计查询

（7）空间分析

① 缓冲分析：根据选定的轨迹、线路、管线缓冲周边一定距离的管线与设备，为施工、设计提供基础管网资料。

② 横断面分析：显示某路面横截面下管线的铺设情况，及该横截面管线相关属性信息和分布信息。

③ 纵断面分析：显示某段管线的走向、埋深及标高等。

（8）工程图档管理

系统支持各类管线工程的图档资料管理，并建立管线 GIS 数据与图档资料的关联关系，实现基于 GIS 系统查阅管线对应的设计图、施工图、竣工图等资料。

（9）移动 APP

系统支持安卓、IOS 操作系统移动端的管网数据浏览、查询与定位。移动端查询展示如图 10-17 所示。

10.5.3　智慧巡检系统

智慧巡检系统使巡查工作变得有计划性、有条理，在巡查工作完成之后可使巡查工作可追溯，也方便巡查工作量的统计。支持按计划状态和巡查时间分组显示计划，使得巡查工作有章可循。

利用现代化信息手段改变目前管网管理模式是提高企业管理水平和效益的最有效途径，将 GIS 技术应用到地下供水管线管理中来。根据其应用效果来看，管网 GIS 不仅能显示地下管线分布情况，而且能高效、方便地对管线进行管理、查询、统计、更新和绘图，极大地提高了管线管理效率。

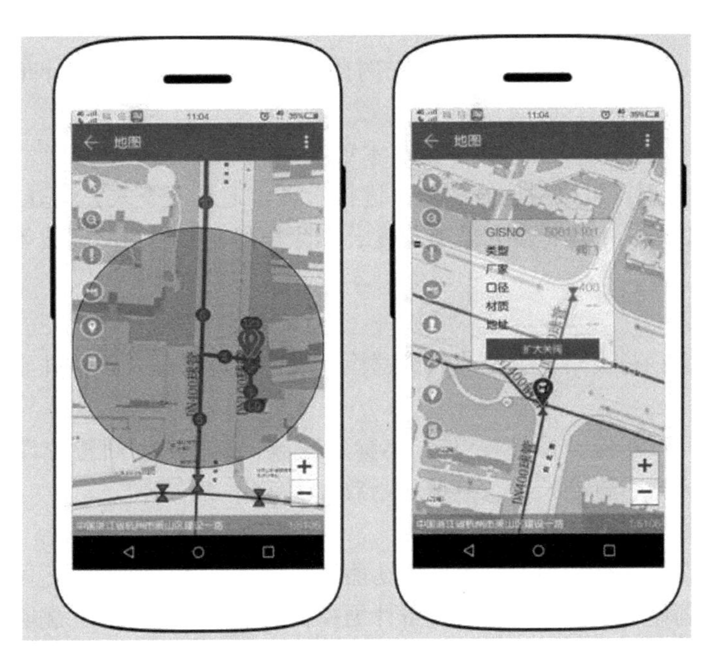

图 10-17　移动端查询展示

管网巡检系统能满足管网的静态管理，而 GIS/GPS/4G 等技术则能帮助水务企业实现管网的动态管理。GIS/GPS/4G 的数据采集、实时定位与无线通信功能，一方面能解决管网 GIS 数据来源问题，加强管网巡检和维护；另一方面，能以工单的形式更有效指挥和决策外业现场管网巡查和事故应急抢修。

1. 系统业务设计

智慧巡检系统是“管网移动办公平台”，是结合 GIS、GPS、3G/4G、移动互联网等技术开发而成，主要针对水司管线巡查、工程施工、偷盗用水、设备缺失等方面，支持事件上报、任务派发、事件处理、轨迹管理、考核监管等业务流程管理。该模块操作简单、与实际业务结合紧密，能将水务公司的信息化工作从公司内部逐渐扩展到公司外部。

2. 系统应具备的功能及特点

（1）巡查计划

① 计划管理：制定管线巡查计划，记录名称、巡查范围、计划类型、巡查间隔、巡查管径、巡查材质、巡查范围等信息；巡查间隔可以按天、周、月；可以直接应用管线巡查计划模板。

② 调度任务下达：调度中心指挥人员可以通过此功能把巡检任务或紧急事件处理情况下发到巡线人员，巡线人员根据调度任务导航到事发地点，最快地进行巡检或处理事故。

系统的手机端可以查看爆管、检修、报警等，从监控中心下发的任务，并可以通过导航，将手机持有人导航到检修和爆管地点。

（2）巡查轨迹管理

① 巡检监控：可以实时观察到巡检人员的动态，并在地图上显示。

② 巡检定位：可显示系统中所有巡检车辆和人员的实时位置、历史轨迹等。能直观地显示每个人员和车辆，点击车辆和人员时能看到车辆和人员的位置描述、海拔、速度、

方向等信息。

③ 事件分布图：可以在地图上不同的时间节点显示上报事件的分布情况，事件分为已处理和未处理。

④ 时间节点：本月、上月、本季度、本年度。

⑤ 巡查轨迹管理：可以对巡查的轨迹进行管理，记录巡查人、巡查线路、开始时间、结束时间、在线时长、平均速度、轨迹长度、实际长度、上报的问题数等信息，并可以对轨迹进行查看和回放。

（3）巡查报表

巡线报表分析：对线路、单位或人员巡检完成情况进行综合评估并生成报表、生成漏检报表。

可以根据时间（年份、月份）、计划名称、区域、巡查人、轨迹统计管线巡查的总长度、人员的出勤天数、轨迹长度、上报问题数等。

（4）设备巡查

在制定具体设备巡查计划前，可依此功能制定设备巡查计划模板，便于巡查计划的制定。设备巡查计划模板功能主要是对设备计划模板的管理，可制定、删除、修改模板，以及特定条件查询等基本操作。

（5）巡查事件监控

显示本月已处理、未处理和总事件的数目，以及各事件在地图上的分布位置，同时也可以对事件详细信息进行查看、巡查人员状态的查看，包括一些基本的地图操作。

（6）考核指标管理

系统对巡检员和班组巡检的到位率、任务完成率、有效巡检时间等关键指标进行统计与管理。

10.5.4　设备管理系统

设备管理系统是企业管理中的一个重要组成部分。目前，水务公司固定资产具有数量大、种类多、价值高、使用周期长、使用地点分散等特点，管理难度大。

手工记账由于管理单据众多、盘点工作繁重，需占用大量的人力物力，而且固定资产的历史操作和资产统计工作异常困难，导致资产流失和资产重复购置。近些年出现了一些固定资产管理的软件，虽然在很大程度上解决了手工记账方式的问题，但多数系统采用手工方式录入数据，不仅速度慢、易产生错误，而且存在资产管理中资产实物与账务信息脱节的严重问题，难于满足现代企业管理的需要。

设备管理系统包括资产日常管理、资产折旧管理、报表统计、资产申购审批管理、资产清查管理、重点资产管理、系统管理等模块。提供资产增加、减少、转移、租赁、停用、封存、闲置、报废和调拨等管理功能，提供所需各类报表，提供灵活多样的统计和查询。

设备管理系统将通过给设备附二维码，对所有供水管网、水表、阀门、水表井等资产进行编码，是以实物管理为特点，以化繁为简为目的的管理类软件。没有信息的收集，就谈不上管理，针对固定资产管理中经常出现的实物与财务账目不符的情况，运用条码技术为水务公司解决问题，使企业管理有条不紊、账物相符，使企业决策者全面了解所有固定资产的情况，大大减少企业的成本，真正实现厉行节约的原则。

1. 系统业务设计

系统主要特点是采用了先进的二维码技术，对固定资产进行标示，利用条码信息介质，对固定资产进行生命周期和使用状态全程跟踪。标示后的资产在进行清查或巡检时显示出条码技术的最突出的特点：方便、快速、准确。使用扫描终端对固定资产上的二维码进行扫描，作为信息录入的手段，大大提高了清查工作的效率，同时保证信息流和资产实物流的对应。有效解决企业固定资产的管理难题，使企业更轻松、更有效地管理固定资产。

2. 系统应具备的功能及特点

（1）资产信息管理

资产信息管理模块分为新资产录入、资产分配、资产验收、资产审核、资产盘点等。

当有新的资产到货后，要进行资产审核和验收，如果审核通过的话就要进行资产的录入，并生成对应的二维码贴于资产表面，然后进行资产的分配，一段时间后还要进行资产的盘点，主要是对资产的增加、报修、报废等进行记录，通过资产盘点掌握固定资产的使用情况和在用资产、报废资产的情况。

资产盘点主要包括盘点清单和盘亏处理等。

（2）手机端管理

用户登录手机端，除了查看资产信息外，还可以对资产进行相关的操作，包括资产的报修、报废、转移和外借。

（3）报表管理

报表管理模块实现了资产清单查询、资产分析和其他操作。资产清单包括现有所有资产清单、已分配资产清单、新登记资产清单、送修资产清单、闲置资产清单、领用资产清单和已报废资产清单。

（4）二维码管理

二维码模块主要用于二维码的设计、生成、存储、识别。二维码具有信息容量大、信息密度高等特点，并且还可以根据需要设置不同的纠错级别等特性，且生成的二维码可以打印在普通的纸上面，成本比较低廉。

在资产登记后，系统会为每一个资产生成一个全局唯一的 ID，为了保证手机端在无法连接网络的情况下通过扫描二维码也可以获取资产的详细信息，特对二维码所存储信息进行详细设计。

二维码中包含的详细信息有：资产 ID、资产名称、资产类型、资产价格、资产生产厂商、资产分类、资产颜色、资产型号、资产采购日期、资产使用期限。其他信息如资产持有人、所在部门等信息需要与 Server 端交互来获取。

（5）表务管理

表务管理模块，将水表的全部生命周期（新装、换表、改表、迁表、拆表、复表、停表）管理起来，同时在地图上进行展示、查询、统计。系统对表务数据进行明晰的统计分析，为管理者提供决策依据，如故障换表业务，可统计各个厂家、各种型号、不同口径、各种故障原因的分布及比例。

（6）基础信息管理

① 基础信息模块主要包括单位管理、资产信息管理和额外信息管理，其中单位管理

提供添加、删除单位等功能；

② 资产信息管理主要用于对资产的一些属性信息进行管理；

③ 额外信息管理主要是对一些如打印机和资产的额外信息进行管理。

10.5.5 DMA 漏损控制系统

DMA 漏损控制系统通过分区管理，能够有效地缩短管道漏点感知及定位时间，有效地避免了管道小漏变大漏的问题。能够有效提高人工检漏效率及降低成本，促进人工检漏与分区技术的无缝衔接。通过三级分区，缩小独立计量的区域，有效弥补人工检漏容易发生的盲区，实现保安全与控漏损的双重目标。

1. 系统业务设计

DMA 漏损控制系统是针对供水管网“DMA 分区管理与漏损控制平台”，主要用于高效、准确地计算与分析同心分公司各分区产销差，为自来水精细化区域产销差和漏损率控制提供数据依据。通过 DMA 分区漏损控制系统的建设，可以明确了解到各区块的产销差分布情况，哪边产销差高、哪边产销差低，便于后期进行排查降损的工作，协助同心分公司降低产销差，从而提高经济效益。具体包括如下方面：

(1) DMA 分区：支持一级、二级、三级、四级等多级分区的建立与设置，分区流量计的空间与实时数据的显示，分区水量与分区产销差与漏损率的核算。

(2) 总表/考核表管理：支持总表与分表关联关系的建立，快速核算总表与分表之间的产销差。

(3) DMA 分区规划：根据需要建立的 DMA 分区区域与管线分布情况，分析合适区域流量计安装的位置。

(4) DMA 分区分析：根据需要建立的 DMA 分区以及水厂数据、调度数据、营业数据，智能分析分区的用水规律、漏损与产销原因等。

(5) DMA 分区报表：根据 DMA 分区情况和供水、售水数据，能快速统计每个 DMA 分区产销差率，便于进去区域产销差控制。

2. 系统应具备的功能及特点

(1) 分区总览

系统基于供水管网“一张图”，支持多级 DMA 分区管理，查看各个分区的漏损情况，能够直观地显示各级分区空间范围和各分区边界流量计设施空间分布。在用分区和规划分区同时能够显示当前分区的管网公里数、GIS 用户数、已匹配管理信息系统（MIS）用户数、远传水表个数、压力计个数等管网资产数量。

(2) 流量

① 流量监控：系统可监控各级分区的实时供水量、日供水总量和边界流量计实时流量，并自动与前 7 日流量平均值进行对比，及时发现流量异常情况。

② 流量查询统计：支持按每日、每周、每月、一年或者指定时间段查询和统计相关数据。流量监控查询统计如图 10-18 所示。

(3) 水量异常预警

① 自动捕获水量异常：系统根据预警条件可自动捕获各分区异常水量信息，详细记录异常发生时间段、异常类别、异常水量等，便于调度人员进一步判断导致异常的原因。

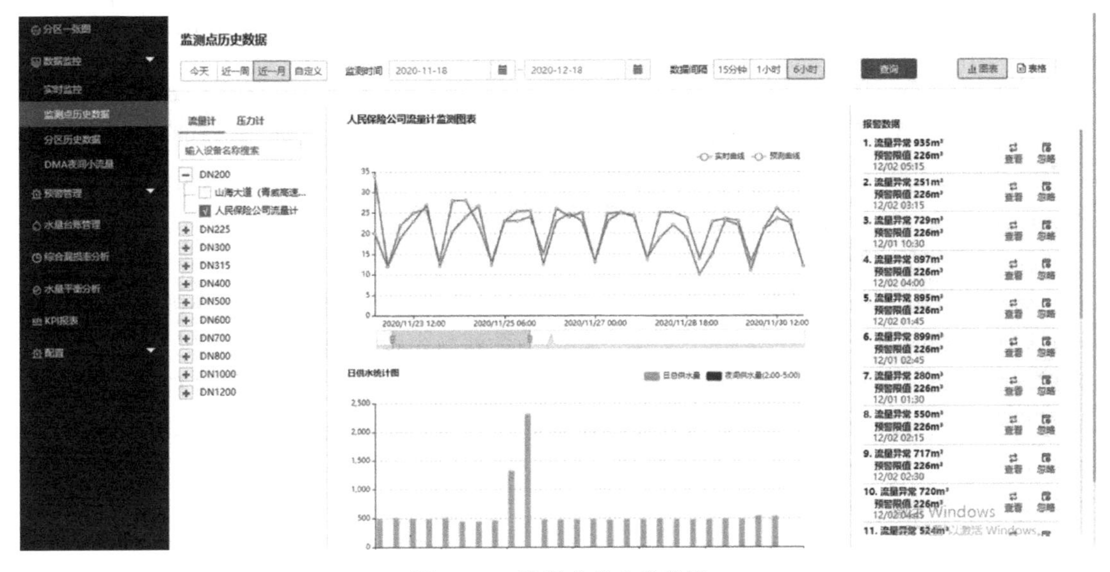

图 10-18　流量监控查询统计

② 预警信息查询：可按分区名称、时间段查询所有分区近一个月、近一季、近一年的所有预警信息。

（4）无收益水量

① 无收益水量管理：支持用户实时新增、编辑、删除无收益水量信息，便于将来更加准确地核算管网漏损率指标。

② 无收益水量查询统计：可按分区、月度、年度查询各个分区无收益水量信息。

（5）漏损率

① 漏损率核算：系统根据各个分区的供水量、销水量，自动核算月度/年度产销差率，同时支持同比去年与环比上月。

② 漏损率查询统计：可按年度、月度查询统计各个分区的漏损率。

（6）系统元数据配置

① 流量计管理：支持用户新增、修改、删除、查询各分区流量计；

② 分区管理：支持用户新增、修改、删除、查询各级分区；

③ 流量计预警管理：允许用户自定义预警参数，支持常规预警和特殊预警设置；

④ 其他配置：可对分区级别、分区类别、分区产销差的属性进行设置。

10.5.6　排污综合调度系统

排污综合调度系统在实现排污管网的智慧化管理和优化调度的基础上，统一数据管理与数据交换机制，指导形成各专业的应用系统；实现供水、排污系统范围的信息资源共享，实现基础数据信息化、管理信息化、服务信息化、决策信息化，建成具有水司特色的调度综合体系。

10.5.7　协同办公系统

协同办公平台是水务公司整体信息化建设中的重要环节，通过协同办公平台的建设推动公司构建一个以人为中心，关联各管理要素，实现集团协同办公、高效展现的集成工作平台，全面提升水务公司办公效率，提高企业的竞争力。

协同办公系统将大大提高信息资源的流转效率，而且最大限度地发挥信息流的应用价值，提供最好的决策支持和集团数据资料库。避免人为因素，实现了管理的规范、无私、科学；提供平等互动交流平台，增加团队协作沟通能力；形成健康、积极的文化氛围，增强组织的凝聚力；有利于对外宣传、提升企业整体形象等。

1. 系统业务设计

通过协同办公系统，建设水务公司企业信息门户（EIP），以企业门户为统一展现手段，以开放的应用开发平台为应用支撑，提供一系列与企业资源计划（ERP）系统互补的管理支撑功能，涵盖业务支撑、OA 协同支撑、知识支撑、专项管理支撑和 ERP 整合支撑等五大类核心应用功能，支持电脑与手机协同办公。主要功能包括：统一身份认证、门户管理、公文管理、流程管理、新闻管理、车辆管理、会议管理、资产管理、业务建模平台、外部系统集成等各类功能。

2. 系统应具备的功能及特点

（1）统一身份认证（SSO）

SSO（Single Sign-On）单点登录服务，是指用户只需要进行一次登录，就可以访问到所有的授权服务，在某些情形下，也可称为全局登录服务（Global Sign-On，GSO）。SSO 实现了对信息资源访问权限的集中控制，并且采用了基于角色的权限管理模型，使得企业对权限的管理更加合理方便。

（2）门户管理

通过门户管理功能，可以根据用户的需要由业务人员通过拖拉拽的方式配置门户中的内容，无需开发就能实现门户的调整，门户支持企业门户、部门门户、项目门户、个人门户配置与管理，支持多级门户，并可根据不同门户应用的要求分配不同的使用人员，根据不同的管理要求可以设置门户的维护人员，维护人员可以自行调整页面。门户管理页面如图 10-19 所示。

（3）公文管理

① 发文管理

发文处理：以本单位名义发出的一切公文统称发文，是具有效力和规范格式的文书，接收单位可以是上级机关、下属单位或相关单位。发文处理指以本单位名义制发公文的过程，包括拟稿、核稿、会稿、审稿、签发、编号、排版、校对、打印、分发、归档等环节。发文按文件性质，又可以分为多种发文，如正式发文、内部呈报件发文或专报件发文等。发文管理页面如图 10-20 所示。

② 收文管理

凡外单位（上级单位、下级单位或相关单位）发至本单位的所有公文统称收文。收文处理就是对收到公文的办理过程，包括签收、登记、拟办、批办、传阅、承办、办理、归档等环节。收文管理页面如图 10-21 所示。

③ 公文交换

公文交换模板对应配置，转换类型有：发文转收文、收文转发文、收文转收文，是模板与模板之间的对应，用于文书签收时可选择的模板。

图 10-19　门户管理页面

传阅　发起督办　发布　推送到新闻　发布署名　编辑

单据编号		发文字号	便函20210901216
拟稿人	彭雪琴	拟稿日期	2021-09-01
拟稿单位		拟稿部门	事业部
审批至	分管领导	文种	便函
标题	的函		
拟稿人说明			
签发人		份数	
签发日期	2021-09-02	是否发布内网	否
主送内部单位	分发件	抄送内部单位	
主送外部单位	股份有限公司	抄送外部单位	
相关会稿职能部门		相关会稿分管领导	
部门核稿意见	同意 2021-09-01 17:28	部门会稿意见	
综合管理部行政主管审核	已按公文格式修改。 孙钰琪 2021-09-01 17:33	综合管理部副经理审核	同意 郭婷婷 2021-09-01 17:35
综合管理部负责人审核	同意 林玉真 2021-09-01 17:39	法务审核	同意 谢文惠 2021-09-01 17:43
总法律顾问审核		分管领导意见	同意 2021-09-01 17:53
副总经理（主持工作）意见		董事长意见	
综合管理部行政主管办理	已印发。 孙钰琪 2021-09-01 17:56	拟稿人领取	已收悉 彭雪琴 2021-09-02 08:29

正文　稿纸信息　流程处理　意见汇总　传阅记录　相关督办　发文跟踪　访问统计　沉淀记录　权限　发布署名　收起

图 10-20　发文管理页面

（4）流程管理

提供强大的流程自定义和表单自定义功能，涵盖流程起草、审批、沟通、驳回、发布、实时反馈、废弃等全周期管理，支持流程和表单模板的设置，提供表单数据映射及存储功能。配合流程分析工具可对组织效率和流程效率进行深度分析，为流程优化提供数据支撑。

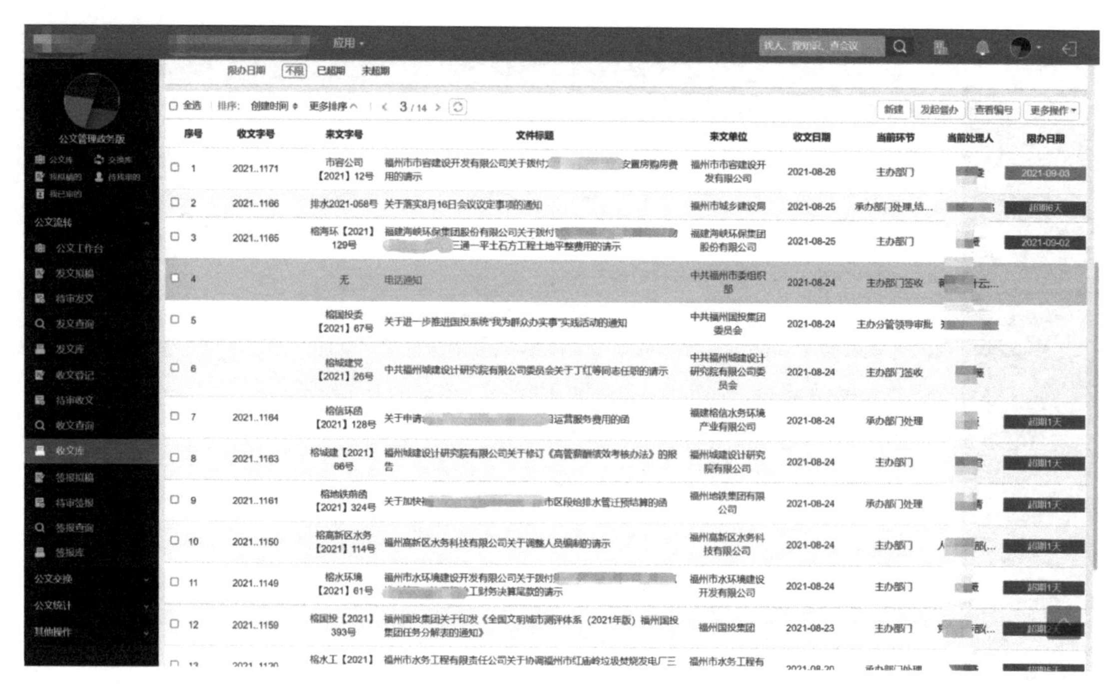

图 10-21　收文管理页面

① 流程类别设置

可以通过类别管理设置流程的分类，实现流程按类别分类与管理。管理员可以进行新建、编辑、复制、删除等类别维护操作。

② 流程模板设置

提供便捷的流程固化工具，可以通过此工具将企业行政及运营过程中的流程通过模板配置在流程管理模块中实现，定义流程申请的表单样式和流程流转环节。自定义流程表单如图 10-22 所示。

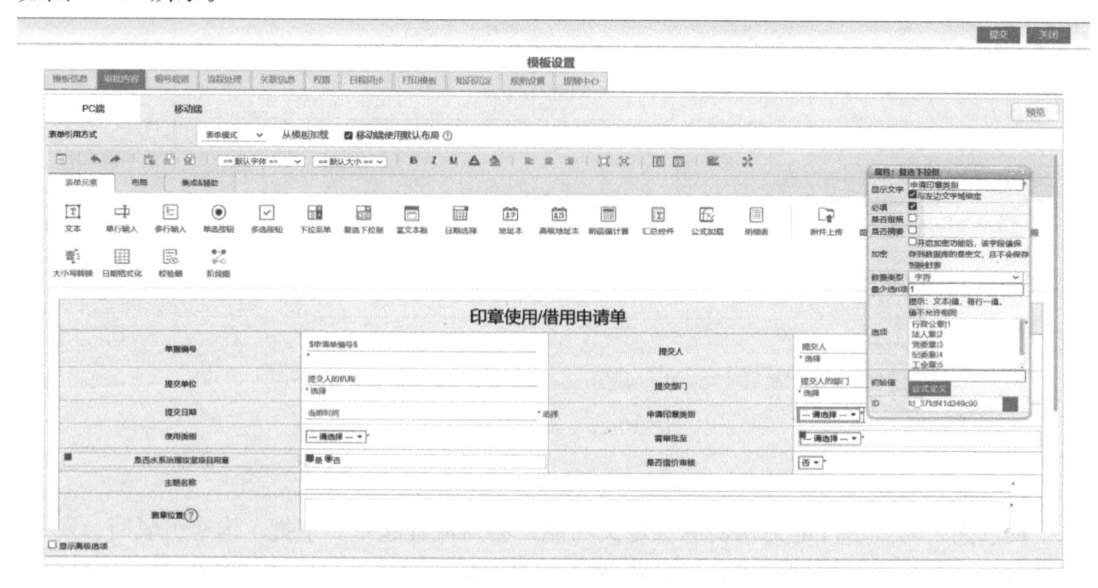

图 10-22　自定义流程表单

③ 图形化流程定义

管理员可以通过图形化流程定制工具，快速配置流程流转走向；审批、签字、抄送、人工决策等各类节点的节点信息；操作方式及相关选项的设置。自定义工作流如图 10-23 所示。

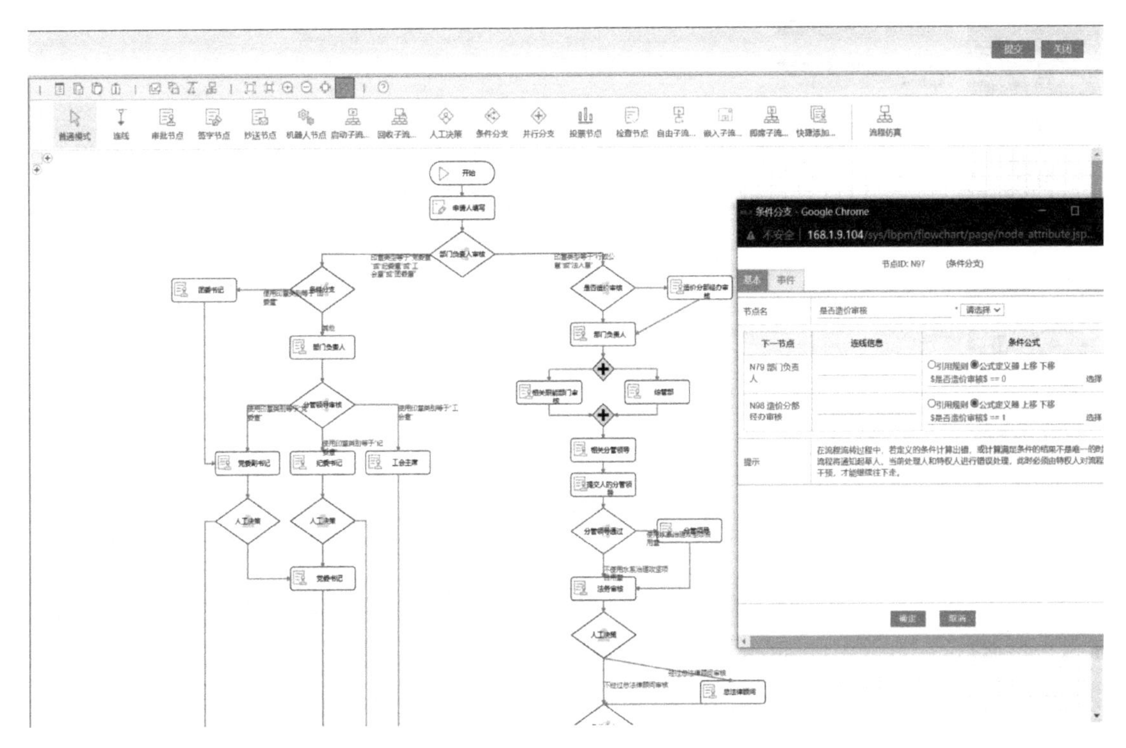

图 10-23　自定义工作流

④ 新闻管理

新闻管理模块是企业内部最基本的信息发布传播工具。提供信息发布功能，支持图片新闻、链接新闻、多媒体新闻、图文混排、支持投稿、审核、发布等信息全生命周期管理。支持其他应用如新知识、公文及制度推送到新闻并发布。新闻管理页面如图 10-24 所示。

⑤ 车辆管理

提供公司车辆信息管理、驾驶员的统一管理，用车申请流程管理以及对车队车辆的统一调度管理；同时，也对车辆费用、车辆保养、维修等信息进行统一管理和查询，包括车辆信息、用车申请、车辆调度、回车登记。

⑥ 会议管理

会议管理主要提供会议日历展现、会议安排、会议纪要、会议执行情况、会议统计的管理功能。会议安排以会议卡片形式对会议召开时间、与会人员、议程模板、纪要模板、会议审批及纪要审批流程等关键会议要素进行管理。通过会议日历，直观展现会议的组织和开展情况，通过会议统计进行会议参比度量分析，包含会议室申请、会议纪要等功能。会议管理页面如图 10-25 所示。

图 10-24　新闻管理页面

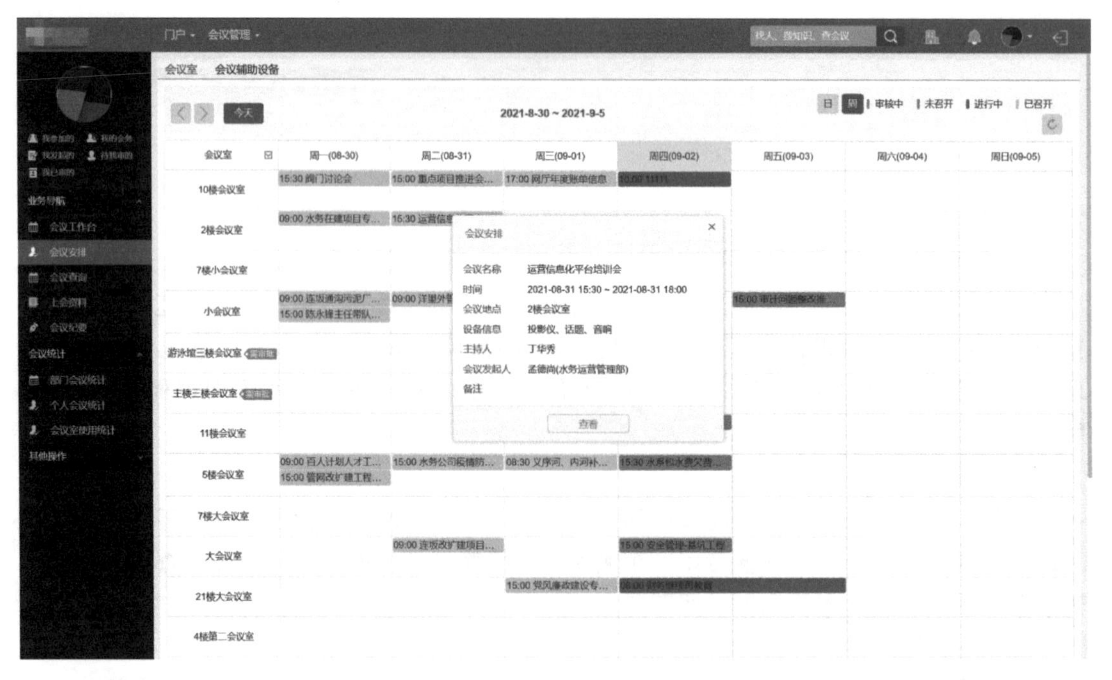

图 10-25　会议管理页面

⑦ 统一移动门户

支持独立开发 APP 或者集成钉钉、企业微信，统一集团移动门户，整合行政办公应用及集成应用，将行政工作与业务工作在同一个 APP 上，实现快速处理各系统待办、便捷查阅文档，并集成相关外部应用，真正实现一个 APP 掌握水务公司所有系统信息。统一移动门户如图 10-26 所示。

图 10-26　统一移动门户

⑧ 业务系统优化与集成

采用松耦合的方式将工作与业务管理进行合理区分。工作层面将各业务系统的待办、消息进行统一管理，一个工作界面处理所有业务待办，获取所有系统消息；业务管理使用单点登录的方式，将系统组织、人员、账号进行统一，达到单点登录效果。

⑨ 系统集成能力

将 EIP 作为统一工作门户平台，统一门户、统一待办消息、统一组织人员、统一流程。为集团行政管理规范化、业务系统集成化提供可靠支撑。

⑩ 业务建模平台

基于 EIP 平台框架的快速开发平台，提供可视化、组件化的开发环境，提供快捷高效的二次开发能力，以满足不断变化的业务专项需求。

业务建模支持零代码开发，支持通过拖拉拽方式完成各类应用的搭建。只要有一定学习、思考能力的人，都能够使用，无需懂得编程。实现短时间内高效完成搭建各类复杂业务功能的应用，支持快捷的业务功能变更。业务建模平台如图 10-27 所示。

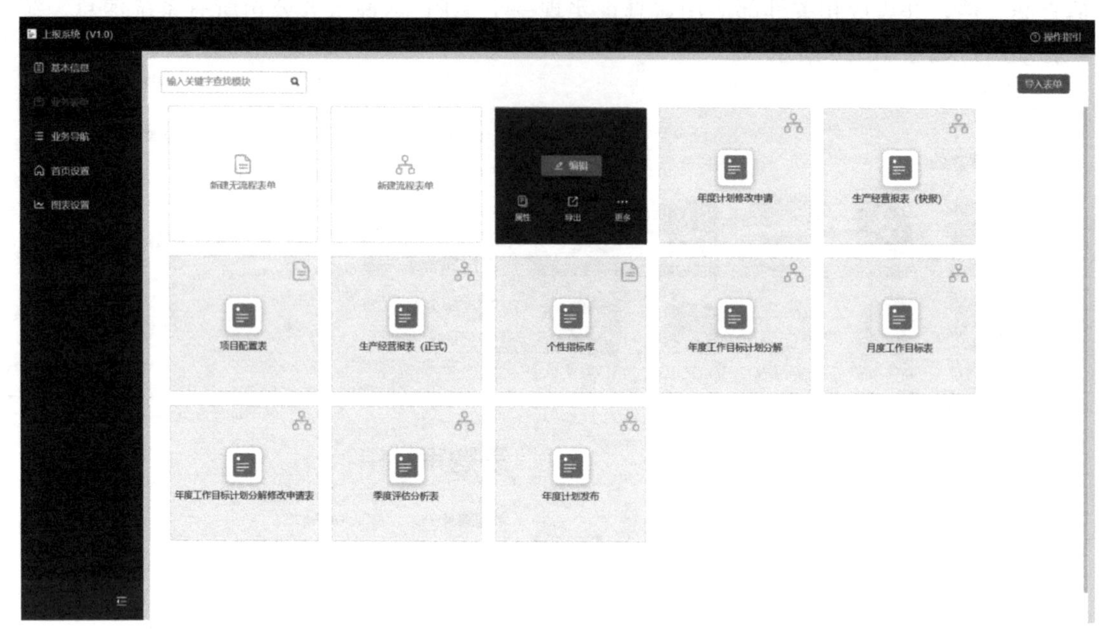

图 10-27　业务建模平台

10.5.8　会商管理系统

项目实施完毕后将实现视频会议系统的全覆盖，系统全面达到高清图像质量，可以实现公司的可视会议、培训等功能；可以实现公司多个业务单位同时使用该电视会议系统，为提高效率提供基础平台。系统建成以后，可以实现视频会议系统提供的业务，包括调度会议、协商会议、讨论、培训等。该系统会议模式丰富，功能强大，运行管理简单方便，并且提供强大的扩展能力。

10.6　智慧服务

10.6.1　智能客服系统

智能客服系统是信息时代和数字经济时代的一种创新技术，充分利用通信网和计算机网的多项功能集成并与组织连为一体的完整的综合信息服务系统，能快捷、有效、方便地为用户提供多种服务。客服系统由当初的热线电话，即由企业集中相关的业务代表处理各种咨询和投诉，后来逐渐发展为各行各业为用户提供服务的重要方式，是服务水务公司与用户沟通的一个桥梁。通过该桥梁，水务公司客服人员可以解答用户的疑问，了解用户的需求，扩大自身的影响力，提高用户对自身产品和服务的满意度，最终增加水务公司的良好口碑和新时代互联网在线服务机制。

随着互联网的应用与发展，智能客服技术也在发生着快速的变革，最新的第 5 代呼叫中心是基于软交换、全媒体（电话、短信、微博、微信、在线客服等）为特征的技术架构，实现全媒体、云端部署、统一排队、统一服务，在水务运营服务过程中起着重要作用。它不但负责客户服务的接入问题，同时能有效的协调后台各单位部门运营的各个环节，使各单位部门的服务能高效、有序地进行。

从服务流程看，智能客服系统可以分为以下几个环节：接入、咨询、受理、投资、回复、回访、协调、转接、追呼等，整个过程构成一个闭环式处理流程，保证每个用户需求最终得到解决。

1. 系统业务设计

智能客服系统将接入功能、来电弹屏，自动语音导航功能、自动语音查询功能、人工座席服务功能、热线转接功能、信息资料处理紧密联系起来。用户拨打热线电话后，可以根据需要选择人工服务、自动语音查询、自动留言，并能够在几种服务中来回切换或转接其他热线电话；所记录的资料可以分门别类地进行统计并形成报表，供相关部门进行检索查阅；意见处理完毕，可由座席主动呼叫用户，告知处理意见，形成闭环。智能系统拓扑图如图 10-28 所示。

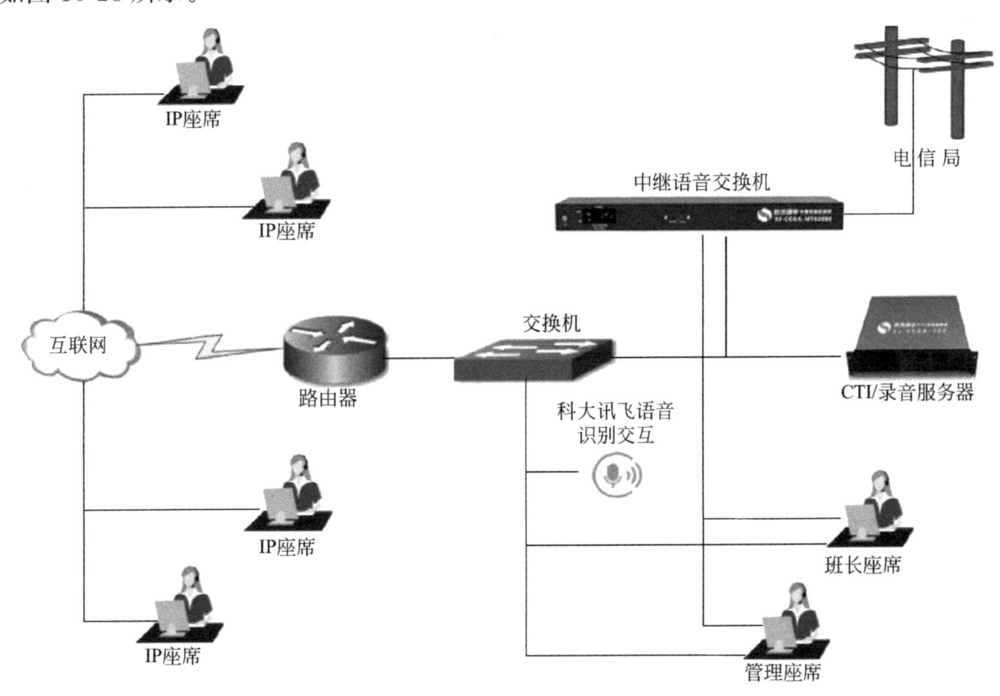

图 10-28　智能系统拓扑图

2. 系统应具备的功能及特点

（1）签入/签出

座席桌面软电话实现签入/签出功能。

（2）摘机功能

客户来电后需要座席人员手动点击摘机就可以和客户直接通话。

（3）保持功能

客户来电如果座席在忙，可以点击保持让客户暂时听音乐播放。

（4）ACD 自动排队

来电智能识别，将呼入电话分配给相应座席，提供座席登录、分组、话务分配、排队等ACD功能、也可以根据客户实际情况自定义设置，可设定VIP排队接入，呼入指定接入。

（5）录音功能

录音查询、录音调取、录音储存、录音支持各种各样下载，录音批注、录音质检、质检标准、质检评分、双线录音等。

座席员客服完毕后可通过按钮主动邀请客户对座席员的服务满意度进行打分评价，有利于对座席人员的客服水平进行监督和评估。

（6）来电弹屏功能

客户来电话系统自动弹屏出工单页面，座席可根据客户咨询情况做出工单内容。

（7）黑名单管理

来电黑名单管理，权限管理，黑名单设置，黑名单详细策略。

（8）电话外呼功能

座席人员可以点击手工拨号，此拨号只能单个拨号外呼实用。

（9）自动外呼功能

可设置系统自动发起语音外呼，提前录制好需要互动的语音，根据后台设定呼出数据，统一对批次数据进行自动语音外呼。

（10）通话监听、监控

可实现来电去电全程录音、实时监听，并可实现具体通话录音时，点击按键即可，可设超管权限实施监听管辖的任何分机。

（11）班长座席强拆、强插、转移

通话过程中，拥有权限的座席可以对来电进行强拆、强插或转移给任何一部分机、外部电话或手机，而无需让对方再拨打一次电话。

（12）报读工号

来电后系统自动播报接听座席工号，可根据实际情况而录音语音上传。

（13）IVR语音导航功能

实现全天候自助式服务。客户随时随地通过固话、手机、传真、短信等进入系统IVR，根据话务菜单输入选项，从而得到24h的服务。

10.6.2 网上营业厅及营收系统

在水务公司层面建设一套微信公众服务网上营业厅系统以及营销系统，统一系统相关业务流程，采用高性能的后台数据库，整合原有的外部程序和数据接口，统一各分子公司各业务办理和电子票务功能，建成的新系统应具备较高安全认证等级和数据处理能力，以满足百万级用户数据处理和网上收费等高安全性业务的需求。

同时，该系统满足客户在网上营业厅上进行业务办理，如网上报装、供水合同签署、网上报修、网上过户、申请发票等，实现足不出户、一站式办理业务。该营销系统将与智能客服系统、智慧工单系统、表务管理系统通过大数据中心进行数据交互，实现数据的高度融合。

水务公司网上营业厅系统是基于微信公众平台建设的虚拟服务大厅系统，能够在手机、平板电脑等智能终端上提供各类业务办理。用户无需亲自到服务大厅，就能在线完成业务办理、信息查询、互动、网上预约、费用支付等业务功能。网上营业厅的建设能够充分发挥移动互联网的优势，使用户能够随时随地完成业务办理，真正体现“以民为本”的服务理念。满足对外提供良好的服务能力，让市民放心用水、明白用水、方便用水，真正提升城市的水务服务水平。

网上营业厅系统作为水务重要的业务系统部署在云网络环境中，系统存在微信、对外业务办理、金税税务等多个对外接口服务。内部业务接口不使用互联网服务，针对对外接口服务单独部署提供服务，通过端口映射提供端对端的外部服务，并配置服务间的端对端访问权限保证网络链路安全。水司营业厅建立与云服务的专线服务形成专网互联，通过防火墙与网络设备控制访问的人员与访问的权限。

营销系统包括用户档案、抄表管理、计费与收费管理三大模块，对从受理用户用水申请到用户正式供水，及后续的抄表、收费的全过程进行管理。在支持传统方式实现业务的同时，紧跟信息技术的发展潮流，采用新技术对系统功能进行扩展，具体表现在以下方面：抄表方面，在支持传统手抄机抄表方式外，增加手机抄表功能，对抄表员来说，抄表前无需再去公司下载数据，在抄表过程中可以随时上报异常表情况，抄表过程中或者抄完表后可以随时上传抄表数据，从而提高抄表效率，对管理者来说，可以随时对抄表员进行定位及查看抄表员抄表轨迹，减少估抄情况的同时也能对抄表员进行有效考核；水费收缴方面，在支持传统缴费方式的同时，增加微信缴费及支付宝缴费功能，提供用户更便捷的缴费方式，从而提高水费的回收率。

10.6.3　智能工单系统

智慧工单系统，将为水务公司提供工单全流程业务处理系统。智慧工单系统将根据工单类型，分门别类的提供各种工单处理业务流程，最终实现工单的闭环管理，提高水务公司工单处理效率，提升公司品牌质量，扩大公司的影响力。

智慧工单系统中工单将来源于以下几个方面，公司内部工作人员通过设备管理系统上报的工单、通过智慧巡检系统在巡检过程中上报的工单，外部客户通过拨打客服热线由客服通过智能客服系统下发的工单、外部客户通过网上营业厅发起的工单，这些工单都将通过智慧工单系统进行全流程流转，从而实现工单全流程的精细化管理，提高企业管理效率。

10.7　智慧决策

BI 分析中心针对水务公司的生产运行和营销客服不同的体系进行全面的分析，通过数值、图表、表单全面反应经营情况，帮助集团分析决策关键经营活动提炼不同的分析项目，进行不同的主体之间的对比，如水厂之间、营业所之间、不同时段之间等，通过分析以发现经营中的问题，改善经营和执行策略。